高等学校公共数学类“互联网+”规划教材

山东省普通高等教育一流教材

山东省精品课程

山东省教学成果一等奖

U0797138

高等数学简明教程

（第3版）（微课版）

主　编　李秀珍　葛　倩

副主编　吕秀敏　姚建丽　隋　莹

大学数学
新形态教材

本书资源使用说明

北京邮电大学出版社

·北京·

内 容 简 介

本书针对开设少学时高等数学课程的本、专科专业编写而成，主要包括函数、极限与连续、一元微积分、常微分方程、向量与空间解析几何、多元函数微积分、级数等内容，部分章节后配有数学实验。本书坚持“保证基础，强调应用”的原则，在保证基本内容完整、系统的基础上，降低理论深度，尽量避免繁难的计算。配有大量有实际应用背景的例题和实验内容，旨在培养学生解决实际问题的能力。

本书配有在线课程、重难点微课、AR动画、常见问题释疑、章节自测题、习题参考答案等丰富的数字资源，可供本、专科专业的学生使用。

图书在版编目(CIP)数据

高等数学简明教程 ：微课版 / 李秀珍，葛倩主编. 3版. -- 北京 ：北京邮电大学出版社，2025. -- ISBN 978-7-5635-7532-9

Ⅰ. O13

中国国家版本馆CIP数据核字第20255LM355号

策划编辑：韩 霞　**责任编辑：**张保林　**封面设计：**义和文创

Gaodeng Shuxue Jianming Jiaocheng

出版发行：北京邮电大学出版社
社　　址：北京市海淀区西土城路10号(100876)
电话传真：010-82333010　62282185(发行部)　010-82333009　62283578(传真)
网　　址：www.buptpress3.com
电子信箱：buptpress3@163.com
经　　销：各地新华书店
印　　刷：三河市骏杰印刷有限公司
开　　本：787 mm×1 092 mm　1/16
印　　张：21.5
字　　数：535千字
版　　次：2017年8月第1版　2025年7月第3版
印　　次：2025年7月第1次印刷

ISBN 978-7-5635-7532-9　　定价：59.80元

前　言

高等数学课程是大学理工科专业的必修课程，但专业不同，学生需要学习的数学知识也不同。针对一些数学知识要求相对较低的专业，编者编写了本书。本书主要适用于一般普通院校或职业院校开设高等数学课程的本、专科专业，也可作为自学教材使用。

本书在保持前两版“保证基础，强调应用”的原则基础上进行了修订，对全书的文字叙述、记号进行了仔细推敲，提高了教材的严谨性；更换、补充了部分例题、习题；对原有数字资源进行了完善更新，并新增了部分数字资源；根据读者的需求更换了数学实验部分的软件，以更好地满足教学需求。

编者编写本书时，力求在有限的篇幅内，向学生传授尽可能多的有用的数学知识，使学生对数学的基本概念、方法、思想、历史及在社会与文化中的应用与地位有大致的认识，帮助学生建立合理的、适应未来发展需要的知识结构，为学生未来的学习和工作打下坚实的基础。

与其他教材相比，本书具有以下特点。

(1)对照《义务教育数学课程标准(2022 年版)》，注意两级教学的衔接。对高中阶段已学过的内容，采取复习的方式，不再详述，同时增加一些《义务教育数学课程标准(2022 年版)》中删去而大学阶段后继课程需要的内容。

(2)针对学时的要求，合理地整合相关内容。一方面，基本保持内容的系统性和完整性；另一方面，降低理论深度，合理安排知识结构。

(3)注重基本能力的培养。在内容的选择上，注重对学生应用能力的培养，尽量避免繁难的计算。对于原理比较简单的近似计算等问题，本书将在相应章后面的实验中进行简单介绍。

(4)理论联系实际，强调数学的应用性。对于例题，尽可能选择有实际背景的题目。本书增设了实验内容，使学生在应用中感受数学的魅力。

(5)强化对教材的阅读理解。在每节的习题前增设了“概念复习”版块，以加深学生对基本概念、定理的理解。

(6)强化前后章节的衔接。在每一章的最后增设了“回顾与预习”版块，给出了一系列的复习和预习题，其中复习题供学生在新的一章开始前复习本章学过的内容；预习题使学生熟悉已学过的与后续章节相关的知识，为后续章节的学习做好准备。

本书共分 12 章，主要包括函数、极限与连续、导数与微分、微分中值定理与导数的应用、不定积分、定积分、定积分的应用、微分方程、向量与空间解析几何、多元函数微分法及其应用、多元函数积分法及其应用、无穷级数等理论知识，以及 Python 的基本用法、导数的 Python 实现、导数应用的 Python 实现、一元函数积分的 Python 实现、微分方程求解的 Python 实现、Python 绘图、多元函数微分的 Python 实现、重积分的 Python 实现、无穷级数的 Python 实现等实验内容。

本书配有丰富的数字资源，包括在线课程、重难点微课、AR 动画、常见问题释疑、章节自测题、习题参考答案等，可满足学生个性化的学习需求。

参与本书编写的有李秀珍、葛倩、吕秀敏、姚建丽、隋莹、张建中等，具体分工如下：第 1、2、3、12 章由李秀珍编写，第 4、8、10、11 章由姚建丽、隋莹编写，第 5、6、7、9 章由葛倩、张建中编写，实验部分由吕秀敏编写，田洁、周凯参与了本书在线课程的录制，王奥参与了在线课程视频的制作，苏国强、张赞参与了 AR 动画的制作，韩霞审核了全书的数字资源。全书统稿由李秀珍教授负责。

在党的二十大报告提出的“加强教材建设和管理”等精神的指引下，在本次修订中，编者完善和丰富了课程思政元素。扫描下方二维码即可查看本书课程思政目录。

由于编者水平有限，书中疏漏及不妥之处在所难免，敬请读者批评指正。

编　者

2024 年 12 月

课程思政目录

目 录

CONTENTS

第1章

函　数

苏步青

函数是现实世界中变量与变量之间的依存关系在数学中的反映，是高等数学的主要研究对象. 本章将介绍函数的基本概念及性质、初等函数、函数的参数方程等内容.

第1节　预备知识

一、区间

区间是一类常用的实数集. 设 a,b 是实数，且 $a<b$，满足不等式 $a<x<b$ 的实数 x 的全体称为**开区间**，记作 (a,b)；满足不等式 $a\leqslant x\leqslant b$ 的实数 x 的全体称为**闭区间**，记作 $[a,b]$；满足不等式 $a\leqslant x<b$ 或 $a<x\leqslant b$ 的实数 x 的全体称为**半开区间**，记作 $[a,b)$ 或 $(a,b]$. 以上区间中，a,b 称为区间的端点，两个端点之差 $b-a$ 称为区间的长度. 从数轴上看，这些区间的长度都可以用有限的线段来表示[见图 1-1(a)和(b)]，因此称它们为有限区间. 除此之外，还有无限区间，引入符号 $+\infty$（读作"正无穷大"）及 $-\infty$（读作"负无穷大"），可类似地表示无限区间.

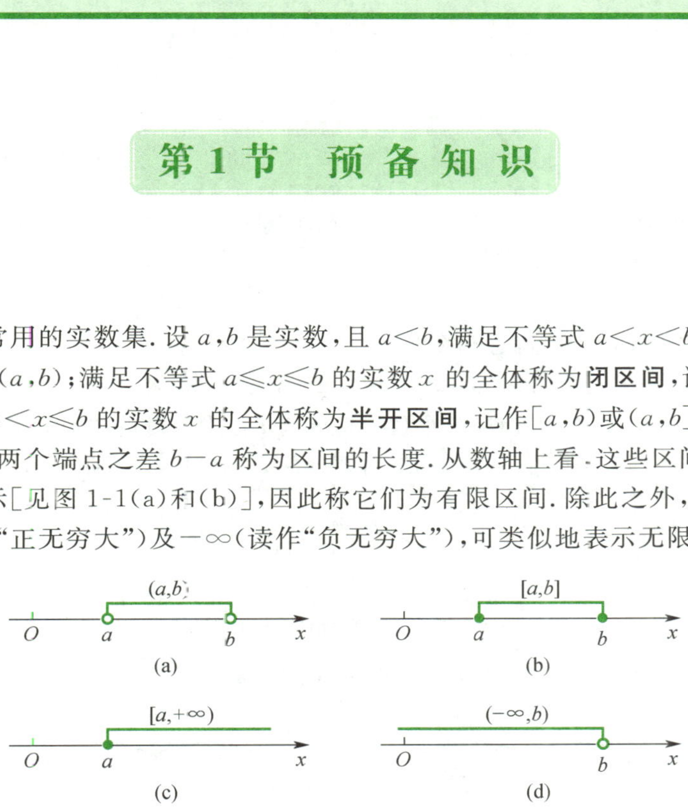

图 1-1

例如，区间 $[a,+\infty)$ 表示大于或等于 a 的全体实数，也可写为 $a\leqslant x<+\infty$[见图 1-1(c)]；

区间$(-\infty,b)$表示小于b的全体实数，也可写为$-\infty<x<b$[见图 1-1(d)]；区间$(-\infty,+\infty)$表示全体实数，也可写为$-\infty<x<+\infty$.

二、绝对值和邻域

1. 绝对值

绝对值是高等数学中经常用到的概念，读者应该掌握它的使用技巧. 一个实数a的绝对值定义为

$$|a|=\begin{cases}-a, & a<0,\\ a, & a\geqslant 0.\end{cases}$$

从几何上看，它表示数轴上的点a到坐标原点O的距离.

绝对值的性质

(1) $-|a|\leqslant a\leqslant |a|$；　(2) $|a|\leqslant k(k>0)\Leftrightarrow -k\leqslant a\leqslant k$；

(3) $|a+b|\leqslant |a|+|b|$；　(4) $|a-b|\geqslant |a|-|b|$；

(5) $|ab|=|a||b|$；　(6) $\left|\dfrac{a}{b}\right|=\dfrac{|a|}{|b|}$.

例 1 解不等式$|x-2|<4$.

解 由绝对值的性质(2)，得

$$-4<x-2<4,$$

解得

$$-2<x<6.$$

解集是开区间$(-2,6)$，在数轴上它表示到点 2 的距离小于 4 的点的集合.

2. 邻域

设a,δ是两个实数，$\delta>0$，满足不等式

$$|x-a|<\delta \quad 或 \quad a-\delta<x<a+\delta$$

的实数x的全体称为**点a的δ邻域**，记作$U(a,\delta)$. 点a称为**邻域的中心**，δ称为**邻域的半径**. 从数轴上看，它表示以点a为中心，长度为2δ的开区间，如图 1-2(a)所示. 如果把邻域的中心a去掉，即

$$0<|x-a|<\delta,$$

也即

$$a-\delta<x<a \text{ 或 } a<x<a+\delta,$$

满足上述不等式的实数x的全体称为**点a的去心δ邻域**，记作$\mathring{U}(a,\delta)$，如图 1-2(b)所示.

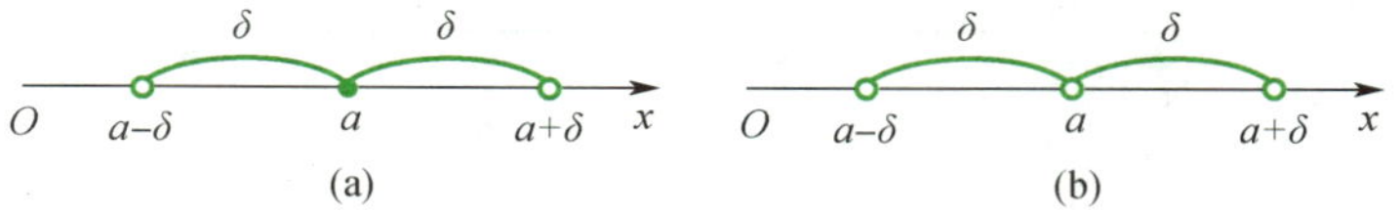

图 1-2

例 2 求满足不等式 $|6x-18|<\varepsilon$ 且以点 3 为中心的邻域的半径.

解 由已知,得

$$6|x-3|<\varepsilon,$$

所以满足不等式 $|6x-18|<\varepsilon$ 且以点 3 为中心的邻域可表示为

$$|x-3|<\frac{\varepsilon}{6}.$$

故所求邻域的半径为 $\delta=\frac{\varepsilon}{6}$.

概念复习

1. 满足不等式 $2x-3>1$ 的所有实数组成的集合,可以用区间表示为________.

2. $|x-2|<1$ 等价于______ $<x<$ ______;满足不等式 $|x-2|>1$ 的实数的全体可以用区间表示为________.

3. 点 1 的 2 邻域用绝对值不等式表示为________________;点 1 的去心 2 邻域用绝对值不等式表示为________________.

4. 点 1 的 2 邻域用区间表示为________________;点 1 的去心 2 邻域用区间表示为________________.

习题 1-1

1. 解下列不等式.

(1) $7x-3\leqslant 9x-3$;　　(2) $5x-3>6x-4$;

(3) $-1<3x+2<8$;　　(4) $-3<5x-9<11$;

(5) $\frac{x-1}{x+2}\leqslant 0$;　　(6) $\frac{2x-3}{x-2}>0$.

2. 解下列绝对值不等式.

(1) $|x-4|\leqslant 1$;　　(2) $|2x+5|<10$;

(3) $|3x-2|\geqslant 1$;　　(4) $|5x-7|<3$;

(5) $\left|\frac{1}{x}-2\right|>4$;　　(6) $\left|\frac{3}{x}+2\right|\leqslant 1$.

3. 分别用绝对值不等式及区间表示点 -2 的 δ 邻域.

4. 求满足不等式 $|3x-15|<0.1$ 且以点 5 为中心的邻域.

5. 求满足不等式 $|4x+8|<\varepsilon$ 且以点 -2 为中心的邻域的半径.

第 2 节　函数的概念与性质

一、函数的概念

经过初中阶段的学习已知：在一个变化过程中，有两个变量 x 和 y，如果给定变量 x 一个值，变量 y 有唯一确定的值与它对应，那么 y 就是 x 的函数. 这句话描述了变量之间的依赖关系. 在高中阶段，学习了集合的概念后，我们对函数的概念有了进一步的认识. 函数表达了两个数集的元素之间的对应关系，有如下定义.

定义　**设 D 是一个非空数集，若对 D 内任一 x，按照确定的法则 f，都有唯一确定的数值 y 与它对应，则称这种对应关系为集合 D 上的一个函数，记作**

$$y=f(x),x\in D,$$

其中，x 称为自变量，y 称为因变量，D 称为函数 f 的定义域. 所有函数值 $f(x)$ 构成的集合 $\{y|y=f(x),x\in D\}$ 称为函数 f 的值域.

在函数定义中，符号 f 和 $f(x)$ 的含义是有区别的：f 表示自变量 x 和因变量 y 之间的对应法则，而 $f(x)$ 表示与 x 对应的函数值. 通常函数是指对应法则 f，但为了便于叙述，习惯上用“$y=f(x),x\in D$”或“$f(x),x\in D$”表示函数，这时应理解为由它所确定的函数 f. 另外，函数的自变量又称为元，只有一个自变量的函数称为一元函数.

由定义可以看出，函数的值域由函数的定义域和对应法则完全确定，所以函数有两个要素：**定义域和对应法则**. 其中，函数的定义域表示使函数有意义的自变量的取值范围，而在实际问题中，其可根据变量的实际意义来确定.

在函数的定义中，对于每个 $x\in D$，对应的函数值 y 总是唯一的. 但有时会遇到这样的对应法则：对于每个 $x\in D$，总有确定的 y 值与之对应，但这个 y 不总是唯一的. 例如，由方程 $x^2+y^2=1$ 给出变量 x 和 y 之间的对应法则，对于每个 $x\in[-1,1]$，$y=\pm\sqrt{1-x^2}$，y 不总是唯一的. 这样的对应法则并不符合函数的定义，习惯上称这种对应法则确定了一个多值函数. 对于这个多值函数，如果附加条件 $y\geqslant 0$（或 $y\leqslant 0$），按照这种对应法则就确定了函数 $y=\sqrt{1-x^2}$（或 $y=-\sqrt{1-x^2}$），称这样得到的函数为多值函数的单值分支.

下面举 3 个函数的例子.

例 1　做自由落体运动的物体下降的距离 s 是时间 t 的函数，记为 $s=s(t)$，这里 $s=\frac{1}{2}gt^2$，其中，g 是重力加速度，它的定义域 $D=[0,+\infty)$.

例 2　用切削机床加工零件时，为实时地调整机床，需测定刀具的磨损速率，现每隔 1 h 测量刀具的厚度，得到以下数据（见表 1-1）.

表 1-1

时间/h	0	1	2	3	4	5	6	7	8
刀具的厚度/cm	30.6	29.1	28.4	28.1	28.0	27.7	27.5	27.2	27.0

以 t 表示时间，y 表示刀具的厚度，表 1-1 表示一个函数 $y=f(t)$，它的定义域是正整数的一个子集 $D=\{0,1,2,3,4,5,6,7,8\}$.

例 3 图 1-3 所示为气温记录仪描出的某一天的气温变化由线，这条曲线给出了时间 t 与气温 T 的函数关系 $T=T(t)$. 它的定义域 $D=[0,24]$，值域为$[5,25]$.

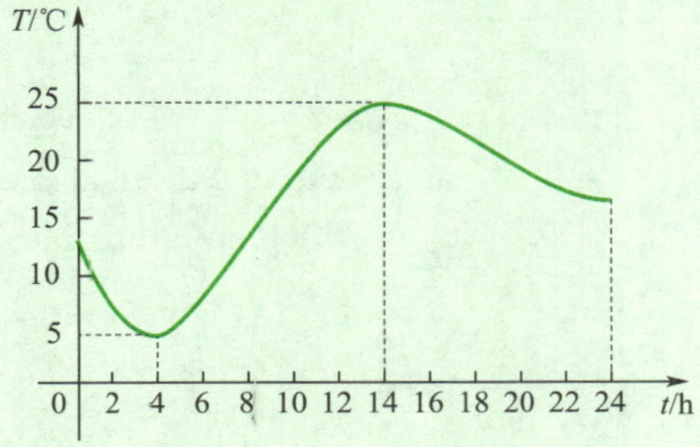

图 1-3

函数的表示方法有多种，常用的主要有解析法（公式法）、表格法和图形法 3 种. 函数的图形，即坐标平面上的点集

$$C=\{(x,y)\mid y=f(x),x\in D\}$$

（见图 1-4，W 表示函数的值域）.

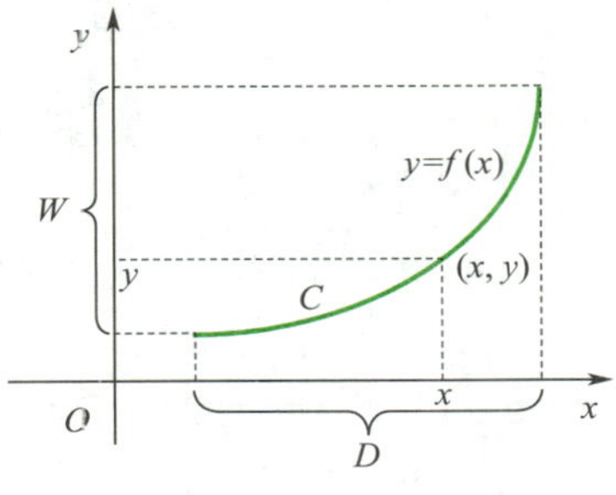

图 1-4

有时一个函数在自变量的不同变化范围内，对应法则需要用不同的表达式来表示，这种函数称为**分段函数**.

例 4 **绝对值函数**

$$y=|x|=\begin{cases}x, & x\geqslant 0,\\ -x, & x<0\end{cases}$$

的定义域和值域分别是$(-\infty,+\infty)$和$[0,+\infty)$，它在坐标原点处有一个尖角，它的图形如

图 1-5 所示.

例 5 取整函数定义为

$$y=[x],$$

其中，$[x]$表示不超过 x 的最大整数.

例如，$[-2.1]=-3$，$[\sqrt{2}]=1$，$[\pi]=3$. 取整函数的定义域 $D=(-\infty,+\infty)$，值域为 $\mathbf{Z}$. 如图 1-6 所示，它既不是奇函数也不是偶函数，在每个整数点处出现一次跳跃.

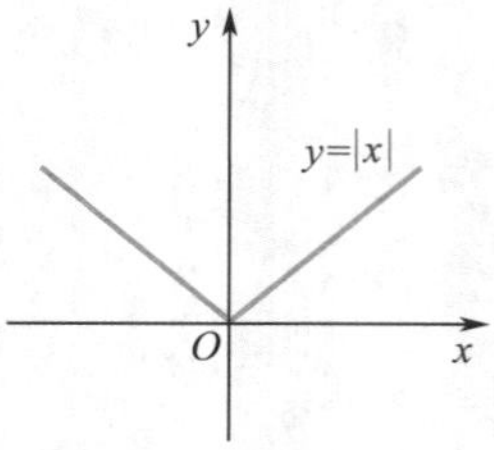

图 1-5

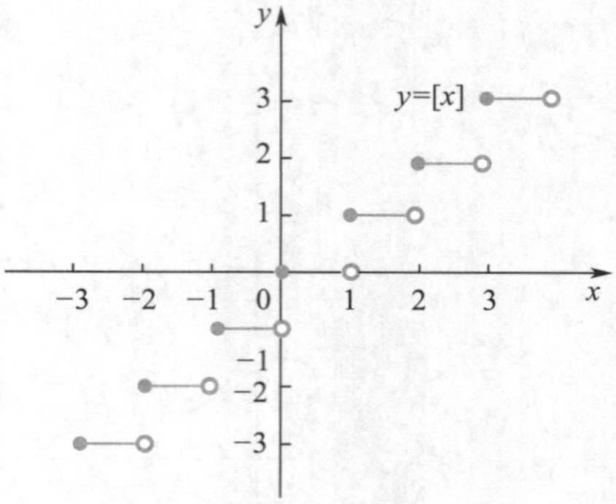

图 1-6

例 6 根据《中华人民共和国个人所得税法》，个体工商户的生产、经营所得和对企事业单位的承包经营、承租经营所得的税率如表 1-2 所示.

表 1-2

级数	全年应纳税所得额	税率/%
1	不超过 30 000 元的部分	5
2	超过 30 000 元至 90 000 元的部分	10
3	超过 90 000 元至 300 000 元的部分	20
4	超过 300 000 元至 500 000 元的部分	30
5	超过 500 000 元的部分	35

其中，全年应纳税所得额是指每一纳税年度的收入总额减除成本、费用以及损失后的余额. 请写出某个体工商户全年应纳税所得额 x（单位：元）与应交纳税款额 y（单位：元）之间的函数关系，并求其定义域.

解 根据题意，当 $x\leqslant 30\ 000$ 时，应按 5% 的税率纳税，税款额为 $y=x\cdot 5\%=\frac{1}{20}x$.

当 $30\ 000<x\leqslant 90\ 000$ 时，其中的 30 000 元应按 5% 的税率纳税，即此部分的税款额为 $30\ 000\times 5\%=1\ 500$ 元；剩余部分，即 $x-30\ 000$ 应按 10% 的税率纳税. 此时税款额为

$$y=1\ 500+(x-30\ 000)\cdot 10\%=1\ 500+\frac{1}{10}(x-30\ 000).$$

类似地，当 $90\ 000<x\leqslant 300\ 000$ 时，税款额为

$$y=7\ 500+\frac{1}{5}(x-90\ 000),$$

当 $300\ 000<x\leqslant 500\ 000$ 时，税款额为

$$y=49\ 500+\frac{3}{10}(x-300\ 000),$$

当 $500\ 000<x$ 时，税款额为

$$y=109\ 500+\frac{7}{20}(x-500\ 000).$$

于是，所求函数关系为

$$y=\begin{cases}\dfrac{1}{20}x, & x\leqslant 30\ 000,\\ 1\ 500+\dfrac{1}{10}(x-30\ 000), & 30\ 000<x\leqslant 90\ 000,\\ 7\ 500+\dfrac{1}{5}(x-90\ 000), & 90\ 000<x\leqslant 300\ 000,\\ 49\ 500+\dfrac{3}{10}(x-300\ 000), & 300\ 000<x\leqslant 500\ 000,\\ 109\ 500+\dfrac{7}{20}(x-500\ 000), & 500\ 000<x,\end{cases}$$

定义域为 $[0,+\infty)$.

二、函数的几种特性

1. 函数的有界性

设函数 $f(x)$ 的定义域为 D，数集 $X\subset D$. 如果存在正数 M，对任一 $x\in X$，不等式

$$|f(x)|\leqslant M$$

都成立，则称 $f(x)$ 在 X 上**有界**. 如果这样的 M 不存在，则称 $f(x)$ 在 X 上**无界**.

例如，对于函数 $f(x)=\sin x$，在区间 $(-\infty,+\infty)$ 内，恒有 $|\sin x|\leqslant 1$ 成立，故函数 $f(x)=\sin x$ 在区间 $(-\infty,+\infty)$ 内有界；对于函数 $f(x)=|x|$，在区间 $(-\infty,+\infty)$ 内，对于任意的常数 $M>0$，只要 $|x|>M$，则有 $|f(x)|>M$，所以函数 $f(x)=|x|$ 在区间 $(-\infty,+\infty)$ 内无界.

2. 函数的单调性

设函数 $f(x)$ 在区间 I 上有定义，如果对于区间 I 上任意的 x_1,x_2，当 $x_1<x_2$ 时，恒有

$$f(x_1)<f(x_2),$$

则称 $f(x)$ 在区间 I 上是**单调增加**的；如果对于区间 I 上任意的 x_1,x_2，当 $x_1<x_2$ 时，恒有

$$f(x_1)>f(x_2),$$

则称 $f(x)$ 在区间 I 上是**单调减少**的.

例如，函数 $y=x^3$ 在定义域 $(-\infty,+\infty)$ 内单调增加（见图 1-7）；函数 $y=x^2$ 在定义域

$(-\infty,+\infty)$内不是单调函数（见图 1-8），但在$(-\infty,0]$上单调减少，在$[0,+\infty)$上单调增加.

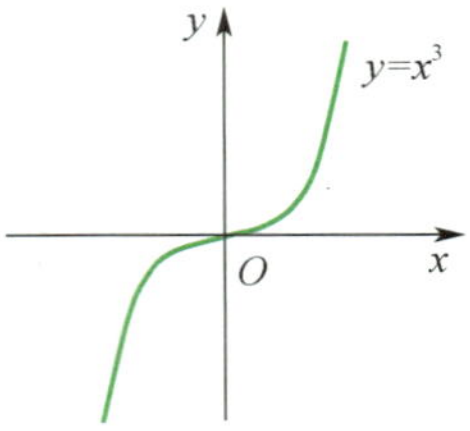

图 1-7

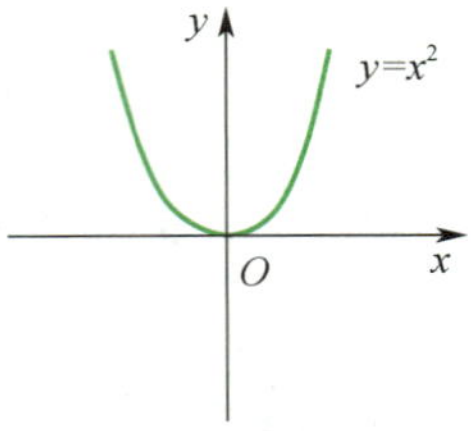

图 1-8

3. 函数的奇偶性

设函数 $f(x)$的定义域 D 关于坐标原点对称. 如果对于任一 $x\in D$，恒有

$$f(-x)=f(x)$$

成立，则称 $f(x)$为**偶函数**. 如果对于任一 $x\in D$，恒有

$$f(-x)=-f(x)$$

成立，则称 $f(x)$为**奇函数**.

例如，函数 $y=x^2$ 是偶函数，函数 $y=x^3$ 是奇函数. 偶函数的图形关于 y 轴对称（见图 1-9），奇函数的图形关于坐标原点 O 对称（见图 1-10）.

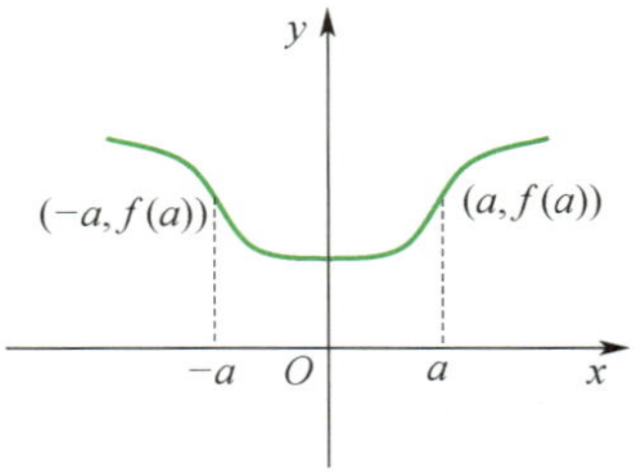

图 1-9

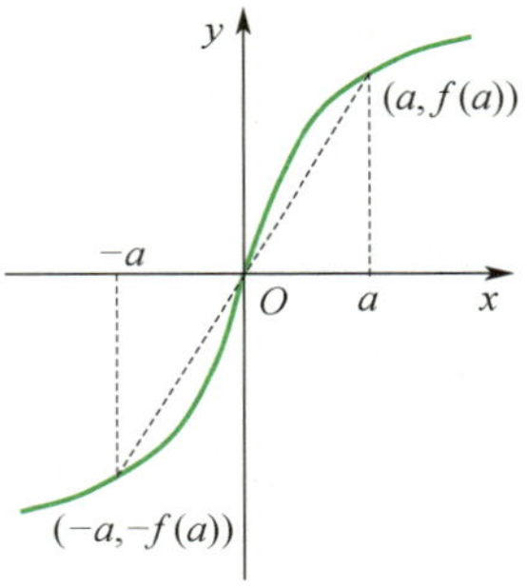

图 1-10

4. 函数的周期性

设函数 $f(x)$的定义域为 D，如果存在正数 $T>0$，使得对于任一 $x\in D$，有$(x\pm T)\in D$，且

$$f(x+T)=f(x),$$

恒成立，则称 $f(x)$是一个**周期函数**，T 称为 $f(x)$的**周期**. 通常所说的周期是指最小正周期.

例如，函数 $y=\sin x$ 和 $y=\cos x$ 都以 2π 为周期，函数 $y=\tan x$ 以 π 为周期. 但并不是所有的周期函数都有最小正周期. 例如，狄利克雷(Dirichlet)函数

$$D(x)=\begin{cases}1, & x\text{ 是有理数},\\ 0, & x\text{ 是无理数}\end{cases}$$

是一个周期函数，容易验证任何正有理数都是它的周期. 因为不存在最小的正有理数，所以它没有最小正周期.

概念复习

1. 使函数有意义的自变量的取值组成的集合称为函数的________，函数值的全体构成的集合称为函数的________.

2. 函数 $f(x)$ 在区间 I 上有定义，对任意的 $x_1, x_2 \in I$，当 $x_1 < x_2$ 时，有 $f(x_1) < f(x_2)$，则称 $f(x)$ 在区间 I 上________；当 $x_1 < x_2$ 时，有 $f(x_1) > f(x_2)$，则称 $f(x)$ 在区间 I 上________.

3. 对函数 $f(x)$，在其定义域内，如果恒有 $f(-x)=f(x)$ 成立，则称 $f(x)$ 为________，$f(x)$ 的图形关于________对称；如果恒有 $f(-x)=-f(x)$ 成立，则称 $f(x)$ 为________，$f(x)$ 的图形关于________对称.

4. 下列各项中正确的是(　　).

A. $y=\sin x$ 是单调增加函数

B. $y=\sin x$ 是单调减少函数

C. $y=\sin x$ 在实数集上是有界函数

D. $y=\sin x$ 在实数集上是无界函数

习题 1－2

1. 求下列函数的定义域.

(1) $y=\sqrt{2x+3}$；　　(2) $y=\dfrac{1}{4t+1}$；

(3) $y=\dfrac{4-x^2}{x^2-x-6}$；　　(4) $y=\sqrt{2x+1}+\dfrac{1}{\sqrt{1-x}}$；

(5) $y=\sqrt{6-5x-x^2}+\dfrac{1}{\ln(2-x)}$.

2. 设 $\varphi(x)=\begin{cases}|\sin x|, & |x|<\dfrac{\pi}{3},\\ 0, & |x|\geqslant\dfrac{\pi}{3},\end{cases}$ 求 $\varphi\left(\dfrac{\pi}{6}\right)$，$\varphi\left(-\dfrac{\pi}{4}\right)$，$\varphi(2)$.

3. 判断下列函数的奇偶性.

(1) $y=\sin x+\cos x$；　　(2) $y=\dfrac{1}{2}(e^x+e^{-x})$；

(3) $y=\dfrac{1}{2}(e^x-e^{-x})$.

4. 火车站收取行李费的规定如下：当行李不超过 50 kg 时，按基本运费计算，如从上海到某地以 0.15 元/kg 计算基本运费；当超过 50 kg 时，超出部分按 0.25 元/kg 收费. 请求出上海到该地的行李费 y(单位：元)与质量 x(单位：kg)之间的函数关系.

5. 某产品共有 1 500 t，每吨定价为 150 元. 若一次销售量不超过 100 t，则按原价出售；若一次销售量超过 100 t，但不超过 500 t，则超出部分按 9 折出售；若一次销售量超过 500 t，则超过 500 t 的部分按 8 折出售. 请将该产品一次销售的收入 y(单位：元)表示成一次销售量 x(单位：t)的函数.

第3节 初等函数

幂函数、指数函数、三角函数、对数函数和反三角函数这5类函数统称为**基本初等函数**，它们是研究其他函数的基础. 下面先来简单介绍一下这几类函数.

一、幂函数 指数函数 三角函数

1. 幂函数

幂函数 $y=x^{\mu}(\mu\in\mathbf{R})$ 的定义域和值域可能因 μ 的不同而不同，但在 $(0,+\infty)$ 内都有定义，且其图形都经过点 $(1,1)$.

2. 指数函数

指数函数 $y=a^x(a>0,a\neq1)$ 的定义域为 $(-\infty,+\infty)$，值域为 $(0,+\infty)$. 当 $a>1$ 时，$y=a^x$ 在定义域内单调增加；当 $0<a<1$ 时，它在定义域内单调减少. 指数函数的图形均位于 x 轴上方，且经过点 $(0,1)$.

3. 三角函数

正弦函数 $y=\sin x$ 的定义域为 $(-\infty,+\infty)$，值域为 $[-1,1]$，是以 2π 为周期的奇函数.

余弦函数 $y=\cos x$ 的定义域为 $(-\infty,+\infty)$，值域为 $[-1,1]$，是以 2π 为周期的偶函数.

正切函数 $y=\tan x$ 的定义域是 $\left\{x \,\middle|\, x\neq k\pi+\dfrac{\pi}{2}(k\text{ 为整数})\right\}$.

余切函数 $y=\cot x$ 的定义域是 $\{x\,|\,x\neq k\pi(k\text{ 为整数})\}$.

正切函数和余切函数都是以 π 为周期的函数，且都是奇函数.

正割函数 $y=\sec x=\dfrac{1}{\cos x}$ 和余割函数 $y=\csc x=\dfrac{1}{\sin x}$ 都是以 2π 为周期的周期函数，且在区间 $\left(0,\dfrac{\pi}{2}\right)$ 内都是无界的.

常用的三角函数公式

基本关系公式

$$\sin^2x+\cos^2x=1,\quad \sec^2x=1+\tan^2x.$$

倍角公式

$$\sin 2x=2\sin x\cos x,\quad \cos 2x=\cos^2x-\sin^2x.$$

半角公式

$$\sin\frac{x}{2}=\sqrt{\frac{1-\cos x}{2}},\quad \cos\frac{x}{2}=\sqrt{\frac{1+\cos x}{2}}.$$

积化和差公式

$$\sin x\sin y=-\frac{1}{2}[\cos(x+y)-\cos(x-y)],$$

$$\cos x\cos y=\frac{1}{2}[\cos(x+y)+\cos(x-y)],$$

$$\sin x\cos y=\frac{1}{2}[\sin(x+y)+\sin(x-y)].$$

二、对数函数　反三角函数

1. 反函数

函数 $y=f(x)$ 反映了变量 y 如何随变量 x 的变化而变化，但变量间的制约关系往往是相互的，因此也可以根据问题需要，反过来研究变量 x 如何随变量 y 的变化而变化. 例如，做自由落体运动的物体下降的距离 s 与时间 t 的关系是

$$s=\frac{1}{2}gt^2, \tag{1-1}$$

其中，s 随 t 的变化而变化，s 是 t 的函数；反过来，当需要知道经过多长时间物体才能落到指定地点时，取下落的距离 s 为自变量比较方便，于是时间 $t(t\geqslant 0)$ 是 s 的函数，由式(1-1)解得

$$t=\sqrt{\frac{2s}{g}}. \tag{1-2}$$

在函数的定义中，函数 $y=f(x)$ 在其定义域内取定一个值 x，按照法则 f 就有唯一的函数值 y 与之对应，反之不一定成立. 例如，式(1-1)中对于 s 的一个值，与之对应的 t 有两个值，这里根据物理意义舍去 $t=-\sqrt{\frac{2s}{g}}$，只取其中的正值. 对于这种函数，只要将其定义域加以适当限制，y 与 x 就是一一对应的.

一般地，设函数 $y=f(x)$ 的定义域为 D，值域为 W. 对于任一 $y\in W$，若都有唯一的 $x\in D$，使得 $f(x)=y$，则在 W 上定义一个函数，记作 f^{-1}，即

$$x=f^{-1}(y),\quad y\in W,$$

称 $x=f^{-1}(y)$ 为 $y=f(x)$ 的**反函数**.

反函数的实质是对应法则 f^{-1}，至于用什么字母表示反函数中的自变量与因变量是无关紧要的. 习惯上，用 y 表示因变量，x 表示自变量，反函数 $x=f^{-1}(y)$ 习惯上记作 $y=f^{-1}(x)$，$x\in W$.

例如，函数 $y=ax+b$ 和 $y=x^3$ 的反函数分别为 $x=\frac{y-b}{a}$ 和 $x=\sqrt[3]{y}$. 改变自变量和因变量的符号，将 x 与 y 的位置对调，则反函数分别为 $y=\frac{x-b}{a}$ 和 $y=\sqrt[3]{x}$.

函数与其反函数之间有密切的联系，已知函数的性质，可以推出其反函数的性质. 例如，若函数 $y=f(x)$ 是 D 上的单调函数，容易证明 $y=f^{-1}(x)$ 在 $W=\{y\,|\,y=f(x),x\in D\}$ 上也是单调函数. 反之亦然.

下面来研究反函数的图形. 设函数 $y=f(x)$ 有反函数，若 (a,b) 是 $y=f(x)$ 图形上的点，则有 $b=f(a)$，由反函数的定义知 $a=f^{-1}(b)$，所以 (b,a) 是 $y=f^{-1}(x)$ 图形上的点. 而点 (a,b) 与点 (b,a) 关于直线 $y=x$ 对称(见图 1-11). 故函数 $y=f(x)$ 的图形与它的反函数 $y=f^{-1}(x)$ 的图形关于直线 $y=x$ 对称.

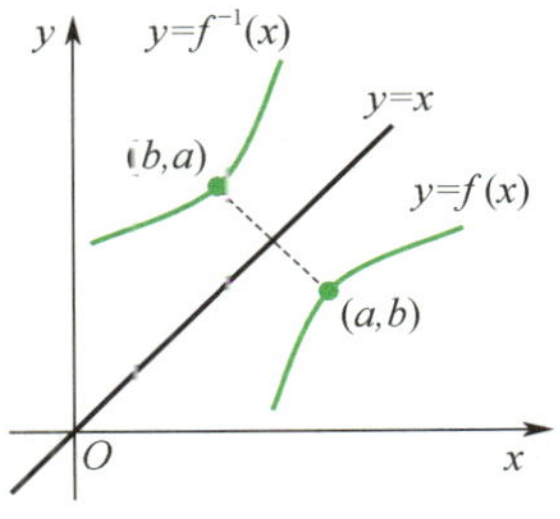

图 1-11

2. 对数函数

指数函数 $y=a^x$ 的反函数，记作

$$y=\log_a x\,(a>0,a\neq 1),$$

称为对数函数，它的定义域是 $(0,+\infty)$，值域是 $(-\infty,+\infty)$. 当 $a>1$ 时，$y=\log_a x$ 在定义域内单调增加；当 $0<a<1$ 时，它在定义域内单调减少. 对数函数的图形在 y 轴的右侧，且过点 $(1,0)$，如图 1-12 所示.

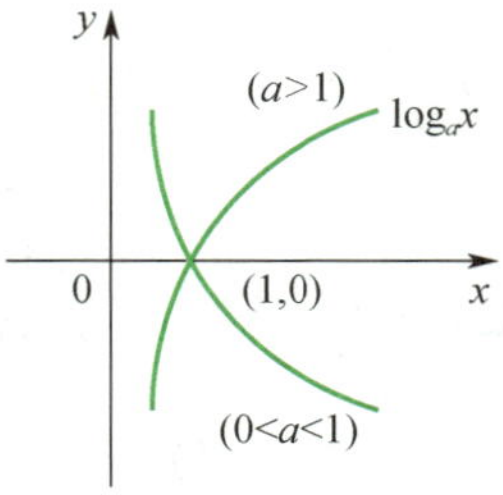

图 1-12

3. 反三角函数

反正弦函数 设 $x=\sin y, D=\left[-\frac{\pi}{2},\frac{\pi}{2}\right], W=\{x\,|\,x=\sin y, y\in D\}$. 因为 $x=\sin y$ 在定义域 D 上单调增加，所以对于任一 $x\in W$，都有唯一的 $y\in D$ 满足 $\sin y=x$，故 $x=\sin y$ 的反函数存在，称 $x=\sin y$ 的反函数为反正弦函数，记作

$$y=\arcsin x, x\in[-1,1],$$

其值域是 $\left[-\frac{\pi}{2},\frac{\pi}{2}\right]$. 它在区间 $[-1,1]$ 上单调增加，如图 1-13(a)所示.

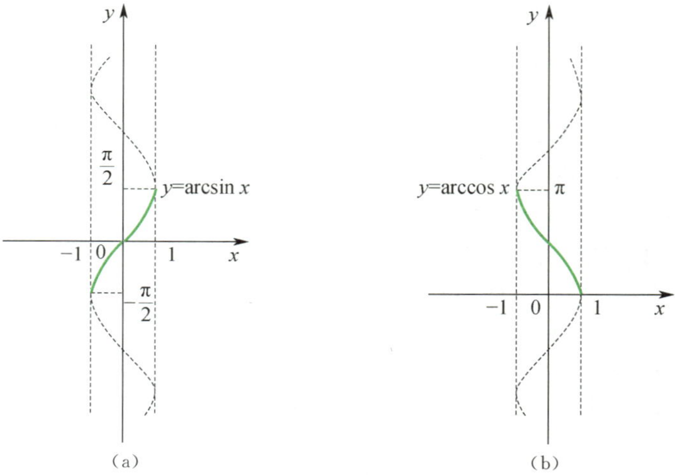

图 1-13

反函数与反三角函数

类似地，可以写出其他 3 个反三角函数，具体如下.

反余弦函数 $y=\arccos x$ 的定义域是 $[-1,1]$，值域是 $[0,\pi]$. 它在区间 $[-1,1]$ 上单调减少，如图 1-13(b)所示.

反正切函数 $y=\arctan x$ 的定义域是 $(-\infty,+\infty)$，值域是 $\left(-\frac{\pi}{2},\frac{\pi}{2}\right)$. 它在区间 $(-\infty,+\infty)$ 内单调增加，如图 1-14 所示.

反余切函数 $y=\operatorname{arccot} x$ 的定义域是 $(-\infty,+\infty)$，值域是 $(0,\pi)$. 它在区间 $(-\infty,+\infty)$ 内单调减少，如图 1-15 所示.

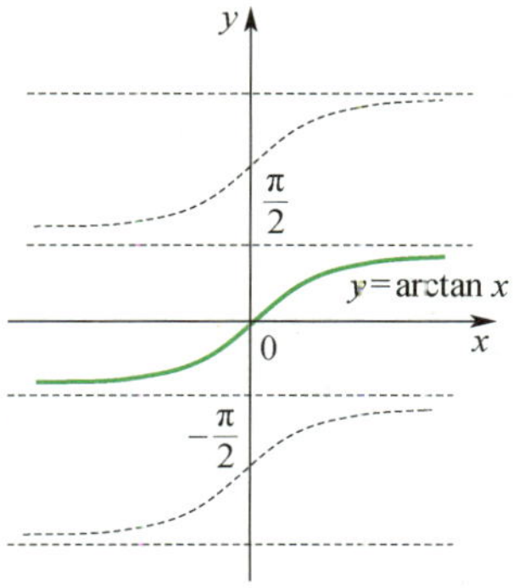

图 1-14

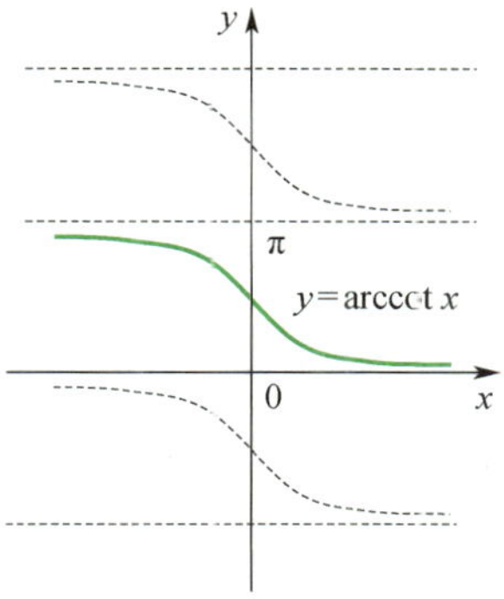

图 1-15

三、复合函数 初等函数

1. 复合函数

初等数学中有像 $y=\sqrt{\log_2 x}$ 这样的函数，它是由函数 $y=\sqrt{u}$ 和 $u=\log_2 x$ 复合得到的，可以称它是由这两个函数构成的复合函数.

设函数 $y=f(u)$ 的定义域为 D_f，$u=g(x)$ 的定义域为 D_g，且 $g(x)$ 的值域 $W_g \subset D_f$，则 y 可通过变量 u 成为 x 的函数，称这个函数为由 $u=g(x)$ 与 $y=f(u)$ 构成的**复合函数**，记作 $y=f[g(x)]$，其中 u 称为**中间变量**.

例如，函数 $y=u^2$ 的定义域为 $(-\infty,+\infty)$，而函数 $u=\sin x$ 的值域为 $[-1,1]\subset(-\infty,+\infty)$，故这两个函数能构成复合函数 $y=\sin^2 x$. 但并非任意两个函数都能构成一个复合函数. 例如，函数 $y=\ln(u-2)$ 与函数 $u=\sin x$ 就不能构成复合函数，因为 $u=\sin x$ 的值域与 $y=\ln(u-2)$ 的定义域的交集是空集，所以函数 $y=\ln(\sin x-2)$ 的定义域为空集.

例 1 设 $f(x)=\sqrt{x^2+1}$，$g(x)=\dfrac{2}{x}$，求 $f[g(x)]$，$f^4(x)+g^4(x)$.

解 由复合函数的定义可知，$f[g(x)]=\sqrt{\left(\dfrac{2}{x}\right)^2+1}=\sqrt{\dfrac{4}{x^2}+1}$，

$$f^4(x)+g^4(x)=\left(\sqrt{x^2+1}\right)^4+\left(\frac{2}{x}\right)^4=(x^2+1)^2+\frac{16}{x^4}.$$

例 2 分别写出函数 $y=\cos\sqrt{x}$ 和 $y=5^{(2x-1)^3}$ 的复合过程.

解 取 $y=f(u)=\cos u$，$u=g(x)=\sqrt{x}$，则函数 $y=\cos\sqrt{x}$ 是由函数 $y=f(u)=\cos u$ 和 $u=g(x)=\sqrt{x}$ 复合而成的.

同理，函数 $y=5^{(2x-1)^3}$ 是由 $y=5^u$，$u=v^3$ 和 $v=2x-1$ 复合而成的.

2. 初等函数

由常数和基本初等函数经过有限次四则运算、有限次函数复合构成，并能用一个式子表示的函数，称为**初等函数**.

例如，多项式

$$P(x)=a_nx^n+a_{n-1}x^{n-1}+\cdots+a_1x+a_0$$

是经过若干个幂函数与常数的乘积运算和求和运算得到的；又如，正割函数和余割函数，即

$$\sec x=\frac{1}{\cos x},\qquad \csc x=\frac{1}{\sin x}$$

是通过常数与相应三角函数的除法运算得到的；再如，函数 $y=(1+x^2)^{\frac{1}{4}}$ 是由 $y=u^{\frac{1}{4}}$ 和 $u=1+x^2$ 复合而成的，它们都是初等函数.

概念复习

1. 设 $f(x)=\ln(x+1)$，则 $f(2t)=$________，$f(x+h)=$________.

2. $y=\arcsin x$ 的定义域是________________，值域是______________；$y=\arctan x$ 的定义域是________________，值域是________________.

3. $y=(1+2x)^{10}$ 是由____________________和____________________复合而成的.

4. ________、________、________、________、________这 5 类函数统称为基本初等函数；初等函数是由常数和基本初等函数经过____________________________________构成，并能用________表示的函数.

习题 1-3

1. 求下列函数的定义域.

(1) $y=\sin\sqrt{x}$；　　(2) $y=\tan(x-1)$；

(3) $y=\arcsin(x-1)$；　　(4) $y=\sqrt{3-x}+\arctan\dfrac{1}{x}$.

2. 求下列函数的反函数.

(1) $y=\sqrt[5]{2x+1}$；　　(2) $y=1+\ln(x+2)$.

3. 写出下列每组函数的复合函数 $f[g(x)]$ 的表达式.

(1) $f(x)=\sin x, g(x)=x^2-1$；

(2) $f(x)=\sqrt[3]{1+2x}, g(x)=\mathrm{e}^x$.

4. 写出下列函数的复合过程.

(1) $y=\cos 3x$；　　(2) $y=(x^2+x)^{10}$；

(3) $y=\sqrt{1+x^2}$；　　(4) $y=\mathrm{e}^{2x+1}$.

第 4 节　函数的参数方程

一、函数的参数表示

在平面解析几何中，到坐标原点的距离等于 a 的动点的轨迹是圆，如图 1-16 所示，动点 P 在运动中的位置是由 OP 与 x 轴正方向的夹角 t 确定的，因此点 P 的坐标是 t 的函数，即 x 和 y 满足

$$\begin{cases} x=a\cos t, \\ y=a\sin t, \end{cases} \quad 0\leqslant t<2\pi, \tag{1-3}$$

方程组(1-3)确定了 y 与 x 之间的函数关系. 在方程组(1-3)中消去 t，可得 $x^2+y^2=a^2$.

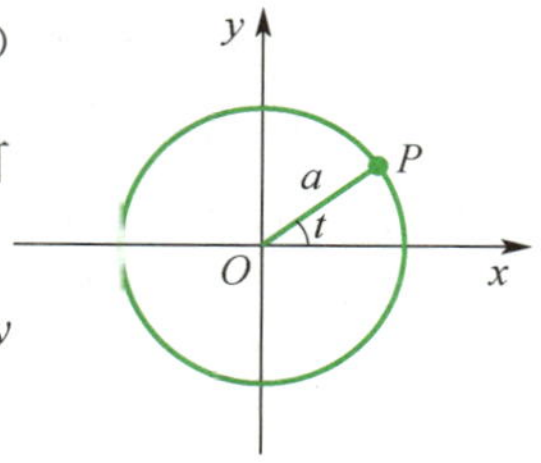

图 1-16

一般地，在平面直角坐标系中，如果曲线 C 上任意一点的坐标 x,y 都是某个变量 t 的函数，即

$$\begin{cases} x=\varphi(t), \\ y=\psi(t), \end{cases} \quad t\in D, \tag{1-4}$$

并且对于每一个 $t\in D$，由方程组(1-4)所确定的点 $P(x,y)$ 都在曲线 C 上，则方程组(1-4)称为曲线 C 的**参数表示**或**参数方程**，变量 t 称为**参数**.

参数方程是以参变量为中介来表示曲线上点的坐标的方程. 在实际应用中，有些曲线用参数方程表示更方便.

抛物线　$y=x^2$ 的右半支的参数方程可以表示为

$$\begin{cases} x=\sqrt{t}, \\ y=t, \end{cases} \quad t\geqslant 0,$$

也可以表示为

$$\begin{cases} x=t, \\ y=t^2, \end{cases} \quad t\geqslant 0.$$

由此可见，在相同的坐标系下，由于参数选取的不同，同一条曲线可以有不同的参数方程.

椭圆　$\dfrac{x^2}{a^2}+\dfrac{y^2}{b^2}=1(a>0,b>0)$的参数方程可以表示为

$$\begin{cases} x=a\cos t, \\ y=b\sin t, \end{cases} \quad 0\leqslant t<2\pi.$$

摆线　如图 1-17 所示，半径为 a 的圆与 x 轴相切于坐标原点 O，记圆上切点为 M，当圆从原点开始沿 x 轴滚动时，点 M 的轨迹称为**摆线**，其参数方程可以表示为

$$\begin{cases} x=a(t-\sin t), \\ y=a(1-\cos t), \end{cases} \quad -\infty<t<+\infty.$$

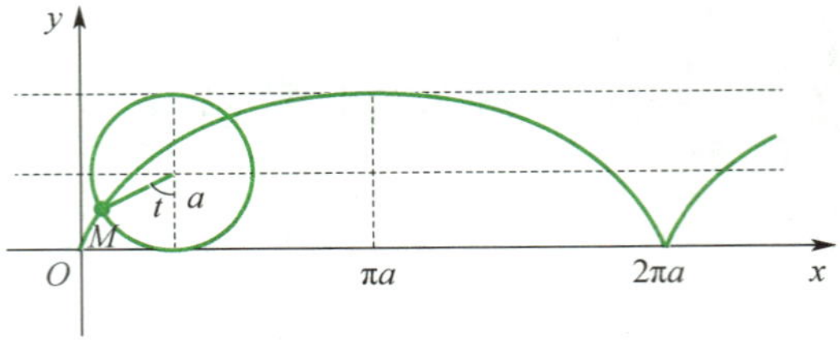

图 1-17

二、函数的极坐标表示

平面上点的位置除用直角坐标表示外，还常用距离和方向表示，即用极坐标表示.

在平面内取一个定点 O，从点 O 引一条射线 Ox，并标注正方向，选定一个单位长度以及计算角度的正方向(通常取逆时针方向为正方向)，这样就建立了一个极坐标系(见图 1-18)，点 O 称为**极点**，射线 Ox 称为**极轴**.

设点 P 是平面内任意一点，用 ρ 表示线段 OP 的长度，θ 表示射线 Ox 到线段 OP 的角度，则 ρ 称为点 P 的**极半径**，θ 称为点 P 的**极角**，有序数对 (ρ,θ) 称为点 P 的**极坐标**(见图 1-19). 当限制 $\rho\geqslant 0,0\leqslant\theta<2\pi$ 时，平面上除极点 O 外，其他每一点都有一个极坐标. 极点的极半径为零.

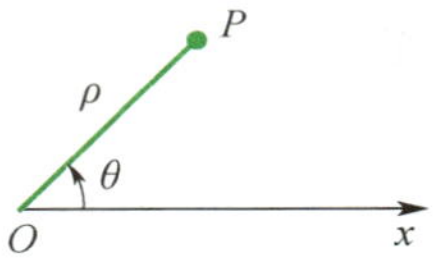

图 1-18

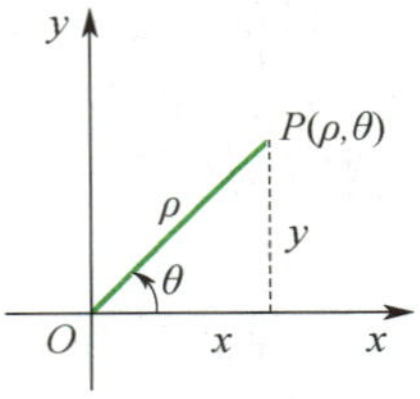

图 1-19

如图 1-19 所示，平面上点的直角坐标与极坐标有如下关系.

$$\begin{cases} x=\rho\cos\theta, \\ y=\rho\sin\theta, \end{cases} \tag{1-5}$$

$$\begin{cases} \rho^2=x^2+y^2, \\ \tan\theta=\dfrac{y}{x}. \end{cases} \tag{1-6}$$

利用式(1-5)和式(1-6)可以将曲线的直角坐标方程与极坐标方程互相转化.

例 1 将下列直角坐标方程化为极坐标方程.

(1) $x^2+y^2=a^2$； (2) $(x-a)^2+y^2=a^2$.

解 (1) 将 $x=\rho\cos\theta,y=\rho\sin\theta$ 代入圆的方程，得

$$(\rho\cos\theta)^2+(\rho\sin\theta)^2=a^2,$$

即

$$\rho=a.$$

(2) 将 $x=\rho\cos\theta,y=\rho\sin\theta$ 代入圆的方程，整理得

$$\rho^2\cos^2\theta-2a\rho\cos\theta+a^2+\rho^2\sin^2\theta=a^2,$$

即

$$\rho=2a\cos\theta.$$

类似可得圆 $x^2+(y-a)^2=a^2$ 的极坐标方程为

$$\rho=2a\sin\theta.$$

例 2 将**心形线**(见图 1-20)的极坐标方程

$$\rho=a(1+\cos\theta)$$

化为直角坐标方程.

解 将心形线的极坐标方程两端同乘以 ρ,得

$$\rho^2=a\rho+\rho a\cos\theta.$$

由于 $x=\rho\cos\theta,\rho^2=x^2+y^2$,故心形线的直角坐标方程为

$$x^2+y^2-ax=a\sqrt{x^2+y^2}.$$

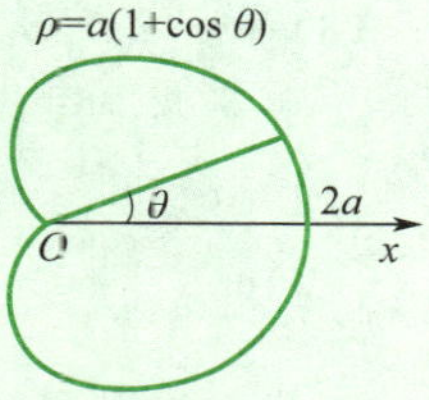

图 1-20

如图 1-21 所示,**阿基米德螺线**的极坐标方程为

$$\rho=a\theta.$$

请读者尝试写出其直角坐标方程.

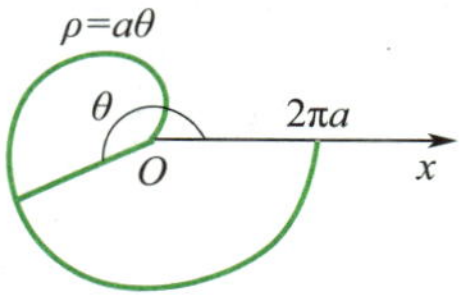

图 1-21

概念复习

1. 圆心在坐标原点、半径为 a 的圆的参数方程为__________.

2. 椭圆 $\frac{x^2}{a^2}+\frac{y^2}{b^2}=1$ 的参数方程为__________.

3. 直角坐标与极坐标的关系为 $x=$______,$y=$______;$\rho=$______,$\theta=$______.

4. 圆心在坐标原点、半径为 a 的圆的极坐标方程为__________.

习题 1-4

1. 写出下列圆的极坐标方程.

(1) $x^2+y^2=1$;　　(2) $(x-1)^2+y^2=1$;

(3) $x^2+(y-2)^2=4$.

2. 将下列极坐标方程化为直角坐标方程.

(1) $\rho=\frac{1}{1+\cos\theta}$;　　(2) $\rho=2+\cos\theta$.

回顾与预习

1. 解下列不等式.

(1) $-5<6x+1<7$；　　(2) $4<5-3x<14$；

(3) $x^2-2x-4\leqslant 0$；　　(4) $x^2-5x+6\leqslant 0$.

2. 解下列绝对值不等式.

(1) $|x-3|<2$；　　(2) $|x+5|>6$；

(3) $|2x-1|<3$；　　(4) $\left|\frac{x}{4}-1\right|\geqslant 1$.

3. 分别求满足不等式 $|6x-18|<0.1$，$|6x-18|<0.01$ 和 $|6x-18|<\varepsilon$ 的 3 的邻域的半径.

4. 用绝对值不等式表示满足下列条件的 x 的集合.

(1) x 到点 1 的距离不超过 0.1；

(2) x 到点 1 的距离不超过 0.01；

(3) x 到点 1 的距离不超过任意小的正数 ε.

5. 设 $f(x)=\frac{|x|}{x}$，计算表 1-3 中的点对应的函数值，并观察函数值随自变量的变化而变化的趋势.

表 1-3

x	-1	-0.1	-0.01	-0.001	0	0.001	0.01	0.1	1
$f(x)$									

数学与国家实力

本章自测题

本章参考答案

第2章

极限与连续

李大潜

极限是高等数学中的基本概念之一. 许多数学概念(如函数的连续性、导数、定积分等)都建立在极限概念的基础之上. 函数的连续性主要反映函数在一点的函数值与该点附近的函数值之间的关系,是函数在该点的性质. 本章将介绍极限和连续等基本概念,以及它们的一些性质.

第 1 节　函数的极限

极限概念是在探求某些实际问题的精确解答的过程中产生的. 例如,公元 3 世纪,我国古代数学家刘徽利用圆内接正多边形推算圆的面积(割圆术),就是依次用圆内接正六边形、正十二边形、正二十四边形、……、正 $6\times 2^{n-1}$ 边形等正多边形的面积近似代替圆的面积,正多边形的边数越多,它的面积与圆面积之差就越小,即"割之弥细,所失弥少,割之又割,以至于不可割,则与圆周合体,而无所失矣". 这就是极限思想在几何上的应用.

一、自变量趋于有限值时函数的极限

自变量趋于有限值时函数极限的定义

先来观察一个简单例子. 考察函数 $y=f(x)=\dfrac{x^2-1}{x-1}$ 当 x 趋于 1 时相应函数值的变化趋势. 通过函数 y 在 1 附近的取值(见表 2-1),作出函数图形,如图 2-1 所示.

表 2-1

x	0.75	0.85	0.9	0.99	0.999→1←1.001	1.01	1.1	1.15	1.2
y	1.75	1.85	1.9	1.99	1.999→?←2.001	2.01	2.1	2.15	2.2

虽然函数在 $x=1$ 处无定义,但由表 2-1 及图 2-1 可见,当 x 趋于 1 时,$f(x)$ 无限接近 2. 也就是说,当 x 与 1 的距离足够小,但 x 不等于 1 时,$f(x)$ 与 2 的距离可以任意小. 这时称 2

是函数 $f(x)$ 当 x 趋于 1 时的极限.

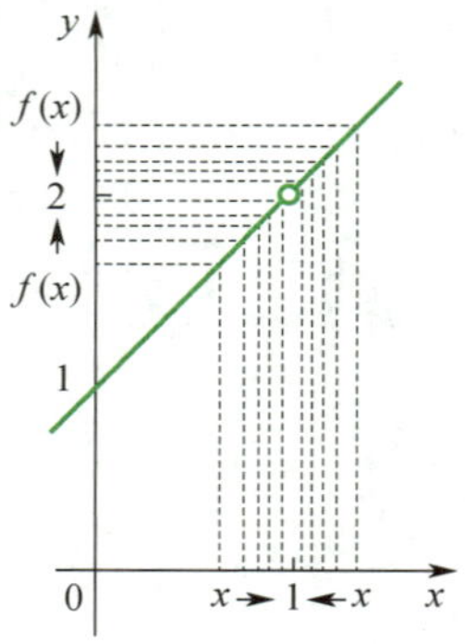

图 2-1

定义 1 设函数 $f(x)$ 在点 x_0 的某一去心邻域 $\mathring{U}(x_0,\delta)$ 内有定义，如果当自变量 x 在该邻域内无限接近 x_0 时，相应的函数值 $f(x)$ 无限接近常数 A，则称常数 A 为函数 $f(x)$ 当 $x\to x_0$ 时的极限，记作

$$\lim_{x\to x_0}f(x)=A \quad 或 \quad f(x)\to A(当\ x\to x_0\ 时).$$

注意 (1) 定义 1 中要求 $f(x)$ 在 $\mathring{U}(x_0,\delta)$ 内有定义，表明 x 无限接近 x_0 时，函数 $f(x)$ 的极限是否存在与 $f(x)$ 在 $x=x_0$ 处有没有定义无关.

(2) 由表 2-1 和图 2-1 可以看出，无论是 x 趋于 1 还是 $f(x)$ 无限接近 2 都可以用距离来表示. 对于任意给定的正数 ε（无论多么小），总能找到一正数 δ，使得当 x 与点 1 的距离小于 δ（$|x-1|<\delta$）时，$f(x)$ 与点 2 的距离小于 ε（$|f(x)-2|<\varepsilon$）. 定义 1 为函数极限的描述性定义，还可以用精确的数学语言定义函数的极限.

***定义 1′** 设函数 $f(x)$ 在点 x_0 的某一去心邻域内有定义，如果存在常数 A，对于任意给定的正数 ε（无论它多么小），总存在正数 δ，使得当 x 满足不等式 $0<|x-x_0|<\delta$ 时，对应的函数值 $f(x)$ 都满足不等式**

$$|f(x)-A|<\varepsilon,$$

那么常数 A 就称为函数 $f(x)$ 当 $x\to x_0$ 时的极限，记作

$$\lim_{x\to x_0}f(x)=A \quad 或 \quad f(x)\to A(当\ x\to x_0\ 时).$$

由定义 1，显然有 $\lim\limits_{x\to 1}\dfrac{x^2-1}{x-1}=\lim\limits_{x\to 1}(x+1)=2$.

在定义 1 中，当 $x\to x_0$ 时，x 既可以从 x_0 左侧，也可以从 x_0 右侧趋于 x_0. 但有时所讨论的 x 只能或只需从 x_0 的左侧或右侧趋于 x_0，即仅限于 $x<x_0$ 或 $x>x_0$.

当 x 从左侧趋于 x_0 时，如果函数 $f(x)$ 的极限存在，这个极限就称为函数 $f(x)$ 当 $x\to x_0$ 时的**左极限**，记作

$$\lim_{x\to x_0^-}f(x)=A \quad 或 \quad f(x_0^-)=A.$$

当 x 从右侧趋于 x_0 时，如果函数 $f(x)$ 的极限存在，这个极限就称为函数 $f(x)$ 当 $x\to x_0$ 时的**右极限**，记作

$$\lim_{x\to x_0^+}f(x)=A \quad 或 \quad f(x_0^+)=A.$$

例 1 画出函数 $f(x)=|x|$ 的图形，讨论当 $x\to 0$ 时，$f(x)$ 的极限是否存在.

解 由绝对值的定义，得

$$f(x)=\begin{cases}-x, & x\leqslant 0,\\ x, & x>0,\end{cases}$$

函数的图形如图 2-2 所示. 因为

$$\lim_{x\to 0^-}f(x)=\lim_{x\to 0^-}(-x)=0,$$

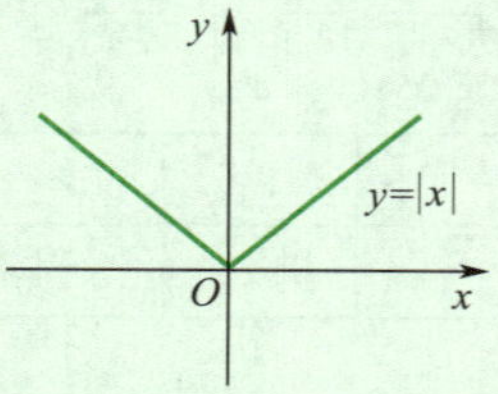

图 2-2

$$\lim_{x\to 0^+} f(x)=\lim_{x\to 0^+} x=0,$$

所以 $f(0^-)=f(0^+)=0$. 由函数的图形可见，$\lim\limits_{x\to 0} f(x)=0$.

例 2 画出函数 $f(x)=\dfrac{|x|}{x}$ 的图形，讨论当 $x\to 0$ 时，$f(x)$ 的极限是否存在.

解 由绝对值的定义，得

$$f(x)=\begin{cases}-1, & x<0,\\ 1, & x>0,\end{cases}$$

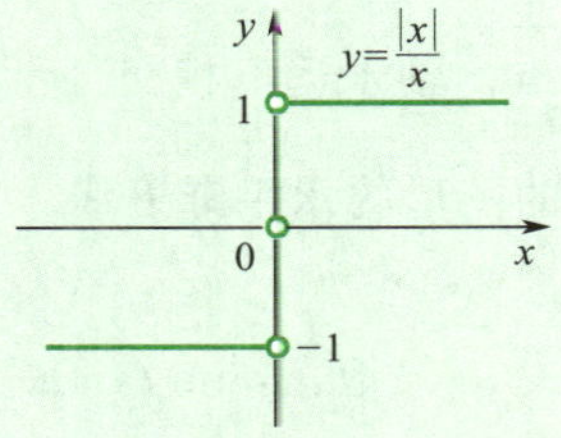

图 2-3

函数在 $x=0$ 点处没有定义，函数的图形如图 2-3 所示. 因为

$$\lim_{x\to 0^-} f(x)=\lim_{x\to 0^-}(-1)=-1,$$

$$\lim_{x\to 0^+} f(x)=\lim_{x\to 0^+} 1=1,$$

即 $f(0^-)\neq f(0^+)$，所以 $\lim\limits_{x\to 0} f(x)$ 不存在.

由函数极限的定义及上述两例不难看出，函数在一点的极限与其左、右极限有下述关系.

定理 1 $\lim\limits_{x\to x_0} f(x)=A$ **的充要条件是** $\lim\limits_{x\to x_0^+} f(x)=\lim\limits_{x\to x_0^-} f(x)=A$.

学有余力的读者可以尝试用定义 1′证明定理 1.

二、自变量趋于无穷大时函数的极限

当 $x\to\infty$ 时，函数 $f(x)$ 的极限，与当 $x\to x_0$ 时，$f(x)$ 的极限类似，所不同的是自变量的变化过程是趋于无穷大. 仿照定义 1 有如下定义.

定义 2 **设函数** $f(x)$ **在** $|x|>X$（X **为某一正数）时有定义，如果当自变量** x **的绝对值无限增大时，相应的函数值** $f(x)$ **无限接近常数** A**，则称常数** A **为函数** $f(x)$ **当** $x\to\infty$ **时的极限，记作**

$$\lim_{x\to\infty} f(x)=A \quad \textbf{或} \quad f(x)\to A(\textbf{当 } x\to\infty \textbf{ 时}).$$

如果 $x>0$ 且无限增大（记作 $x\to+\infty$），只要把定义 2 中的 $|x|>X$ 改为 $x>X$，就可得到

$$\lim_{x\to+\infty} f(x)=A$$

的定义. 同样，如果 $x<0$ 且 $|x|$ 无限增大（记作 $x\to-\infty$），只要把定义 2 中的 $|x|>X$ 改为 $x<-X$，就可得到

$$\lim_{x\to-\infty} f(x)=A$$

的定义.

极限概念与矛盾分析法

由定义 2 容易推出，$\lim\limits_{x\to\infty} f(x)=A$ **的充要条件是**

$$\lim_{x\to+\infty} f(x)=\lim_{x\to-\infty} f(x)=A.$$

例 3 画出函数 $y=\dfrac{1}{x}$ 的图形，并求极限 $\lim\limits_{x\to\infty}\dfrac{1}{x}$.

解 函数的图形如图 2-4 所示，由函数的图形可见，当 $x\to+\infty$ 时，函数的图形从 x 轴上方无限接近 x 轴但与 x 轴永远不相交；当 $x\to-\infty$ 时，函数的图形从 x 轴下方无限接近 x 轴且也与 x 轴永远不相交. 所以 $\lim\limits_{x\to\infty}\dfrac{1}{x}=0$. 直线 $y=0$ 称为函数 $y=\dfrac{1}{x}$ 的图形的**水平渐近线**.

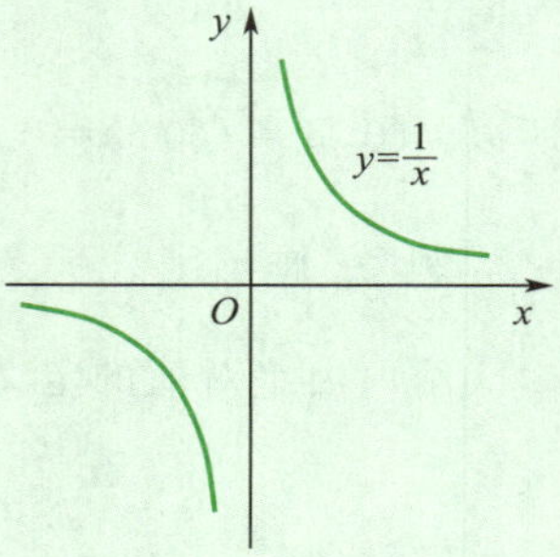

图 2-4

一般地，若 $\lim\limits_{x\to\infty}f(x)=A$，则称直线 $y=A$ 是曲线 $y=f(x)$ 的**水平渐近线**.

三、数列的极限

定义 3 设 $x_n=f(n)$ 是一个以正整数集为定义域的函数，将其函数值 x_n 按自变量 n 从小到大的顺序排成一列，即

$$x_1, x_2, \cdots, x_n, \cdots, \tag{2-1}$$

称为数列. 数列中的每一个数称为数列的项，第 n 项 x_n 称为数列的一般项或通项. 数列(2-1)简记为 $\{x_n\}$ 或 $x_n=f(n)$.**

数列极限的定义

当 $n\to\infty$ 时，数列 $x_n=f(n)$ 的极限是当自变量趋于无穷大时函数极限的特殊情况（自变量取正整数）. 关于数列极限有如下定义.

定义 4 对于数列 $\{x_n\}$，如果当 n 无限增大时，通项 x_n 无限接近于某个常数 a，则称常数 a 是数列 $\{x_n\}$ 的极限，或者称数列 $\{x_n\}$ 收敛于 a，记作**

$$\lim_{n\to\infty}x_n=a \quad \text{或} \quad x_n\to a\,(n\to\infty).$$

如果这样的常数 a 不存在，就说数列 $\{x_n\}$ 没有极限，或者说数列 $\{x_n\}$ 是发散的，习惯上也说 $\lim\limits_{n\to\infty}x_n$ 不存在.

观察下列数列：

$$1, \frac{1}{2}, \frac{1}{3}, \cdots, \frac{1}{n}, \cdots; \tag{2-2}$$

$$1, 2, 3, \cdots, n, \cdots; \tag{2-3}$$

$$\frac{1}{2}, \frac{2}{3}, \frac{3}{4}, \cdots, \frac{n}{n+1}, \cdots; \tag{2-4}$$

$$1, -1, 1, \cdots, (-1)^{n-1}, \cdots. \tag{2-5}$$

数列(2-2)的通项是 $x_n=\dfrac{1}{n}$，满足 $0<x_{n+1}<x_n\leqslant 1$，当 $n\to+\infty$ 时，极限为 0.

数列(2-3)的通项是 $x_n=n$，满足 $x_n<x_{n+1}$，但当 $n\to+\infty$ 时，$x_n=n\to+\infty$，极限不存在.

数列(2-4)的通项是 $x_n=\dfrac{n}{n+1}$，满足 $\dfrac{1}{2}\leqslant x_n<x_{n+1}<1$，当 $n\to+\infty$ 时，极限为 1.

数列(2-5)的通项是 $x_n=(-1)^{n-1}$，满足 $|x_n|=1$，它的奇数项和偶数项分别为 1 和 −1，极限不存在.

如果数列的通项满足 $x_{n+1}\leqslant x_n$（或 $x_{n+1}\geqslant x_n, n=1,2,3,\cdots$），则称该数列为**单调减少**（或**增加**）**数列**．数列(2-2)是单调减少的，而数列(2-3)和数列(2-4)是单调增加的．如果存在一个正数 M，对于数列中的每一项都有 $|x_n|\leqslant M$，则称该数列为**有界数列**．数列(2-2)、数列(2-4)及数列(2-5)均有界．由此可见，单调数列不一定有极限，有界数列也不一定有极限．但是数列(2-2)、数列(2-4)满足单调和有界两个条件且它们都有极限．这个结论对于一般的单调有界数列也是成立的．

定理 2 **单调有界数列必有极限．**

定理 2 是高等数学中两个极限存在准则之一，证明略．

***例 4** 证明：数列 $\left\{\left(1+\frac{1}{n}\right)^n\right\}$ 收敛．

证 设 $x_n=\left(1+\frac{1}{n}\right)^n$，下面证明数列 $\{x_n\}$ 单调增加且有界．

先证明数列 $\{x_n\}$ 是单调增加的．按二项式定理展开，有

$$\begin{aligned}x_n&=1+\frac{n}{1!}\cdot\frac{1}{n}+\frac{n(n-1)}{2!}\cdot\frac{1}{n^2}+\frac{n(n-1)(n-2)}{3!}\cdot\frac{1}{n^3}+\cdots\\&\quad+\frac{n(n-1)(n-2)\cdots(n-n+1)}{n!}\cdot\frac{1}{n^n}\\&=1+1+\frac{1}{2!}\cdot\left(1-\frac{1}{n}\right)+\frac{1}{3!}\cdot\left(1-\frac{1}{n}\right)\left(1-\frac{2}{n}\right)+\cdots\\&\quad+\frac{1}{n!}\left(1-\frac{1}{n}\right)\left(1-\frac{2}{n}\right)\cdots\left(1-\frac{n-1}{n}\right),\end{aligned}\tag{2-6}$$

类似地，有

$$\begin{aligned}x_{n+1}=&1+1+\frac{1}{2!}\cdot\left(1-\frac{1}{n+1}\right)+\frac{1}{3!}\cdot\left(1-\frac{1}{n+1}\right)\left(1-\frac{2}{n+1}\right)+\cdots\\&+\frac{1}{n!}\left(1-\frac{1}{n+1}\right)\left(1-\frac{2}{n+1}\right)\cdots\left(1-\frac{n-1}{n+1}\right)\\&+\frac{1}{(n+1)!}\left(1-\frac{1}{n+1}\right)\left(1-\frac{2}{n+1}\right)\cdots\left(1-\frac{n}{n+1}\right),\end{aligned}$$

比较 x_n, x_{n+1} 的展开式，可以看出除前两项外，x_n 的每一项都比 x_{n+1} 的对应项小，且 x_{n+1} 还比 x_n 多一项，其值大于零，所以

$$x_n<x_{n+1},$$

即数列 $\{x_n\}$ 是单调增加的．

再证明数列 $\{x_n\}$ 是有界的．由式(2-6)，得

$$\begin{aligned}x_n&<1+1+\frac{1}{2!}+\frac{1}{3!}+\cdots+\frac{1}{n!}<1+1+\frac{1}{2}+\frac{1}{2^2}+\cdots+\frac{1}{2^{n-1}}\\&=1+\frac{1-\frac{1}{2^n}}{1-\frac{1}{2}}=3-\frac{1}{2^{n-1}}<3,\end{aligned}$$

故数列$\{x_n\}$是有界的.根据定理2,数列$\{x_n\}$的极限存在.该极限等于e(e为自然常数),即

$$\lim_{n\to\infty}\left(1+\frac{1}{n}\right)^n=\mathrm{e}.$$

这个极限是高等数学中的两个重要极限之一.

四、函数极限的性质

前面给出的函数极限的定义虽然形式不同,但其实质都是在自变量x的某一变化过程中对应函数值$f(x)$无限逼近某个常数.在这里仅以"$\lim\limits_{x\to x_0}f(x)=A$"为代表给出如下函数极限的性质.

定理3（唯一性） 如果极限$\lim\limits_{x\to x_0}f(x)$存在,那么它的极限唯一.

定理4（局部有界性） 如果极限$\lim\limits_{x\to x_0}f(x)$存在,那么存在常数$M>0$和$\delta>0$,使得当$0<|x-x_0|<\delta$时,有$|f(x)|\leqslant M$.

定理5（局部保号性） 如果极限$\lim\limits_{x\to x_0}f(x)=A$,且$A>0$(或$A<0$),那么存在常数$\delta>0$,使得当$0<|x-x_0|<\delta$时,有$f(x)>0$[或$f(x)<0$].

定理6（夹逼准则） 如果存在$\delta>0$,使得当$0<|x-x_0|<\delta$时,有$g(x)\leqslant f(x)\leqslant h(x)$,且$\lim\limits_{x\to x_0}g(x)=\lim\limits_{x\to x_0}h(x)=A$,那么

$$\lim_{x\to x_0}f(x)=A.$$

极限存在准则的应用

例如,当$0<|x|<\frac{\pi}{2}$时,$0<|\sin x|<|x|$,由$\lim\limits_{x\to 0}|x|=0$,得$\lim\limits_{x\to 0}\sin x=0$.

例5 证明极限$\lim\limits_{x\to 0}\frac{\sin x}{x}=1$(此极限是高等数学中另一个重要极限).

解 如图2-5所示,以坐标原点O为圆心、1为半径作圆.设圆心角

$$\angle AOB=x\quad\left(0<x<\frac{\pi}{2}\right),$$

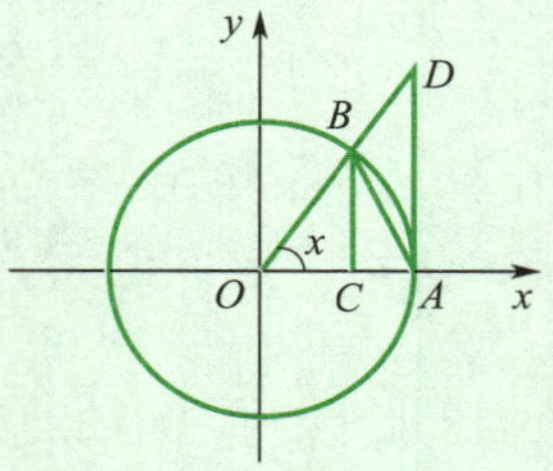

图2-5

点A处的切线与OB的延长线相交于D,且$BC\perp OA$.因为

$$\triangle AOB\text{ 的面积}<\text{扇形 }AOB\text{ 的面积}<\triangle AOD\text{ 的面积},$$

所以

$$\frac{1}{2}\sin x<\frac{1}{2}x<\frac{1}{2}\tan x,$$

由此可知,当$0<x<\frac{\pi}{2}$时,有

$$\cos x < \frac{\sin x}{x} < 1.$$

因为当用 $-x$ 代替 x 时，$\cos x$，$\frac{\sin x}{x}$ 都不变号，所以当 $-\frac{\pi}{2} < x < 0$ 时，上面的不等式仍成立. 由 $\lim\limits_{x \to 0} \cos x = 1$（证略）及夹逼准则可知，当 $0 < |x| < \frac{\pi}{2}$ 时，有

$$\lim_{x \to 0} \frac{\sin x}{x} = 1.$$

概念复习

1. 有界数列________收敛，单调数列________收敛，但________数列一定收敛.

2. $\lim\limits_{n \to \infty} \left(1 + \frac{1}{n}\right)^n =$ ________________.

3. 若 $\lim\limits_{x \to \infty} f(x) = c$，则直线 $y = c$ 是 $y = f(x)$ 的一条________渐近线.

4. $\lim\limits_{x \to 0} \frac{\sin x}{x} =$ ________.

习题 2－1

1. 判断下列命题是否正确，并说明原因.

(1) 如果 $f(x_0) = 5$，但 $\lim\limits_{x \to x_0^-} f(x) = \lim\limits_{x \to x_0^+} f(x) = 4$，则 $\lim\limits_{x \to x_0} f(x)$ 不存在；

(2) $\lim\limits_{x \to \infty} f(x)$ 存在的充要条件是 $\lim\limits_{x \to +\infty} f(x)$ 和 $\lim\limits_{x \to -\infty} f(x)$ 都存在；

(3) 如果在 x_0 的某一去心邻域内，$f(x) > 0$，且 $\lim\limits_{x \to x_0} f(x) = A$，则 $A > 0$.

2. 设 $f(x) = \begin{cases} x + 4, & x < 1, \\ 2x - 1, & x \geqslant 1, \end{cases}$ 则 $\lim\limits_{x \to 1^-} f(x)$，$\lim\limits_{x \to 1^+} f(x)$ 和 $\lim\limits_{x \to 1} f(x)$ 是否存在？为什么？

3. 观察下列数列的变化趋势，判断它们是否有极限，若有极限，写出它们的极限.

(1) $\{x_n\} = \left\{1 + \frac{1}{3^n}\right\}$；

(2) $\{x_n\} = \left\{2^n + \frac{1}{4^n}\right\}$；

(3) $\{x_n\} = \left\{\frac{2n+3}{3n-1}\right\}$；

(4) $\{x_n\} = \left\{[1 + (-1)^n]\frac{n+1}{n}\right\}$.

4. 判断下列命题是否正确，并说明原因.

(1) 如果数列 $\{x_n\}$ 发散，则 $\{x_n\}$ 必是无界数列；

(2) 数列有界是数列收敛的充要条件；

(3) $\lim\limits_{n \to \infty} \frac{\sin n}{n} = 1$；

(4) $\lim\limits_{n \to \infty} \left(1 + \frac{1}{n}\right)^n = 1$.

第2节 无穷小量与无穷大量

一、无穷小量

1. 无穷小量的定义

定义 1 **如果 $\lim\limits_{x\to x_0} f(x)=0$ [或 $\lim\limits_{x\to\infty} f(x)=0$]，那么称函数 $f(x)$ 为当 $x\to x_0$（或 $x\to\infty$）时的无穷小量，简称无穷小.**

例如，因为 $\lim\limits_{x\to 1}(x-1)=0$，所以函数 $f(x)=x-1$ 是当 $x\to 1$ 时的无穷小. 又如，因为 $\lim\limits_{x\to\infty}\frac{1}{x}=0$，所以函数 $f(x)=\frac{1}{x}$ 是当 $x\to\infty$ 时的无穷小.

无穷小与函数极限有下述关系.

定理 1 **在自变量 $x\to x_0$（或 $x\to\infty$）的过程中，函数 $f(x)$ 以常数 A 为极限的充要条件是 $f(x)=A+\alpha$，其中 α 是 $x\to x_0$（或 $x\to\infty$）时的无穷小.**

实际上，如果 $\lim\limits_{x\to x_0} f(x)=A$，即当 $x\to x_0$ 时，函数值 $f(x)$ 无限接近 A，也就是 $f(x)-A$ 无限接近零，则当 $x\to x_0$ 时，$f(x)-A$ 是无穷小，令 $\alpha=f(x)-A$，有 $f(x)=A+\alpha$；反之，结论也是成立的.

例 1 利用定理 1 求极限 $\lim\limits_{x\to\infty}\frac{x+1}{x}$.

解 因为 $f(x)=\frac{x+1}{x}=1+\frac{1}{x}$，而 $\lim\limits_{x\to\infty}\frac{1}{x}=0$，所以 $\lim\limits_{x\to\infty} f(x)=1$.

定理 1 对于 $x\to x_0^-$，$x\to x_0^+$，$x\to-\infty$，$x\to+\infty$ 的情况都成立.

2. 无穷小的运算性质

定理 2 **在某一极限过程中，有限个无穷小的代数和仍为无穷小.**

利用函数极限的定义 1′（见第 1 节）容易证明定理 2，学有余力的读者不妨尝试证明两个无穷小的和还是无穷小.

注意 无限个无穷小的代数和不一定是无穷小. 例如，$\lim\limits_{n\to\infty}\frac{1}{n}=0$，但

$$\lim_{n\to\infty}\Big(\underbrace{\frac{1}{n}+\frac{1}{n}+\cdots+\frac{1}{n}}_{n\text{个}}\Big)=\lim_{n\to\infty}\frac{n}{n}=1.$$

定理 3 在某一极限过程中，有界函数与无穷小的乘积仍为无穷小.

在定理3中，常数或无穷小都是有界函数的特殊情形，因此有下面的推论.

推论 1 在某一极限过程中，常数与无穷小的乘积仍为无穷小.

推论 2 在某一极限过程中，有限个无穷小的乘积仍为无穷小.

例 2 求极限$\lim\limits_{x\to 0}x\sin\dfrac{1}{x}$.

解 因为当$x\neq 0$时，$\left|\sin\dfrac{1}{x}\right|\leqslant 1$，且$\lim\limits_{x\to 0}x=0$，由定理3，得$\lim\limits_{x\to 0}x\sin\dfrac{1}{x}=0$.

二、无穷大量

定义 2 如果当$x\to x_0$（或$x\to\infty$）时，对应的函数值$f(x)$的绝对值$|f(x)|$无限增大，就称函数$f(x)$是这一变化过程中的无穷大量，简称无穷大，记作

$$\lim_{x\to x_0}f(x)=\infty\quad[\text{或}\ \lim_{x\to\infty}f(x)=\infty].$$

例 3 试由$y=\tan x$的图形（见图2-6）判断，当$x\to\dfrac{\pi}{2}$时，$y=\tan x$是否为无穷大.

解 由图2-6可以看出，当x从小于$\dfrac{\pi}{2}$的方向趋于$\dfrac{\pi}{2}$时，函数$y=\tan x$的图形在第一象限无限接近直线$x=\dfrac{\pi}{2}$，函数值趋于正无穷大，即

$$\lim_{x\to\left(\frac{\pi}{2}\right)^-}\tan x=+\infty;$$

当x从大于$\dfrac{\pi}{2}$的方向趋于$\dfrac{\pi}{2}$时，函数$y=\tan x$的图形在第四象限无限接近直线$x=\dfrac{\pi}{2}$，函数值趋于负无穷大，即

$$\lim_{x\to\left(\frac{\pi}{2}\right)^+}\tan x=-\infty.$$

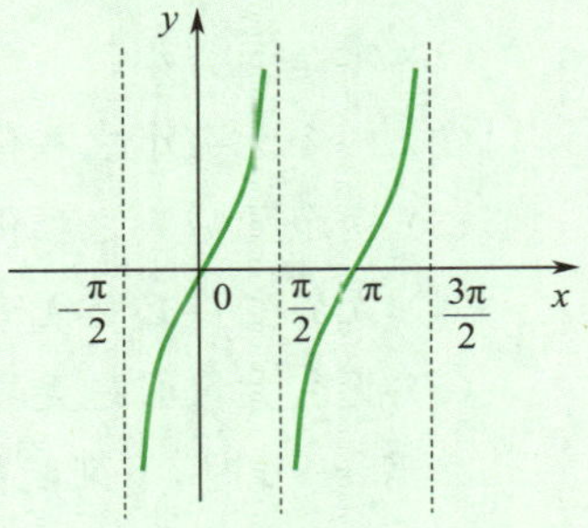

图 2-6

总之，当$x\to\dfrac{\pi}{2}$时，恒有$|\tan x|$无限增大，所以$\tan x$是当$x\to\dfrac{\pi}{2}$时的无穷大.

由图2-6可见，当$x\to\dfrac{\pi}{2}$时，函数$y=\tan x$的图形分别从直线$x=\dfrac{\pi}{2}$的左右两侧逼近它，称直线$x=\dfrac{\pi}{2}$是函数$y=\tan x$的图形的铅直渐近线.

一般地，如果$\lim\limits_{x\to x_0} f(x)=\infty$，则直线 $x=x_0$ 称为函数 $y=f(x)$图形的**铅直渐近线**.

由无穷小与无穷大的定义不难看出，它们有下述关系.

定理 4 **在某一极限过程中，如果 $f(x)$是无穷大，则$\dfrac{1}{f(x)}$是无穷小；反之，如果 $f(x)$是无穷小，且 $f(x)\neq 0$，则$\dfrac{1}{f(x)}$是无穷大.**

概念复习

1. 如果$\lim\limits_{x\to x_0} f(x)=$________，则称函数 $f(x)$为当 $x\to x_0$ 时的无穷小.

2. $f(x)=A+\alpha(\lim\limits_{x\to\infty}\alpha=0)$是$\lim\limits_{x\to\infty} f(x)=A$ 的________________条件.

3. 若$\lim\limits_{x\to x_0} f(x)=\infty$，则直线 $x=x_0$ 是 $y=f(x)$的一条________渐近线.

4. $\lim\limits_{x\to\infty}\dfrac{\sin x}{x}=$________.

习题 2－2

1. 判断下列命题是否正确，并说明原因.

(1) 零是无穷小；

(2) 两个无穷小之和仍是无穷小；

(3) 两个无穷大之和仍是无穷大；

(4) 无界变量必是无穷大量；

(5) 无穷大量必是无界变量.

2. 当 $x\to 0$ 时，下列函数哪些是无穷小，哪些是无穷大？

(1) $y=\dfrac{x-1}{x+1}$；　(2) $y=\dfrac{x}{x^3+1}$；　(3) $y=x+\dfrac{1}{x}$；

(4) $y=x\sin x$；　(5) $y=x\sin\dfrac{1}{x}$；　(6) $y=\cot x$.

3. 求下列极限.

(1) $\lim\limits_{x\to 0} x^2\sin\dfrac{1}{x}$；　(2) $\lim\limits_{x\to\infty}\dfrac{\arctan x}{x}$.

4. 函数 $y=x\cos x$ 在区间$(-\infty,+\infty)$内是否有界？这个函数是否为 $x\to+\infty$时的无穷大，为什么？

5. 求函数 $f(x)=\dfrac{4}{2-x^2}$的图形的渐近线.

第 3 节 极限的运算法则

下面的讨论中省去 $x\to x_0$、$x\to\infty$ 等极限过程，用符号“lim”表示任一极限过程.

定理 1 如果 $\lim f(x)=A$，$\lim g(x)=B$，那么

(1) $\lim[f(x)\pm g(x)]=\lim f(x)\pm\lim g(x)=A\pm B$；

(2) $\lim[f(x)\cdot g(x)]=\lim f(x)\cdot\lim g(x)=A\cdot B$；

(3) 若 $B\neq0$，则 $\lim\dfrac{f(x)}{g(x)}=\dfrac{\lim f(x)}{\lim g(x)}=\dfrac{A}{B}$.

证 下面只证明(1)，(2)和(3)留给读者证明.

因为 $\lim f(x)=A$，$\lim g(x)=B$，根据第 2 节的定理 1，有

$$f(x)=A+\alpha,\quad g(x)=B+\beta,$$

其中，α，β 都是无穷小. 于是

$$f(x)\pm g(x)=(A+\alpha)\pm(B+\beta)=(A\pm B)+(\alpha\pm\beta),$$

由无穷小的运算性质知，$\alpha\pm\beta$ 是无穷小，再由第 2 节的定理 1 知，(1)成立.

定理 1 中(1)和(2)可以推广到有限个函数的情形. 例如，如果 $\lim f(x)$，$\lim g(x)$，$\lim h(x)$ 存在，则有

$$\lim[f(x)\pm g(x)\pm h(x)]=\lim f(x)\pm\lim g(x)\pm\lim h(x),$$

$$\lim[f(x)\cdot g(x)\cdot h(x)]=\lim f(x)\cdot\lim g(x)\cdot\lim h(x).$$

特别地，

$$\lim[f(x)]^n=[\lim f(x)]^n\quad(n\text{ 为正整数}),$$

$$\lim[Cf(x)]=C\lim f(x)\quad(C\text{ 为常数}).$$

另外，后面会证明 $\lim[f(x)]^{\frac{1}{n}}=[\lim f(x)]^{\frac{1}{n}}$（$n$ 为正整数）也成立.

定理 1 对于数列极限也成立.

例 1 求极限 $\lim\limits_{x\to2}(x^3+2x^2-3)$.

解 $\lim\limits_{x\to2}(x^3+2x^2-3)=\lim\limits_{x\to2}x^3+\lim\limits_{x\to2}2\cdot\lim\limits_{x\to2}x^2-\lim\limits_{x\to2}3$

$=(\lim\limits_{x\to2}x)^3+2(\lim\limits_{x\to2}x)^2-3$

$=8+8-3=13.$

例 2 求极限$\lim\limits_{x\to 2}\dfrac{x^3+2x^2-3}{x-3}$.

解 因为$\lim\limits_{x\to 2}(x-3)=\lim\limits_{x\to 2}x-\lim\limits_{x\to 2}3=2-3=-1\neq 0$,所以

$$\lim_{x\to 2}\frac{x^3+2x^2-3}{x-3}=\frac{\lim\limits_{x\to 2}(x^3+2x^2-3)}{\lim\limits_{x\to 2}(x-3)}=\frac{13}{-1}=-13.$$

一般地,设两个多项式分别为

$P(x)=a_0x^n+a_1x^{n-1}+\cdots+a_{n-1}x+a_n$ 和 $Q(x)=b_0x^m+b_1x^{m-1}+\cdots+b_{m-1}x+b_m$,

则

$$\begin{aligned}\lim_{x\to x_0}P(x)&=\lim_{x\to x_0}(a_0x^n+a_1x^{n-1}+\cdots+a_{n-1}x+a_n)\\&=a_0(\lim_{x\to x_0}x)^n+a_1(\lim_{x\to x_0}x)^{n-1}+\cdots+a_{n-1}\lim_{x\to x_0}x+\lim_{x\to x_0}a_n\\&=a_0x_0^n+a_1x_0^{n-1}+\cdots+a_{n-1}x_0+a_n\\&=P(x_0).\end{aligned}$$

在 $Q(x_0)\neq 0$ 的条件下,有理函数 $F(x)=\dfrac{P(x)}{Q(x)}$的极限为

$$\lim_{x\to x_0}F(x)=\frac{\lim\limits_{x\to x_0}P(x)}{\lim\limits_{x\to x_0}Q(x)}=\frac{P(x_0)}{Q(x_0)}=F(x_0).$$

由此可见,当 $x\to x_0$ 时,多项式、有理函数(分母在点 x_0 处不等于零)的极限等于函数在该点处的函数值.

例 3 求下列极限.

(1) $\lim\limits_{x\to 3}\dfrac{x-3}{x^2-9}$; (2) $\lim\limits_{x\to 0}\dfrac{\sqrt{x+1}-1}{x}$; (3) $\lim\limits_{x\to 1}\dfrac{x+3}{x^2-1}$.

解 (1) 因为当 $x\to 3$ 时,分子、分母的极限均为零,所以不能直接应用极限的运算法则. 而当 $x\to 3$ 且 $x\neq 3$ 时 $x-3\neq 0$,可以先约去分子、分母的公因子 $x-3$,再求极限. 于是

$$\lim_{x\to 3}\frac{x-3}{x^2-9}=\lim_{x\to 3}\frac{1}{x+3}=\frac{1}{6}.$$

(2) 当 $x\neq 0$ 时,通过分子有理化约去分子、分母的公因子 x,得

$$\frac{\sqrt{x+1}-1}{x}=\frac{(\sqrt{x+1}-1)(\sqrt{x+1}+1)}{x(\sqrt{x+1}+1)}=\frac{x}{x(\sqrt{x+1}+1)}=\frac{1}{\sqrt{x+1}+1},$$

再求极限,有

$$\lim_{x\to 0}\frac{\sqrt{x+1}-1}{x}=\lim_{x\to 0}\frac{1}{\sqrt{x+1}+1}=\frac{1}{2}.$$

(3) $\lim\limits_{x\to 1}(x+3)=4$,$\lim\limits_{x\to 1}(x^2-1)=0$,分子的极限不为零,而分母的极限为零,不能直接应用极限的运算法则. 但是,将分子与分母交换位置,易得

$$\lim_{x\to 1}\frac{x^2-1}{x+3}=0,$$

再由无穷小与无穷大的关系，得

$$\lim_{x\to 1}\frac{x+3}{x^2-1}=\infty.$$

例 4 求下列极限.

(1) $\lim\limits_{x\to\infty}\frac{x^2-3x+1}{x^2-2x}$； (2) $\lim\limits_{x\to\infty}\frac{x^2-4x+3}{2x^3+3x+5}$； (3) $\lim\limits_{x\to\infty}\frac{2x^3+3x+5}{x^2-4x+3}$.

解 (1) 将分子、分母同除以分母中 x 的最高次幂 x^2，得

$$\lim_{x\to\infty}\frac{x^2-3x+1}{x^2-2x}=\lim_{x\to\infty}\frac{1-\frac{3}{x}+\frac{1}{x^2}}{1-\frac{2}{x}}=\frac{1-\lim\limits_{x\to\infty}\frac{3}{x}+\lim\limits_{x\to\infty}\frac{1}{x^2}}{1-\lim\limits_{x\to\infty}\frac{2}{x}}=1.$$

(2) 与(1)类似，将分子、分母同除以 x^3，得

$$\lim_{x\to\infty}\frac{x^2-4x+3}{2x^3+3x+5}=\lim_{x\to\infty}\frac{\frac{1}{x}-\frac{4}{x^2}+\frac{3}{x^3}}{2+\frac{3}{x^2}+\frac{5}{x^3}}=\frac{0}{2}=0.$$

(3) 由(2)可知 $\lim\limits_{x\to\infty}\frac{x^2-4x+3}{2x^3+3x+5}=0$，再由无穷小与无穷大的关系，得

$$\lim_{x\to\infty}\frac{2x^3+3x+5}{x^2-4x+3}=\infty.$$

当 $x\to\infty$ 时，由例 4 的方法可推出一般有理函数的极限. 设 $a_0\neq 0,b_0\neq 0,m,n$ 为非负整数，则

$$\lim_{x\to\infty}\frac{a_0x^n+a_1x^{n-1}+\cdots+a_{n-1}x+a_n}{b_0x^m+b_1x^{m-1}+\cdots+b_{m-1}x+b_m}=\begin{cases}\frac{a_0}{b_0}, & m=n,\\ 0, & n<m,\\ \infty, & n>m.\end{cases}$$

对于复合函数的极限，有下面的定理.

定理 2 **设函数 $y=f[\varphi(x)]$ 由函数 $y=f(u)$ 与函数 $u=\varphi(x)$ 复合而成，$f[\varphi(x)]$ 在点 x_0 的某一去心邻域内有定义，若 $\lim\limits_{x\to x_0}\varphi(x)=u_0$，而 $\lim\limits_{u\to u_0}f(u)=A$，且存在 $\delta_0>0$，当 $x\in\mathring{U}(x_0,\delta_0)$ 时，有 $\varphi(x)\neq u_0$，则**

$$\lim_{x\to x_0}f[\varphi(x)]=\lim_{u\to u_0}f(u)=A.$$

定理 2 给出了利用变量代换化简复合函数的极限运算的方法，求解一些较复杂的极限时常用这种方法. 另外，它对 $x\to\infty$ 时的情形也成立.

例 5 求极限$\lim\limits_{x\to 0}\dfrac{\tan 2x}{x}$.

解 $$\lim_{x\to 0}\frac{\tan 2x}{x}=\lim_{x\to 0}\frac{2\tan 2x}{2x}=2\lim_{x\to 0}\frac{\sin 2x}{2x}\cdot\lim_{x\to 0}\frac{1}{\cos 2x},$$
令 $u=2x$，当 $x\to 0$ 时，$u\to 0$，所以
$$\lim_{x\to 0}\frac{\tan 2x}{x}=2\lim_{u\to 0}\frac{\sin u}{u}\cdot\lim_{u\to 0}\frac{1}{\cos u}=2\times 1\times 1=2.$$

例 6 求极限$\lim\limits_{x\to \pi}\dfrac{\sin x}{x-\pi}$.

解 $\lim\limits_{x\to\pi}\dfrac{\sin x}{x-\pi}=\lim\limits_{x\to\pi}\dfrac{-\sin(x-\pi)}{x-\pi}=-1.$

例 7 求极限$\lim\limits_{x\to 0}\dfrac{1-\cos x}{x^2}$.

解 $$\lim_{x\to 0}\frac{1-\cos x}{x^2}=\lim_{x\to 0}\frac{2\sin^2\frac{x}{2}}{x^2}=\lim_{x\to 0}\frac{\sin^2\frac{x}{2}}{2\cdot\frac{x^2}{4}}=\frac{1}{2}\lim_{x\to 0}\left(\frac{\sin\frac{x}{2}}{\frac{x}{2}}\right)^2=\frac{1}{2}.$$

注意 重要极限还可以化成$\lim\limits_{\square\to 0}\dfrac{\sin\square}{\square}=1$ 的形式，其中□代表同一变量.

例 8 求极限 $\lim\limits_{x\to +\infty}\left(1+\dfrac{1}{x}\right)^x$.

解 设 $n\leqslant x<n+1$，则
$$\left(1+\frac{1}{n+1}\right)^n<\left(1+\frac{1}{x}\right)^x<\left(1+\frac{1}{n}\right)^{n+1},$$
且当 $x\to+\infty$时，有 $n\to+\infty$. 由第 1 节的例 4，得
$$\lim_{n\to\infty}\left(1+\frac{1}{n+1}\right)^n=\lim_{n\to\infty}\frac{\left(1+\frac{1}{n+1}\right)^{n+1}}{1+\frac{1}{n+1}}=\mathrm{e},$$
$$\lim_{n\to\infty}\left(1+\frac{1}{n}\right)^{n+1}=\lim_{n\to\infty}\left[\left(1+\frac{1}{n}\right)^n\cdot\left(1+\frac{1}{n}\right)\right]=\mathrm{e}.$$
根据夹逼准则，得
$$\lim_{x\to+\infty}\left(1+\frac{1}{x}\right)^x=\mathrm{e}.$$

重要极限应用举例

例 9 求极限$\lim\limits_{x\to\infty}\left(1-\dfrac{2}{x}\right)^x$.

解 由例 8，得
$$\lim_{x\to\infty}\left(1-\frac{2}{x}\right)^x=\lim_{x\to\infty}\left[\left(1+\frac{1}{-\frac{x}{2}}\right)^{-\frac{x}{2}}\right]^{-2}=\mathrm{e}^{-2}.$$

注意 推广例 9 的结果,则有 $\lim\limits_{x\to\infty}\left(1+\frac{k}{x}\right)^{x}=e^{k}$($k\neq0$,且 k 为常数).

例 10 求极限 $\lim\limits_{x\to0}(1+x)^{\frac{1}{x}}$.

解 令 $t=\frac{1}{x}$,则当 $x\to0$ 时,$t\to\infty$. 由本节的定理 2,得

$$\lim_{x\to0}(1+x)^{\frac{1}{x}}=\lim_{t\to\infty}\left(1+\frac{1}{t}\right)^{t}=e.$$

注意 重要极限还可以化成 $\lim\limits_{\square\to\infty}\left(1+\frac{1}{\square}\right)^{\square}=e$ 的形式,其中□代表同一变量.

概念复习

1. $\lim\limits_{x\to2}f(x)=3$,则 $\lim\limits_{x\to2}(x^2+2x-2)f(x)=$____________.

2. $\lim\limits_{x\to4}\varphi(x)=8$,则 $\lim\limits_{x\to4}\frac{\sqrt{\varphi(x)+1}}{x-3}=$____________.

3. $\lim\limits_{x\to\infty}\left(1+\frac{2}{x}\right)^{x}=$____________.

4. $\lim\limits_{x\to0}\frac{\sin 2x}{x}=$____________.

习题 2-3

1. 求下列极限.

(1) $\lim\limits_{x\to2}\frac{x^2+5}{x-3}$;

(2) $\lim\limits_{x\to4}\frac{x-4}{x^2-16}$;

(3) $\lim\limits_{x\to1}\frac{\sqrt{2x-1}-\sqrt{x}}{x-1}$;

(4) $\lim\limits_{x\to2}\frac{x^3+2x^2}{(x-2)^2}$;

(5) $\lim\limits_{x\to\infty}\frac{x^2+1}{x^2-x+1}$;

(6) $\lim\limits_{x\to\infty}\frac{x^2+x}{x^4-3x^2+1}$;

(7) $\lim\limits_{x\to\infty}\frac{x^2}{3x+1}$;

(8) $\lim\limits_{x\to1}\left(\frac{1}{1-x}-\frac{3}{1-x^3}\right)$.

2. 求下列极限.

(1) $\lim\limits_{x\to0}\frac{\sin\omega x}{x}$;

(2) $\lim\limits_{x\to0}\frac{\tan 3x}{x}$;

(3) $\lim\limits_{x\to0}\frac{1-\cos 2x}{x\sin x}$;

(4) $\lim\limits_{x\to\infty}\left(1-\frac{2}{x}\right)^{x}$;

(5) $\lim\limits_{x\to0}(1+2x)^{\frac{1}{x}}$;

(6) $\lim\limits_{x\to\infty}\left(\frac{x-1}{x+1}\right)^{x}$.

第4节 无穷小的比较

在同一极限过程中，两个无穷小的和、差、积仍是无穷小. 那么两个无穷小的商是否还是无穷小？请看下面的例子.

当 $x \to 0$ 时，$x^2, x, \sin x$ 都是无穷小，而

$$\lim_{x\to 0}\frac{x^2}{x}=0, \quad \lim_{x\to 0}\frac{x}{x^2}=\infty, \quad \lim_{x\to 0}\frac{\sin x}{x}=1,$$

两个无穷小的商的各种情况，反映了不同无穷小趋于0的“快慢”程度不一样. 下面说明两个无穷小的比较（下面的 α 和 β 是在同一个自变量的变化过程中的无穷小）.

定义 设 $\lim\alpha=0, \lim\beta=0$，且 $\alpha\neq 0$，

如果 $\lim\frac{\beta}{\alpha}=0$，则称 β 是比 α 高阶的无穷小，记作 $\beta=o(\alpha)$；

如果 $\lim\frac{\beta}{\alpha}=\infty$，则称 β 是比 α 低阶的无穷小.

如果 $\lim\frac{\beta}{\alpha}=c\neq 0$，则称 β 与 α 是同阶无穷小；

如果 $\lim\frac{\beta}{\alpha^k}=c\neq 0\ (k>0)$，则称 β 是关于 α 的 k 阶无穷小.

如果 $\lim\frac{\beta}{\alpha}=1$，则称 β 与 α 是等价无穷小，记作 $\alpha\sim\beta$.

显然，等价无穷小是同阶无穷小的特殊情况，即 $c=1$ 的情况.

例1 证明：当 $x\to 0$ 时，$\tan x\sim x, 1-\cos x\sim\frac{1}{2}x^2$.

证 由于 $\lim\limits_{x\to 0}\frac{\tan x}{x}=\lim\limits_{x\to 0}\frac{\sin x}{x}\cdot\lim\limits_{x\to 0}\frac{1}{\cos x}=1$，故当 $x\to 0$ 时，

$$\tan x\sim x.$$

由于 $\lim\limits_{x\to 0}\frac{1-\cos x}{\frac{1}{2}x^2}=\lim\limits_{x\to 0}\frac{2\sin^2\frac{x}{2}}{\frac{x^2}{2}}=\lim\limits_{x\to 0}\frac{\sin^2\frac{x}{2}}{\left(\frac{x}{2}\right)^2}=\lim\limits_{x\to 0}\left(\frac{\sin\frac{x}{2}}{\frac{x}{2}}\right)^2=1$，故当 $x\to 0$ 时，

$$1-\cos x\sim\frac{1}{2}x^2.$$

关于等价无穷小有下面的定理.

定理 设 $\alpha\sim\alpha', \beta\sim\beta'$，且 $\lim\frac{\beta'}{\alpha'}$ 存在或为 ∞，则

$$\lim\frac{\beta}{\alpha}=\lim\frac{\beta'}{\alpha'}.$$

证 若 $\lim \dfrac{\beta'}{\alpha'}$存在，则

$$\lim \frac{\beta}{\alpha}=\lim\left(\frac{\alpha'}{\alpha}\cdot\frac{\beta'}{\alpha'}\cdot\frac{\beta}{\beta'}\right)$$

$$=\lim \frac{\alpha'}{\alpha}\cdot\lim \frac{\beta'}{\alpha'}\cdot\lim \frac{\beta}{\beta'}=\lim \frac{\beta'}{\alpha'}.$$

若 $\lim \dfrac{\beta'}{\alpha'}=\infty$，则 $\lim \dfrac{\alpha'}{\beta'}=0$，所以 $\lim \dfrac{\alpha}{\beta}=0$. 根据无穷小与无穷大的关系，得

$$\lim \frac{\beta}{\alpha}=\lim \frac{\beta'}{\alpha'}=\infty.$$

例 2 求下列极限.

(1) $\lim\limits_{x\to 0}\dfrac{\tan 4x}{\sin 5x}$； (2) $\lim\limits_{x\to 0}\dfrac{1-\cos x}{x^3+2x^2}$.

解 (1) 因为当 $x\to 0$ 时，$\tan 4x\sim 4x$，$\sin 5x\sim 5x$，所以

$$\lim_{x\to 0}\frac{\tan 4x}{\sin 5x}=\lim_{x\to 0}\frac{4x}{5x}=\frac{4}{5}.$$

(2) 因为当 $x\to 0$ 时，$1-\cos x\sim\dfrac{1}{2}x^2$，所以

$$\lim_{x\to 0}\frac{1-\cos x}{x^3+2x^2}=\frac{1}{2}\lim_{x\to 0}\frac{x^2}{x^3+2x^2}=\frac{1}{2}\lim_{x\to 0}\frac{1}{x+2}=\frac{1}{4}.$$

等价无穷小在求极限中的应用

注意 求两个无穷小之比的极限时，适当利用分子或分母各自的等价无穷小进行代换，可以化简极限运算.

概念复习

1. 因为 $\lim\limits_{x\to 1}\dfrac{x^2-1}{x-1}=2$，所以当 $x\to 1$ 时，x^2-1 与 $x-1$ 是________无穷小.

2. 当 $x\to 0$ 时，$1-\cos x$ 与 $\dfrac{x^2}{2}$ 是________无穷小.

3. 设 $\alpha\sim\alpha'$，$\beta\sim\beta'$，且 $\lim \dfrac{\beta'}{\alpha'}$存在，则 $\lim \dfrac{\beta}{\alpha}$________$\lim \dfrac{\beta'}{\alpha'}$.

4. $\lim\limits_{x\to 0}\dfrac{\sin x^2}{2x^2}$________$\lim\limits_{x\to 0}\dfrac{x^2}{2x^2}=\dfrac{1}{2}$.

习题 2－4

1. 当 $x\to 0$ 时，$2x-x^2$ 与 x^2-x^3 相比，哪一个是较高阶的无穷小？

2. 当 $x\to 1$ 时，$1-x$ 和 $\dfrac{1}{2}(1-x^2)$ 是不是同阶无穷小？是不是等价无穷小？

3. 证明：当 $x\to 0$ 时，有 $\sec x-1\sim\dfrac{x^2}{2}$.

4. 利用等价无穷小的性质求下列极限.

(1) $\lim\limits_{x\to0}\dfrac{\sin 3x}{\tan 5x}$；　(2) $\lim\limits_{x\to0}\dfrac{\tan x-\sin x}{\sin^3 x}$.

第 5 节　函数的连续性与间断点

一、函数连续性的概念

在自然界中，许多现象的变化是连续不断的，如光的传播、温度的变化、植物的生长等. 这些现象反映到数学的函数关系上体现了函数的连续性. 从几何上看，连续函数的图形是一条连绵不断的曲线. 在图 2-7 所示的 3 个图形中，只有图 2-7(c)所示图形在点 x_0 处连续. 图 2-7(a)和(b)所示图形分别表示 $\lim\limits_{x\to x_0} f(x)$不存在和 $\lim\limits_{x\to x_0} f(x)$存在但不等于 $f(x_0)$. 只有图 2-7(c)所示图形满足 $\lim\limits_{x\to x_0} f(x)=f(x_0)$.

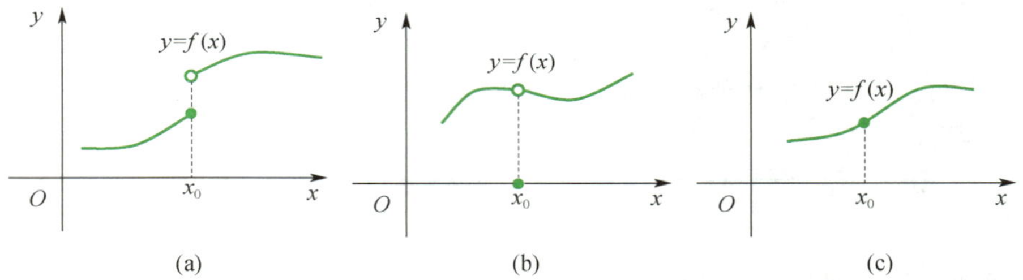

图 2-7

定义 1　设函数 $f(x)$在点 x_0 的某一邻域内有定义，如果

$$\lim_{x\to x_0} f(x)=f(x_0),$$

则称函数 $f(x)$在点 x_0 连续.

函数在一点连续的演示

例 1　设函数

$$f(x)=\begin{cases} x\sin\dfrac{1}{x}, & x\neq0, \\ a, & x=0, \end{cases}$$

当 a 为何值时，$f(x)$在 $x=0$ 处连续?

解　因为 $f(0)=a$，由本章第 2 节的例 2 知，

$$\lim_{x\to0} f(x)=\lim_{x\to0} x\sin\frac{1}{x}=0,$$

所以当 $a=0$ 时，函数 $f(x)$在 $x=0$ 处连续.

函数在一点连续是由极限来定义的，利用左、右极限可以得到左、右连续的概念.

定义 2 **如果** $\lim\limits_{x \to x_0^-} f(x) = f(x_0)$，**则称函数** $f(x)$ **在点** x_0 **处左连续；如果** $\lim\limits_{x \to x_0^+} f(x) = f(x_0)$，**则称函数** $f(x)$ **在点** x_0 **处右连续.**

如果函数 $f(x)$ 在区间 (a,b) 内的每一点都连续，则称 $f(x)$ 在区间 (a,b) 内连续. 如果 $f(x)$ 在 (a,b) 内连续，且在左端点 a 右连续，在右端点 b 左连续，则称 $f(x)$ 在闭区间 $[a,b]$ 上连续.

例 2 讨论函数 $f(x)=|x|$ 在区间 $(-\infty,+\infty)$ 内的连续性.

解 $f(x)=|x|=\begin{cases} -x, & x<0, \\ 0, & x=0, \\ x, & x>0. \end{cases}$ 显然在区间 $(-\infty,0)$ 和区间 $(0,+\infty)$ 内 $f(x)$ 连续，而

$$\lim_{x \to 0^-} f(x) = \lim_{x \to 0^-}(-x) = 0 = f(0), \quad \lim_{x \to 0^+} f(x) = \lim_{x \to 0^+} x = 0 = f(0),$$

故 $\lim\limits_{x \to 0} f(x) = 0 = f(0)$，即 $f(x)$ 在点 $x=0$ 处连续.

所以 $f(x)=|x|$ 在区间 $(-\infty,+\infty)$ 内处处连续.

注意 **$f(x)$ 在点 x_0 连续的充要条件是 $f(x)$ 在点 x_0 处既左连续又右连续.**

在工程技术中，常用增量来描述变量在一点附近的变化情况. 对变量 u，**增量**就是当变量 u 从一个初值 u_1 变到终值 u_2 时，终值与初值之差 u_2-u_1，记作 Δu(可为正数，可为负数，可为零).

设函数 $y=f(x)$ 在点 x_0 的某一邻域内有定义，在该邻域内当 x 从 x_0 变到 $x_0+\Delta x$ 时，函数 $y=f(x)$ 相应地从 $f(x_0)$ 变到 $f(x_0+\Delta x)$，函数值的增量为 $\Delta y = f(x_0+\Delta x)-f(x_0)$. 若 $f(x)$ 在点 x_0 处连续，则当 $\Delta x \to 0$ 时，$\Delta y \to 0$. 因此，函数在一点的连续性又可以等价地用增量描述.

定义 3 **设函数 $y=f(x)$ 在点 x_0 的某一邻域内有定义，如果**

$$\lim_{\Delta x \to 0} \Delta y = \lim_{\Delta x \to 0}[f(x_0+\Delta x)-f(x_0)] = 0,$$

则称函数 $f(x)$ 在点 x_0 处连续.

定义 3 说明，如果函数 $f(x)$ 在点 x_0 处连续，当自变量 x 在 x_0 附近发生微小变化时，相应的函数值的变化也是微小的.

例 3 证明 $y=\sin x$ 在区间 $(-\infty,+\infty)$ 内是连续的.

证 任取 $x \in (-\infty,+\infty)$，当 x 有增量 Δx 时，相应函数值的增量为

$$\Delta y = \sin(x+\Delta x)-\sin x = 2\sin\frac{\Delta x}{2}\cos\left(x+\frac{\Delta x}{2}\right),$$

由本章第 1 节的例 5 可知，当 $x \neq 0$ 时，$|\sin x|<|x|$，所以

$$0 \leqslant |\Delta y| = 2\left|\sin\frac{\Delta x}{2}\right|\left|\cos\left(x+\frac{\Delta x}{2}\right)\right| \leqslant 2\left|\sin\frac{\Delta x}{2}\right| < |\Delta x|,$$

根据函数极限的夹逼准则，得 $\lim\limits_{\Delta x \to 0} \Delta y = 0$，这就证明了正弦函数 $y=\sin x$ 对于任意的 $x \in (-\infty,+\infty)$ 是连续的，即 $y=\sin x$ 在区间 $(-\infty,+\infty)$ 内是连续的.

类似地可以证明，余弦函数 $y=\cos x$ 在区间 $(-\infty,+\infty)$ 内也是连续的.

二、函数的间断点

设函数 $f(x)$ 在点 x_0 的某一去心邻域内有定义，如果函数 $f(x)$ 有下列 3 种情形之一：

(1) 在点 x_0 处没有定义；

(2) 虽然在点 x_0 处有定义，但 $\lim\limits_{x \to x_0} f(x)$ 不存在；

(3) 虽然在点 x_0 处有定义，且 $\lim\limits_{x \to x_0} f(x)$ 存在，但 $\lim\limits_{x \to x_0} f(x) \neq f(x_0)$，

则函数 $f(x)$ 在点 x_0 处是**不连续**的，x_0 称为函数 $f(x)$ 的**间断点**.

间断点的分类及举例

如果点 x_0 是函数 $f(x)$ 的间断点，且 $f(x)$ 在点 x_0 处的左、右极限都存在，则称 x_0 为函数 $f(x)$ 的**第一类间断点**. 不是第一类间断点的间断点称为**第二类间断点**.

例 4　函数 $f(x)=\dfrac{\sin x}{x}$ 在点 $x=0$ 处无定义，故函数在点 $x=0$ 处不连续. 因为 $\lim\limits_{x \to 0}\dfrac{\sin x}{x}=1$，所以点 $x=0$ 是函数 $f(x)=\dfrac{\sin x}{x}$ 的第一类间断点. 如果补充定义，即令 $x=0$ 时，$f(0)=1$，那么函数 $f(x)$ 在点 $x=0$ 处是连续的. 所以，点 $x=0$ 又称为函数的**可去间断点**.

例 5　函数 $f(x)=\begin{cases} x-1, & x<0, \\ 0, & x=0, \\ x+1, & x>0 \end{cases}$ 在 $x=0$ 处，

$$\lim_{x \to 0^-} f(x)=\lim_{x \to 0^-}(x-1)=-1, \lim_{x \to 0^+} f(x)=\lim_{x \to 0^+}(x+1)=1.$$

函数的左、右极限都存在，但不相等，故极限 $\lim\limits_{x \to 0} f(x)$ 不存在. 所以，点 $x=0$ 是函数的第一类（不可去）间断点. 如图 2-8 所示，在 $x=0$ 处函数的图形产生了跳跃，故称点 $x=0$ 为函数的**跳跃间断点**.

例 6　如图 2-9 所示，当 $x \to 0$ 时，函数 $f(x)=\sin\dfrac{1}{x}$ 的函数值在 -1 与 1 之间反复变化无限多次，极限不存在，故点 $x=0$ 为 $f(x)$ 的第二类间断点，又称**振荡间断点**.

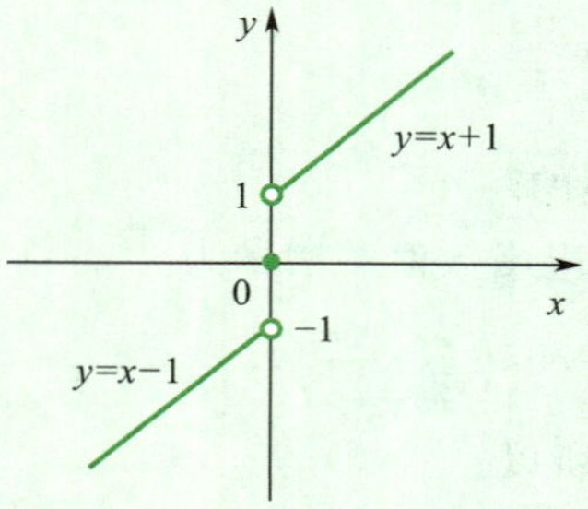

图 2-8

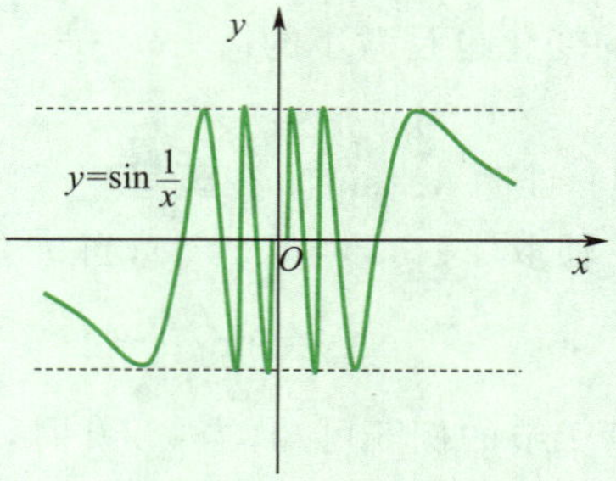

图 2-9

例 7　当 $x \to 0$ 时，函数 $f(x)=\dfrac{1}{x}$ 趋于无穷大，点 $x=0$ 是 $f(x)$ 的第二类间断点，又称 $f(x)$ 的**无穷间断点**.

三、连续函数的运算与初等函数的连续性

由函数在一点连续的定义及极限的运算法则,可得下面的结论.

定理 1 **设函数 $f(x)$,$g(x)$在点 x_0 处均连续,则 $f(x)\pm g(x)$,$f(x)\cdot g(x)$,$\dfrac{f(x)}{g(x)}$ $[g(x_0)\neq 0]$在点 x_0 处均连续.**

由本章第3节可知,多项式、有理分式(分母不为零)在定义域内是连续的.根据本节的定理1及函数 $y=\sin x$,$y=\cos x$ 在区间$(-\infty,+\infty)$内的连续性可知,$y=\tan x$,$y=\cot x$,$y=\sec x$,$y=\csc x$ 在其定义域内也是连续的.

定理 2 **若函数 $y=f(x)$在区间 I_x 内单调、连续,则其反函数 $x=f^{-1}(y)$在相应的区间 $I_y=\{y\,|\,y=f(x),x\in I_x\}$内也是单调、连续的.**

从平面坐标系上看,定理2显然成立.因为 $y=f(x)$与它的反函数 $y=f^{-1}(x)$关于 $y=x$ 对称.$y=f(x)$在某区间内连续,$y=f^{-1}(x)$在对应的区间内不可能出现间断点,否则就会与对称性矛盾.

因为正弦函数 $y=\sin x$ 在区间$\left[-\dfrac{\pi}{2},\dfrac{\pi}{2}\right]$上单调增加且连续,所以它的反函数 $y=\arcsin x$ 在闭区间$[-1,1]$上单调增加且连续.同样,应用定理2可证明 $y=\arccos x$ 在闭区间$[-1,1]$上单调减少且连续,$y=\arctan x$ 在区间$(-\infty,+\infty)$内单调增加且连续,$y=\operatorname{arccot} x$ 在区间$(-\infty,+\infty)$内单调减少且连续.

定理 3 **设函数 $y=f[\varphi(x)]$由函数 $y=f(u)$和函数 $u=\varphi(x)$复合而成,若 $u=\varphi(x)$在点 x_0 处连续,$u_0=\varphi(x_0)$,而 $y=f(u)$在点 u_0 处连续,则复合函数 $y=f[\varphi(x)]$在点 x_0 处连续,即 $\lim\limits_{x\to x_0}f[\varphi(x)]=f[\varphi(x_0)]$.**

证明略.

由定理3可知,若 $\lim\limits_{x\to x_0}\varphi(x)=a$,且函数 $y=f(u)$在 $u=a$ 处连续,则 $\lim\limits_{x\to x_0}f[\varphi(x)]=f[\lim\limits_{x\to x_0}\varphi(x)]$,即此时极限符号可以与函数符号交换位置.

例 8 求极限 $\lim\limits_{x\to\frac{\pi}{6}}(\sin x)^3$.

解 由定理3及函数 $y=u^3$ 和 $u=\sin x$ 的连续性,得

$$\lim_{x\to\frac{\pi}{6}}(\sin x)^3=(\lim_{x\to\frac{\pi}{6}}\sin x)^3=\frac{1}{8}.$$

前面已经证明了多项式、有理函数、三角函数、反三角函数在其定义域内是连续的.利用函数连续的定义、运算性质同样可以证明幂函数、指数函数、对数函数在其定义域内也是连续的.因此,基本初等函数在其定义域内都是连续的.又由初等函数的定义及连续函数的运算法则,可以得出如下结论:**初等函数在其定义区间内都是连续的**.定义区间指包含在定义域内的区间.

例 9 求极限$\lim\limits_{x\to 0}\dfrac{\sqrt{1-x^2}}{3x^3+2x^2+1}$.

解 因为$f(x)=\dfrac{\sqrt{1-x^2}}{3x^3+2x^2+1}$是初等函数，且$f(x)$在点$x=0$有定义，所以

$$\lim_{x\to 0}\frac{\sqrt{1-x^2}}{3x^3+2x^2+1}=\frac{\sqrt{1-0^2}}{3\times 0^3+2\times 0^2+1}=1.$$

例 10 求$\lim\limits_{x\to 0}\dfrac{e^x-1}{x}$.

求极限方法小结

解 令$t=e^x-1$，则当$x\to 0$时，$t\to 0$. 所以

$$\lim_{x\to 0}\frac{e^x-1}{x}=\lim_{t\to 0}\frac{t}{\ln(1+t)}=\lim_{t\to 0}\frac{1}{\ln\,(1+t)^{\frac{1}{t}}},$$

因为$\lim\limits_{t\to 0}(1+t)^{\frac{1}{t}}=e$，所以

$$\lim_{x\to 0}\frac{e^x-1}{x}=\lim_{t\to 0}\frac{1}{\ln(1+t)^{\frac{1}{t}}}=\frac{1}{\ln[\lim\limits_{t\to 0}(1+t)^{\frac{1}{t}}]}=1.$$

由例 10 可知，当$x\to 0$时，$e^x-1\sim x$，$\ln(1+x)\sim x$.

四、闭区间上连续函数的性质

闭区间上连续函数有几个重要性质，它们的几何意义很明显，下面给出这些性质，但不予以证明.

定理 4（最大值和最小值定理） **在闭区间上连续的函数在该区间上一定能取得它的最大值和最小值.**

闭区间上连续函数的性质

设函数$f(x)$在闭区间$[a,b]$上连续，定理 4 表明，一定存在两点$x_1,x_2\in[a,b]$，使得对于任一$x\in[a,b]$有

$$f(x_1)\leqslant f(x)\leqslant f(x_2).$$

从而可知，函数$f(x)$在闭区间$[a,b]$上有界.

如果函数在闭区间的端点或内部出现间断，那么定理 4 的结论不一定成立. 例如，函数$f(x)=\begin{cases}x, & 0<x<1,\\ \dfrac{1}{2}, & 1\leqslant x\leqslant 2\end{cases}$在半开区间$(0,2]$上有间断点$x=1$，在该区间上有界，但既无最大值也无最小值，如图 2-10 所示.

定理 5（零点定理） **设$f(x)$在闭区间$[a,b]$上连续，且$f(a)\cdot f(b)<0$，则至少存在一点$\xi\in(a,b)$，使得$f(\xi)=0$.**

该定理的几何意义是十分明显的，即若闭区间$[a,b]$上的连续曲线$y=f(x)$的两个端点位于x轴的两侧，则这段曲线至少穿过x轴一次，如图 2-11 所示.

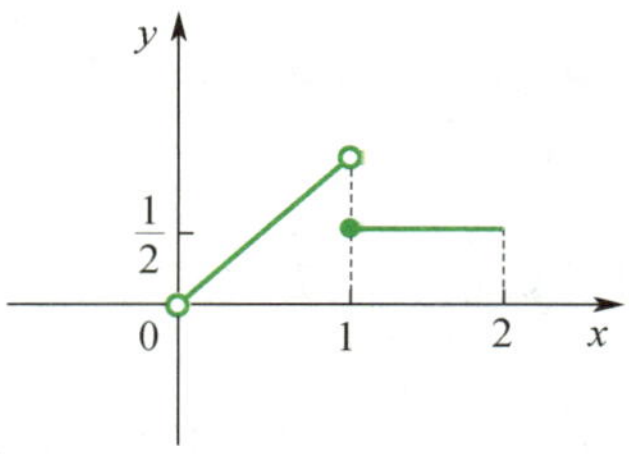

图 2-10

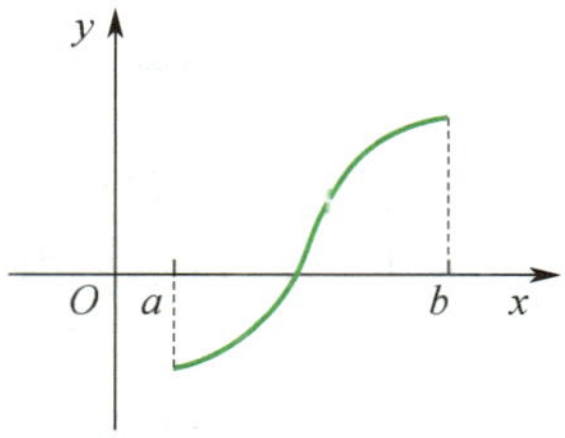

图 2-11

定理 6（介值定理） 设函数 $f(x)$ 在闭区间 $[a,b]$ 上连续，$f(a)=A$，$f(b)=B$，且 $A\neq B$，则对于 A 与 B 之间的任意一个数 C，至少存在一点 $\xi\in(a,b)$，使得 $f(\xi)=C$.

证 构造函数 $\varphi(x)=f(x)-C$，对其在闭区间 $[a,b]$ 上应用零点定理，即得该定理的结论.（请读者自行写出中间过程）

从平面坐标系上看，介值定理表示在闭区间 $[a,b]$ 上连续曲线 $y=f(x)$ 与直线 $y=C$（C 介于 A 与 B 之间）至少有一个交点（见图 2-12）.

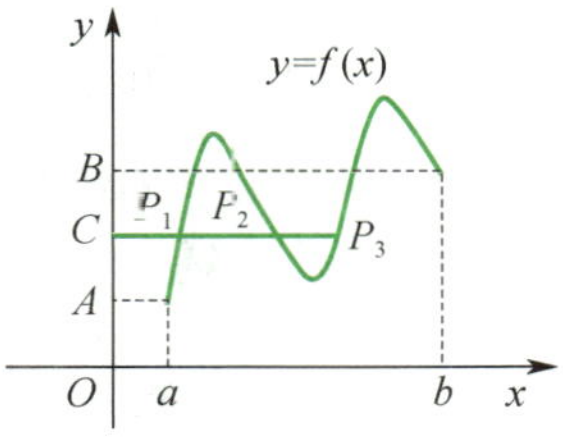

图 2-12

由连续函数的最大值和最小值定理及介值定理，可得下面的推论.

推论 在闭区间上连续的函数必能取得介于函数在该区间上的最大值和最小值之间的任何值.

例 11 证明：方程 $x^4+x-1=0$ 在区间 $(0,1)$ 内至少有一个实根.

证 函数 $f(x)=x^4+x-1$ 在区间 $[0,1]$ 上连续，且

$$f(0)=-1<0,\quad f(1)=1>0,$$

根据零点定理，至少存在一点 $\xi\in(0,1)$，使得 $f(\xi)=0$，即

$$\xi^4+\xi-1=0.$$

由此可知，方程 $x^4+x-1=0$ 在区间 $(0,1)$ 内至少有一个实根.

概念复习

1. 如果 $\lim\limits_{x\to1}f(x)=$________，则函数 $f(x)$ 在点 $x=1$ 处连续.

2. 若 $\lim\limits_{x\to2}f(x)=f(2)$，则 $\lim\limits_{x\to2}f(x)\sqrt{x^2+1}=$____________.

3. 函数 $f(x)=\dfrac{x-2}{x^2-5x+6}$ 的第一类间断点是________，第二类间断点是________.

4. $\lim\limits_{x\to\frac{\pi}{6}}(\sin x)^3=$________.

习题 2－5

1. 判断下列命题是否正确，并说明原因.

(1) 函数 $f(x)$ 在其定义域 (a,b) 内一点 x_0 处连续的充要条件是 $f(x)$ 在点 x_0 处既左连续又右连续；

(2) 函数 $f(x)$ 在点 $x=x_0$ 处连续，函数 $g(x)$ 在点 $x=x_0$ 处不连续，则 $f(x)+g(x)$ 在点 x_0 处一定不连续；

(3) 函数 $f(x)$ 在点 x_0 处连续，函数 $g(x)$ 在点 x_0 处不连续，则 $f(x)\cdot g(x)$ 在点 x_0 处一定不连续.

2. 讨论函数 $f(x)=\begin{cases} x^2, & 0\leqslant x\leqslant 1, \\ 2-x, & 1<x\leqslant 2 \end{cases}$ 的连续性，并画出其图形.

3. 指出下列函数的间断点属于哪一类，若是可去间断点，则补充或改变函数在该点的定义使其连续.

(1) $y=\dfrac{x^2-1}{x^2-3x+2}$，$x=1$，$x=2$；　　(2) $y=\begin{cases} x-1, & x\leqslant 1, \\ 3-x, & x>1, \end{cases}$ $x=1$.

4. 求函数 $f(x)=\dfrac{x^3+3x^2-x-3}{x^2+x-6}$ 的连续区间，并求 $\lim\limits_{x\to 0}f(x)$，$\lim\limits_{x\to -3}f(x)$.

5. 求下列极限.

(1) $\lim\limits_{x\to 0}\sqrt{x^2-2x+5}$；　　(2) $\lim\limits_{\alpha\to \frac{\pi}{4}}(\sin 2\alpha)^3$；

(3) $\lim\limits_{x\to 0}\ln\dfrac{\sin x}{x}$；　　(4) $\lim\limits_{x\to 0}(1+\tan^2 x)^{\cot^2 x}$；

(5) $\lim\limits_{x\to 0}\dfrac{\log_a(1+2x)}{x}$；　　(6) $\lim\limits_{x\to \frac{1}{2}}\arcsin\sqrt{1-x^2}$.

6. 设函数 $f(x)=\begin{cases} e^x, & x<0, \\ a+x, & x\geqslant 0, \end{cases}$ 应怎样选择 a，才能使 $f(x)$ 在区间 $(-\infty,+\infty)$ 内连续？

7. 证明：方程 $x^5-3x+1=0$ 在 1 与 2 之间至少有一个根.

*8. 证明：若函数 $f(x)$ 在区间 $[a,b]$ 上连续，且 $a<x_1<x_2<\cdots<x_n<b$，则在区间 $[x_1,x_n]$ 上必有 ξ，使

$$f(\xi)=\frac{f(x_1)+f(x_2)+\cdots+f(x_n)}{n}.$$

实验一　Python 的基本用法

一、Python 介绍

Python 是一种面向对象的、动态的、解释型的高级编程语言，由吉多·范罗苏姆(Guido

van Rossum)设计并于1991年公开发布.作为一种解释型语言,Python的开发效率高,易于学习,因此在科学计算、数据分析、人工智能等领域得到了广泛应用.

Python具有以下特点.

(1)易学易用:Python语法简洁明了,易于理解,非常适合初学者.

(2)丰富的库支持:Python拥有丰富的第三方库,如NumPy、SciPy、Matplotlib等,这些库为高等数学实验提供了强大的支持.

(3)跨平台:Python可以在多种操作系统上运行,包括Windows、macOS和Linux等.

(4)社区活跃:Python拥有庞大的开发者社区,为用户提供丰富的学习资源和交流平台.

(5)可扩展:Python可以轻松地与其他语言(如C/C++)集成,以实现性能优化.

Python在高等数学领域具有以下优势.

(1)符号计算:Python的SymPy库可以进行符号计算,可帮助用户理解数学公式和理论推导.

(2)数值计算:NumPy、SciPy等库提供了强大的数值计算功能,适用于解方程、求积分、求导等.

(3)数据可视化:Matplotlib、Seaborn等库可以绘制精美的图表,直观地展示数学问题.

(4)机器学习:Python的Scikit-learn、TensorFlow、PyTorch等库可以用于实现机器学习算法,解决复杂的数学问题.

Python的这些特点可以帮助人们高效地进行高等数学的实验和研究.

二、Python基础知识

1.常量与变量

Python用对象来表达数据,每个对象都具有身份、类型(type)和值(value).在程序运行过程中,其值不能改变的数据对象称为常量(constant).例如,较常见的圆周率pi(π)和自然对数的底数e.在Python中,可以不事先声明变量名及变量类型,而通过直接赋值创建各种类型的对象变量.例如,

```
>>>x=1.2         # 定义一个浮点型变量
>>>type(x)       # 查看变量的数据类型
```

其中,"#"号后面的内容为代码注释,不参与代码的执行."type()"可用于查看数据类型.

在定义变量名时,需要注意以下问题。

(1)变量名必须遵循Python的命名规则,具体如下.

①变量名只能包含字母(a~z,A~Z)、数字(0~9)和下画线"_",单独的下画线"_"是一个特殊变量,用于表示上一次运算的结果.

例如,

```
>>>11
11
>>>_+12
23
```

②变量名不能以数字开头,以下画线"_"开头的变量在Python中有特殊的含义.

③变量名区分大小写，variable 和 Variable 表示两个不同的变量.

(2)变量名不能是 Python 中的关键字，如 if、for、while、True 等，可在导入 keyword 模块后使用 keyword. kwlist 查看 Python 中的所有关键字.

(3)不建议使用系统内置的模块名、类型名或函数名作为变量名，如果变量名与模块名相同，可能会引起混淆或覆盖模块功能.

(4)变量名应该具有描述性，能够清楚地表明该变量所代表的内容，便于他人(或自己)阅读和理解代码，但也应尽量简洁，避免使用过长的变量名.

2. 数据类型

Python 的数据类型包括一般程序设计语言都具备的数值型(如 int、float、complex)、字符串型(str)、布尔型(bool)等基本数据类型，还包括列表、元组、集合和字典等复合数据类型. 其中，列表和元组是有顺序的数据元素集合，而集合和字典则属于无顺序的数据元素集合.

(1)列表. 在 Python 中，列表用中括号"[]"表示，并用逗号","分隔其中的元素. 列表可以是一维的，也可以是多维的. 例如，

```
>>>numbers_1=[1,2,3,4,5]              # 一维列表
>>>numbers_2=[[1,2,3],[ 4,5,6]]       # 二维列表
```

访问列表元素时，输入其索引位置即可. 特别需要注意的是，Python 的索引是从 0 开始的，对于列表中的最后一个元素，可使用特殊语法将索引位置设定为-1. 例如，

```
>>>numbers_1[0]                       # 得到整数 1
>>>numbers_1[-1]                      # 得到整数 5
>>>numbers_2[0]                       # 得到列表 [1,2,3]
>>>numbers_2[0][1]                    # 得到整数 2
```

另外，还可以对列表进行添加、删除和修改等操作. 例如，

```
>>>numbers_1.append(7)        # 在列表 numbers_1 末尾添加一个元素 7,得到 [1,2,3,4,5,7]
```

(2)元组. 元组是写在小括号"()"之间，用逗号","分隔的元素序列. 其元素的访问方法与列表相同. 但是，元组的元素不能修改，相当于只读列表. 例如，

```
>>>mixed_tuple=(1,"apple",3.14,True)   # 包含不同数据类型的元组
>>>integer_tuple=(10,20,30,40,50)      # 只包含整数的元组
>>>empty_tuple=()                      # 空元组
>>>single_element_tuple=("only element",) # 只包含一个元素的元组(这里需要注意的是，逗号不能省略，否则它不会被识别为元组)
>>>mixed_tuple[1]    # 得到元组 mixed_tuple 中的字符串 "apple"
```

(3)字典. 字典是写在大括号"{}"之间，用逗号","分隔的元素集合. 其元素以"关键字:值"的形式存储，关键字必须使用不可变类型，且同一字典中关键字必须互不相同. 访问时，可使用关键字访问与之关联的值. 例如，

```
>>>person={"name": "Alice","age": 30,"city": "New York"}  # 定义一个字典
>>>person["name"]  # 访问字典中的关键字"name"对应的值,输出 Alice
```

(4)集合. 集合是一个无序的、不包含重复元素的数据结构. 集合通常用于成员测试、消除重复元素以及进行数学集合运算,如并集、交集、差集等,可以使用大括号"{}"或 set()函数创建,不同元素之间也是用逗号","隔开的. 空集的创建必须使用 set()函数,因为"{}"用于创建一个空字典. 例如,

```
>>>fruits={"apple","banana","cherry"}    # 定义一个集合
>>>fruits.add("orange")                   # 在集合中添加一个元素
>>>fruits.remove("banana")                # 移除集合中的一个元素
>>>set1={1,2,3,4,5}
>>>set2={4,5,6,7,8}
>>>set1 & set2                            # 计算两个集合的交集
>>>set1 | set2                            # 计算两个集合的并集
```

3. 函数

函数的应用比较广泛,Python 除内置的标准函数(部分标准函数如表 2-2 所示)外,还支持自定义函数. 例如,定义一个函数 $f(x)=x^2+3x$,使用如下语句:

```
def function(x): return x**2+3*x          # 定义函数
```

表 2-2

函数名称	函数功能	函数名称	函数功能
math. sin(x)	返回 x(以 rad 为单位)的正弦值	math. cos(x)	返回 x(以 rad 为单位)的余弦值
math. tan(x)	返回 x(以 rad 为单位)的正切值	math. acos(x)	返回 x(以 rad 为单位)的反余弦值
math. asin(x)	返回 x(以 rad 为单位)的反正弦值	math. sqrt(x)	返回 x 的平方根
math. log(x[,base])	返回 x 的自然对数(如果未指定 base)或以 base 为底的对数	math. log10(x)	返回 x 的以 10 为底的对数
math. exp(x)	返回 e 的 x 次幂	math. ceil	返回不小于 x 的最小整数

注:只对标量进行运算.

4. 常用第三方库

下面列举一些用于解决高等数学相关问题的 Python 数学库.

(1)NumPy: NumPy 是 Python 科学计算的基础库,提供了强大的多维数组对象和一系列处理数组的高级数学函数.

网址: https://numpy.org/

(2)SymPy:SymPy 是一个用于符号数学的库. 它允许用户进行符号计算,包括解方程、简化表达式、微分、积分、级数展开等.

网址: https://www.sympy.org/

(3)Matplotlib:Matplotlib 是一个用于绘制二维图形和图表的库. 它非常适合用于数据可视化,可绘制直方图、散点图、条形图、饼图等.

网址：https://matplotlib.org/

(4)SciPy：SciPy 是建立在 NumPy 之上用于科学和工程计算的库. 它提供了更多的数学算法和函数，用于线性代数、积分、插值、特殊函数、快速傅里叶变换等.

网址：https://www.scipy.org/

这些库都是开源的，并且拥有活跃的社区支持，在使用这些库时，可以查看官方文档和教程，以获得指导. 本书主要应用符号运算库 SymPy、数组库 NumPy 及绘图库 Matplotlib 实现高等数学中极限、导数、积分、微分方程及无穷级数等相关问题的求解.

5. 帮助系统

help()函数是 Python 中最直接的帮助系统，可以用来查看模块、函数、类、方法等的帮助文档. 当使用 help() 函数时，其左、右括号不能省略，否则无法进入"Help>"模式. 输入 help()函数后，进入"Help>"模式，若要返回 Python 解释器，可以输入"q"、"quit"或"exit".

三、用 Python 绘制二维图形

Matplotlib 是 Python 最常用的绘图库，可将图形导出为常见格式. 在 Python 中，plot()函数通常指的是 Matplotlib 库中的 plot()函数，用于绘制二维图表. plot()函数的基本代码格式如下.

```
import matplotlib.pyplot as plt          # 加载 matplotlib.pyplot 模块
plt.plot(x,y,format_string, **kwargs)
```

其中的参数解释如下.

x：x 轴数据，可以是列表、数组等数据类型.

y：y 轴数据，同样可以是列表、数组等数据类型.

format_string(可选)：定义了图表中线条的颜色、样式和数据点的标记. 例如，"ro"表示红色圆点，"b-"表示蓝色实线.

** kwargs(可选)：其他关键字参数，如 linewidth(线宽)、linestyle(线型)、marker(标记样式)、markersize(标记大小)等.

使用 Matplotlib 时，图例等内容有时无法正常显示中文和负号，添加如下代码即可实现中文和负号的正常显示：

```
plt.rcParams['font.sans-serif']=['SimHei']  # 用于正常显示中文
plt.rcParams['axes.unicode_minus']=False  # 用于正常显示负号
```

例 1 在区间$[0,2\pi]$上，绘制曲线 $y=2e^{-0.5x}\cos(4\pi x)$.

解 程序代码为

```
import numpy as np  # 加载 NumPy 库,并重命名为 np
import matplotlib.pyplot as plt  # 导入子模块 matplotlib.pyplot,并命名为 plt
plt.rcParams['font.sans-serif']=['SimHei']  # 用于正常显示中文
plt.rcParams['axes.unicode_minus']=False  # 用于正常显示负号
# 以上四行代码为函数库调用、正常显示中文和负号的代码
```

```
# 以下程序代码是绘制曲线的核心程序代码,后面的示例如无特殊需要,仅给出核心程序代码
x=np.linspace(0,2*np.pi,400)  # 定义 x 的取值范围
y=2*np.exp(-0.5*x)*np.cos(4*np.pi*x)  # 定义函数 y
plt.figure(figsize=(8,6))  # 绘制曲线
plt.plot(x,y,'b',label='y=2*e^(-0.5x)*cos(4πx)',linewidth=2)  # 设置曲线:颜色,标签,线宽
plt.title('曲线 y=2*e^(-0.5x)*cos(4πx) 在区间 [0,2π]上')  # 设置标题
plt.xlabel('x')  # 设置 x 轴标签
plt.ylabel('y')  # 设置 y 轴标签
plt.legend()  # 显示图例
plt.show()
```

运行结果如图 2-13 所示,图 2-13(a)所示为"无标题,有网格"形式,图 2-13(b)所示为"有标题,无网格"形式.

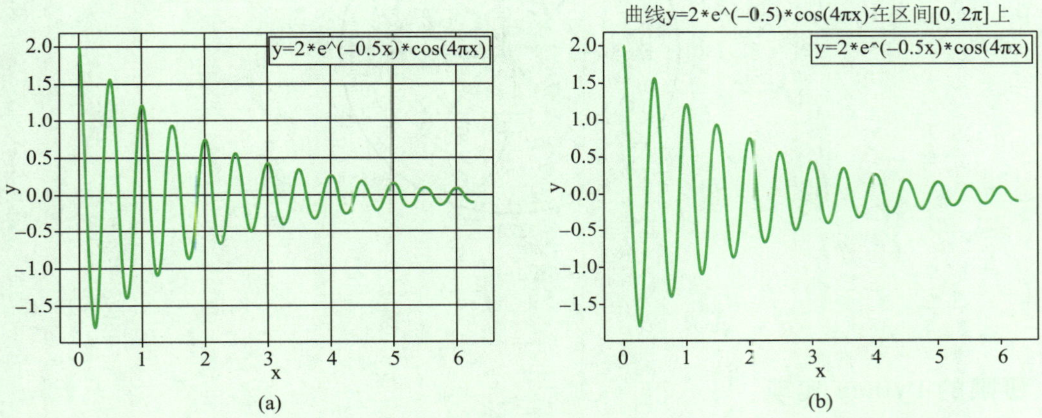

图 2-13

当需要在一幅图中画多条曲线(同一个坐标系)时,可使用如下核心程序代码:

```
x=np.linspace(0,2*np.pi,400)
y1=np.sin(x)
y2=np.cos(x)
y3=np.sin(x)+np.cos(x)   # 定义三个函数
plt.figure(figsize=(8,6))
plt.plot(x,y1,label='y=sin(x)',color='blue')
plt.plot(x,y2,label='y=cos(x)',color='green')
plt.plot(x,y3,label='y=sin(x)+cos(x)',color='red')
plt.title('多函数图')
```

使用 Matplotlib,除绘制直角坐标图外,还可以绘制极坐标图,示例如下.

例 2 绘制 $r=\sin 4t$ 的极坐标图，并添加标题.

解 核心程序代码为

```
theta=np.linspace(0,2*np.pi,1000)
radius=np.sin(4*theta)  # 计算半径
fig,ax=plt.subplots(subplot_kw={'projection': 'polar'})  # 创建极坐标图
ax.plot(theta,radius,label= f'r=sin({4}θ)')  # 在极坐标图中绘制线
ax.set_title(f'r=sin({4}θ)')  # 添加标题和图例
```

运行结果如图 2-14 所示.

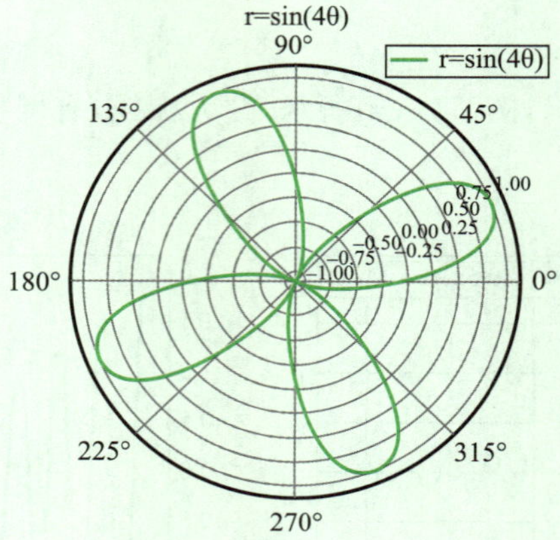

图 2-14

四、极限的 Python 实现

在 Python 中，求解函数的极限通常可以通过数值方法来实现. 例如，使用 SymPy 这样的符号运算库，它能够处理符号数学和代数，支持以表达式的形式进行精确的数学运算. SymPy 的加载代码格式为

```
import sympy as sp  # 加载 SymPy 库，并重命名为 sp
```

SymPy 可以用来求解函数在某一点的极限或当自变量趋于无穷大时的极限，也可以处理较复杂的极限问题，包括单侧极限和多变量函数的极限.

下面举例说明如何使用 SymPy 求解函数的极限.

例 3 求数列 $x_n=\left(1+\dfrac{1}{n}\right)^n$ 的极限，并画出图形，观察其变化趋势.

解 求极限的程序代码为

```
import sympy as sp  # 加载 SymPy 库，并重命名为 sp
n=sp.symbols('n',real=True,positive=True)
x_n=(1+1/n)**n  # 定义数列 x_n
```

```
limit_x_n=sp.limit(x_n,n,sp.oo)
# 计算数列的极限,oo 表示无穷大
limit_x_n  # 输出结果
```

绘图的程序代码为

```
import sympy as sp
import numpy as np
import matplotlib.pyplot as plt
n_values=np.arange(1,101)  # 创建从 1 到 100 的 n 值数组
x_n_values=[(1+1/n)**n for n in n_values]  # 计算数列 x_n 的值
plt.figure(figsize=(10,6))  # 绘制图形
plt.plot(n_values,x_n_values,label='x_n=(1+1/n)^n')
plt.axhline(y= sp.exp(1),color='r',linestyle='--',label=f'Limit: e ≈ {sp.exp
(1):.4f}')
plt.xlabel('n')
plt.ylabel('x_n')
plt.title('Graph of the Sequence x_n=(1+1/n)^n')
plt.legend()
plt.grid(True)
plt.show()
```

运行结果如图 2-15 所示.

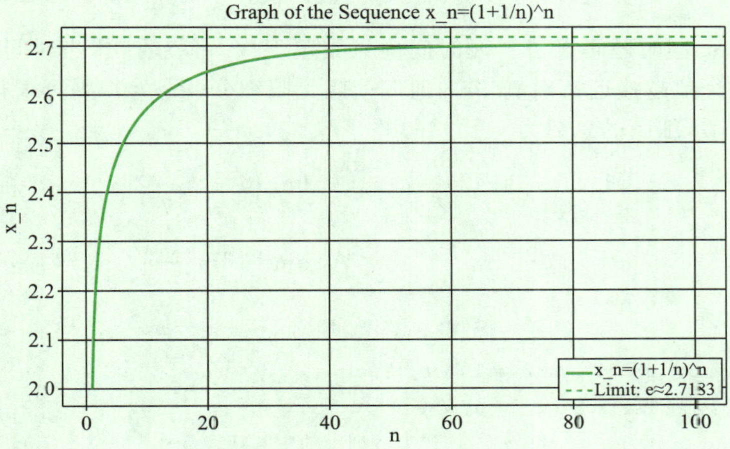

图 2-15

从图 2-15 中可以看出,随着 n 的增大,数列 x_n 的值逐渐接近自然对数的底数 e,这与计算出的极限值也是相符的.

例 4 求 $\lim\limits_{x\to 1}\dfrac{x^2-1}{x-1}$.

解 求极限的程序代码为

```
from sympy import symbols,limit  # 从 SymPy 库中导入一些函数和符号.symbols 用于定义数学符号,limit 用于计算极限.
x=symbols('x')
expression=(x**2-1)/(x-1)
limit_value=limit(expression,x,1)  # 计算极限
limit_value  # 输出结果
```

运行结果为

```
2
```

例 5 细菌繁殖问题.

由实验知，某种细菌繁殖的速率 V 在满足培养基充足等条件时与当时已有的细菌数量 A_0 成正比，即 $V=kA_0$（$k>0$，k 为比例常数）. 经过时间 t 以后细菌的数量是多少？

解 为了计算出 t 时细菌的数量，将时间间隔$[0,t]$分成 n 等份. 细菌的繁殖是连续变化的，在很短的一段时间内数量的变化很小，繁殖速率可近似看作不变. 因此，在第一段时间$\left[0,\frac{t}{n}\right]$内，细菌繁殖的数量为 $kA_0\frac{t}{n}$，第一段时间末细菌的数量为 $A_0\left(1+k\frac{t}{n}\right)$；第二段时间末细菌的数量为 $A_0\left(1+k\frac{t}{n}\right)^2$. 以此类推，第 n 段时间末细菌的数量为 $A_0\left(1+k\frac{t}{n}\right)^n$.

显然，这是一个近似值，因为假设了在每一段时间$\left[\frac{i-1}{n}t,\frac{i}{n}t\right]$（$i=1,2,\dots,n$）内细菌繁殖的速率不变，同时还假设了各段时间内只繁殖一次. 可以看出，当时间间隔分得越细（n 越大）时，这个值越接近精确值. 若对时间间隔无限细分（$n\to\infty$），则可求得其精确值. 所以，经过时间 t 后，细菌的总数为

$$\lim_{n\to\infty}A_0\left(1+k\frac{t}{n}\right)^n=A_0\lim_{n\to\infty}\left(1+k\frac{t}{n}\right)^n$$
$$=A_0\lim_{n\to\infty}\left[\left(1+\frac{kt}{n}\right)^{\frac{n}{kt}}\right]^{kt}=A_0\mathrm{e}^{kt}.$$

程序代码为

```
from sympy import symbols,limit,oo,exp
k,t,n=symbols('k t n')  # 定义变量
A0=symbols('A0')  # 符号变量,代表数列中的常数项
sequence=A0*(1+k*t/n)**n  # 定义数列表达式
limit_value=limit(sequence,n,oo)  # 计算极限
limit_value.simplify()  # 化简极限结果为更简洁的形式
```

运行结果为

```
A0*exp(k*t)
```

注意 在 SymPy 中定义变量一般使用 symbols() 函数. limit() 函数用来求极限，limit()

的形式为 limit(f,x,x0,dir='+'),其中,f 表示函数,x 表示要取极限的变量,x0 表示 x 趋近的数值,dir 表示取极限的方向,dir='+'表示取右极限,dir='-'表示取左极限,dir='+-'表示取左右极限,默认 dir='+'.

实验题 1

1. 通过上机练习,熟悉 Python 的常用数学库,如利用 Matplotlib 绘图.

2. 某零售店 9 种商品的进价、售价及一周的销售量如表 2-3 所示,利用数组运算求出各种商品的收入和利润,并求这一周该 9 种商品的总收入和总利润.

表 2-3

货号	1	2	3	4	5
单件进价/元	7.15	8.25	3.20	10.30	6.68
单件售价/元	11.10	15.00	6.00	16.25	9.90
销售量	568	1 205	753	580	395
货号	6	7	8	9	—
单件进价/元	12.03	16.85	17.51	9.30	—
单件售价/元	18.25	20.80	24.15	15.50	—
销售量	2 104	1 538	810	694	—

3. 画出 $\sqrt{x}, x^2, x^3, x^6, x^9, x^{30}, \frac{1}{x}, \frac{1}{x^2}, \frac{1}{\sqrt{x}}$ 的图形,并由此总结幂函数的性质.

4. 在极坐标系中,画出心形线 $r=a(1-\cos t)$,阿基米德螺线 $r=at$,对数螺线 $r=e^{at}$,三叶玫瑰线 $r=a\cos 3t$ 的图形.

5. 利用 Python 求下列极限.

(1) $\lim\limits_{x\to 0}\dfrac{\sec x-1}{x^2}$; (2) $\lim\limits_{x\to\frac{\pi}{2}}(\sin x)^{\tan x}$; (3) $\lim\limits_{n\to\infty}\left(1+\dfrac{1}{n}+\dfrac{1}{n^2}\right)^n$.

6. 利用求极限命令说明当 $x\to 0$ 时,$\sin x^3$ 与 $\sin^3 x$ 是等价无穷小,并画图比较它们收敛到 0 的速率.

7. 某顾客在银行存入本金 p(单位:元),n 年后他在银行的存款额是本金及利息之和. 设银行规定年复利率为 r,请计算连续复利(银行连续不断地向顾客付利息)情况下顾客的最终存款额.

回顾与预习

1. 求下列函数的定义域.

(1) $f(x)=\dfrac{x^3-1}{x-1}$; (2) $y=\sin\sqrt{x}$;

(3) $f(x)=\ln(x-2)+1$; (4) $f(x)=\dfrac{\sin x}{x}$.

2. 设 $f(x)=x^2$，求下列各式的值.

(1) $f(1.1)$；　(2) $f(1.1)-f(1)$；　(3) $\dfrac{f(1.1)-f(1)}{1.1-1}$；

(4) $f(x_0+h)$；　(5) $f(x_0+h)-f(x_0)$；　(6) $\dfrac{f(x_0+h)-f(x_0)}{h}$.

3. 设 $f(x)=\dfrac{1}{x}$，求 $\dfrac{f(1.1)-f(1)}{1.1-1}$ 和 $\dfrac{f(x_0+h)-f(x_0)}{h}$.

4. 设 $f(x)=\sqrt{x}$，求 $\dfrac{f(1.1)-f(1)}{1.1-1}$ 和 $\dfrac{f(x_0+h)-f(x_0)}{h}$.

5. 写出下列函数的复合过程.

(1) $y=\sin^2 x$；　(2) $y=(1-x)^5$；

(3) $y=\sqrt{1+2x^3}$；　(4) $y=e^{\sin^2 x}$.

6. 将 $(a+b)^2$，$(a+b)^3$，$(a+b)^4$ 展开，并根据这些展开式找出规律，写出 $(a+b)^n$ 的展开式，其中 n 为任意正整数.

7. 把表达式 $\sin(x+\Delta x)-\sin x$，$\cos(x+\Delta x)-\cos x$ 化为积的形式.

8. 化简表达式 $\dfrac{\ln(x+h)-\ln x}{h}$，并求极限 $\lim\limits_{h\to 0}\dfrac{\ln(x+h)-\ln x}{h}$.

本章常见问题

本章自测题　　本章参考答案

第3章

导数与微分

华罗庚

前两章介绍了函数的极限与连续的概念及性质. 在此基础上,将进一步讨论函数相对于自变量变化的快慢程度. 因此,本章主要讨论函数的导数与微分的概念、性质及计算方法.

第1节 导数的概念

一、函数的变化率

在许多实际问题中,不仅要研究变量之间的函数关系,还要讨论变量与变量之间的相对变化情况. 下面看几个例子.

导数定义的引入

例1 过点(x_0,y_0)和(x_1,y_1)的直线 $y=k(x-x_0)+y_0$ 的斜率为

$$k=\frac{y_1-y_0}{x_1-x_0}=\frac{\Delta y}{\Delta x},$$

其中,斜率 k 是线性函数 $y=k(x-x_0)+y_0$ 从 x_0 变到 x_1 的平均变化率.

例2 设做匀速直线运动的物体的位置函数为 $s=s(t)$,从时刻 t_0 到时刻$t_0+\Delta t(0<t_0<\Delta t+t_0)$,物体的位置由 $s=s(t_0)$变化到 $s=s(t_0+\Delta t)$. 在时间间隔 Δt 内,物体的平均速率为

$$v=\frac{s(t_0+\Delta t)-s(t_0)}{\Delta t}=\frac{\Delta s}{\Delta t}.$$

由于物体做匀速运动时速率是不变的,所以 v 是常数. v 是函数 $s=s(t)$从 t_0 变化到 $t_0+\Delta t$ 的平均变化率.

例 3 已知一条长度为 l 的均匀细杆，以它的一端作为零点，分别量取长度为 l_1, l_2 $(l_1<l_2<l)$ 的两部分，相应长度的细杆的质量分别为 m_1, m_2，则细杆在 $[l_1, l_2]$ 这一段上的平均线密度为

$$\rho=\frac{m_2-m_1}{l_2-l_1}=\frac{\Delta m}{\Delta l},$$

均匀细杆的线密度是常数，即 ρ 是常数. ρ 是函数 $m=m(l)$ 从 l_1 变到 l_2 的平均变化率.

一般地，设函数 $y=f(x)$ 在 x_0, x_1 处有定义，记 $\Delta x=x_1-x_0$，

$$\Delta y=f(x_1)-f(x_0)=f(x_0+\Delta x)-f(x_0),$$

称

$$\frac{f(x_0+\Delta x)-f(x_0)}{\Delta x}=\frac{\Delta y}{\Delta x}$$

为函数 $y=f(x)$ 从 x_0 变到 $x_0+\Delta x$ 的**平均变化率**.

例 1 中的函数是线性的，例 2、例 3 中都有均匀假设. 但在实际问题中，人们遇到的函数绝大部分是非线性、非均匀的，这些问题常常涉及函数在一点的变化率.

例 4 求变速直线运动的瞬时速率.

解 设某一物体做变速直线运动，在时间 $[0, t]$ 内走过的路程为 $s=s(t)$，物体从 t_0 运动到 $t_0+\Delta t$ $(0<t_0, t_0+\Delta t<t)$ 的平均速率为

$$\bar{v}=\frac{s(t_0+\Delta t)-s(t_0)}{\Delta t}=\frac{\Delta s}{\Delta t}, \tag{3-1}$$

时间间隔越短，平均速率 $\bar{v}$ 越接近物体在 t_0 时刻的瞬时速率. 当 $\Delta t\to 0$ 时，如果式(3-1)的极限存在，则该极限值为物体在 t_0 时刻的瞬时速率，记为

$$v=\lim_{\Delta t\to 0}\frac{s(t_0+\Delta t)-s(t_0)}{\Delta t},$$

也称 v 为函数 $s=s(t)$ 在 t_0 处的变化率.

例 5 求曲线在一点处切线的斜率.

解 圆的切线定义为“与圆只有一个交点的直线”，但是这个定义对一般曲线是不适用的. 例如，抛物线 $y=x^2$ 与两个坐标轴都只有一个交点，但只有 x 轴是抛物线在点 $(0,0)$ 处的切线.

一般地，设曲线 C 为函数 $y=f(x)$ 的图形，点 M 为曲线 C 上一点，点 N 为 C 上除点 M 外另一点，直线 MN 是曲线 C 的一条割线. 当点 N 沿曲线 C 趋于点 M 时，如果割线 MN 趋于它的极限位置 MT，则称直线 MT 为曲线 C 在点 M 处的切线(见图 3-1).

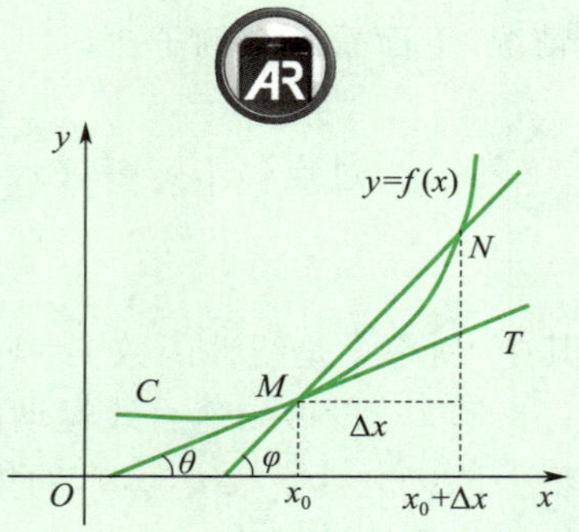

图 3-1

设点 M, N 的坐标分别为 $(x_0, f(x_0))$，$(x_0+\Delta x, f(x_0+\Delta x))$，割线 MN 的倾角为 φ，则割线的斜率为

$$\tan\varphi=\frac{f(x_0+\Delta x)-f(x_0)}{\Delta x}.$$

当点 N 沿曲线 C 趋于点 M 时(此时 $\Delta x\to 0$)，如果上式的极限存在，记作 k，即

$$k=\lim_{\Delta x\to 0}\frac{f(x_0+\Delta x)-f(x_0)}{\Delta x},$$

则 k 就是切线 MT 的斜率，$k=\tan\theta$，其中，θ 为切线 MT 的倾角. k 是函数 $y=f(x)$ 在点 $x=x_0$ 处的变化率.

在自然科学和工程技术领域内，线密度、电流等概念可以归结为函数的变化率；在经济学中，经济函数的边际、弹性分析等概念也都可以归结为函数的变化率.

二、导数的定义

函数的变化率描述了不同意义的变量的变化“快慢”，不考虑各变量的几何、物理等方面的特殊意义，提炼数量关系上的共性并加以概括，就可以得出函数导数的定义.

定义 **设函数 $y=f(x)$ 在点 x_0 的某一邻域内有定义，当自变量 x 在点 x_0 处取得增量 Δx(点 $x_0+\Delta x$ 仍在该邻域内)时，相应地，函数取得增量 $\Delta y=f(x_0+\Delta x)-f(x_0)$；如果极限**

$$\lim_{\Delta x\to 0}\frac{\Delta y}{\Delta x}=\lim_{\Delta x\to 0}\frac{f(x_0+\Delta x)-f(x_0)}{\Delta x}\tag{3-2}$$

存在，则称函数 $y=f(x)$ 在点 x_0 处可导，并称该极限值为函数 $y=f(x)$ 在点 x_0 处的导数，记作 $f'(x_0)$，即

$$f'(x_0)=\lim_{\Delta x\to 0}\frac{f(x_0+\Delta x)-f(x_0)}{\Delta x},$$

也可以记作 $y'\big|_{x=x_0}$，$\dfrac{\mathrm{d}y}{\mathrm{d}x}\Big|_{x=x_0}$ **或** $\dfrac{\mathrm{d}f(x)}{\mathrm{d}x}\Big|_{x=x_0}$.

导数的概念

函数 $y=f(x)$ 在点 x_0 处可导，有时也称函数 $y=f(x)$ 在点 x_0 处具有导数或导数存在. 如果式(3-2)的极限不存在(包括∞)，则称函数 $y=f(x)$ 在点 x_0 处不可导. 但当式(3-2)的极限为∞时，也常称函数 $y=f(x)$ 在点 x_0 处的导数为无穷大.

函数在一点的导数定义式(3-2)也可以写成不同的形式，常见的有

$$f'(x_0)=\lim_{h\to 0}\frac{f(x_0+h)-f(x_0)}{h}\tag{3-3}$$

或($\Delta x=x-x_0$，$x=x_0+\Delta x$，$\Delta x\to 0\Rightarrow x\to x_0$)

$$f'(x_0)=\lim_{x\to x_0}\frac{f(x)-f(x_0)}{x-x_0}.\tag{3-4}$$

上面讨论的是函数在一点处可导的情况. 如果函数 $y=f(x)$ 在开区间 (a,b) 内每一点都可导，则称函数 $y=f(x)$ 在区间 (a,b) 内可导. 此时，对于任一 $x\in(a,b)$ 都有一个导数值 $f'(x)$ 与之对应，这就构成了一个新的函数，这个函数称为 $f(x)$ 的**导函数**(简称**导数**)，记作 y'，$f'(x)$，$\dfrac{\mathrm{d}y}{\mathrm{d}x}$ 或 $\dfrac{\mathrm{d}f(x)}{\mathrm{d}x}$，即

$$f'(x)=\lim_{\Delta x\to 0}\frac{f(x+\Delta x)-f(x)}{\Delta x},\quad x\in(a,b).$$

在导数概念的讲解中体现矛盾的个性与共性的辩证法

显而易见，函数 $y=f(x)$ 在点 x_0 处的导数 $f'(x_0)$ 就是导函数 $f'(x)$ 在

点 $x=x_0$ 处的值，即

$$f'(x_0)=f'(x)\big|_{x=x_0}.$$

例 6 求函数 $f(x)=C$(C 为常数)的导数.

解 根据导数的定义，有

$$f'(x)=\lim_{\Delta x\to 0}\frac{f(x+\Delta x)-f(x)}{\Delta x}=\lim_{\Delta x\to 0}\frac{C-C}{\Delta x}=0,$$

即

$$(C)'=0.$$

例 7 求函数 $f(x)=x^2$ 的导数.

解

$$\begin{aligned}f'(x)&=\lim_{\Delta x\to 0}\frac{f(x+\Delta x)-f(x)}{\Delta x}\\&=\lim_{\Delta x\to 0}\frac{(x+\Delta x)^2-x^2}{\Delta x}=\lim_{\Delta x\to 0}\frac{2x\Delta x+\Delta x^2}{\Delta x}\\&=\lim_{\Delta x\to 0}(2x+\Delta x)=2x,\end{aligned}$$

即

$$(x^2)'=2x.$$

例 8 求函数 $f(x)=\sqrt{x}$ 的导数.

解

$$\begin{aligned}f'(x)&=\lim_{\Delta x\to 0}\frac{f(x+\Delta x)-f(x)}{\Delta x}=\lim_{\Delta x\to 0}\frac{\sqrt{x+\Delta x}-\sqrt{x}}{\Delta x}\\&=\lim_{\Delta x\to 0}\frac{(\sqrt{x+\Delta x}-\sqrt{x})(\sqrt{x+\Delta x}+\sqrt{x})}{\Delta x(\sqrt{x+\Delta x}+\sqrt{x})}\\&=\lim_{\Delta x\to 0}\frac{1}{\sqrt{x+\Delta x}+\sqrt{x}}=\frac{1}{2\sqrt{x}},\end{aligned}$$

即

$$(\sqrt{x})'=(x^{\frac{1}{2}})'=\frac{1}{2\sqrt{x}}=\frac{1}{2}x^{-\frac{1}{2}}.$$

对于幂函数 $f(x)=x^{\mu}$(μ 为任意实数)，公式

$$(x^{\mu})'=\mu x^{\mu-1}$$

仍然成立，证明将在下一节给出.

例 9 求函数 $f(x)=\sin x$ 的导数.

解

$$\begin{aligned}f'(x)&=\lim_{\Delta x\to 0}\frac{f(x+\Delta x)-f(x)}{\Delta x}=\lim_{\Delta x\to 0}\frac{\sin(x+\Delta x)-\sin x}{\Delta x}\\&=\lim_{\Delta x\to 0}\frac{1}{\Delta x}\cdot 2\cos\left(x+\frac{\Delta x}{2}\right)\sin\frac{\Delta x}{2}\\&=\lim_{\Delta x\to 0}\cos\left(x+\frac{\Delta x}{2}\right)\cdot\lim_{\Delta x\to 0}\frac{\sin\frac{\Delta x}{2}}{\frac{\Delta x}{2}}=\cos x,\end{aligned}$$

即

$$(\sin x)'=\cos x.$$

类似地，利用三角函数的和差化积公式还可以推导出公式

$$(\cos x)'=-\sin x.$$

例 10 求函数 $f(x)=\log_a x(a>0,a\neq 1)$的导数.

解

$$\begin{aligned}f'(x)&=\lim_{h\to 0}\frac{f(x+h)-f(x)}{h}\\&=\lim_{h\to 0}\frac{\log_a(x+h)-\log_a x}{h}\\&=\lim_{h\to 0}\frac{1}{h}\log_a\frac{x+h}{x}\\&=\lim_{h\to 0}\frac{1}{x}\cdot\frac{x}{h}\log_a\left(1+\frac{h}{x}\right).\end{aligned}$$

令 $u=\frac{h}{x}$,当 $h\to 0$ 时,$u\to 0$. 根据第 2 章第 3 节的定理 2,得

$$f'(x)=\frac{1}{x}\lim_{u\to 0}\log_a(1+u)^{\frac{1}{u}}=\frac{1}{x}\log_a \mathrm{e}=\frac{1}{x\ln a},$$

即

$$(\log_a x)'=\frac{1}{x\ln a}.$$

特别地,当 $a=\mathrm{e}$ 时,有

$$(\ln x)'=\frac{1}{x}.$$

注意 由例 7～例 10 可以看出,当根据定义求函数的导数时,x 虽然可以取定义域内的任何数值,但在极限过程中 x 是常量,而 Δx 或 h 是变量.

例 11 讨论函数 $f(x)=|x|$在点 $x=0$ 处的可导性.

解

$$\lim_{h\to 0}\frac{f(0+h)-f(0)}{h}=\lim_{h\to 0}\frac{|h|}{h}.$$

当 $h>0$ 时,
$$\lim_{h\to 0^+}\frac{|h|}{h}=\lim_{h\to 0^+}\frac{h}{h}=1;$$

当 $h<0$ 时,
$$\lim_{h\to 0^-}\frac{|h|}{h}=\lim_{h\to 0^-}\frac{-h}{h}=-1.$$

所以

$$\lim_{h\to 0}\frac{f(0+h)-f(0)}{h}$$

不存在,即函数 $f(x)=|x|$在点 $x=0$ 处不可导. 如图 3-2 所示,点 $x=0$ 处是一个尖点(不光滑).

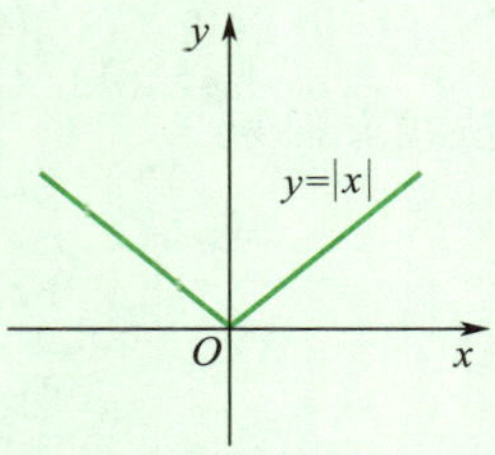

图 3-2

根据函数极限存在的充要条件,函数 $f(x)$在点 x_0 处可导的充要条件是极限

$$\lim_{h\to 0^-}\frac{f(x_0+h)-f(x_0)}{h} \quad 和 \quad \lim_{h\to 0^+}\frac{f(x_0+h)-f(x_0)}{h}$$

都存在且相等. 这两个极限分别称为函数在点 x_0 处的**左导数**和**右导数**,记作 $f'_-(x_0)$和 $f'_+(x_0)$,即

$$f'_-(x_0)=\lim_{h\to 0^-}\frac{f(x_0+h)-f(x_0)}{h},\tag{3-5}$$

$$f'_+(x_0)=\lim_{h\to 0^+}\frac{f(x_0+h)-f(x_0)}{h}.\tag{3-6}$$

由此可知，函数 $f(x)$在点 x_0 处可导的充要条件是 $f'_-(x_0)=f'_+(x_0)$.

如果函数 $f(x)$在区间(a,b)内可导，且 $f'_+(a)$和 $f'_-(b)$均存在，则称函数 $f(x)$在闭区间$[a,b]$上是可导的.

三、导数的几何意义

由例 5 及导数的定义可知，函数 $y=f(x)$在点 x_0 处的导数 $f'(x_0)$在几何上表示曲线 $y=f(x)$在点 $M(x_0,f(x_0))$处的切线的斜率.

如果函数 $y=f(x)$在点 x_0 处的导数为无穷大，此时曲线 $y=f(x)$过点 $M(x_0,f(x_0))$的割线以垂直于 x 轴的直线 $x=x_0$ 为极限位置，即该曲线在点 M 处具有垂直于 x 轴的切线 $x=x_0$.

根据直线的点斜式方程，曲线 $y=f(x)$在点 M 处的切线的方程为

$$y-y_0=f'(x_0)(x-x_0).\tag{3-7}$$

过点 $M(x_0,f(x_0))$且垂直于切线的直线称为曲线 $y=f(x)$在点 M 处的**法线**. 其方程为

$$y-y_0=-\frac{1}{f'(x_0)}(x-x_0),\ f'(x_0)\neq 0.\tag{3-8}$$

例 12 求曲线 $y=x^2$ 在点$(1,1)$处的切线方程和法线方程.

解 根据导数的几何意义，可知所求切线的斜率为

$$k_1=y'|_{x=1}=2x|_{x=1}=2,$$

切线方程为

$$y-1=2(x-1)\text{，即 } 2x-y-1=0,$$

所求法线的斜率为

$$k_2=-\frac{1}{k_1}=-\frac{1}{2},$$

法线方程为

$$y-1=-\frac{1}{2}(x-1),$$

即

$$x+2y-3=0.$$

四、函数的可导性与连续性的关系

设函数 $y=f(x)$在点 x 处可导，根据导数的定义，极限

$$\lim_{\Delta x\to 0}\frac{\Delta y}{\Delta x}=f'(x)$$

存在. 再由极限与无穷小的关系，得

$$\frac{\Delta y}{\Delta x}=f'(x)+\alpha,$$

其中，α 是当 $\Delta x\to 0$ 时的无穷小. 上式两端同乘以 Δx，得

$$\Delta y=f'(x)\Delta x+\alpha\Delta x,$$

当 $\Delta x\to 0$ 时，$\Delta y\to 0$. 这表明函数 $y=f(x)$ 在点 x 处连续. 因此，**如果函数 $y=f(x)$ 在点 x 处可导，则函数在该点处一定连续.**

但是，函数在某点连续，却不一定可导. 例如，例 11 中函数 $y=|x|$ 在点 $x=0$ 处连续，但导数不存在.

例 13 讨论函数 $f(x)=\begin{cases} x\sin\dfrac{1}{x}, & x\neq 0, \\ 0, & x=0 \end{cases}$ 在点 $x=0$ 处的连续性和可导性.

解 根据无穷小的运算性质，有

$$\lim_{x\to 0}f(x)=\lim_{x\to 0}x\sin\frac{1}{x}=0=f(0),$$

所以 $f(x)$ 在点 $x=0$ 处连续. 又因为

$$\lim_{x\to 0}\frac{f(x)-f(0)}{x}=\lim_{x\to 0}\frac{x\sin\frac{1}{x}-0}{x}=\lim_{x\to 0}\sin\frac{1}{x}$$

不存在，故 $f(x)$ 在点 $x=0$ 处不可导.

概念复习

1. 设函数 $y=f(x)$ 在点 x_0 处可导，则其导数 $f'(x_0)=$________________.

2. 设 $y=f(x)$ 在点 x_0 处可导，则 $y=f(x)$ 在点 $M(x_0,f(x_0))$ 处的切线的斜率是________.

3. 做变速直线运动的物体的位置函数为 $s=2t^2+1$（s 的单位为 m），物体在时刻 $t=10$ s 的瞬时速率是____________________.

4. 若函数 $y=f(x)$ 在点 x_0 处可导，则 $y=f(x)$ 在该点一定______，反之不一定成立.

习题 3－1

1. 设质点做变速直线运动，在 t 时刻的位置为 $s(t)=3t^2-5t$（t 的单位为 s，s 的单位为 m），求下列各值.

（1）质点从 1 s 到 $1+\Delta t$(s) 这段时间内的平均速率；

（2）质点从 t_0 到 $t_0+\Delta t$ 这段时间内的平均速率；

（3）质点在 1 s 时的瞬时速率；

（4）质点在 t_0 时的瞬时速率.

2. 下列各小题中均假定 $f'(x_0)$ 存在，根据导数定义，指出下列极限表示什么，并将答案填在横线上.

（1）$\lim\limits_{\Delta x\to 0}\dfrac{f(x_0-\Delta x)-f(x_0)}{\Delta x}=$__________；

(2) $\lim\limits_{x\to 0}\dfrac{f(x)}{x}=$ ________，其中 $f(0)=0$，且 $f'(0)$存在；

(3) $\lim\limits_{h\to 0}\dfrac{f(x_0+h)-f(x_0-h)}{h}=$ ________.

3. 求下列函数的导数.

(1) $y=x^4$； (2) $y=\sqrt[3]{x^2}$； (3) $y=\dfrac{1}{\sqrt{x}}$； (4) $y=x^3\sqrt[5]{x}$.

4. 求曲线 $y=\cos x$ 上点 $\left(\dfrac{\pi}{3},\dfrac{1}{2}\right)$处的切线的方程和法线的方程.

5. 曲线 $y=x^2$ 上哪一点处的切线与直线 $y=4x-1$ 平行？求过该点的切线的方程.

6. 讨论函数 $f(x)=\begin{cases}x^2\sin\dfrac{1}{x}, & x\neq 0,\\ 0, & x=0\end{cases}$ 在点 $x=0$ 处的连续性与可导性.

7. 设 $f(x)=\begin{cases}\sin x, & x<0,\\ ax+b, & x\geqslant 0,\end{cases}$ 讨论 a,b 取何值时 $f(x)$在点 $x=0$ 处可导.

8. 设 $Q=Q(T)$（单位：J）表示单位质量的金属从 0 ℃加热到温度为 T（单位：℃）时所吸收的热量，当金属的温度从 T 升高到 $T+\Delta T$ 时，所需热量为 $\Delta Q=Q(T+\Delta T)-Q(T)$，$\Delta Q$ 与 ΔT 之比称为 T 到 $T+\Delta T$ 的平均比热容，请解答下列问题.

(1) 如何定义 T 时金属的比热容？

(2) 当 $Q(T)=aT+bT^2$（其中 a,b 均为常数）时，求金属的比热容.

第 2 节　函数的求导法则

一、导数的四则运算法则

定理 1 **设函数 $u=u(x)$，$v=v(x)$ 在点 x 处均可导，则 $u(x)\pm v(x)$，$u(x)v(x)$，$\dfrac{u(x)}{v(x)}[v(x)\neq 0]$都在点 x 处可导，且**

(1) $[u(x)\pm v(x)]'=u'(x)\pm v'(x)$；

(2) $[u(x)v(x)]'=u'(x)v(x)+u(x)v'(x)$；

(3) $\left[\dfrac{u(x)}{v(x)}\right]'=\dfrac{u'(x)v(x)-u(x)v'(x)}{v^2(x)}[v(x)\neq 0]$.

证 这里只证明(3)，(1)和(2)的证明由读者自己完成.

设 $f(x)=\dfrac{u(x)}{v(x)}$，由导数的定义，有

$$f'(x)=\lim_{h\to 0}\frac{f(x+h)-f(x)}{h}=\lim_{h\to 0}\frac{\frac{u(x+h)}{v(x+h)}-\frac{u(x)}{v(x)}}{h}$$

$$=\lim_{h\to 0}\frac{u(x+h)v(x)-u(x)v(x+h)}{hv(x+h)v(x)}$$

$$=\lim_{h\to 0}\frac{[u(x)+\Delta u]v(x)-u(x)[v(x)+\Delta v]}{h[v(x)+\Delta v]v(x)}$$

$$=\lim_{h\to 0}\frac{\Delta u v(x)-u(x)\Delta v}{h[v(x)+\Delta v]v(x)}$$

$$=\lim_{h\to 0}\frac{1}{[v(x)+\Delta v]v(x)}\cdot\left[\frac{\Delta u}{h}\cdot v(x)-\frac{\Delta v}{h}\cdot u(x)\right]$$

$$=\frac{u'(x)v(x)-u(x)v'(x)}{v^2(x)},$$

即

$$\left(\frac{u}{v}\right)'=\frac{u'v-uv'}{v^2}.$$

定理 1 中的(1)、(2)可以推广到有限个函数的情形.例如,设函数 $u=u(x)$,$v=v(x)$,$w=w(x)$在点 x 处均可导,则有

$$(u\pm v\pm w)'=u'\pm v'\pm w';$$

$$(uvw)'=(uv)'w+uvw'$$
$$=(u'v+uv')w+uvw'$$
$$=u'vw+uv'w+uvw',$$

即

$$(uvw)'=u'vw+uv'w+uvw'.$$

例 1 设 $f(x)=x^3+2\cos x+\ln 3$,求 $f'(x)$及 $f'\left(\frac{\pi}{2}\right)$.

解 $f'(x)=(x^3+2\cos x+\ln 3)'=(x^3)'+(2\cos x)'+(\ln 3)'$

$$=3x^2-2\sin x.$$

$$f'\left(\frac{\pi}{2}\right)=(3x^2-2\sin x)\Big|_{x=\frac{\pi}{2}}=\frac{3\pi^2}{4}-2.$$

例 2 设 $y=(\sqrt{x}+\sin x)\lg x$,求 y'.

解 $y'=(\sqrt{x}+\sin x)'\lg x+(\sqrt{x}+\sin x)(\lg x)'$

$$=\left(\frac{1}{2\sqrt{x}}+\cos x\right)\lg x+\frac{1}{x\ln 10}(\sqrt{x}+\sin x).$$

例 3 设 $y=\tan x$,求 y'.

解 $y'=(\tan x)'=\left(\frac{\sin x}{\cos x}\right)'=\frac{(\sin x)'\cos x-\sin x(\cos x)'}{\cos^2 x}$

$$=\frac{\cos^2 x+\sin^2 x}{\cos^2 x}=\frac{1}{\cos^2 x}=\sec^2 x,$$

即

$$(\tan x)'=\sec^2 x.$$

例 4 设 $y=\sec x$，求 y'.

解

$$y'=(\sec x)'=\left(\frac{1}{\cos x}\right)'$$

$$=\frac{(1)'\cos x-1\cdot(\cos x)'}{\cos^2 x}$$

$$=\frac{\sin x}{\cos^2 x}=\sec x\tan x,$$

即

$$(\sec x)'=\sec x\tan x.$$

类似地，可以求得余切函数和余割函数的导数公式分别为

$$(\cot x)'=-\csc^2 x,$$

$$(\csc x)'=-\csc x\cot x.$$

二、反函数与复合函数的求导法则

1. 反函数的求导法则

定理 2 **如果函数 $x=f(y)$ 在区间 I_y 内单调、可导且 $f'(y)\neq 0$，则它的反函数 $y=f^{-1}(x)$ 在对应的区间 $I_x=\{x\,|\,x=f(y),y\in I_y\}$ 内也可导，且**

$$[f^{-1}(x)]'=\frac{1}{f'(y)} \quad \text{或} \quad \frac{\mathrm{d}y}{\mathrm{d}x}=\frac{1}{\frac{\mathrm{d}x}{\mathrm{d}y}}.$$

证 由已知得函数 $x=f(y)$ 在区间 I_y 内单调、连续，根据第 2 章第 5 节的定理 2 可知，它的反函数 $y=f^{-1}(x)$ 存在，且在对应区间 I_x 内单调、连续.

对于任意的 $x\in I_x$，给出增量 $\Delta x\neq 0(x+\Delta x\in I_x)$，则有

$$\Delta y=f^{-1}(x+\Delta x)-f^{-1}(x)\neq 0,$$

且由 $y=f^{-1}(x)$ 的连续性可知，当 $\Delta x\to 0$ 时，$\Delta y\to 0$. 于是，有

$$\frac{\Delta y}{\Delta x}=\frac{1}{\frac{\Delta x}{\Delta y}},$$

从而

$$\lim_{\Delta x\to 0}\frac{\Delta y}{\Delta x}=\lim_{\Delta y\to 0}\frac{1}{\frac{\Delta x}{\Delta y}}=\frac{1}{f'(y)}.$$

例 5 设 $y=a^x(a>0,a\neq 1)$，求 y'.

解 因为 $y=a^x$ 是 $x=\log_a y$ 的反函数，函数 $x=\log_a y$ 在区间 $(0,+\infty)$ 内单调可导，且 $(\log_a y)'=\frac{1}{y\ln a}\neq 0$，所以在对应的区间 $(-\infty,+\infty)$ 内，有

$$y'=(a^x)'=\frac{1}{(\log_a y)'}=\frac{1}{\frac{1}{y\ln a}}=y\ln a=a^x\ln a,$$

即
$$(a^x)'=a^x\ln a.$$
特别地，有
$$(e^x)'=e^x.$$
例 6 设 $y=\arcsin x$，求 y'.

解 因为 $y=\arcsin x$ 是 $x=\sin y$ 的反函数，函数 $x=\sin y$ 在区间 $\left(-\frac{\pi}{2},\frac{\pi}{2}\right)$ 内单调、可导，且 $(\sin y)'=\cos y>0$，所以在对应的区间 $(-1,1)$ 内，有
$$y'=(\arcsin x)'=\frac{1}{(\sin y)'}=\frac{1}{\cos y}=\frac{1}{\sqrt{1-\sin^2 y}}=\frac{1}{\sqrt{1-x^2}},$$
即
$$(\arcsin x)'=\frac{1}{\sqrt{1-x^2}}.$$
类似地，可以推出反余弦函数、反正切函数和反余切函数的求导公式分别为
$$(\arccos x)'=-\frac{1}{\sqrt{1-x^2}},$$
$$(\arctan x)'=\frac{1}{1+x^2},$$
$$(\operatorname{arccot} x)'=-\frac{1}{1+x^2}.$$

2. 复合函数的求导法则

定理 3 **设函数 $u=\varphi(x)$ 在点 x 处可导，函数 $y=f(u)$ 在对应点 $u=\varphi(x)$ 处可导，则复合函数 $y=f[\varphi(x)]$ 在点 x 处可导，且有**
$$\frac{dy}{dx}=\frac{dy}{du}\cdot\frac{du}{dx} \quad 或 \quad y'(x)=f'(u)\cdot\varphi'(x).$$
证 对于函数 $u=\varphi(x)$，自变量在 x 处取得增量 Δx 时，函数取得增量
$$\Delta u=\varphi(x+\Delta x)-\varphi(x),$$
相应地，函数 $y=f(u)$ 有增量
$$\Delta y=f(u+\Delta u)-f(u).$$
由于 $y=f(u)$ 在点 u 处可导，所以
$$\lim_{\Delta u\to 0}\frac{\Delta y}{\Delta u}=f'(u),$$
根据极限与无穷小的关系，有
$$\frac{\Delta y}{\Delta u}=f'(u)+\alpha,$$
其中，$\lim\limits_{\Delta u\to 0}\alpha=0$. 当 $\Delta u\neq 0$ 时，有
$$\Delta y=f'(u)\cdot\Delta u+\alpha\cdot\Delta u;$$
当 $\Delta u=0$ 时，由于 $\Delta y=0$，规定 $\alpha=0$，上式仍成立. 上式两端同除以 Δx，于是有

$$\lim_{\Delta x\to 0}\frac{\Delta y}{\Delta x}=\lim_{\Delta x\to 0}\left[f'(u)\cdot\frac{\Delta u}{\Delta x}+\alpha\cdot\frac{\Delta u}{\Delta x}\right]$$
$$=f'(u)\cdot\lim_{\Delta x\to 0}\frac{\Delta u}{\Delta x}+\lim_{\Delta x\to 0}\alpha\cdot\lim_{\Delta x\to 0}\frac{\Delta u}{\Delta x}.$$

根据连续与可导的关系，当 $\Delta x\to 0$ 时，$\Delta u\to 0$，从而有

$$\lim_{\Delta x\to 0}\alpha=\lim_{\Delta u\to 0}\alpha=0,$$

又因为函数 $u=\varphi(x)$ 在点 x 处可导，所以

$$\lim_{\Delta x\to 0}\frac{\Delta y}{\Delta x}=f'(u)\cdot\lim_{\Delta x\to 0}\frac{\Delta u}{\Delta x}=f'(u)\cdot\varphi'(x),$$

即
$$\frac{\mathrm{d}y}{\mathrm{d}x}=f'(u)\cdot\varphi'(x).$$

复合函数求导法

例 7 设 $y=\ln(3x^2+x+1)$，求 y'.

解 因为 $y=\ln(3x^2+x+1)$ 是由 $y=\ln u, u=3x^2+x+1$ 复合而成的，所以

$$\frac{\mathrm{d}y}{\mathrm{d}x}=\frac{\mathrm{d}y}{\mathrm{d}u}\cdot\frac{\mathrm{d}u}{\mathrm{d}x}=(\ln u)'\cdot(3x^2+x+1)'$$
$$=\frac{1}{u}\cdot(6x+1)=\frac{6x+1}{3x^2+x+1}.$$

例 8 设 $y=\tan\frac{2x}{1+x^2}$，求 y'.

解 因为 $y=\tan\frac{2x}{1+x^2}$ 是由 $y=\tan u, u=\frac{2x}{1+x^2}$ 复合而成的，所以

$$\frac{\mathrm{d}y}{\mathrm{d}x}=\frac{\mathrm{d}y}{\mathrm{d}u}\cdot\frac{\mathrm{d}u}{\mathrm{d}x}=(\tan u)'\cdot\left(\frac{2x}{1+x^2}\right)'$$
$$=\sec^2 u\cdot\frac{(2x)'\cdot(1+x^2)-2x\cdot(1+x^2)'}{(1+x^2)^2}$$
$$=\sec^2\frac{2x}{1+x^2}\cdot\frac{2(1+x^2)-4x^2}{(1+x^2)^2}$$
$$=\frac{2(1-x^2)}{(1+x^2)^2}\cdot\sec^2\frac{2x}{1+x^2}.$$

例 9 设 $y=x^\mu, \mu\in\mathbf{R}, x>0$，求 y'.

解 因为 $y=x^\mu=\mathrm{e}^{\mu\ln x}$ 是由 $y=\mathrm{e}^u, u=\mu\ln x$ 复合而成的，所以

$$\frac{\mathrm{d}y}{\mathrm{d}x}=\frac{\mathrm{d}y}{\mathrm{d}u}\cdot\frac{\mathrm{d}u}{\mathrm{d}x}=(\mathrm{e}^u)'\cdot(\mu\ln x)'=\mathrm{e}^u\cdot\frac{\mu}{x}=\mu x^{\mu-1},$$

即
$$(x^\mu)'=\mu x^{\mu-1}.$$

由以上例子可以看出，复合函数求导的关键是将复合函数分解成若干个简单函数(一般为基本初等函数或基本初等函数经过有限次的四则运算而得的函数)后再复合，然后根据复合过程，由外到里逐层求导后相乘. 对复合函数的分解比较熟练后，中间变量可以不写出来，只需记住分解过程，弄清楚每一层“对谁求导数”即可.

例 10 设 $y=\ln\arctan x$，求 y'.

解 $y'=(\ln\arctan x)'=\dfrac{1}{\arctan x}\cdot(\arctan x)'$

$$=\frac{1}{\arctan x}\cdot\frac{1}{1+x^2}=\frac{1}{(1+x^2)\arctan x}.$$

复合函数的求导法则可以推广到多个中间变量的情形. 例如，设 $y=f(u)$，$u=\varphi(v)$，$v=\psi(x)$，则复合函数 $y=f\{\varphi[\psi(x)]\}$ 对 x 的导数(假设以下出现的导数都存在)为

$$\frac{\mathrm{d}y}{\mathrm{d}x}=\frac{\mathrm{d}y}{\mathrm{d}u}\cdot\frac{\mathrm{d}u}{\mathrm{d}v}\cdot\frac{\mathrm{d}v}{\mathrm{d}x}=f'(u)\cdot\varphi'(v)\cdot\psi'(x).$$

例 11 设 $y=\cos\sqrt{1+\ln x}$，求 y'.

解 $y=(\cos\sqrt{1+\ln x})'=-\sin\sqrt{1+\ln x}(\sqrt{1+\ln x})'$

$$=-\sin\sqrt{1+\ln x}\frac{(1-\ln x)'}{2\sqrt{1+\ln x}}$$

$$=-\frac{\sin\sqrt{1+\ln x}}{2x\sqrt{1+\ln x}}.$$

基本初等函数的求导公式和求导法则，在求导运算中起着重要的作用，读者必须熟练掌握. 为了便于记忆，归纳如下.

(1)常数和基本初等函数的求导公式.

①$(C)'=0$；

②$(x^{\mu})'=\mu x^{\mu-1}$；

③$(\sin x)'=\cos x$；

④$(\cos x)'=-\sin x$；

⑤$(\tan x)'=\sec^2 x$；

⑥$(\cot x)'=-\csc^2 x$；

⑦$(\sec x)'=\sec x\tan x$；

⑧$(\csc x)'=-\csc x\cot x$；

⑨$(a^x)'=a^x\ln a$；

⑩$(\mathrm{e}^x)'=\mathrm{e}^x$；

⑪$(\log_a x)'=\dfrac{1}{x\ln a}$；

⑫$(\ln x)'=\dfrac{1}{x}$；

⑬$(\arcsin x)'=\dfrac{1}{\sqrt{1-x^2}}$；

⑭$(\arccos x)'=-\dfrac{1}{\sqrt{1-x^2}}$；

⑮$(\arctan x)'=\dfrac{1}{1+x^2}$；

⑯$(\mathrm{arccot}\, x)'=-\dfrac{1}{1+x^2}$.

(2)导数的四则运算法则.

设 $u=u(x)$，$v=v(x)$ 在点 x 处都可导，则

①$(u\pm v)=u'\pm v'$；

②$(uv)'=u'v+uv'$；

③$(Cu)'=Cu'$；

④$\left(\dfrac{u}{v}\right)'=\dfrac{u'v-uv'}{v^2}(v\neq 0)$.

(3)反函数的求导法则.

如果函数 $x=f(y)$ 在区间 I_y 内单调、可导且 $f'(y)\neq 0$，则它的反函数 $y=f^{-1}(x)$ 在对应的区间 I_x 内也可导，且

$$[f^{-1}(x)]'=\frac{1}{f'(y)}.$$

(4)复合函数的求导法则.

设函数 $u=\varphi(x)$在点 x 处可导，函数 $y=f(u)$在对应点 $u=\varphi(x)$处可导，则复合函数 $y=f[\varphi(x)]$在点 x 处可导，且有

$$y'(x)=f'(u)\cdot\varphi'(x).$$

三、隐函数的导数

以上所讨论的都是对 $y=f(x)$这种形式的函数(称为显函数)求导的情况，然而有许多函数，变量 x 和 y 之间的关系由方程 $F(x,y)=0$ 所确定，这样的函数称为**隐函数**. 例如，在方程 $2x^2+y^3=1$ 中，当变量 x 在区间$(-\infty,+\infty)$内任意取定一个值时，就有一个满足上述方程的 y 值与之对应，所以这个方程确定了 y 是 x 的函数.

对于较简单的隐函数，可以将其化为显函数. 例如，对于函数 $2x^2+y^3=1$，可以解出 $y=\sqrt[3]{1-2x^2}$. 而对于多数隐函数，将其化为显函数是比较复杂的，甚至是不可能的，如 $x^4+y^5+y^3-1=0$，$e^{xy}=\sin(x+y)$. 因此需要寻找隐函数的求导方法，下面举例说明隐函数的求导方法.

例 12 求由方程 $x^4+y^5+y^3-1=0$ 所确定的隐函数 $y=y(x)$的导数.

解 方程两端对 x 求导，将 y 看作 x 的函数，得

$$4x^3+5y^4\frac{dy}{dx}+3y^2\frac{dy}{dx}=0,$$

所以

$$\frac{dy}{dx}=-\frac{4x^3}{5y^4+3y^2}.$$

隐函数的导数及对数求导法

例 13 求由方程 $e^{xy}=\sin(x+y)$所确定的隐函数 $y=y(x)$的导数.

解 方程两端对 x 求导，将 y 看作 x 的函数，得

$$e^{xy}\cdot\left(y+x\frac{dy}{dx}\right)=\cos(x+y)\cdot\left(1+\frac{dy}{dx}\right),$$

所以

$$\frac{dy}{dx}=\frac{\cos(x+y)-ye^{xy}}{xe^{xy}-\cos(x+y)}.$$

例 14 设 $y=x^{\frac{1}{x}}$，$x>0$，求 y'.

解 函数 $y=x^{\frac{1}{x}}$既不是幂函数，也不是指数函数，称它为幂指函数. 为求这个函数的导数，先将等式两端取对数，化为隐函数的形式，即

$$\ln y=\frac{\ln x}{x},$$

上式两端对 x 求导，得

$$\frac{y'}{y}=\frac{1-\ln x}{x^2},$$

所以

$$y'=x^{\frac{1}{x}}\cdot\frac{1-\ln x}{x^2}=x^{\frac{1}{x}-2}(1-\ln x).$$

对于幂指函数 $y=[u(x)]^{v(x)}$，还可以将其化为 $y=\mathrm{e}^{v(x)\ln u(x)}$，用复合函数的求导法则求其导数.

例 14 中采用的先取对数再求导数的方法称为**对数求导法**. 对于由多个因式相乘、相除、开方构成的函数，也可以采用这种方法.

例 15 求 $y=\sqrt[4]{\frac{(x-1)(x-2)}{(x-3)(x-4)}}$ 的导数.

解 将等式两端取对数，得

$$\ln y=\frac{1}{4}(\ln|x-1|+\ln|x-2|-\ln|x-3|-\ln|x-4|). \tag{3-9}$$

当 $x>1$ 时，$(\ln|x-1|)'=[\ln(x-1)]'=\frac{1}{x-1}$.

当 $x<1$ 时，$(\ln|x-1|)'=[\ln(1-x)]'=\frac{-1}{1-x}=\frac{1}{x-1}$.

由此可见，$(\ln|x-1|)'=[\ln(x-1)]'$，所以采用对数求导法时，往往省略取绝对值这一步，但读者应了解其含义.

将式(3-9)两端对 x 求导，得

$$\frac{y'}{y}=\frac{1}{4}\left(\frac{1}{x-1}+\frac{1}{x-2}-\frac{1}{x-3}-\frac{1}{x-4}\right),$$

所以

$$y'=\frac{1}{4}\sqrt[4]{\frac{(x-1)(x-2)}{(x-3)(x-4)}}\cdot\left(\frac{1}{x-1}+\frac{1}{x-2}-\frac{1}{x-3}-\frac{1}{x-4}\right).$$

四、由参数方程所确定的函数的导数

设平面曲线的参数方程为

$$\begin{cases}x=\varphi(t),\\ y=\psi(t),\end{cases}\quad \alpha\leqslant t\leqslant\beta,$$

其中，t 是参数. 由参数方程确定的函数为 $y=f(x)$，则有

$$y=f(x)=f[\varphi(t)],\quad \alpha\leqslant t\leqslant\beta.$$

当函数 $f(x)$，$\varphi(t)$ 和 $\psi(t)$ 均可导时，由复合函数的求导法则，得

$$\frac{\mathrm{d}y}{\mathrm{d}t}=f'[\varphi(t)]\cdot\varphi'(t)=f'(x)\cdot\varphi'(t),$$

又 $\frac{\mathrm{d}y}{\mathrm{d}t}=\psi'(t)$，当 $\varphi'(t)\neq0$ 时，解得

$$f'(x)=\frac{\psi'(t)}{\varphi'(t)} \quad 或 \quad \frac{\mathrm{d}y}{\mathrm{d}x}=\frac{\frac{\mathrm{d}y}{\mathrm{d}t}}{\frac{\mathrm{d}x}{\mathrm{d}t}}.$$

例 16 求椭圆 $\begin{cases}x=a\cos t,\\ y=b\sin t\end{cases}$ 在与 $t=\frac{\pi}{4}$ 对应的点处的切线方程.

解 当 $t=\frac{\pi}{4}$ 时，$x=\frac{\sqrt{2}}{2}a$，$y=\frac{\sqrt{2}}{2}b$，椭圆上相应点 P_0 的坐标为 $\left(\frac{\sqrt{2}}{2}a,\frac{\sqrt{2}}{2}b\right)$. 又

$$\left.\frac{\mathrm{d}y}{\mathrm{d}x}\right|_{\left(\frac{\sqrt{2}}{2}a,\frac{\sqrt{2}}{2}b\right)}=\left.\frac{(b\sin t)'}{(a\cos t)'}\right|_{t=\frac{\pi}{4}}=\left.\frac{b\cos t}{-a\sin t}\right|_{t=\frac{\pi}{4}}=-\frac{b}{a},$$

所以过点 P_0 的切线方程为

$$y-\frac{\sqrt{2}}{2}b=-\frac{b}{a}\left(x-\frac{\sqrt{2}}{2}a\right).$$

参数方程确定的函数的导数与相关变化率

概念复习

1. 两个可导函数的和的导数等于________；两个可导函数的乘积的导数等于第一个函数的导数乘以________，加上第一个函数乘以________；两个可导函数的商（分母不为零）的导数中，________作分子，________作分母.

2. 函数 $u=\varphi(x)$ 在点 x_0 处可导，$y=f(u)$ 在点 $u_0=\varphi(x_0)$ 处可导，则 $y=f[\varphi(x)]$ 在点 x_0 处的导数等于________.

3. 由参数方程 $\begin{cases}x=\varphi(t),\\ y=\psi(t)\end{cases}$ 所确定的函数的导数 $\frac{\mathrm{d}y}{\mathrm{d}x}=$________.

4. 由方程 $x^3y-3y^2=9$ 所确定的函数的导数 $y'(x)=$________.

习题 3－2

1. 求下列函数的导数.

(1) $y=x^3-3x^2+4x-5$；

(2) $y=\frac{4}{x^5}+\frac{7}{x^4}-\frac{2}{x}+12$；

(3) $y=5x^3-2^x+3\mathrm{e}^x$；

(4) $y=2\tan x+\sec x-1$；

(5) $y=\ln x-2\lg x+3\log_2 x$；

(6) $y=\frac{1+\mathrm{e}^x}{1-\mathrm{e}^x}$；

(7) $y=\frac{4x^2}{1+x}$；

(8) $y=\arctan x+\operatorname{arccot} x$；

(9) $y=\frac{\arcsin x}{\arccos x}$；

(10) $y=x^2\ln x\cos x$.

2. 已知 $\rho=\varphi\sin\varphi+\frac{1}{2}\cos\varphi$，求 $\left.\frac{\mathrm{d}\rho}{\mathrm{d}\varphi}\right|_{\varphi=\frac{\pi}{4}}$.

3. 求下列函数的导数.

(1) $y=(2x+5)^4$；

(2) $y=\mathrm{e}^{-3x^2}$；

(3) $y=\sqrt{a^2-x^2}$；

(4) $y=\log_a(x^2+x+1)$；

(5) $y=\cos(4-3x)$；

(6) $y=\ln(1+x^2)$；

(7) $y=\ln\cos x$；

(8) $y=\tan(x^2)$；

(9) $y=\arcsin(1-2x)$；

(10) $y=\arctan(e^x)$.

4. 求下列函数的导数.

(1) $y=\left(\arcsin\dfrac{x}{2}\right)^2$；

(2) $y=e^{\arctan\sqrt{x}}$；

(3) $y=\ln[\ln(\ln x)]$；

(4) $y=\ln\cos\dfrac{1}{x}$；

(5) $y=e^{-\sin^2\frac{1}{x}}$；

(6) $y=\sin^n x\cos nx$.

5. 设 $f(x)$ 可导，求下列函数的导数 $\dfrac{dy}{dx}$.

(1) $y=f(x^2)$；

(2) $y=f(\sin^2 x)+f(\cos^2 x)$.

6. 求下列方程所确定的隐函数 $y=y(x)$ 的导数.

(1) $x^3+y^3-9xy=0$；

(2) $y=1-xe^y$；

(3) $x=y\ln(xy)$；

(4) $\ln(x^2+y^2)=2\arctan\dfrac{y}{x}$.

7. 求曲线 $x^{\frac{2}{3}}+y^{\frac{2}{3}}=a^{\frac{2}{3}}$ 在点 $\left(\dfrac{\sqrt{2}}{4}a,\dfrac{\sqrt{2}}{4}a\right)$ 处的切线方程和法线方程.

8. 用对数求导法求下列函数的导数 $\dfrac{dy}{dx}$.

(1) $y=\left(\dfrac{x}{1+x}\right)^x$；

(2) $y=\sqrt[5]{\dfrac{x-5}{\sqrt[3]{x^2+2}}}$.

9. 求由参数方程 $\begin{cases}x=\sin t,\\ y=\cos 2t\end{cases}$ 所确定的函数在 $t=\dfrac{\pi}{4}$ 处的切线方程和法线方程.

第 3 节　高阶导数

函数 $y=f(x)$ 在区间 (a,b) 内可导，其导数 $f'(x)$ 是 x 的函数. 如果导数 $f'(x)$ 仍在区间 (a,b) 内可导，那么它也有导数 $[f'(x)]'$，这种导数的导数称为 $y=f(x)$ 的**二阶导数**，记作 $f''(x)$，y'' 或 $\dfrac{d^2y}{dx^2}$.

类似地，若 $f''(x)$ 的导数 $[f''(x)]'$ 存在，则这种导数称为 $y=f(x)$ 的**三阶导数**；若三阶导数的导数存在，则这种导数称为**四阶导数**，……一般地，若 $n-1$ 阶导数的导数存在，则称它为原来函数 $y=f(x)$ 的 n **阶导数**，分别记作

$$y''',y^{(4)},\cdots,y^{(n)},\quad 或\quad f'''(x),f^{(4)}(x),\cdots,f^{(n)}(x)\quad 或\quad \frac{\mathrm{d}^3y}{\mathrm{d}x^3},\frac{\mathrm{d}^4y}{\mathrm{d}x^4},\cdots,\frac{\mathrm{d}^ny}{\mathrm{d}x^n}.$$

函数 $y=f(x)$在区间 I 内具有 n 阶导数，也称 $f(x)$在区间 I 内 **n 阶可导**. 二阶以及二阶以上的导数统称为**高阶导数**. 求一个函数的高阶导数，实际上就是利用已有的求导方法多次求导数.

例 1 已知某物体的运动规律为 $s=A\sin(\omega t+\varphi)$，求该物体运动的加速度.

解 该物体的运动速率为

$$v=\frac{\mathrm{d}s}{\mathrm{d}t}=A\omega\cos(\omega t+\varphi),$$

加速度为

$$a=\frac{\mathrm{d}v}{\mathrm{d}t}=\frac{\mathrm{d}^2s}{\mathrm{d}t^2}=-A\omega^2\sin(\omega t+\varphi).$$

函数的高阶导数

例 2 设 $y=\mathrm{e}^x$，求 $y^{(n)}$.

解 $y'=\mathrm{e}^x,y''=\mathrm{e}^x,y'''=\mathrm{e}^x,\cdots$，利用数学归纳法易得 $y^{(n)}=\mathrm{e}^x$，即

$$(\mathrm{e}^x)^{(n)}=\mathrm{e}^x.$$

例 3 设 $y=x^\mu,\mu\in\mathbf{R},x>0$，求 $y^{(n)}$.

解

$$y'=\mu x^{\mu-1},y''=\mu(\mu-1)x^{\mu-2},$$

$$y'''=\mu(\mu-1)(\mu-2)x^{\mu-3},$$

$$\cdots\cdots$$

一般地，

$$y^{(n)}=\mu(\mu-1)\cdots(\mu-n+1)x^{\mu-n},$$

即

$$(x^\mu)^{(n)}=\mu(\mu-1)\cdots(\mu-n+1)x^{\mu-n}.$$

特别地，当 $\mu=n$ 时，

$$(x^n)^{(n)}=n(n-1)\cdots3\times2\times1=n!,$$

$$(x^n)^{(n+1)}=0.$$

例 4 设 $y=\sin x$，求 $y^{(n)}$.

解

$$y'=\cos x=\sin\left(x+\frac{\pi}{2}\right),$$

$$y''=\cos\left(x+\frac{\pi}{2}\right)=\sin\left(x+\frac{\pi}{2}+\frac{\pi}{2}\right)=\sin\left(x+2\cdot\frac{\pi}{2}\right),$$

$$y'''=\cos\left(x+2\cdot\frac{\pi}{2}\right)=\sin\left(x+3\cdot\frac{\pi}{2}\right),$$

$$\cdots\cdots$$

一般地，

$$y^{(n)}=\cos\left[x+(n-1)\cdot\frac{\pi}{2}\right]=\sin\left(x+n\cdot\frac{\pi}{2}\right),$$

即
$$(\sin x)^{(n)}=\sin\left(x+n\cdot\frac{\pi}{2}\right).$$

用类似的方法，可以得到
$$(\cos x)^{(n)}=\cos\left(x+n\cdot\frac{\pi}{2}\right).$$

例 5 设 $y=\dfrac{1}{1+x}$，求 $y^{(n)}$.

解
$$y'=-\frac{1}{(1+x)^2},y''=\frac{(-1)^2\times1\times2}{(1+x)^3},$$
$$y'''=\frac{(-1)^3\times1\times2\times3}{(1+x)^4},y^{(4)}=\frac{(-1)^4\times1\times2\times3\times4}{(1+x)^5},$$
$$\cdots\cdots\cdots\cdots$$
一般地，有
$$y^{(n)}=\frac{(-1)^n n!}{(1+x)^{n+1}},$$
即
$$\left(\frac{1}{1+x}\right)^{(n)}=\frac{(-1)^n n!}{(1+x)^{n+1}}.$$

由例 5 及 $[\ln(1+x)]'=\dfrac{1}{1+x}$，得
$$[\ln(1+x)]^{(n)}=\left(\frac{1}{1+x}\right)^{(n-1)}=(-1)^{n-1}\frac{(n-1)!}{(1+x)^n}.$$

例 6 求由方程 $x-y+\sin y=0$ 所确定的函数 $y=y(x)$ 的二阶导数 $\dfrac{\mathrm{d}^2y}{\mathrm{d}x^2}$.

解 方程两端对 x 求导，将 y 看作 x 的函数，得
$$1-y'+\cos y\cdot y'=0,$$
即
$$y'=\frac{1}{1-\cos y}.$$
将上式两端对 x 求导，仍然把 y 看作 x 的函数，得
$$y''=\frac{-1}{(1-\cos y)^2}\cdot(1-\cos y)'=\frac{-\sin y}{(1-\cos y)^2}\cdot y',$$
将 y' 代入上式，得
$$y''=\frac{-\sin y}{(1-\cos y)^3}.$$

概念复习

1. 函数 $y=y(x)$ 的三阶导数可以表示成下列 3 种符号之一：________，________，________.

2. 某物体的运动规律为 $s=s(t)$，则它的速率可以表示为________，加速度可以表示为________.

3. $(e^x)^{(n)}=$________________.

4. $[u(x)+v(x)]^{(n)}=$________________.

习题 3-3

1. 求下列函数的二阶导数.

(1) $y=2x^2+\ln x$；　(2) $y=e^{-t}\sin t$；

(3) $y=\ln(x+\sqrt{1+x^2})$；　(4) $y=(1+x^2)\arctan x$.

2. 设 $y=e^x\cos x$，求 y''.

3. 求下列函数的 n 阶导数的一般表达式.

(1) $y=\dfrac{1}{1-x}$；　(2) $y=\ln(1-x)$；

(3) $y=\sin 2x$；　(4) $y=\dfrac{1}{x^2-1}$.

*4. 求下列参数方程所确定的函数的二阶导数 $\dfrac{d^2y}{dx^2}$.

(1) $\begin{cases}x=1-t^2,\\ y=t-t^3;\end{cases}$　(2) $\begin{cases}x=a\cos t,\\ y=a\sin t.\end{cases}$

第 4 节　微分及其运算

微分的定义

一、微分的定义

函数 $y=f(x)$ 在一点的导数是因变量关于自变量在这一点的变化率，在几何上，它表示函数在这一点切线的斜率. 而函数的微分则是自变量增量 Δx 的线性函数，在自变量的局部变化范围内，函数值的增量 Δy 可以用它近似代替；从几何上看就是在微小的局部可以用切线段近似代替曲线段，即"以直代曲".

定义　**设函数 $y=f(x)$ 在某一区间内有定义，x_0 及 $x_0+\Delta x$ 在该区间内，如果函数的增量**

$$\Delta y=f(x_0+\Delta x)-f(x_0)$$

可以表示为

$$\Delta y=A\Delta x+o(\Delta x),\tag{3-10}$$

其中,A 是不依赖于 Δx 的常数,那么称函数 $y=f(x)$ 在点 x_0 处是可微分的,而 $A\Delta x$ 称为函数$y=f(x)$在点 x_0 处的微分,记作 $\mathrm{d}y$,即

$$\mathrm{d}y=A\Delta x. \tag{3-11}$$

微分 $\mathrm{d}y=A\Delta x$ 是 Δx 的线性函数,又是函数增量 Δy 的主要部分,因而称为函数增量的**线性主部**.

导数与微分都在讨论 Δy 与 Δx 的关系,所以它们之间理应也有某种内在的联系,下面讨论它们之间的联系.

设函数 $y=f(x)$ 在点 x_0 处可微分,由微分的定义,将式(3-10)两端同除以 Δx,有

$$\frac{\Delta y}{\Delta x}=A+\frac{o(\Delta x)}{\Delta x},$$

可微与可导的关系

当 $\Delta x\to 0$ 时,得

$$A=\lim_{\Delta x\to 0}\frac{\Delta y}{\Delta x}=f'(x_0),$$

即函数在一点可微分,则函数在该点一定可导,且

$$\mathrm{d}y=f'(x_0)\Delta x.$$

反之,如果函数 $y=f(x)$ 在点 x_0 处可导,则有

$$\lim_{\Delta x\to 0}\frac{\Delta y}{\Delta x}=f'(x_0),$$

根据极限与无穷小的关系,得

$$\frac{\Delta y}{\Delta x}=f'(x_0)+\alpha,$$

其中,α 是当 $\Delta x\to 0$ 时的无穷小. 于是有

$$\Delta y=f'(x_0)\Delta x+\alpha\Delta x=f'(x_0)\Delta x+o(\Delta x),\quad o(\Delta x)=\alpha\Delta x,$$

所以函数 $y=f(x)$ 在点 x_0 处可微分. 由此可得导数与微分的关系.

定理 **函数在一点可微分的充要条件是函数在该点可导.**

例 1 设 $y=x^2$,当 $x=2$,$\Delta x=0.01$ 时,求 Δy,$\mathrm{d}y$ 及 $\Delta y-\mathrm{d}y$.

解 由 $y'=2x$,函数 $y=x^2$ 在 x 处的微分为

$$\mathrm{d}y=2x\Delta x.$$

对于增量 Δx,相应函数的增量为

$$\Delta y=(x+\Delta x)^2-x^2=2x\Delta x+(\Delta x)^2.$$

当 $x=2$,$\Delta x=0.01$ 时,有

$$\begin{aligned}\Delta y\Big|_{\substack{x=2\\ \Delta x=0.01}}&=\left[2x\Delta x+(\Delta x)^2\right]\Big|_{\substack{x=2\\ \Delta x=0.01}}\\&=2\times 2\times 0.01+(0.01)^2=0.040\,1,\end{aligned}$$

$$\mathrm{d}y\Big|_{\substack{x=2\\ \Delta x=0.01}}=2x\Delta x\Big|_{\substack{x=2\\ \Delta x=0.01}}=2\times 2\times 0.01=0.04,$$

$$(\Delta y-\mathrm{d}y)\Big|_{\substack{x=2\\ \Delta x=0.01}}=0.040\,1-0.04=0.000\,1.$$

由例 1 可知，当 Δx 很小时，用微分 $dy=f'(x)\Delta x$（Δx 的线性函数）来近似代替函数值的增量 Δy，所产生的误差是 $(\Delta x)^2$；当 $\Delta x \to 0$ 时，$(\Delta x)^2$ 是比 Δx 高阶的无穷小.

通常把自变量的增量 Δx 称为自变量的微分，记作 dx，即 $dx=\Delta x$（令 $y=x$ 可得）. 于是，函数的微分又可以记作

$$dy=f'(x_0)dx.$$

因此，函数在一点的导数可以表示为函数的微分与自变量的微分之商，即

$$\frac{dy}{dx}=f'(x_0),$$

所以导数又称为**微商**.

二、微分的几何意义

如图 3-3 所示，设直线 MQ 是曲线 $y=f(x)$ 在点 $M(x_0,f(x_0))$ 处的切线，由导数的几何意义，有

$$\frac{dy}{dx}=f'(x_0)=\tan\alpha,$$

其中，α 是切线 MQ 与 x 轴的夹角. 自变量 x_0 有一个增量 $\Delta x=MP$，则

$$dy=f'(x_0)\Delta x=\tan\alpha\cdot MP=PQ,$$

上式说明，当自变量从 x_0 变到 $x_0+\Delta x$ 时，曲线 $y=f(x)$ 在点 $M(x_0,f(x_0))$ 处的切线的纵坐标增量是该点的微分 dy. 这就是说，在微小的局部范围内，曲线弧 $\overset{\frown}{MN}$ 可以用切线段 MQ 近似代替，即“以直代曲”.

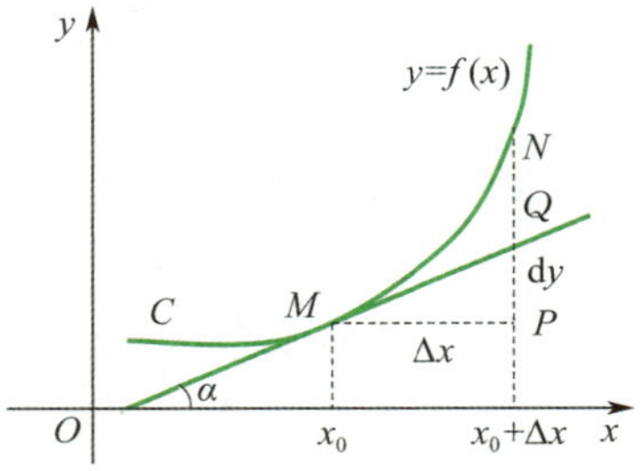

图 3-3

三、基本初等函数的微分公式及微分的运算法则

根据微分与导数的关系 $dy=f'(x)dx$，借助求导公式和运算法则，不难得到下面的微分公式及运算法则.

1. 基本初等函数的微分公式

(1) $dC=0$（C 为常数）； (2) $d(x^\mu)=\mu x^{\mu-1}dx$；

(3) $d(\sin x)=\cos x dx$； (4) $d(\cos x)=-\sin x dx$；

(5) $d(\tan x)=\sec^2 x dx$； (6) $d(\cot x)=-\csc^2 x dx$；

(7) $d(\sec x)=\sec x\tan x dx$； (8) $d(\csc x)=-\csc x\cot x dx$；

(9) $d(a^x)=a^x\ln a dx$； (10) $d(e^x)=e^x dx$；

(11) $d(\log_a x)=\frac{1}{x\ln a}dx$； (12) $d(\ln x)=\frac{1}{x}dx$；

(13) $d(\arcsin x)=\frac{1}{\sqrt{1-x^2}}dx$； (14) $d(\arccos x)=-\frac{1}{\sqrt{1-x^2}}dx$；

(15) $d(\arctan x)=\frac{1}{1+x^2}dx$； (16) $d(\text{arccot}\, x)=-\frac{1}{1+x^2}dx$.

2. 微分的四则运算法则

设 $u=u(x)$，$v=v(x)$ 可微分，则有

(1) $d(u \pm v) = du \pm dv$; (2) $d(uv) = v du + u dv$;

(3) $d(Cu) = C du$; (4) $d\left(\frac{u}{v}\right) = \frac{v du - u dv}{v^2} (v \neq 0)$.

3. 复合函数的微分法则

设 $y = f(u)$, $u = \varphi(x)$ 都可微分，则复合函数 $y = f[\varphi(x)]$ 可微分，且

$$dy = f'(u) \cdot \varphi'(x) dx.$$

由于 $du = \varphi'(x) dx$，所以复合函数 $y = f[\varphi(x)]$ 的微分又可以写成

$$dy = f'(u) du,$$

即不论 u 是中间变量还是自变量，微分的形式 $dy = f'(u) du$ 保持不变，这一性质称为**微分形式不变性**.

用微分形式不变性求复合函数的微分时，可以不写出中间变量.

例 2 设 $y = \ln x + \sin x$，求 dy.

解 因为 $y' = \frac{1}{x} + \cos x$，所以 $dy = \left(\frac{1}{x} + \cos x\right) dx$.

例 3 设 $y = \arctan \frac{1+x}{1-x}$，求 dy.

解
$$dy = d\left(\arctan \frac{1+x}{1-x}\right) = \frac{1}{1+\left(\frac{1+x}{1-x}\right)^2} d\left(\frac{1+x}{1-x}\right)$$

$$= \frac{(1-x)^2}{(1-x)^2 + (1+x)^2} \cdot \frac{(1-x)d(1+x) - (1+x)d(1-x)}{(1-x)^2}$$

$$= \frac{dx}{1+x^2}.$$

例 4 求由方程 $x^2 y - e^{2x} = \sin y$ 所确定的隐函数 $y = y(x)$ 的微分.

解 对方程 $x^2 y - e^{2x} = \sin y$ 两端求微分，有

$$d(x^2 y - e^{2x}) = d(\sin y),$$

$$d(x^2 y) - d(e^{2x}) = \cos y dy,$$

即

$$2xy dx + x^2 dy - 2e^{2x} dx = \cos y dy,$$

整理得

$$dy = \frac{2(e^{2x} - xy)}{x^2 - \cos y} dx.$$

微分在求导中的应用

注意 由例 4 中函数的微分可得 $\frac{dy}{dx} = \frac{2(e^{2x} - xy)}{x^2 - \cos y}$. 一般地，求由方程 $F(x, y) = 0$ 所确定的隐函数 $y = y(x)$ 的导数时也可以采用这种方法.

四、微分应用举例

设函数 $y = f(x)$ 在点 x_0 处可微分且 $f'(x_0) \neq 0$. 根据微分的定义，当 $|\Delta x|$ 很小时，有

$$\Delta y = f(x_0 + \Delta x) - f(x_0) \approx f'(x_0) \Delta x, \quad (3\text{-}12)$$

还可以写为

$$f(x_0+\Delta x)\approx f(x_0)+f'(x_0)\Delta x \tag{3-13}$$

或

$$f(x)\approx f(x_0)+f'(x_0)(x-x_0)（令\ x=x_0+\Delta x）. \tag{3-14}$$

利用上面 3 个式子可以计算 Δy 和函数在点 x_0 附近一点对应的函数值的近似值.

例 5 半径为 10 cm 的金属圆片加热后，半径增加了 0.05 cm，估计圆的面积增大了多少.

解 设圆的面积为 A，半径为 r，则

$$A=\pi r^2.$$

面积 A 的增量为

$$\Delta A\approx \mathrm{d}A=2\pi r\Delta r.$$

当 $r=10$ cm，$\Delta r=0.05$ cm 时，

$$\Delta A\approx 2\times 3.14\times 10\times 0.05\ \mathrm{cm}^2=3.14\ \mathrm{cm}^2,$$

故圆的面积约增大了 3.14 cm^2.

例 6 计算 $\sin 31°$的近似值.

解 设 $y=\sin x$，则 $\mathrm{d}y=\cos x\cdot\Delta x$. 取 $x_0=30°=\frac{\pi}{6}$，$\Delta x=1°=\frac{\pi}{180}$. 由式(3-13)，得

$$\sin 31°\approx\sin\frac{\pi}{6}+\cos\frac{\pi}{6}\cdot\frac{\pi}{180}=\frac{1}{2}+\frac{\sqrt{3}}{2}\cdot\frac{\pi}{180}\approx 0.515\ 1.$$

例 7 计算 $\sqrt{120}$的近似值.

解 由于 $\sqrt{120}=\sqrt{121-1}=11\times\sqrt{1-\frac{1}{11^2}}$，故设 $f(x)=\sqrt{1+x}$，取 $x_0=0$，$x=-\frac{1}{11^2}$.

由式(3-14)，得

$$\begin{aligned}\sqrt{120}&\approx 11\times[f(0)+f'(0)x]\big|_{x=-\frac{1}{11^2}}\\&=11\times\left(1-\frac{1}{2}\times\frac{1}{11^2}\right)\approx 10.954\ 545.\end{aligned}$$

在实际问题中，有时函数是未知的，但可以根据实际问题提供的信息先求出函数的微分，通过微分再(积分)求出这个函数. 这也是微分应用的一个重点.

* **例 8** 有一边长分别为 a，b 的矩形闸门，其中边长为 a 的一条边与水面相齐，求闸门上所受的水的压力的微分.

解 取坐标系如图 3-4 所示. 设闸门从坐标原点 O 处到 x 这一段所受的水的压力为 $P(x)$. 由物理学知识可知，如果面积为 A 的平面薄板水平地放置在水深为 h 处，则这个薄板的一侧所受的水的压力为

$$P=p\cdot A,$$

其中，p 为压强，$p=\rho gh$，ρ 为水的密度，g 为重力加速度.

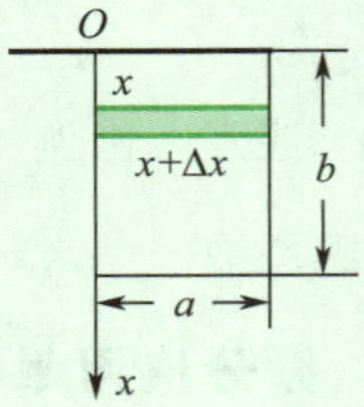

图 3-4

阴影部分所承受的水的压力为

$$\Delta P = P(x+\Delta x) - P(x),$$

显然在闭区间$[x, x+\Delta x]$上，压强 p 在点 x 处取得最小值，在 $x+\Delta x$ 处取得最大值. 所以有

$$a\rho g x \cdot \Delta x \leqslant \Delta P \leqslant a\rho g(x+\Delta x) \cdot \Delta x.$$

从而

$$\Delta P = a\rho g x \cdot \Delta x + \varepsilon(\Delta x),$$

其中，$\varepsilon(\Delta x)$是 Δx 的函数，且 $0 \leqslant \varepsilon(\Delta x) \leqslant a\rho g \cdot (\Delta x)^2$. 由此可见，当 $\Delta x \to 0$ 时，$\varepsilon(\Delta x) \to 0$，即 $\varepsilon(\Delta x) = o(\Delta x)$. 于是有

$$\Delta P = a\rho g x \cdot \Delta x + o(\Delta x),$$

所以 $P(x)$可微分，且

$$\mathrm{d}P = a\rho g x \cdot \Delta x.$$

概念复习

1. 如果 $\Delta y = f(x_0+\Delta x) - f(x_0)$可以表示为____________，则称函数 $y=f(x)$在点 x_0 处可微分，记作____________.
2. 函数 $y=f(x)$在点 x_0 处可微分的____________条件是函数在该点可导.
3. 函数 $y=f(x)$在点 x_0 处的微分的几何意义是____________.
4. 函数 $y=x^2+x-3$ 在任意一点的微分 $\mathrm{d}y=$____________.

习题 3－4

1. 已知 $y=x^3-x$，求当 $x_0=2$，Δx 分别为 1，0.1，0.01 时的 Δy，$\mathrm{d}y$.

2. 求下列函数的微分.

(1) $y=x\sin 2x$；　　(2) $y=[\ln(1-x)]^2$；

(3) $y=\mathrm{e}^{-x}\cos(3-x)$；　　(4) $y=\arcsin\sqrt{1-x^2}$.

3. 求由下列方程所确定的隐函数 $y=y(x)$的微分 $\mathrm{d}y$.

(1) $y=1+x\mathrm{e}^y$；　　(2) $xy^2+x^2y=0$.

4. 将适当的函数填入下列横线上，使等式成立.

(1) d________$=2\mathrm{d}x$；　　(2) d________$=3x\mathrm{d}x$；

(3) d________$=\cos x\mathrm{d}x$；　　(4) d________$=\sin \omega x\mathrm{d}x$；

(5) d________$=\dfrac{1}{1+x}\mathrm{d}x$；　　(6) d________$=\mathrm{e}^{-2x}\mathrm{d}x$；

(7) d________$=\dfrac{1}{\sqrt{x}}\mathrm{d}x$；　　(8) d________$=\sec^2 3x\mathrm{d}x$.

5. 计算 $\cos 29°$的近似值.

6. 计算 $\sqrt[6]{65}$的近似值.

7. 当$|x|$较小时，证明下列近似公式.

(1) $\tan x \approx x$；　　(2) $\ln(1+x) \approx x$.

实验二　导数的 Python 实现

一、导数的 Python 实现

在 Python 中，一般调用 SymPy 库中的 diff()函数进行求导运算，diff()函数有 2 种使用方法，一种是 f(x). diff(x)，一种是 diff(f(x)，x)，它们都表示求函数 $f(x)$关于 x 的一阶导数. 如果求函数的高阶导数，可以适当增加参数. 例如，diff(f(x)，x，x，x)或者 diff(f(x)，x，3)都表示求三阶导数.

例 1　已知函数 $f(x)=e^x(\sin x+\cos x)$，求 $f'(x)$及 $f'(0)$.

解　程序代码为

```
import sympy as sp
x=sp.symbols('x')
y=sp.exp(x)*(sp.sin(x)+sp.cos(x))
y_diff=sp.diff(y,x)  # 计算 y 关于 x 的导数
simplified_y_diff=sp.simplify(y_diff)  # 简化表达式
value_at_zero=simplified_y_diff.subs(x,0)  # 计算导数在 x=0 时的值
simplified_y_diff  # 输出导函数
value_at_zero  # 输出 x=0 时的导数值
```

运行结果为

```
2*exp(x)*cos(x),2
```

例 2　已知函数 $f(x)=\sin \omega x$，求 $f'''(x)$.

解　程序代码为

```
import sympy as sp
x,omega=sp.symbols('x omega')
y=sp.sin(omega*x)
y_third_derivative=sp.diff(y,x,3)  # 求三阶导数
y_third_derivative  # 输出三阶导数
```

运行结果为

```
-omega**3*cos(omega*x)
```

例 3　求由方程 $e^y+xy-e=0$ 所确定的隐函数的导数在 $x=0$ 处的值$\left.\frac{dy}{dx}\right|_{x=0}$.

解　程序代码为

```
import sympy as sp
x,y=sp.symbols('x y')
f=sp.exp(y)+x*y-sp.exp(1)
y_prime=sp.idiff(f,y,x)  # 求关于 x 的导数
```

```
Y=sp.solve(f.subs(x,0),y)  # 求解当 x=0 时 y 的解
k=y_prime.subs([(x,0),(y,Y[0])])  # 将 x=0 和 y 的解代入 df/dx
k  # 输出
```

运行结果为

```
-exp(-1)
```

注意 idiff(f,y,x,n=1)为隐函数求导命令，其中，参数 f 表示要求导的隐函数方程，y 表示因变量，x 表示要求导的变量，n 表示求导的阶数(默认为 1).

例 4 航空摄影问题.

一飞机在离地面 2 km 的高度以 200 km/h 的速率飞临目标上空，进行航空摄影. 求飞机飞至该目标上方时摄像机转动的速率.

解 坐标系的选择如图 3-5 所示. 以目标为坐标原点，飞机与目标的水平距离设为 x(单位:km)，则有

$$\tan\theta=\frac{2}{x}.$$

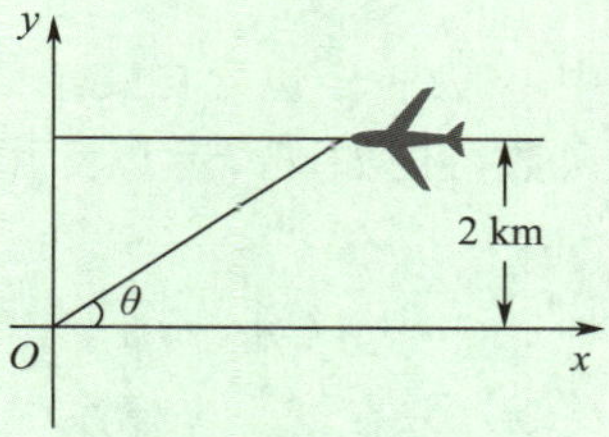

图 3-5

由于 x 与 θ 都是时间 t 的函数，将等式两端分别对 t 求导，可得

$$\sec^2\theta\cdot\frac{\mathrm{d}\theta}{\mathrm{d}t}=-\frac{2}{x^2}\cdot\frac{\mathrm{d}x}{\mathrm{d}t},$$

或

$$\frac{\mathrm{d}\theta}{\mathrm{d}t}=-2\cdot\frac{\cos^2\theta}{x^2}\cdot\frac{\mathrm{d}x}{\mathrm{d}t}=-\frac{2}{x^2}\cdot\frac{x^2}{x^2+4}\cdot\frac{\mathrm{d}x}{\mathrm{d}t}=\frac{-2}{x^2+4}\frac{\mathrm{d}x}{\mathrm{d}t}.$$

程序代码为

```
import sympy as sp
theta,x=sp.symbols('theta x')
y1=sp.tan(theta)
y2=1/x
y1_diff=sp.diff(y1,theta)  # y1 关于 theta 求导
y2_diff=sp.diff(y2,x)  # y2 关于 x 求导
y1_diff,y2_diff  # 输出
```

运行结果为

```
tan(theta)**2+ 1,-1/x**2.
```

当飞机飞至该目标上方时，$x=0$，$\frac{\mathrm{d}x}{\mathrm{d}t}=-200$(负号表示 x 在减小)，故有

$$\frac{\mathrm{d}\theta}{\mathrm{d}t}=\frac{-2}{4}\times(-200)=100,$$

即角速度为 100 rad/h，用角度表示就为

$$\frac{100}{60\times60}\times\frac{180}{\pi}\ {}^{\circ}/\mathrm{s}=\frac{5}{\pi}\ {}^{\circ}/\mathrm{s}.$$

二、数值微分

在实际应用中，通常需要根据已知的数据点，求某点处的一阶或高阶导数；或求任意函数在任意一点处的任意阶导数，这就要用到数值微分. 数值微分的基本思路是：第一步，先用逼近或拟合等方法求出已知数据在一定范围内满足的近似函数；第二步，用特定方法对此近似函数求微分. 如果函数事先给出，则无须第一步.

最常用的求数值微分的方法是多项式求导法，即用多项式近似代替函数，再对多项式求微分. 第 3 章第 4 节介绍的微分的近似计算公式，就是用一次多项式近似代替函数的情况. 在 Python 中，NumPy 的 polyfit 函数是一个用于多项式拟合的工具. 它可以根据给定的数据点集 x 和 y，找到一个多项式 $p(x)$的系数，使得多项式 $p(x)$在某种意义上尽可能接近 y. 这个函数的基本调用代码如下.

```
numpy.polyfit(x,y,deg)
```

其中，x 为一个包含自变量的数组，y 为一个包含因变量的数组，与 x 对应，deg 为拟合多项式的次数。例如，deg=1 表示线性拟合，deg=2 表示二次拟合，以此类推.

例 5 已知 $f(x)=\sqrt{x^3+2x^2-x+12}+(x+5)^{\frac{1}{6}}+5x+2$，分别用不同的方法求 $f'(x)$，并在同一坐标系中画出 $f'(x)$的图形.

解 程序代码为

```
import numpy as np
import matplotlib.pyplot as plt
import sympy as sp
plt.rcParams['font.sans-serif']=['SimHei']
plt.rcParams['axes.unicode_minus']=False
def f(x):  # 定义原始函数 f(x)
    return np.sqrt(x **3+2 *x **2-x+12)+(x+5) ** (1/6)+5 *x+2
x=np.linspace(-3,3,100)  # 生成 x 的值
coefficients=np.polyfit(x,f(x),5)
poly_fitted=np.poly1d(coefficients)  # 使用 5 次多项式拟合 f(x)
poly_derivative=np.polyder(poly_fitted)  # 计算拟合多项式的导数
x_sym=sp.symbols('x')  # 使用 SymPy 重新定义 f(x)
f_sym=sp.sqrt(x_sym **3+2 *x_sym **2-x_sym+12)+(x_sym+5) ** (1/6)+5 *x_sym+2
sym_derivative=sp.diff(f_sym,x_sym)  # 对 f(x)求导
sym_derivative_val=[sym_derivative.subs(x_sym,val) for val in x]  # 计算导数的数值
real_indices=[i for i,val in enumerate(sym_derivative_val) if sp.im(val)==0]
# 过滤出 f'(x)为实数的 x 值
real_x=[x[i] for i in real_indices]
real_derivative_val=[sp.re(sym_derivative_val[i]) for i in real_indices]  # 提
取实数部分的 x 和 f'(x)值
plt.figure(figsize=(10,6))  # 绘制图形
plt.plot(real_x,poly_derivative(real_x),label="5 次多项式拟合的导数")
plt.plot(real_x,real_derivative_val,label="直接求导的结果")
plt.xlabel("x")
plt.ylabel("f'(x)")
```

```
    plt.title("f'(x) 的图形")
    plt.legend()
    plt.grid(True)
    plt.show()
```

运行结果如图 3-6 所示.

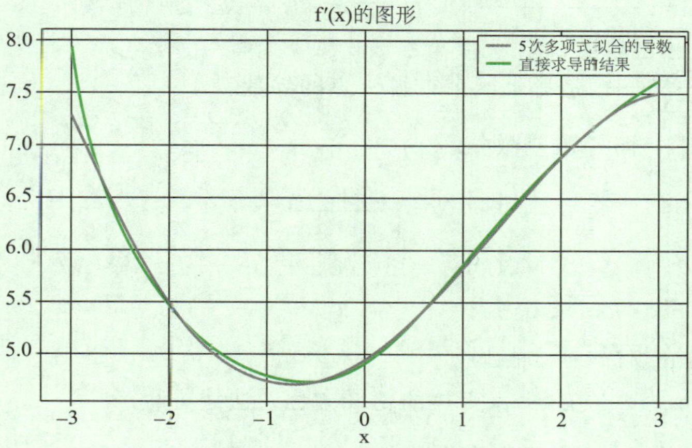

图 3-6

实验题 2

1. 用 diff() 函数求下列导数.

(1) $y=\sin x-2\ln x+3\log_2 x$，求 y'；

(2) $x=\dfrac{1+\sin t}{1+\cos t}$，求 $\dfrac{\mathrm{d}x}{\mathrm{d}t}$；

(3) $y=x^{\sin x}$.

2. 求高阶导数.

(1) $y=\sqrt{x+\sqrt{x+\sqrt{x}}}$，求 y''；

(2) 求 $y=x^2\sin 2x$ 的 50 阶导数.

3. 用 idiff() 函数求由方程 $x-y+\dfrac{1}{2}\sin y=0$ 所确定的隐函数的导数 $\dfrac{\mathrm{d}y}{\mathrm{d}x}$.

4. 某人高 1.8 m，他在水平路面上以 1.6 m/s 的速率走向一街灯，若此街灯在路面上方 5 m 处，当此人与灯的水平距离为 4 m 时，人影端点移动的速率为多少？

5. 已知 $f(x)=\sin x$，完成以下任务.

(1) 直接求 $f'(x)$，画出 $f'(x)$ 的图形，并求 $f'\left(\dfrac{\pi}{180}\right)$ 的值；

(2) 用一次多项式拟合 $f(x)$，并求 $f'\left(\dfrac{\pi}{180}\right)$ 的值；

(3) 分别用 3 次、4 次、5 次多项式拟合求导法求 $f'(x)$，并在同一坐标系中画出这些导数的图形；

(4) 对照 (1) 和 (3) 的图形，能得出什么结论？

回顾与预习

1. 用 $f'(x_0)=\lim\limits_{h\to 0}\dfrac{f(x_0+h)-f(x_0)}{h}$ 求 $f(x)=x^2$ 在 $x=x_0$ 处的导数.

2. 用 $f'(x_0)=\lim\limits_{x\to x_0}\dfrac{f(x)-f(x_0)}{x-x_0}$ 求 $f(x)=x^2$ 在 $x=x_0$ 处的导数.

3. 极限 $\lim\limits_{\Delta x\to 0}\dfrac{\sqrt{1+\Delta x}-1}{\Delta x}$ 是哪个函数在哪一点的导数?

4. 求下列函数的一阶导数或微分.

(1) $y=\dfrac{2x+3}{x^2+1}$；　　(2) $y=\dfrac{1}{\sqrt{x^2+1}}$；

(3) $y=e^{2x}\cos 3x$；　　(4) $y=\ln(\sec x+\tan x)$；

(5) 设 $y=\sin^n x\cos nx$，求 dy；

(6) 设 $y=\arcsin\sqrt{1-x^2}$，求 dy.

5. 求曲线 $y=\ln x+e^x$ 在点 $x=1$ 处的切线方程及法线方程.

6. 设方程 $x^2+y^2-xy=1$ 确定隐函数 $y=y(x)$，求 $\dfrac{dy}{dx}$.

7. 求曲线 $\begin{cases}x=\ln(1+t^2),\\ y=\dfrac{\pi}{2}-\arctan t\end{cases}$ 上一点的坐标，使曲线在该点处的切线平行于 $x+2y=0$.

8. 画出下列函数的图形，求这些函数在 $x=0$ 处的导数，并观察函数的图形在点 $x=0$ 的左、右两侧切线的变化情况.

(1) $y=x^3$；　(2) $y=x^2$；　(3) $y=-x^2$.

9. 在第 8 题中，求使函数的二阶导数等于零的点，并观察函数的图形在该点附近的变化情况.

10. 求出函数，使它的导数分别为

(1) $2x$；　(2) $\sin x$；　(3) x^2+x+1.

11. 对第 10 题中每小题的答案加 2，所得的函数是否还是第 10 题中每小题的解？请解释.

本章常见问题

当学生问为什么学习高等数学

本章自测题

本章参考答案

第4章

微分中值定理与导数的应用

陈省身

第 3 章从分析实际问题中函数的变化率出发，引入了导数的概念，并讨论了导数的计算方法. 本章将应用导数来研究函数以及曲线的某些性质，并用这些知识解决一些实际问题.

第 1 节　微分中值定理

中值定理的引入

若想借助导数研究函数的某些性质，则需要寻找因变量的增量与自变量的增量之比与导数之间的直接关系，而不是寻找它们之间的极限关系. 这种直接关系就是微分中值定理.

从微分中值定理的几何背景去理解它并不困难. 观察图 4-1，函数 $y=f(x)(x\in[a,b])$ 的图形是一条连续光滑曲线弧 AB，曲线弧 $\overset{\frown}{AB}$ 在点 C 处的切线与弦 AB 平行，因此它们的斜率相等. 而弦 AB 的斜率为 $\dfrac{f(b)-f(a)}{b-a}$，曲线弧 $\overset{\frown}{AB}$ 在点 C 处切线的斜率为 $f'(\xi)$，则有

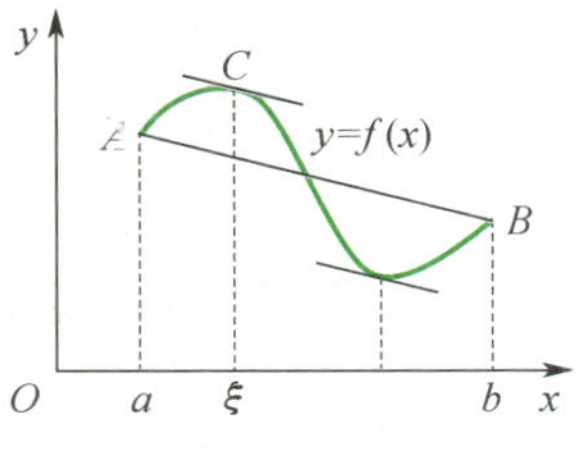

图 4-1

$$\frac{f(b)-f(a)}{b-a}=f'(\xi),$$

这个结果称为微分中值定理，也称为拉格朗日中值定理.

下面先介绍拉格朗日中值定理的特殊情形，即当 $f(a)=f(b)$ 时的结论，也称为罗尔(Rolle)定理.

一、罗尔定理

定理 1　(罗尔定理)　如果函数 $f(x)$ 满足下列条件：

(1) 在闭区间 $[a,b]$ 上连续；

(2) **在开区间(a,b)内可导；**

(3) **在区间端点处的函数值相等，即 $f(a)=f(b)$，**

那么在开区间(a,b)内至少存在一点 ξ，使得 $f'(\xi)=0$.

分析 关于罗尔定理，这里不进行严格证明. 下面先观察图 4-2 和图 4-3.

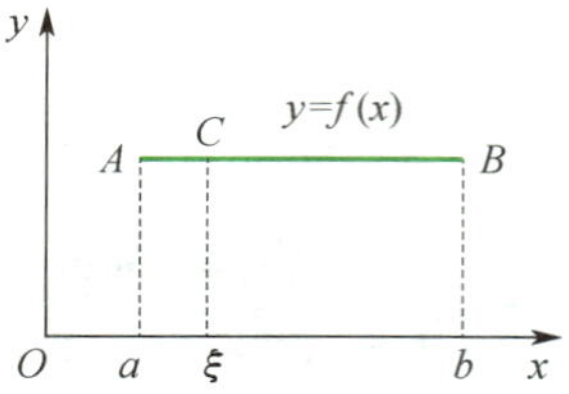

图 4-2

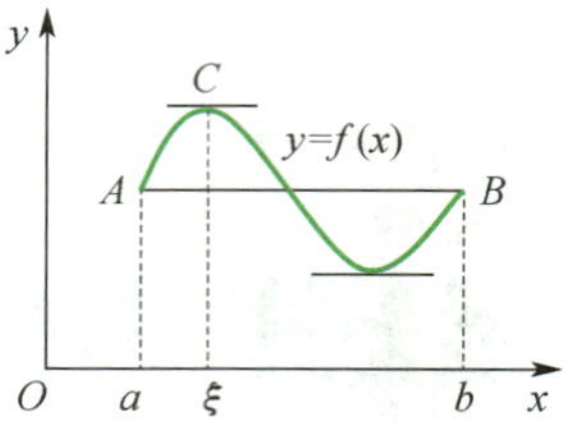

图 4-3

说明 由条件(1)及闭区间上连续函数的最大值和最小值定理可知，函数 $f(x)$在区间$[a,b]$上一定取得最大值 M 和最小值 m. 分以下两种情况进行分析.

① 在图 4-2 中，$M=m$. 这时 $f(x)$在区间$[a,b]$上是一个常值函数，图形是一条平行于 x 轴的直线，可见区间(a,b)内任意一点处的切线都平行于 x 轴，任意取一点作为 ξ，都有 $f'(\xi)=0$.

② 在图 4-3 中，$M>m$. 由条件(3)知，M 和 m 两个数中至少有一个不等于 $f(a)=f(b)$，也就是说，在区间(a,b)内至少存在一个最值点，它处于峰顶或谷底，因而具有平行于 x 轴的切线，将该点选作 ξ，有 $f'(\xi)=0$.

例 1 不用求出函数 $f(x)=(x-1)(x-2)(x-3)(x-4)$的导数，说明方程 $f'(x)=0$ 有几个实根，并指出它们所在的区间.

解 函数 $f(x)$是实数域上的初等函数，故在闭区间$[1,2]$上连续，在开区间$(1,2)$内可导，且 $f(1)=f(2)=0$. 由罗尔定理可知，在开区间$(1,2)$内至少存在一点 x_1，使得 $f'(x_1)=0$.

同理可知，在开区间$(2,3)$内至少存在一点 x_2，在开区间$(3,4)$内至少存在一点 x_3，使得 $f'(x_2)=f'(x_3)=0$. 又因为 $f'(x)=0$ 为一元三次代数方程，所以其至多有 3 个实根.

因此，方程 $f'(x)=0$ 有 3 个实根，分别在开区间$(1,2)$，$(2,3)$，$(3,4)$内.

二、拉格朗日中值定理

在罗尔定理中，$f(a)=f(b)$这个条件相当特殊，它使罗尔定理的应用受到限制. 如果把它去掉，其余 2 个条件仍保留，那么结论如何呢？

如图 4-4 所示，在直角坐标系 xOy 中，曲线弧$\overset{\frown}{AB}$所表示的函数 $f(x)$满足罗尔定理中的条件(1)和(2)，但不满足条件(3). 把坐标系 xOy 旋转到 uOv 的位置，使 Ou 轴平行于弦 AB，那么在直角坐标系 uOv 中，曲线弧$\overset{\frown}{AB}$光滑且两端点的纵坐标相等. 根据罗尔定理的几何意义可知，在曲线弧$\overset{\frown}{AB}$上至少有一点 $C(\xi,f(\xi))$，该点处的切线平行于 Ou 轴，从而点 C 处的切线是平行于弦 AB 的. 这就得到下面的拉格朗日中值定理.

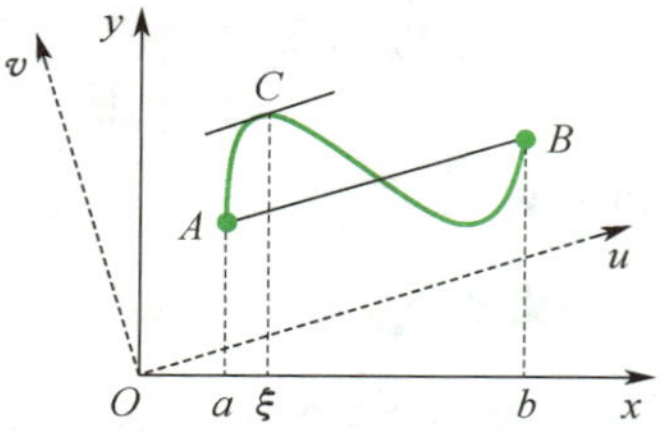

图 4-4

定理 2（拉格朗日中值定理） 如果函数 $f(x)$ 满足下列条件：

(1) 在闭区间 $[a,b]$ 上连续；

(2) 在开区间 (a,b) 内可导，

那么在开区间 (a,b) 内至少存在一点 ξ，使得等式

$$f(b)-f(a)=f'(\xi)(b-a) \tag{4-1}$$

成立.

拉格朗日中值定理

拉格朗日中值定理中的式(4-1)称为**拉格朗日中值公式**. 由于 $\xi\in(a,b)$，故可以表示为 $\xi=a+\theta(b-a)$，$0<\theta<1$ 的形式. 因此拉格朗日中值公式还可以写作

$$f(b)-f(a)=f'[a+\theta(b-a)](b-a),\quad 0<\theta<1. \tag{4-2}$$

拉格朗日中值定理也称为微分中值定理，由这个定理可以得到下面的重要推论.

推论 如果函数 $f(x)$ 在区间 I 上连续且导数恒为零，那么 $f(x)$ 在区间 I 上是一个常数.

证 在区间 I 上任取两点 x_1,x_2（不妨设 $x_1<x_2$），由式(4-1)可得

$$f(x_2)-f(x_1)=f'(\xi)(x_2-x_1),\quad x_1<\xi<x_2.$$

因为 $f'(\xi)=0$，所以 $f(x_2)=f(x_1)$，即函数 $f(x)$ 在区间 I 上任意两点的函数值都相等，因此 $f(x)$ 在区间 I 上是一个常数.

结合第 3 章中常数的导数公式，得到结论：**函数 $f(x)$ 在区间 I 上为常数的充要条件是函数 $f(x)$ 在区间 I 上的导数恒等于零.**

例 2 证明：$\arctan x+\operatorname{arccot} x=\frac{\pi}{2}$.

证 设 $f(x)=\arctan x+\operatorname{arccot} x$，对于任意 $x\in(-\infty,+\infty)$，

$$f'(x)=\frac{1}{1+x^2}-\frac{1}{1+x^2}=0,$$

由拉格朗日中值定理的推论得 $f(x)=C$. 又 $f(1)=\frac{\pi}{4}+\frac{\pi}{4}=\frac{\pi}{2}$，所以对于任意 $x\in(-\infty,+\infty)$，

$$\arctan x+\operatorname{arccot} x=\frac{\pi}{2}.$$

三、柯西中值定理

设连续曲线弧 $\overset{\frown}{AB}$ 所表示的函数关系可以由参数方程

$$\begin{cases} x=F(x), \\ y=f(x), \end{cases}\quad a\leqslant x\leqslant b$$

表示. 如果曲线弧 $\overset{\frown}{AB}$ 上除端点外，处处具有不垂直于 x 轴的切线，那么在该曲线弧上至少有一点 C，使曲线在点 C 处的切线平行于弦 AB，如图 4-5 所示，则曲线在点 C 处的切线的斜率为

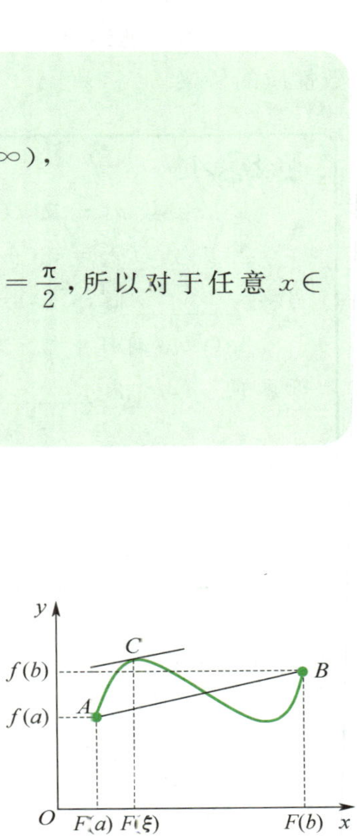

图 4-5

$$\frac{\mathrm{d}y}{\mathrm{d}x}=\frac{f'(\xi)}{F'(\xi)},$$

弦 AB 的斜率为

$$\frac{f(b)-f(a)}{F(b)-F(a)},$$

则

$$\frac{f(b)-f(a)}{F(b)-F(a)}=\frac{f'(\xi)}{F'(\xi)}.$$

这就是柯西(Cauchy)中值定理.

定理 3（柯西中值定理） **如果函数 $f(x)$ 及 $F(x)$ 满足下列条件：**

(1) $f(x)$ 及 $F(x)$ 在闭区间 $[a,b]$ 上连续；

(2) $f(x)$ 及 $F(x)$ 在开区间 (a,b) 内可导；

(3) $F'(x)$ 在开区间 (a,b) 内的每一点处均不为零，

那么在区间 (a,b) 内至少存在一点 ξ，使等式

$$\frac{f(b)-f(a)}{F(b)-F(a)}=\frac{f'(\xi)}{F'(\xi)} \tag{4-3}$$

成立.

在柯西中值定理中，若取 $F(x)=x$，即得拉格朗日中值定理，所以拉格朗日中值定理是柯西中值定理的特殊情况.

柯西中值定理给出了函数值与导数之间的关系，搭建起应用导数研究函数性质的桥梁.

中值定理与认识过程的辩证原理

概念复习

1. 若函数 $g(x)$ 及 $f(x)$ 在区间 I 上满足 $g'(x)=f'(x)$，则 $g(x)-f(x)=$__________.

2. 函数 $f(x)=\sin x$ 在闭区间 $[0,\pi]$ 上满足罗尔定理的条件，则在开区间 $(0,\pi)$ 内，当 $\xi=$__________时，$f'(\xi)=0$ 成立.

3.（拉格朗日中值定理）如果函数 $f(x)$ 满足：(1) 在闭区间 $[a,b]$ 上__________；(2) 在开区间 (a,b) 内__________，那么在开区间 (a,b) 内至少存在一点 $\xi\in(a,b)$，使得____________________成立.

4. 函数 $F(x)=\sqrt{x}$ 及 $f(x)=x^2$ 在闭区间 $[0,1]$ 上满足柯西中值定理的条件，在开区间 $(0,1)$ 内，当 $\xi=$__________时，$\frac{f(1)-f(0)}{F(1)-F(0)}=\frac{f'(\xi)}{F'(\xi)}$ 成立.

习题 4-1

1. 验证罗尔定理对函数 $y=\ln\sin x$ 在区间 $\left[\frac{\pi}{6},\frac{5\pi}{6}\right]$ 上的正确性.

2. 验证拉格朗日中值定理对函数 $y=4x^3-5x^2+x-2$ 在区间 $[0,1]$ 上的正确性.

3. 验证柯西中值定理对函数 $f(x)=\sin x$ 及 $F(x)=x+\cos x$ 在区间 $\left[0,\frac{\pi}{2}\right]$ 上的正确性.

4. 证明恒等式：$\arcsin x+\arccos x=\frac{\pi}{2}$，$-1\leqslant x\leqslant 1$.

5. 若方程 $a_0x^n+a_1x^{n-1}+\cdots+a_{n-1}x=0$ 有一个正根 $x=x_0$，证明：方程 $a_0nx^{n-1}+a_1(n-1)x^{n-2}+\cdots+a_{n-1}=0$ 必有一个小于 x_0 的正根.

第 2 节　洛必达法则

如果当 $x\to x_0$ 或 $x\to\infty$ 时，函数 $f(x)$ 及 $F(x)$ 都趋于零或无穷大，那么它们的商的极限 $\lim\limits_{\substack{x\to x_0\\(x\to\infty)}}\frac{f(x)}{F(x)}$ 可能存在，也可能不存在. 通常把这种极限称为 $\frac{0}{0}$ 型或 $\frac{\infty}{\infty}$ 型未定式.

例如，极限 $\lim\limits_{x\to 0}\frac{\sin x}{x}$ 是 $\frac{0}{0}$ 型未定式，极限 $\lim\limits_{x\to+\infty}\frac{x}{e^x}$ 是 $\frac{\infty}{\infty}$ 型未定式. 这些极限即使存在也不能利用"商的极限等于极限的商"来计算. 下面先介绍求 $\frac{0}{0}$ 型与 $\frac{\infty}{\infty}$ 型未定式的洛必达法则.

一、$\frac{0}{0}$ 与 $\frac{\infty}{\infty}$ 型未定式

定理 1（洛必达法则）　**设函数 $f(x)$ 及 $F(x)$ 满足下列条件：**

(1) 当 $x\to x_0$ 时，函数 $f(x)$ 及 $F(x)$ 都趋于零；

(2) 在点 x_0 的某一去心邻域内，导数 $f'(x)$ 及 $F'(x)$ 都存在且 $F'(x)\neq 0$；

(3) $\lim\limits_{x\to x_0}\frac{f'(x)}{F'(x)}$ 存在（或为无穷大），

那么

$$\lim_{x\to x_0}\frac{f(x)}{F(x)}=\lim_{x\to x_0}\frac{f'(x)}{F'(x)}.$$

$\frac{0}{0}$ 型未定式的洛必达法则

证　若 $f(x)$，$F(x)$ 在点 $x=x_0$ 处连续，显然 $f(x_0)=0$，$F(x_0)=0$. 若 $f(x)$，$F(x)$ 在点 $x=x_0$ 处不连续，由条件(1)知这个点是函数的可去间断点，可修改函数值，令 $f(x_0)=0$ 且 $F(x_0)=0$，不影响定理的结论. 不妨设 $f(x)$，$F(x)$ 在点 x_0 的某一邻域内连续. 设 x 为这一邻域内的一点，$f(x)$，$F(x)$ 在以 x 和 x_0 为端点的区间上满足柯西中值定理的条件，因此有

$$\frac{f(x)}{F(x)}=\frac{f(x)-f(x_0)}{F(x)-F(x_0)}=\frac{f'(\xi)}{F'(\xi)}\quad(\xi\text{ 在 }x\text{ 与 }x_0\text{ 之间}).$$

当 $x\to x_0$ 时，$\xi\to x_0$. 上式两端取极限，得

$$\lim_{x\to x_0}\frac{f(x)}{F(x)}=\lim_{\xi\to x_0}\frac{f'(\xi)}{F'(\xi)}=\lim_{x\to x_0}\frac{f'(x)}{F'(x)}.$$

定理 1 中的极限过程 $x\to x_0$ 若换为 $x\to x_0^+$，$x\to x_0^-$，$x\to\infty$，$x\to+\infty$ 或 $x\to-\infty$，洛必达法则仍成立.

例 1 求极限 $\lim\limits_{x\to 0}\dfrac{a^x-b^x}{x}$，$a,b>0$.

解 这是 $\dfrac{0}{0}$ 型未定式，则有

$$\lim_{x\to 0}\frac{a^x-b^x}{x}=\lim_{x\to 0}\frac{a^x\ln a-b^x\ln b}{1}=\ln a-\ln b=\ln\frac{a}{b}.$$

例 2 求极限 $\lim\limits_{x\to 0}\dfrac{x-\sin x}{x^3}$.

解 这是 $\dfrac{0}{0}$ 型未定式，则有

$$\lim_{x\to 0}\frac{x-\sin x}{x^3}=\lim_{x\to 0}\frac{1-\cos x}{3x^2}=\lim_{x\to 0}\frac{\sin x}{6x}=\frac{1}{6}.$$

以上两例表明，洛必达法则可以连续多次使用，但每次使用时，必须重新检验所求极限是否仍属于 $\dfrac{0}{0}$ 型未定式.

例 3 求极限 $\lim\limits_{x\to 1}\dfrac{\ln x}{(x-1)^2}$.

解 这是 $\dfrac{0}{0}$ 型未定式，则有

$$\lim_{x\to 1}\frac{\ln x}{(x-1)^2}=\lim_{x\to 1}\frac{\frac{1}{x}}{2(x-1)}=\frac{1}{2}\lim_{x\to 1}\frac{1}{x(x-1)}=\infty.$$

注意 例 3 中的 $\lim\limits_{x\to 1}\dfrac{\frac{1}{x}}{2(x-1)}$ 已不是未定式，不能对它应用洛必达法则，否则会得到错误的结果. 求未定式的极限时要特别注意这一点，如果不是未定式，就不能应用洛必达法则.

对于 $\dfrac{\infty}{\infty}$ 型未定式，也有与 $\dfrac{0}{0}$ 型未定式类似的洛必达法则. 下面只叙述结论，证明从略.

定理 2（洛必达法则） 设函数 $f(x)$ 及 $F(x)$ 满足下列条件：

（1）当 $x\to x_0$ 时，函数 $f(x)$ 及 $F(x)$ 都趋于无穷大；

（2）在点 x_0 的某一去心邻域内，导数 $f'(x)$ 及 $F'(x)$ 都存在且 $F'(x)\neq 0$；

（3）$\lim\limits_{x\to x_0}\dfrac{f'(x)}{F'(x)}$ 存在（或为无穷大），

那么

$$\lim_{x\to x_0}\frac{f(x)}{F(x)}=\lim_{x\to x_0}\frac{f'(x)}{F'(x)}.$$

例4 求极限 $\lim\limits_{x\to+\infty}\dfrac{\ln x}{x}$.

解 这是$\dfrac{\infty}{\infty}$型未定式,则有

$$\lim_{x\to+\infty}\frac{\ln x}{x}=\lim_{x\to+\infty}\frac{x^{-1}}{1}=0.$$

例5 求极限 $\lim\limits_{x\to+\infty}\dfrac{x^n}{e^x}$,$n$为正整数.

解 连续使用洛必达法则n次,得

$$\lim_{x\to+\infty}\frac{x^n}{e^x}=\lim_{x\to+\infty}\frac{nx^{n-1}}{e^x}=\lim_{x\to+\infty}\frac{n(n-1)x^{n-2}}{e^x}=\cdots=\lim_{x\to+\infty}\frac{n!}{e^x}=0.$$

二、其他未定式

除上述讨论的2种基本未定式外,还有$0\cdot\infty$型、$\infty-\infty$型、0^0型、∞^0型、1^∞型未定式,它们经过适当的变形,都可以转化为$\dfrac{0}{0}$型或$\dfrac{\infty}{\infty}$型未定式,下面举例说明.

例6 求极限 $\lim\limits_{x\to0^+}x\ln x$.

解 这是$0\cdot\infty$型未定式.因为

$$x\ln x=\frac{\ln x}{\dfrac{1}{x}},$$

当$x\to0^+$时,上式右端是$\dfrac{\infty}{\infty}$型未定式,应用洛必达法则,得

$$\lim_{x\to0^+}x\ln x=\lim_{x\to0^+}\frac{\ln x}{\dfrac{1}{x}}=\lim_{x\to0^+}\frac{\dfrac{1}{x}}{-\dfrac{1}{x^2}}=\lim_{x\to0^+}(-x)=0.$$

用洛必达法则求$0\cdot\infty$型和$\infty-\infty$型未定式的极限

注意 $0\cdot\infty$型未定式还可以转化为$\dfrac{0}{0}$型未定式,如$x\ln x=\dfrac{x}{\dfrac{1}{\ln x}}$,但对于例6,如此变形不利于对分母求导,无法求解.

例7 求极限 $\lim\limits_{x\to\frac{\pi}{2}}(\sec x-\tan x)$.

解 这是$\infty-\infty$型未定式.因为

$$\sec x-\tan x=\frac{1-\sin x}{\cos x},$$

当$x\to\dfrac{\pi}{2}$时,上式右端是$\dfrac{0}{0}$型未定式,应用洛必达法则,得

$$\lim_{x\to\frac{\pi}{2}}(\sec x-\tan x)=\lim_{x\to\frac{\pi}{2}}\frac{1-\sin x}{\cos x}=\lim_{x\to\frac{\pi}{2}}\frac{-\cos x}{-\sin x}=0.$$

例 8 求极限 $\lim\limits_{x\to0^+}x^x$.

用洛必达法则求其他未定式的极限

解 这是 0^0 型未定式. 因为

$$x^x=e^{\ln x^x}=e^{x\ln x},$$

当 $x\to0^+$ 时，$x\ln x$ 是 $0\cdot\infty$ 型未定式，应用例 6 的结论，得

$$\lim_{x\to0^+}x^x=\lim_{x\to0^+}e^{\ln x^x}=e^{\lim\limits_{x\to0^+}x\ln x}=e^0=1.$$

应用洛必达法则求未定式的极限时，应结合其他求极限的方法，灵活处理. 例如，应用等价无穷小进行代换或两个重要极限，尽可能化简极限式，使运算变得简便.

例 9 求极限 $\lim\limits_{x\to0}\dfrac{\sin x-x}{x\sin^2 x}$.

解 这是 $\dfrac{0}{0}$ 型未定式. 如果直接应用洛必达法则，那么分母的导数（尤其是高阶导数）较复杂. 如果先利用等价无穷小进行代换，那么运算会简便得多.

$$\lim_{x\to0}\frac{\sin x-x}{x\sin^2 x}=\lim_{x\to0}\frac{\sin x-x}{x^3}=\lim_{x\to0}\frac{\cos x-1}{3x^2}$$

$$=\lim_{x\to0}\frac{-\sin x}{6x}=-\frac{1}{6}.$$

例 10 求极限 $\lim\limits_{x\to0}\dfrac{x^2\sin\dfrac{1}{x}}{\sin x}$.

解 这是 $\dfrac{0}{0}$ 型未定式，但对分子、分母分别求导后，化为 $\lim\limits_{x\to0}\dfrac{2x\sin\dfrac{1}{x}-\cos\dfrac{1}{x}}{\cos x}$，极限不存在，也不是无穷大，故洛必达法则失效. 但原极限是存在的，可用如下方法求解：

$$\lim_{x\to0}\frac{x^2\sin\dfrac{1}{x}}{\sin x}=\lim_{x\to0}\left(\frac{x}{\sin x}\cdot x\sin\frac{1}{x}\right)$$

$$=\lim_{x\to0}\frac{x}{\sin x}\cdot\lim_{x\to0}x\sin\frac{1}{x}=0.$$

例 10 说明，当极限式不满足洛必达法则的条件时，洛必达法则失效，此时不能断定所求极限是否存在，可用其他方法求极限.

概念复习

1.（洛必达法则）设函数 $F(x)$ 及 $f(x)$ 满足：(1) 当 $x\to a$ 时，函数 $f(x)$ 及 $F(x)$ 都趋于零；(2) 在点 a 的某去心邻域内，导数 $f'(x)$ 及 $F'(x)$ 都存在且 $F'(x)\neq0$；(3)________________，那么 $\lim\limits_{x\to a}\dfrac{f(x)}{F(x)}=\lim\limits_{x\to a}\dfrac{f'(x)}{F'(x)}$.

2. $\lim\limits_{x\to+\infty}\dfrac{e^x}{x}$ 是________型未定式，它等于________________.

3. $\lim\limits_{x\to\frac{\pi}{2}}(\sec x-\tan x)$是________型未定式，需要先通分化为________型未定式，再用洛必达法则求极限，极限值等于____________.

4. $\lim\limits_{x\to 0^+}x^{\sin x}$是________型未定式，第一步通过取对数化为________型未定式，第二步化为________型未定式，第三步用洛必达法则求极限，极限值等于________.

习题 4－2

1. 用洛必达法则求下列极限.

(1) $\lim\limits_{x\to 0}\dfrac{\sin x}{3x}$；　　(2) $\lim\limits_{x\to 0}x\cot x$；

(3) $\lim\limits_{x\to \pi}\dfrac{\sin 3x}{\tan 4x}$；　　(4) $\lim\limits_{x\to 0}\dfrac{\ln(1+x)}{x}$；

(5) $\lim\limits_{x\to a}\dfrac{x^m-a^m}{x^n-a^n}(a\neq 0)$；　　(6) $\lim\limits_{x\to 0}\dfrac{e^x-e^{-x}}{\sin x}$；

(7) $\lim\limits_{x\to 0^+}x^2\ln x$；　　(8) $\lim\limits_{x\to 1}\left(\dfrac{2}{x^2-1}-\dfrac{1}{x-1}\right)$；

(9) $\lim\limits_{x\to 0}(1+x)^{\frac{1}{x}}$；　　(10) $\lim\limits_{x\to 0^+}x^{\frac{x}{2}}$.

2. 证明极限$\lim\limits_{x\to\infty}\dfrac{x+\sin x}{x}$存在，但不能用洛必达法则求出.

3. 讨论函数

$$f(x)=\begin{cases}\dfrac{\pi^x-e^x}{x}, & x\neq 0,\\ \ln \pi, & x=0\end{cases}$$

在点 $x=0$ 处的连续性.

*第3节　泰勒公式

在近似计算和理论分析中，人们常常希望用一些简单函数近似表示复杂函数. 多项式一般包含加、减、乘三种运算，便于运算和分析，因此经常用多项式来近似表示函数.

一、泰勒公式

由微分的概念可知，若函数 $y=f(x)$在点 x_0 处可微分，则

$$f(x)=f(x_0)+f'(x_0)(x-x_0)+o(x-x_0).$$

这表明当$|x-x_0|$很小时，

$$f(x)\approx f(x_0)+f'(x_0)(x-x_0), \tag{4-4}$$

即 $f(x)$可以用$(x-x_0)$的线性函数近似表示. 但这种近似表示存在两点不足：

(1)精度不高，误差仅是关于$(x-x_0)$的高阶无穷小；

(2)不能具体估算出误差的大小.

从几何上看，产生这一不足的原因是，在 $x=x_0$ 的附近，用直线近似代替曲线，直线与曲线吻合程度不高，从而精度不高. 我们自然猜想：在 $x=x_0$ 的附近，如果用二次曲线、三次曲线，甚至 n 次曲线来近似表示曲线 $y=f(x)$，那么两条曲线吻合的程度应该会更高，其精度也可能有所提高.

多项式逼近函数与泰勒公式

因此，我们希望能找出一个关于 $(x-x_0)$ 的 n 次多项式

$$P_n(x)=a_0+a_1(x-x_0)+a_2(x-x_0)^2+\cdots+a_n(x-x_0)^n \tag{4-5}$$

来近似代替曲线 $y=f(x)$，使得当 $x\to x_0$ 时，$f(x)-P_n(x)$ 是比 $(x-x_0)^n$ 高阶的无穷小.

怎样去找这样的多项式呢？

设函数 $f(x)$ 在含有 x_0 的开区间 (a,b) 内具有直到 $n+1$ 阶的导数，且满足

$$P_n(x_0)=f(x_0),\quad P_n'(x_0)=f'(x_0),\quad P_n''(x_0)=f''(x_0),\quad \cdots,\quad P_n^{(n)}(x_0)=f^{(n)}(x_0).$$

由式(4-5)得

$$a_0=f(x_0),\quad a_1=f'(x_0),\quad 2!a_2=f''(x_0),\quad \cdots,\quad n!a_n=f^{(n)}(x_0),$$

即

$$a_0=f(x_0),\quad a_1=f'(x_0),\quad a_2=\frac{f''(x_0)}{2!},\quad \cdots,\quad a_n=\frac{f^{(n)}(x_0)}{n!},$$

于是得到多项式

$$P_n(x)=f(x_0)+f'(x_0)(x-x_0)+\frac{f''(x_0)}{2!}(x-x_0)^2+\cdots+\frac{f^{(n)}(x_0)}{n!}(x-x_0)^n. \tag{4-6}$$

从几何上看，$P_n(x_0)=f(x_0)$，$P_n'(x_0)=f'(x_0)$ 表示曲线 $f(x)$ 和 $P_n(x)$ 在 $x=x_0$ 处相交，且具有相同的切线. 以后我们将知道，$P_n''(x_0)=f''(x_0)$ 表示在点 $(x_0,f(x_0))$ 处两条曲线的凹向和弯曲程度相同，从而在该点附近，两条曲线吻合程度较高.

关于用多项式 $y=P_n(x)$ 近似表示 $y=f(x)$ 所产生的误差，泰勒(Taylor)给出了下述结论，证明从略.

定理（泰勒中值定理） **如果函数 $f(x)$ 在含有 x_0 的某个开区间 (a,b) 内具有直到 $n+1$ 阶的导数，则对于任一 $x\in(a,b)$，有**

$$f(x)=f(x_0)+f'(x_0)(x-x_0)+\frac{f''(x_0)}{2!}(x-x_0)^2+\cdots+\frac{f^{(n)}(x_0)}{n!}(x-x_0)^n+R_n(x), \tag{4-7}$$

其中

$$R_n(x)=\frac{f^{(n+1)}(\xi)}{(n+1)!}(x-x_0)^{n+1}\quad(\xi\text{ 在 }x_0\text{ 与 }x\text{ 之间}). \tag{4-8}$$

多项式(4-6)称为函数 $f(x)$ 按 $(x-x_0)$ 的幂展开的 **n 次泰勒多项式**，式(4-7)称为函数 $f(x)$ 按 $(x-x_0)$ 的幂展开的 **n 阶泰勒公式**.

注意 若令 $n=0$，则泰勒中值定理可表示为

$$f(x)=f(x_0)+f'(\xi)(x-x_0)\quad(\xi\text{ 在 }x_0\text{ 与 }x\text{ 之间}),$$

即拉格朗日中值定理. 因此，泰勒中值定理是拉格朗日中值定理的推广.

$R_n(x)$ 的表达式(4-8)称为**拉格朗日型余项**. 当 $x\to x_0$ 时，由式(4-8)可知误差

$$|R_n(x)|=\left|\frac{f^{(n+1)}(\xi)}{(n+1)!}(x-x_0)^{n+1}\right|$$

是比 $(x-x_0)^n$ 高阶的无穷小. 如果 $f^{(n+1)}(x)$ 在区间 (a,b) 内有界,即存在常数 M,使得 $|f^{(n+1)}(x)|\leqslant M$,则误差估计为

$$|R_n(x)|\leqslant\frac{M}{(n+1)!}|x-x_0|^{n+1}.$$

在不需要余项的精确表达式时,$R_n(x)$ 的表达式也可写作 $o[(x-x_0)^n]$,称为**佩亚诺(Peano)型余项**.

当 $x_0=0$ 时,泰勒公式又称为**麦克劳林(Maclaurin)公式**:

$$f(x)=f(0)+f'(0)x+\frac{f''(0)}{2!}x^2+\cdots+\frac{f^{(n)}(0)}{n!}x^n+\frac{f^{(n+1)}(\xi)}{(n+1)!}x^{n+1}\quad(\xi\text{ 在 0 与 } x \text{ 之间})$$

或

$$f(x)=f(0)+f'(0)x+\frac{f''(0)}{2!}x^2+\cdots+\frac{f^{(n)}(0)}{n!}x^n+\frac{f^{(n+1)}(\theta x)}{(n+1)!}x^{n+1}\,(0<\theta<1). \tag{4-9}$$

二、函数的泰勒展开式举例

例 1 将 $f(x)=x^3+3x^2+2x+4$ 展开为 $x+1$ 的泰勒多项式.

解 取 $x_0=-1$,则 $f(-1)=4$.

$$f'(x)=3x^2+6x+2,f'(-1)=-1.$$
$$f''(x)=6x+6,f''(-1)=0.$$
$$f'''(x)=6,f'''(-1)=6,f^{(4)}(x)=0.$$

将 $f(x)$ 在 $x_0=-1$ 处的各阶导数代入 3 次泰勒多项式,得

$$f(x)=4+(-1)(x+1)+\frac{0}{2!}(x+1)^2+\frac{6}{3!}(x+1)^3$$
$$=4-(x+1)+(x+1)^3.$$

例 2 写出 $f(x)=\mathrm{e}^x$ 的 n 阶麦克劳林公式.

解 因为 $f(x)=f'(x)=f''(x)=\cdots=f^{(n)}(x)=\mathrm{e}^x$,所以

$$f(0)=f'(0)=f''(0)=\cdots=f^{(n)}(0)=1,$$

将 $x_0=0$ 处的各阶导数代入式(4-9),得

$$\mathrm{e}^x=1+x+\frac{1}{2!}x^2+\frac{1}{3!}x^3+\cdots+\frac{1}{n!}x^n+\frac{\mathrm{e}^{\theta x}}{(n+1)!}x^{n+1}\quad(0<\theta<1).$$

例 3 写出 $f(x)=\sin x$ 的 n 阶麦克劳林公式.

解 因为 $f^{(k)}(x)=\sin\left(x+\frac{k\pi}{2}\right),k=1,2,\cdots,n$,所以

$$f(0)=0,\quad f'(0)=1,\quad f''(0)=0,\quad f'''(0)=-1,\quad f^{(4)}(0)=0,\quad \cdots$$

它们依次循环地取四个数 0,1,0,−1,于是按式(4-9),得(令 $n=2m$)

$$\sin x=x-\frac{1}{3!}x^3+\frac{1}{5!}x^5+\cdots+(-1)^{m-1}\frac{1}{(2m-1)!}x^{2m-1}+R_{2m}(x),$$

其中
$$R_{2m}(x)=\frac{\sin\left[\theta x+(2m+1)\frac{\pi}{2}\right]}{(2m+1)!}x^{2m+1}\quad(0<\theta<1).$$

用泰勒公式逼近正弦函数演示

如果 $m=1$，则得近似公式
$$\sin x\approx x,$$
这时误差为
$$|R_2(x)|=\left|\frac{\sin\left(\theta x+\frac{3\pi}{2}\right)}{3!}x^3\right|\leqslant\frac{|x^3|}{6}\quad(0<\theta<1).$$

如果 $m=2,3$，则得近似公式
$$\sin x\approx x-\frac{1}{3!}x^3 \text{ 和 } \sin x\approx x-\frac{1}{3!}x^3+\frac{1}{5!}x^5,$$
其误差分别不超过 $\frac{|x^5|}{5!}$ 和 $\frac{|x^7|}{7!}$.

注意 n 越大，近似误差越小.

类似地，有
$$\cos x=1-\frac{1}{2!}x^2+\frac{1}{4!}x^4+\cdots+(-1)^m\frac{1}{(2m)!}x^{2m}+R_{2m+1}(x),$$
其中，$R_{2m+1}(x)=(-1)^{m+1}\frac{\cos\theta x}{(2m+2)!}x^{2m+2}\ (0<\theta<1)$.

例 4 写出 $f(x)=\frac{1}{1+x}$ 的 n 阶麦克劳林公式.

解 因为 $f'(x)=-\frac{1}{(1+x)^2},f''(x)=\frac{2!}{(1+x)^3},\cdots,f^{(n)}(x)=(-1)^n\frac{n!}{(1+x)^{n+1}}$，

所以
$$f(0)=1,f'(0)=-1,f''(0)=2!,\cdots,f^{(n)}(0)=(-1)^n n!.$$

于是，得
$$\frac{1}{1+x}=1-x+x^2-x^3+\cdots+(-1)^n x^n+\frac{(-1)^{n+1}}{(1+\theta x)^{n+1}}x^{n+1}\quad(0<\theta<1).$$

概念复习

1. 若函数 $f(x)$ 在含有 x_0 的某个开区间 (a,b) 内具有直到 $(n+1)$ 阶的导数，则对任一 $x\in(a,b)$，函数 $f(x)$ 按 $(x-x_0)$ 的幂展开的 n 次泰勒多项式为________________.

2. 若函数 $f(x)$ 在含有 $x_0=0$ 的某个开区间 (a,b) 内满足泰勒中值定理的条件，则对任一 $x\in(a,b)$，函数 $f(x)$ 的 n 阶麦克劳林公式为________________.

习题 4-3

1. 求函数 $f(x)=\ln x$ 按 $(x-2)$ 的幂展开的 n 次泰勒多项式.
2. 当 $x_0=-1$ 时，求函数 $f(x)=x^2$ 的 n 阶泰勒公式.
3. 求函数 $f(x)=xe^x$ 的 n 阶麦克劳林公式.

第 4 节 函数的单调性与曲线的凹凸性

一、函数单调性的判别

我们知道用定义判断函数的单调性的过程是比较烦琐的，下面应用导数研究函数的单调性.

如果函数的导数 $y'=f'(x)$ 在区间 I 上是正(或负)的，即曲线上的每一点处的切线斜率都是正(或负)的(见图 4-6)，那么这条曲线一定是沿 x 轴正方向上升(或下降)的，进而曲线所对应的函数 $y=f(x)$ 在区间 I 上单调增加(或减少). 由此可见，函数的单调性与导数的符号有着密切的关系. 事实上，有下面的定理.

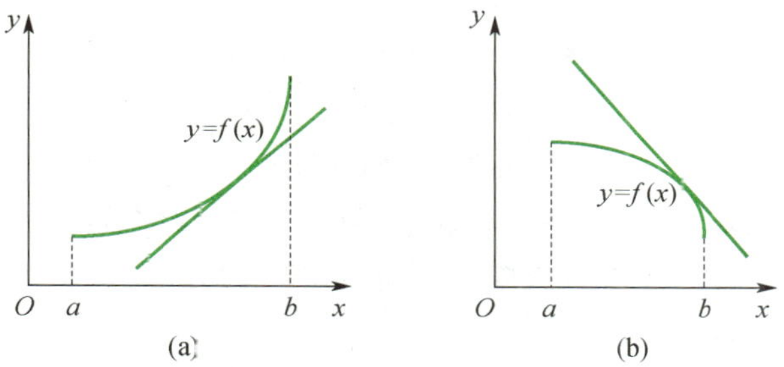

图 4-6

定理 1 **设函数 $y=f(x)$ 在区间 $[a,b]$ 上连续，在区间 (a,b) 内可导.**

(1) **如果在区间 (a,b) 内 $f'(x)>0$，那么函数 $y=f(x)$ 在区间 $[a,b]$ 上单调增加；**

(2) **如果在区间 (a,b) 内 $f'(x)<0$，那么函数 $y=f(x)$ 在区间 $[a,b]$ 上单调减少.**

证 任取 $x_1,x_2\in[a,b]$ (不妨设 $x_1<x_2$)，在区间 $[x_1,x_2]$ 上应用拉格朗日中值定理，得

$$f(x_2)-f(x_1)=f'(\xi)(x_2-x_1)\quad (x_1<\xi<x_2). \tag{4-10}$$

由于式(4-10)中 $x_2-x_1>0$，若在区间 (a,b) 内 $f'(x)>0$，则有

$$f(x_2)-f(x_1)=f'(\xi)(x_2-x_1)>0,$$

即

$$f(x_1)<f(x_2),$$

这表明 $y=f(x)$ 在区间 $[a,b]$ 上单调增加. 同理可证定理 1 的(2)成立.

注意 若将定理 1 中的闭区间换成其他各种区间(对于无穷区间，要求在任一有限子区间上满足定理 1 的条件)，结论仍然成立.

例 1 讨论函数 $y=e^x-x$ 的单调性.

解 函数的定义域为 $(-\infty,+\infty)$，$y'=e^x-1$，令 $y'=e^x-1=0$，得 $x=0$.

在区间 $(-\infty,0)$ 内，$y'<0$，所以函数在区间 $(-\infty,0]$ 上单调减少；在区间 $(0,+\infty)$ 内，$y'>0$，所以函数在区间 $[0,+\infty)$ 上单调增加.

例 2 讨论函数 $y=|x|$ 的单调性.

解 函数的定义域为 $(-\infty,+\infty)$. 函数的导数为

$$y'=\begin{cases}1, & x>0,\\ -1, & x<0,\end{cases}$$

当 $x=0$ 时，函数的导数不存在.

在区间 $(-\infty,0)$ 内，$y'<0$，所以函数在区间 $(-\infty,0]$ 上单调减少；在区间 $(0,+\infty)$ 内，$y'>0$，所以函数在区间 $[0,+\infty)$ 上单调增加.

注意到，在例 1 中，$x=0$ 是函数 $y=e^x-x$ 的单调减少区间 $(-\infty,0]$ 与单调增加区间 $[0,+\infty)$ 的分界点，而在该点处导数 $y'=0$. 在例 2 中，$x=0$ 是函数 $y=|x|$ 的单调减少区间 $(-\infty,0]$ 与单调增加区间 $[0,+\infty)$ 的分界点，而在该点处导数不存在.

一般地，对于在定义域上具有连续导数的函数，用其导数的零点为分界点来划分函数的定义域以后，就可以使函数在各个部分区间上单调. 如果函数在某些点处不可导，那么这些点也应该成为划分函数定义域的分界点.

例 3 讨论函数 $y=x^3-3x^2$ 的单调性.

解 函数的定义域为 $(-\infty,+\infty)$. 函数的导数为 $y'=3x^2-6x=3x(x-2)$. 导数的零点为 $x_1=0$，$x_2=2$. 它们将函数的定义域划分为 $(-\infty,0]$，$[0,2]$，$[2,+\infty)$ 三个区间.

在区间 $(-\infty,0)$ 内，$y'>0$，所以函数在区间 $(-\infty,0]$ 上单调增加；在区间 $(0,2)$ 内，$y'<0$，所以函数在区间 $[0,2]$ 上单调减少；在区间 $(2,+\infty)$ 内，$y'>0$，所以函数在区间 $[2,+\infty)$ 上单调增加.

二、曲线的凹凸性与拐点

由导数 $f'(x)$ 的符号，可知函数 $f(x)$ 的单调性. 但是，对于单调性相同的函数，有不同的情况. 例如，图 4-7 中的两条曲线弧虽然都是上升的，但上升的方式不同，一条是向上凸的，另一条是向上凹的. 只有判断清楚函数图形在一个区间上的凹凸性，才能准确地描绘函数的图形. 下面介绍曲线的凹凸性及其判别法.

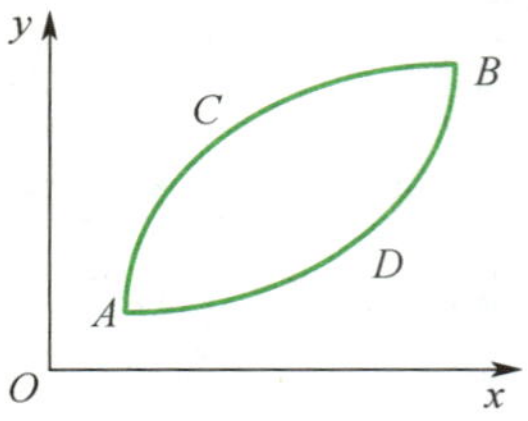

图 4-7

如图 4-8(a) 所示，在一条曲线弧上任取两点，连接这两点的弦总位于这两点间的弧段的上方，而图 4-8(b) 中的弦则总位于对应弧段的下方. 这种性质就是曲线的凹凸性.

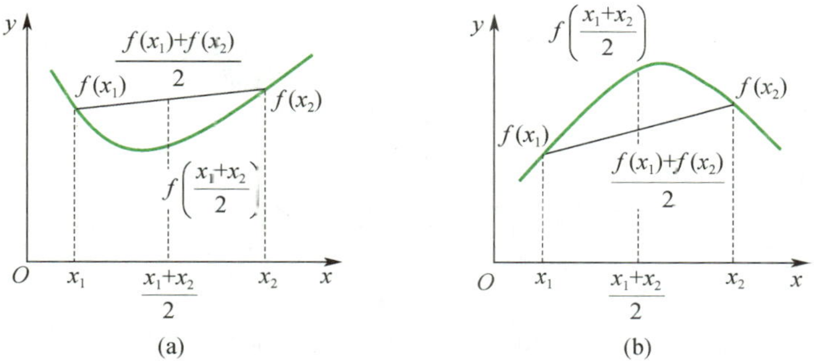

图 4-8

定义 设函数 $f(x)$ 在区间 I 上连续，如果对于区间 I 上任意两点 x_1, x_2，恒有

$$f\left(\frac{x_1+x_2}{2}\right)<\frac{f(x_1)+f(x_2)}{2},$$

那么称函数 $f(x)$ 在区间 I 上的图形是(向上)凹的(或凹弧)；如果恒有

$$f\left(\frac{x_1+x_2}{2}\right)>\frac{f(x_1)+f(x_2)}{2},$$

那么称函数 $f(x)$ 在区间 I 上的图形是(向上)凸的(或凸弧).

观察图 4-9，可以注意到凹(或凸)弧上每一点处的切线位于曲线弧的下(或上)方，切线的斜率随 x 的增加而增大(或减小).

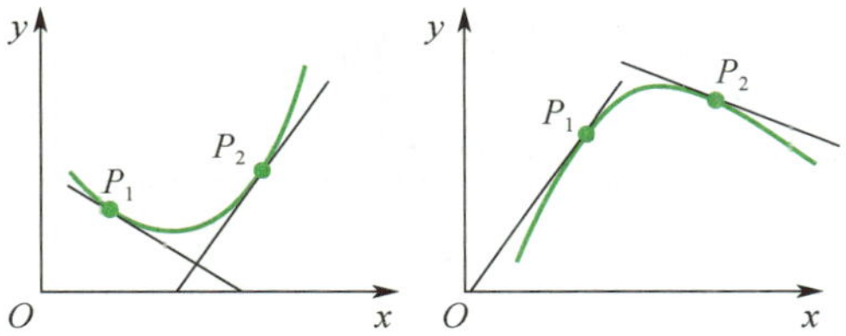

图 4-9

函数图形的凹凸性判定定理的证明

根据曲线弧的这些特性给出函数图形的凹凸性的判断方法，具体如下.

定理 2 设函数 $f(x)$ 在区间 $[a,b]$ 上连续，在区间 (a,b) 内具有一阶和二阶导数，那么

(1) 若在区间 (a,b) 内二阶导数 $f''(x)>0$，则函数 $f(x)$ 在区间 $[a,b]$ 上的图形是凹的；

(2) 若在区间 (a,b) 内二阶导数 $f''(x)<0$，则函数 $f(x)$ 在区间 $[a,b]$ 上的图形是凸的.

证明略.

注意 将定理 2 中的闭区间换成其他各种区间(包含无穷区间)，结论仍然成立.

例 4 判断曲线 $y=x^3$ 的凹凸性.

解 函数 $y=x^3$ 的定义域为区间 $(-\infty,+\infty)$. 因为 $y'=3x^2$，$y''=6x$，令 $y''=0$，得 $x=0$. 所以，当 $x<0$ 时，$y''<0$，曲线在区间 $(-\infty,0]$ 上为凸弧；当 $x>0$ 时，$y''>0$，曲线在区间 $[0,+\infty)$ 上为凹弧.

例 5 判断曲线 $y=xe^{-x}$ 的凹凸性.

解 函数 $y=xe^{-x}$ 的定义域为区间 $(-\infty,+\infty)$. 因为

$$y'=e^{-x}+x(-e^{-x})=(1-x)e^{-x},$$

$$y''=-e^{-x}+(1-x)(-e^{-x})=(x-2)e^{-x},$$

令 $y''=0$，得 $x=2$. 所以，当 $x<2$ 时，$y''<0$，曲线在区间 $(-\infty,2]$ 上为凸弧；当 $x>2$ 时，$y''>0$，曲线在区间 $[2,+\infty)$ 上为凹弧.

在以上两例中，点 $(0,0)$ 和点 $(2,2e^{-2})$ 都是曲线由凸弧变为凹弧的分界点，这样的点称为曲线的拐点.

一般地，连续曲线上凹弧与凸弧的分界点称为这条曲线的**拐点**.

如何寻找曲线 $y=f(x)$ 的拐点呢？由本节的定理 2 可知，根据 $f''(x)$ 的符号判定曲线弧的凹凸性，如果 $f''(x)$ 在一点 x_0 的左、右两侧异号，那么点 $(x_0,f(x_0))$ 就是一个拐点. 因此，要求曲线 $y=f(x)$ 的拐点，只要求出使 $f''(x)$ 符号发生变化的分界点即可. 连续曲线上这样的分界点可能使 $f''(x)=0$，也可能使 $f''(x)$ 不存在.

例 6 求曲线 $y=x^4-2x^3+2x+1$ 的拐点.

解 函数 $y=x^4-2x^3+2x+1$ 的定义域为区间 $(-\infty,+\infty)$. 因为

$$y'=4x^3-6x^2+2,\quad y''=12x^2-12x=12x(x-1),$$

令 $y''=0$，得 $x_1=0$，$x_2=1$.

用 $x_1=0$ 及 $x_2=1$ 划分函数的定义域，讨论如下（见表 4-1）.

表 4-1

x	$(-\infty,0)$	0	$(0,1)$	1	$(1,+\infty)$
y''	+	0	−	0	+
y	凹	1	凸	2	凹

所以，曲线在区间 $(-\infty,0]$ 和 $[1,+\infty)$ 上为凹弧，在区间 $[0,1]$ 上为凸弧，点 $(0,1)$ 和点 $(1,2)$ 为曲线 $y=x^4-2x^3+2x+1$ 的拐点.

例 7 求曲线 $y=\sqrt[3]{x}$ 的拐点.

解 $y=\sqrt[3]{x}$ 在区间 $(-\infty,+\infty)$ 内连续，当 $x\neq 0$ 时，

$$y'=\frac{1}{3\sqrt[3]{x^2}},\quad y''=-\frac{2}{9x\sqrt[3]{x^2}},$$

y'' 在区间 $(-\infty,+\infty)$ 内没有零点. 当 $x=0$ 时，y'' 不存在；当 $x<0$ 时，$y''>0$；当 $x>0$ 时，$y''<0$. 因此，点 $(0,0)$ 是曲线 $y=\sqrt[3]{x}$ 的拐点.

三、函数图形的描绘

借助函数的一阶、二阶导数的符号及其零点，可以确定函数图形的升降区间、凹凸区间及拐点等，利用函数的这些性质就可比较准确地描绘出函数的图形. 描绘函数图形的一般步骤

如下.

(1) 确定函数 $y=f(x)$的定义域 D 及函数的奇偶性、周期性等,并求出 $f'(x)$,$f''(x)$.

(2) 求出 $f'(x)$以及 $f''(x)$在定义域 D 上的零点和不存在的点,用这些点将定义域 D 划分成若干个区间.

(3) 在每个区间上,确定 $f'(x)$及 $f''(x)$的符号,由此确定函数图形的升降、凹凸和拐点.

(4) 确定函数图形的渐近线.若 $\lim\limits_{x\to+\infty}f(x)=a$,则有水平渐近线① $y=a$;若 $\lim\limits_{x\to x_0^+}f(x)=+\infty$ 或 $-\infty$,则有铅直渐近线② $x=x_0$.

(5) 求出(2)中的点所对应的函数值,确定图形上相应的点;为了把图形描绘得更准确,有时还需要再补充一些点;然后结合(3)、(4)中的结果,连接这些点,就可以画出函数 $y=f(x)$的图形.

例 8 描绘函数 $f(x)=\dfrac{1}{\sqrt{2\pi}}e^{-\frac{x^2}{2}}$ 的图形.

解 (1) 函数 $y=f(x)$的定义域为$(-\infty,+\infty)$,$y=f(x)$为偶函数,图形关于 y 轴对称,因此只需讨论函数在区间$[0,+\infty)$上的图形.又 $\forall x\in(-\infty,+\infty)$,$f(x)>0$,所以 $y=f(x)$的图形位于 x 轴上方.

$$f'(x)=\frac{1}{\sqrt{2\pi}}e^{-\frac{x^2}{2}}\cdot(-x)=-\frac{1}{\sqrt{2\pi}}xe^{-\frac{x^2}{2}},$$

$$f''(x)=-\frac{1}{\sqrt{2\pi}}\left[e^{-\frac{x^2}{2}}+xe^{-\frac{x^2}{2}}\cdot(-x)\right]=\frac{1}{\sqrt{2\pi}}e^{-\frac{x^2}{2}}(x^2-1).$$

(2) 在区间$[0,+\infty)$上,$f'(x)=0$ 的根为 $x=0$;$f''(x)=0$ 的根为 $x=1$.用 $x=0$ 和 $x=1$ 将区间$[0,+\infty)$划分为四个部分.

(3) 讨论如下(见表 4-2).

表 4-2

x	0	$(0,1)$	1	$(1,+\infty)$
$f'(x)$	0	−	−	−
$f''(x)$	−	−	0	+
$f(x)$	$\frac{1}{\sqrt{2\pi}}$	⤵	$\frac{1}{\sqrt{2\pi e}}$	↘

注:⤵ 表示单调减少的凸弧;↘ 表示单调减少的凹弧.其余以此类推.

(4) 由于 $\lim\limits_{x\to+\infty}f(x)=0$,故水平渐近线为 $y=0$;无铅直渐近线.

(5) 由 $f(0)=\dfrac{1}{\sqrt{2\pi}}$,$f(1)=\dfrac{1}{\sqrt{2\pi e}}$,$f(2)=\dfrac{1}{\sqrt{2\pi}e^2}$,得到图形上几个点:

① 对于极限过程 $x\to-\infty$、$x\to\infty$仍成立.

② 对于极限过程 $x\to x_0^-$、$x\to x_0$ 仍成立.

$$M_1\left(0,\frac{1}{\sqrt{2\pi}}\right),\quad M_2\left(1,\frac{1}{\sqrt{2\pi e}}\right),\quad M_3\left(2,\frac{1}{\sqrt{2\pi}e^2}\right).$$

由上面讨论的结果，先画出函数在区间$[0,+\infty)$上的图形，再由对称性得到函数在区间$(-\infty,0]$上的图形，如图 4-10 所示.

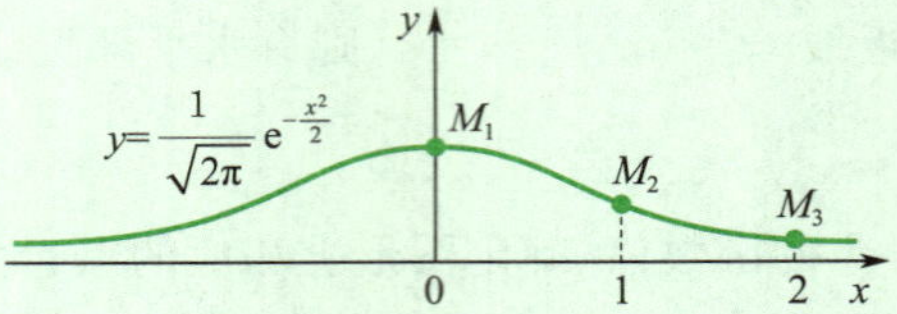

图 4-10

概念复习

1. 设函数 $f(x)$在区间$[a,b]$上连续，在区间(a,b)内可导. 若 $x\in(a,b)$，$f'(x)>0$，则 $f(x)$在区间$[a,b]$上________；若 $x\in(a,b)$，$f'(x)<0$，则 $f(x)$在区间$[a,b]$上________.

2. 函数 $f(x)$在区间$[a,b]$上连续，在区间(a,b)内具有一阶和二阶导数. 若 $x\in(a,b)$，$f''(x)>0$，则 $y=f(x)$在区间$[a,b]$上的图形是________；若 $x\in(a,b)$，$f''(x)<0$，则 $y=f(x)$在区间$[a,b]$上的图形是________.

3. 若点$(x_0,f(x_0))$是连续曲线 $y=f(x)$上的拐点，则 $x=x_0$ 时函数 $f(x)$的二阶导数________或________，在点 x_0 的左、右两侧邻域内 $f''(x)$的符号________.

习题 4-4

1. 讨论函数 $f(x)=\arctan x-x$ 的单调性.

2. 确定下列函数的单调区间.

(1) $y=2x^3-6x^2-18x-7$； (2) $y=e^x-x$；

(3) $y=2x+\frac{1}{x}$； (4) $y=|\ln x|-\frac{1}{x}$.

3. 证明：当 $x>4$ 时，$2^x>x^2$（提示：即证 $x\ln 2>2\ln x$）.

4. 证明：方程 $\sin x=x$ 在区间$[0,\pi]$上只有一个实根.

5. 判断下列曲线的凹凸性.

(1) $y=x+\frac{1}{x}$； (2) $y=x\arctan x$.

6. 求下列曲线的拐点及凹凸区间.

(1) $y=x^3-5x^2+3x+5$； (2) $y=xe^x$.

7. 当 a,b 为何值时，点$(1,3)$为曲线 $y=ax^3+bx^2$ 的拐点？

8. 求出曲线 $y=1+\frac{1}{(x-3)^2}$的各种渐近线.

9. 描绘函数 $y=x^5-5x$ 的图形.

第 5 节　函数的极值、最大值与最小值

在高中阶段，读者初步学习了函数的极值、最大值与最小值，本节将进一步讨论函数的极值、最大值与最小值的求法及应用.

一、函数的极值及其求法

定义　**设函数 $f(x)$ 在区间 (a,b) 内有定义，$x_0\in(a,b)$. 如果存在点 x_0 的一个去心邻域，对于该邻域内任一点 x，都有 $f(x)<f(x_0)$[或 $f(x)>f(x_0)$]，那么称 $f(x_0)$ 是函数 $f(x)$ 的一个极大（或小）值.**

函数的极大值与极小值统称为函数的**极值**，使函数取得极值的点称为**极值点**.

函数的极大值与极小值的概念是局部性的. 如图 4-11 所示，函数 $f(x)$ 在 $x=x_6$ 处取得极大值，在 $x=x_3$ 处取得极小值. 而极大值 $f(x_6)$ 比极小值 $f(x_3)$ 小. 可见，极大值与极小值仅是对局部范围而言的. 就整个区间 $[a,b]$ 来说，只有一个极大值 $f(x_2)$ 是最大值，而没有一个极小值是最小值.

从图 4-11 中还可以看出，函数 $f(x)$ 在极值点处的切线是水平的. 但对于具有水平切线的点，函数不一定取得极值，如点 $x=x_4$ 处，曲线有水平切线，但 $f(x_4)$ 不是极值. 下面讨论函数取得极值的必要条件和充分条件.

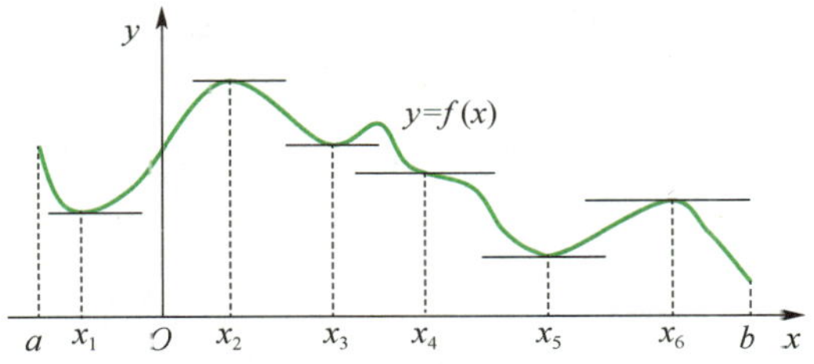

图 4-11

定理 1（必要条件）　**设函数 $f(x)$ 在点 x_0 处可导，且在点 x_0 处取得极值，那么 $f'(x_0)=0$.**

证　设 $f(x_0)$ 是极大值. 由于函数 $f(x)$ 在点 x_0 处可导，根据导数的定义，有

$$f'(x_0)=\lim_{x\to x_0}\frac{f(x)-f(x_0)}{x-x_0}.$$

当 $x<x_0$ 时，$\dfrac{f(x)-f(x_0)}{x-x_0}>0$，因此 $\lim\limits_{x\to x_0^-}\dfrac{f(x)-f(x_0)}{x-x_0}\geqslant 0$；

当 $x>x_0$ 时，$\dfrac{f(x)-f(x_0)}{x-x_0}<0$，因此 $\lim\limits_{x\to x_0^+}\dfrac{f(x)-f(x_0)}{x-x_0}\leqslant 0$，

故 $f'(x_0)=0$.

使导数等于零的点[方程 $f'(x)=0$ 的实根]，称为函数 $f(x)$ 的**驻点**. 由定理 1 可知，可导

函数的极值点一定是驻点. 但是，函数的驻点不一定是极值点. 例如，$f(x)=x^3$ 的导数 $f'(x)=3x^2$，$f'(0)=0$，所以 $x=0$ 是函数的驻点，而 $x=0$ 却不是函数的极值点. 因此，求得函数的驻点以后，还需要判断它是否为函数的极值点. 下面的定理给出判断一个点是极值点的充分条件，证明从略.

定理 2（第一充分条件） **设函数 $f(x)$ 在点 x_0 处连续，且在点 x_0 的某 δ 去心邻域内可导.**

(1) 若当 $x\in(x_0-\delta,x_0)$ 时，$f'(x)>0$，而当 $x\in(x_0,x_0+\delta)$ 时，$f'(x)<0$，则 $f(x)$ 在点 x_0 处取得极大值；

(2) 若当 $x\in(x_0-\delta,x_0)$ 时，$f'(x)<0$，而当 $x\in(x_0,x_0+\delta)$ 时，$f'(x)>0$，则 $f(x)$ 在点 x_0 处取得极小值；

(3) 若在点 x_0 的某 δ 去心邻域内 $f'(x)$ 的符号保持不变，则 $f(x)$ 在点 x_0 处没有极值.

说明 观察图 4-12，若驻点的左、右两侧一阶导数变号，则函数在驻点处取得极值；若其不变号，则函数在驻点处不能取得极值.

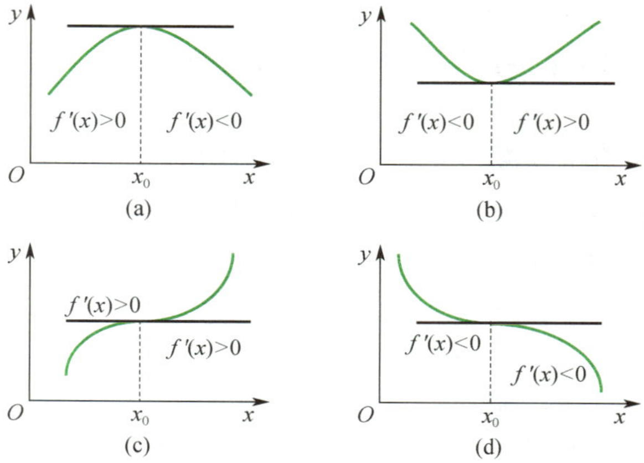

图 4-12

由本节的定理 1 和定理 2 可知，如果函数 $f(x)$ 在区间 I 内连续，除个别点外均可导，那么求函数 $f(x)$ 在区间 I 内的极值可按以下步骤进行.

(1) 求出导数 $f'(x)$.

(2) 求出函数 $f(x)$ 在区间 I 内的全部驻点和导数不存在的点.

(3) 逐个考察上述点的左、右两侧邻域内 $f'(x)$ 的符号，确定该点是否为函数的极值点. 如果是极值点，进一步确定其是极大值点还是极小值点.

(4) 求出各极值点的函数值，写出函数 $f(x)$ 的所有极值.

例 1 求函数 $f(x)=(x-5)\sqrt[3]{x^2}$ 的极值.

解 (1) $f'(x)=\sqrt[3]{x^2}+\dfrac{2}{3}(x-5)\cdot\dfrac{1}{\sqrt[3]{x}}=\dfrac{5(x-2)}{3\sqrt[3]{x}}$.

(2) 令 $f'(x)=0$，得到驻点 $x=2$；当 $x=0$ 时 $f'(x)$ 不存在.

(3) 确定 $f'(x)$ 的符号：当 $0<x<2$ 时，$f'(x)<0$；当 $x>2$ 时，$f'(x)>0$. 故点 $x=2$ 是极小值点. 又因为当 $x<0$ 时，$f'(x)>0$，所以点 $x=0$ 是极大值点.

(4) 极大值为 $f(0)=0$，极小值为 $f(2)=-3\sqrt[3]{4}$.

当函数 $f(x)$ 在驻点处的二阶导数存在且不为零时，不妨设其大于(或小于)零，这意味着 $f'(x)$ 在驻点的某邻域内是单调增加(或减少)的，即在驻点的左侧邻域内 $f'(x)$ 是负(或正)的，在驻点的右侧邻域内 $f'(x)$ 是正(或负)的，此时该驻点是函数的极小(或极大)值点. 于是得到判断极值的第二充分条件.

极值第二充分条件的证明

定理 3(第二充分条件) **设函数 $f(x)$ 在点 x_0 处具有二阶导数且 $f'(x_0)=0$，$f''(x_0)\neq 0$，**

(1) 如果 $f''(x_0)>0$，则函数 $f(x)$ 在点 x_0 处取得极小值；

(2) 如果 $f''(x_0)<0$，则函数 $f(x)$ 在点 x_0 处取得极大值.

该定理表明，如果函数 $f(x)$ 在驻点 x_0 处的二阶导数 $f''(x_0)\neq 0$，那么该驻点 x_0 一定是极值点. 但如果 $f''(x_0)=0$ 或者 $f''(x_0)$ 不存在，则该定理失效，此时，可用其他方法判断.

例 2 求函数 $f(x)=(x^2-2)^3$ 的极值.

解 (1) $f'(x)=6x(x^2-2)^2$.

(2) 令 $f'(x)=0$，求得驻点 $x_1=-\sqrt{2}$，$x_2=0$，$x_3=\sqrt{2}$.

(3) $f''(x)=6(x^2-2)(5x^2-2)$.

(4) 因 $f''(0)=24>0$，故 $f(x)$ 在 $x_2=0$ 处取得极小值，极小值为 $f(0)=-8$.

(5) $f''(-\sqrt{2})=f''(\sqrt{2})=0$，用本节的定理 3 无法判断. 考察一阶导数在驻点 $x_1=-\sqrt{2}$ 及 $x_3=\sqrt{2}$ 的左、右两侧邻域内的符号：当 $-\sqrt{2}<x<0$ 时，$f'(x)<0$；当 $x<-\sqrt{2}$ 时，$f'(x)<0$；因为 $f'(x)$ 的符号没有改变，所以 $f(x)$ 在 $x_1=-\sqrt{2}$ 处没有极值. 同理，$f(x)$ 在 $x_3=\sqrt{2}$ 处也没有极值.

二、函数的最大值与最小值问题

实际生活和生产中经常遇到这样的问题：在一定条件下，使所用的材料最省、消耗的燃料最少、经营的利润最大等. 这类问题在数学上一般可以归结为求某一函数(通常称为目标函数)的最大值或最小值的问题.

设函数 $f(x)$ 在闭区间 $[a,b]$ 上连续，由闭区间上连续函数的性质可知，函数 $f(x)$ 在闭区间 $[a,b]$ 上的最大值和最小值一定存在. 函数的最值可能在闭区间 $[a,b]$ 的内部或端点上取得，如果最值在开区间 (a,b) 内取得，那么它一定是函数的极值. 因此，函数的最值可能在驻点、导数不存在的点和区间的端点处取得. 求函数 $f(x)$ 在闭区间 $[a,b]$ 上的最值的步骤如下.

最值及其应用

(1) 求出 $f(x)$ 在 (a,b) 内的所有驻点及导数不存在的点 $x_1,x_2,\cdots,x_n$.

(2) 比较 $f(a), f(x_1), \cdots, f(x_n), f(b)$ 的大小，其中最大的便是函数 $f(x)$ 在闭区间 $[a,b]$ 上的最大值，最小的便是最小值.

例 3 求函数 $y=2x^3-9x^2+12x+1$ 在闭区间 $[0,3]$ 上的最大值与最小值.

解 $f(x)=2x^3-9x^2+12x+1, f'(x)=6(x-1)(x-2)$,

解方程 $f'(x)=0$，得 $x_1=1, x_2=2$. 由于

$$f(0)=1,\quad f(1)=6,\quad f(2)=5,\quad f(3)=10,$$

比较可得 $f(x)$ 在 $x=3$ 处取得它在闭区间 $[0,3]$ 上的最大值 $f(3)=10$，在 $x=0$ 处取得它在闭区间 $[0,3]$ 上的最小值 $f(0)=1$.

在求函数的最大(或最小)值时，有一种情况值得注意：函数 $f(x)$ 在一个区间内可导且只有一个极值点 x_0，那么当 $f(x_0)$ 是极大(或极小)值时，$f(x_0)$ 同时也是 $f(x)$ 在这个区间上的最大(或最小)值.

在实际问题中，有时根据问题的性质可以确定函数 $f(x)$ 一定有最大(或最小)值，而且一定在定义域内部取得. 这时，如果 $f(x)$ 在定义域内部只有一个驻点 x_0，那么可以直接判断 $f(x_0)$ 是最大(或最小)值.

例 4 要制造一个容积为 V 的圆柱形锅炉，则当锅炉的高和底面半径取多大值时，用料最省?

解 只要锅炉的表面积最小，用料就最省. 设锅炉的底面半径为 r，高为 h，它的表面积为

$$S(r)=2\pi r^2+2\pi rh,\quad r\in(0,+\infty).$$

因为容积 $V=\pi r^2 h$，所以 $h=\frac{V}{\pi r^2}$. 将 h 代入上式得

$$S(r)=2\pi r^2+2\pi r\cdot\frac{V}{\pi r^2}=2\pi r^2+\frac{2V}{r},$$

令 $S'(r)=4\pi r-\frac{2V}{r^2}=0$，解得 $r=\sqrt[3]{\frac{V}{2\pi}}$.

由于锅炉有最小表面积，而函数 $S(r)$ 只有一个驻点，所以当 $r=\sqrt[3]{\frac{V}{2\pi}}$ 时，S 最小，相应的高为

$$h=2\sqrt[3]{\frac{V}{2\pi}}=2r,$$

即当圆柱形锅炉的高和底面直径相等时，用料最省.

例 5 某不动产商行能以 5% 的年利率借得贷款，然后又把此贷款贷给顾客. 假设它能贷出的款额与它贷出的利率的平方成反比(利率太高就会无人贷款)，则以多大的年利率贷出能使商行获利最大?

解 设贷出的年利率为 x，则贷出的款额为 $\frac{k}{x^2}$ ($k>0$, k 为常数)，商行获利为

$$P(x)=(x-0.05)\cdot\frac{k}{x^2}=\frac{k}{x}-\frac{0.05k}{x^2},\quad x\in(0,+\infty).$$

令 $P'(x)=-\frac{k}{x^2}+\frac{0.1k}{x^3}=0$，解得 $x=0.1$. 这个问题存在最大利润，而 $P(x)$ 只有一个驻点，所以当贷出的年利率为10%时，商行获利最大.

例6 某疾病的传播模型为 $f(t)=\frac{p}{1+ce^{-t}}$，其中，p 为总人口数，c 为大于1的常数，$f(t)$ 为 t 时刻感染该病的总人数. 求当传播速率最大时感染该病的总人数.

解 该疾病的传染速率为 $f'(t)=\frac{pce^{-t}}{(1+ce^{-t})^2}$，要求 $f'(t)$ 的最大值，需要先求出使 $f''(t)=0$ 的点. 由

$$f''(t)=\frac{pce^{-t}(ce^{-t}-1)}{(1+ce^{-t})^3}=0$$

得 $t=\ln c$. 传播速率存在最大值，$f'(t)$ 只有一个驻点，所以当 $t=\ln c$ 时传播速率最大，这时感染该病的人数为 $f(\ln c)=\frac{p}{2}$.

概念复习

1. 若 $x=x_0$ 是函数 $y=f(x)$ 的驻点，则 $f'(x_0)=$________.

2. 若函数 $y=f(x)$ 在开区间 (a,b) 内的点 x_0 处取得极值，则当 $x=x_0$ 时 $y=f(x)$ 的一阶导数________或________，在点 x_0 的左、右两侧邻域内 $f'(x)$ 的符号________.

3. 若连续函数 $y=f(x)$ 在闭区间 $[a,b]$ 上的点 x_0 处取得最值，则 x_0 有可能是使函数的一阶导数不存在的点、驻点以及________________.

4. 函数 $y=x^5-5x$ 在 $x=$________时取极大值，在 $x=$________时取极小值.

习题 4－5

1. 求下列函数的极值.

(1) $y=2x^3-3x^2$；　　(2) $y=x-\ln(1+x)$；

(3) $y=x+2\sqrt{1-x}$；　　(4) $y=x^2e^x$.

2. 当 a 为何值时，函数 $f(x)=a\sin x+\frac{1}{3}\sin 3x$ 在 $x=\frac{\pi}{3}$ 处取得极值？它是极大值还是极小值？求此极值.

3. 求下列函数在指定区间上的最大值、最小值.

(1) $y=x^4-8x^2+2, -1\leqslant x\leqslant 3$；　　(2) $y=x+\sqrt{1-x}, -5\leqslant x\leqslant 1$.

4. 某车间要靠墙壁盖一间长方形小屋，现有存砖只够砌20 m长的墙壁. 围成什么样的长方形才能使这间小屋的面积最大？

5. 某公司每件产品的价格是1 500元，一年生产 x 件产品的总成本是 $100\ 000+0.015x^2$，假设产品当年都能售出，求此公司的最大年利润.

6. 一银行的统计资料表明，存放在银行中的总存款量与银行付给存户的利率的平方成正比. 现在假设银行可以用12%的年利率再投资这笔钱，则为得到最大利润，银行支付给存户的利率应定为多少？

实验三　导数应用的 Python 实现

一、代数方程求解

在 Python 中，代数方程求解通常可以使用 SymPy。sp. solve()函数是 SymPy 中用于求解方程的主要函数，使用时需要指定要求解的方程以及方程中的未知数. 下面利用一个简单的代数方程求解作为示例，如求解方程 $x^2-5x+6=0$，程序代码为

```
import sympy as sp
x=sp.symbols('x')
equation=sp.Eq(x**2-5*x+6,0)  # 定义方程
solutions=sp.solve(equation,x)  # 求解方程
solutions  # 输出
```

运行结果为

```
[2,3].
```

sp. solve()函数也可以用于解方程组，基本程序代码为

```
solutions=sp.solve((equation1,equation2),(x,y)).
```

如果求方程的数值解，当方程比较简单时，可以使用 NumPy 中的 numpy. roots()函数. 但对于更复杂的方程或方程组，可能需要使用其他方法或库. 下面给出使用 numpy. roots()函数求解上述方程的数值解的程序代码：

```
import numpy as np
coefficients=[1,-5,6]  # 该方程的多项式系数
numerical_solutions=np.roots(coefficients)  # 求解方程的根
numerical_solutions  # 输出
```

运行结果为

```
array([3.,2.])
```

下面介绍两种求方程近似解的方法——二分法和切线法，以及这两种方法的 Python 实现.

1. 二分法

(1)二分法简介：设函数 $f(x)$ 在区间 $[a,b]$ 上连续，$f(a)\cdot f(b)<0$，且方程 $f(x)=0$ 在区间 (a,b) 内仅有一个实根 ξ，则区间 $[a,b]$ 称为根 ξ 的隔离区间. 下面用二分法求根 ξ 的近似值.

① 取 $[a,b]$ 的中点 $\xi_1=\dfrac{a+b}{2}$，计算 $f(\xi_1)$. 若 $f(\xi_1)=0$，则 ξ_1 为方程的根 ξ. 否则进行下一步.

② 若 $f(a)\cdot f(\xi_1)<0$，则方程 $f(x)=0$ 的根 ξ 在区间 (a,ξ_1) 内，此时取 $[a,\xi_1]$ 为根的新隔离区间；同样，若 $f(\xi_1)\cdot f(b)<0$，则取 $[\xi_1,b]$ 为根的新隔离区间.

③ 将根的新隔离区间记为 $[a_1,b_1]$，则 $b_1-a_1=\dfrac{1}{2}(b-a)$. 重复第①、②步的做法，当

$\xi\neq\xi_2=\dfrac{a_1+b_1}{2}$时，可求得 $a_2<\xi<b_2$，且 $b_2-a_2=\dfrac{1}{2^2}(b-a)$. 如此重复 n 次，可求得 $a_n<\xi<b_n$，且 $b_n-a_n=\dfrac{1}{2^n}(b-a)$. 若用 a_n 或 b_n 近似代替 ξ，则其误差小于$\dfrac{1}{2^n}(b-a)$.

*(2)二分法的 Python 实现：用二分法求方程 $f(x)=0$ 的根的近似值，需要先作出 $y=f(x)$的图形，确定根的隔离区间，再利用二分法求解. 二分法的程序代码为

```
def bisection_method(a,b,tol):  # 定义二分法
if f(a)*f(b)>0:
    raise ValueError("The function does not change sign in the given interval.")
while (b-a)/2>tol:
    c=(a+ b)/2
    if f(c)==0:
        return c
    elif f(a)*f(c)<0:
        b=c
    else:
        a=c
return (a+b)/2
```

例 1 用二分法求方程 $x^3+1.1x^2+0.9x-1.4=0$ 的实根的近似值，使误差不超过10^{-3}.

解 先画图，求根的隔离区间，程序代码为

```
import numpy as np
import matplotlib.pyplot as plt
def f(x):
    return x**3+1.1*x**2+0.9*x-1.4
x=np.linspace(-2,2,400)
y=f(x)
plt.figure(figsize=(10,6))
plt.plot(x,y,label='x^3+1.1x^2+0.9x-1.4')
plt.axhline(0,color='black',linewidth=0.5)
plt.xlabel('x')
plt.ylabel('f(x)')
plt.grid(True)
plt.legend()
plt.show()
```

输出的图形如图 4-13 所示，从图 4-13 中可看出，方程在区间[0,1]上有一个根，故取隔离区间为[0,1].

再使用二分法求根的近似值，程序代码为

```
a,b=0,1   # 初始区间
tol=10**-3  # 误差设置
root_approximation=bisection_method(a,b,tol)
root_approximation  # 输出
```

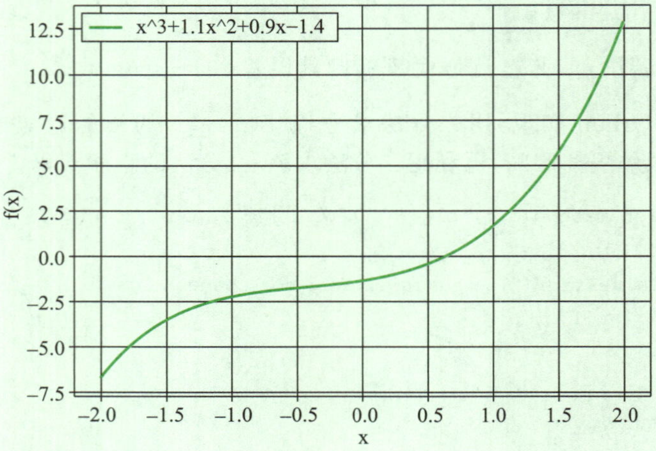

图 4-13

得到方程的根的近似值为 $x\approx0.6709$，误差不超过10^{-3}.

2. 切线法

(1)切线法简介：设函数 $f(x)$ 在区间$[a,b]$上具有二阶导数，$f(a)\cdot f(b)<0$，且$f'(x)$及$f''(x)$在区间$[a,b]$上符号不变，则方程 $f(x)=0$ 在区间(a,b)内有唯一的实根ξ，$[a,b]$为根的一个隔离区间. 此时，函数 $y=f(x)$在区间$[a,b]$上的图形$\overset{\frown}{AB}$只有如图 4-14 所示的 4 种不同情形.

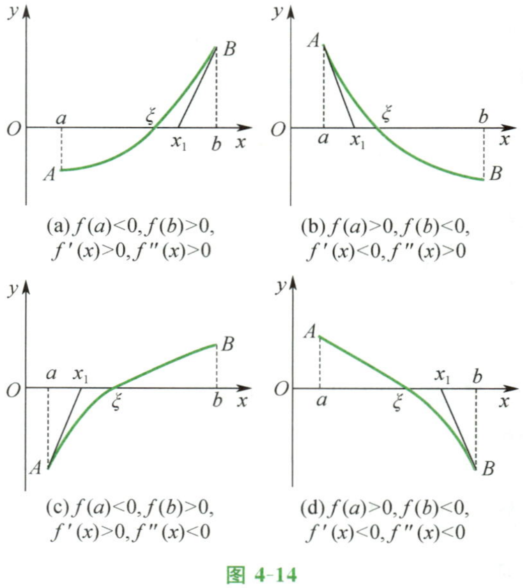

图 4-14

考虑用曲线弧一端点处的切线段来代替曲线弧，从而求出方程实根的近似值，这种方法称为切线法. 从图 4-14 中可看出，如果在纵坐标与 $f''(x)$同号的那个端点(记作$(x_0,f(x_0))$)作切线，这条切线与 x 轴的交点的横坐标 x_1 比 x_0 更接近方程的根 ξ.

下面以图 4-14(a)所示的情形为例进行讨论. 因为 $f(b)$ 与 $f''(x)$ 同号，所以令 $x_0=b$，在端点 $(x_0, f(x_0))$ 处作切线，该切线的方程为

$$y-f(x_0)=f'(x_0)(x-x_0),$$

令 $y=0$，从上式中解出 x，就得到切线与 x 轴交点的横坐标为

$$x_1=x_0-\frac{f(x_0)}{f'(x_0)},$$

它比 x_0 更接近方程的根 ξ.

再在点 $(x_1, f(x_1))$ 处作切线，可得根的近似值 x_2. 如此继续，一般地，在点 $(x_{n-1}, f(x_{n-1}))$ 处作切线，得根的近似值

$$x_n=x_{n-1}-\frac{f(x_{n-1})}{f'(x_{n-1})}. \tag{4.11}$$

如果 $f(a)$ 与 $f''(x)$ 同号，切线作在端点 A 处[见图 4-14(b)、(c)]，可记 $x_0=a$，仍按式(4-11)计算切线与 x 轴交点的横坐标.

*(2)切线法的 Python 实现：切线法也称牛顿迭代法，就是用曲线上一点的切线与 x 轴的交点来近似代替根. 求方程 $f(x)=0$ 近似解的具体做法为，选取适当的初值 x_0，按照式(4-11)进行迭代，直到得到满足条件的近似解为止. 定义切线法的程序代码为

```
import math
def newton_method(f,f_prime,x0,tol,max_iter):
    x=x0
    for_in range(max_iter):
        x_new=x-f(x)/f_prime(x)
        if abs(x_new-x)<tol:
            return x_new
        x= x_new
    return x
```

其中，参数 f 表示方程 $f(x)=0$，f_prime 表示方程的导数 $f'(x)$，x0 为初始猜测值，tol 为误差容忍度，max_iter 为最大迭代次数，return x 表示输出方程的根的近似值.

例 2 用牛顿迭代法求方程 $e^x+10x-2=0$ 在区间$[0,1]$上的实根的近似值，误差不超过10^{-4}.

解 程序代码为

```
f=lambda x: math.exp(x)+10*x-2  # 定义方程 f
f_prime=lambda x: math.exp(x)+10  # 定义 f 的导数
x0=0.5  # 初始猜测值
tol=1e-4  # 误差容忍度
max_iter=3  # 最大迭代次数
root=newton_method(f,f_prime,x0,tol,max_iter)
root  # 输出
```

选用初值为 0.5，迭代 3 次得到满足要求的近似解为 $x\approx0.090\ 5$.

二、泰勒多项式

series()函数是 SymPy 中一个非常重要的函数，用于计算函数的泰勒展开式. 它允许用户指定函数、变量、展开点以及展开的阶数，程序代码为

```
series(f,x,x0,n,dir),
```

其中，f 为要展开的函数，x 为要展开的变量，x0 为展开点，n 为要展开的阶数，dir 为展开的方向，如 dir='+'表示 $x\to x_0^+$，dir='-'表示 $x\to x_0^-$，默认 dir='+'.

例 3 分别求出 $y=\sin x$ 的 2 阶、4 阶、6 阶泰勒展开式，并通过图形观察不同阶数的近似效果.

解 程序代码为

```
import sympy as sp
import numpy as np
import matplotlib.pyplot as plt
import math
plt.rcParams['font.sans-serif']=['SimHei']
plt.rcParams['axes.unicode_minus']=False
x= sp.symbols('x')
# 下面计算 2 阶、4 阶、6 阶泰勒展开式
sinx_2nd=sp.sin(x).series(x,0,3).removeO()
sinx_4th=sp.sin(x).series(x,0,5).removeO()
sinx_6th=sp.sin(x).series(x,0,7).removeO()
# 下面将泰勒展开式转换为 lambda 函数以便绘图
taylor_2nd=sp.lambdify(x,sinx_2nd,'numpy')
taylor_4th=sp.lambdify(x,sinx_4th,'numpy')
taylor_6th=sp.lambdify(x,sinx_6th,'numpy')
x_vals=np.linspace(0,np.pi,100)
# 下面计算不同阶数的泰勒展开式的值
y2_vals=taylor_2nd(x_vals)
y4_vals=taylor_4th(x_vals)
y6_vals=taylor_6th(x_vals)
y_true_vals=np.sin(x_vals)
plt.figure(figsize=(10,6))
plt.plot(x_vals,y_true_vals,label='sin(x)')
plt.plot(x_vals,y2_vals,label='2 阶泰勒展开式')
plt.plot(x_vals,y4_vals,label='4 阶泰勒展开式')
plt.plot(x_vals,y6_vals,label='6 阶泰勒展开式')
plt.xlabel('x')
plt.ylabel('y')
plt.title('sin(x)的泰勒展开式')
```

```
plt.legend()
plt.grid(True)
plt.show()
```

运行结果如图 4-15 所示.

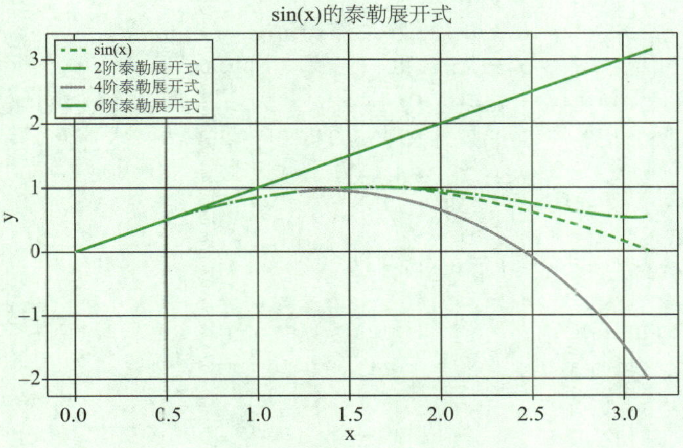

图 4-15

从图 4-15 中可以看出,泰勒展开式的阶数越高,近似程度越好.

三、最值

在 scipy.optimize 中,有几种优化函数可以用于寻找函数的最小值,如 fmin()、fmin_powell()、fmin_cg()、fmin_bfgs()和 minimize(). 在选择这些函数时,需要考虑目标函数的特点、是否有导数信息、问题的规模和复杂性等因素. 对于简单的无约束问题,fmin()或 fmin_powell()函数即可解决;对于更复杂的问题,尤其是需要处理大规模数据或有约束条件时,minimize()函数更为适合,它的灵活性和通用性较高,可以通过参数选择不同的算法,包括鲍威尔法(Powell's method)、共轭梯度法(conjugate gradient method,CG)、BFGS 方法、L-BFGS-B、序贯最小二乘规划(sequential least squares programming,SLSQP)等. minimize()函数的程序代码为

```
minimize(f,x0,method='BFGS',bounds=bounds),
```

其中,f 为要求解的目标函数,x0 为初始猜测值,method 定义参数使用的优化方法,bounds 定义变量的边界. 需要注意的是,初始猜测值会影响最终找到的最优解的精确度,通常需要根据具体问题的特点和经验来判断. 在某些情况下,可能需要尝试多个初始猜测值,或者使用启发式方法来选择初始猜测值.

例 4 求函数 $f(x)=2e^{-x}\sin x$ 在区间(0,8)上的最小值与最大值.

解 程序代码为

```
import numpy as np
```

```
from scipy.optimize import minimize
def f(x):  # 定义函数 f(x)=2e^(-x)*sin(x)
    return 2*np.exp(-x)*np.sin(x)
def f_neg(x):  # 定义取负的目标函数,用于寻找最大值
    return - f(x)
bounds=[(0,8)]  # 定义边界
initial_guess=[1]  # 使用 1 作为初始猜测值
# 下面使用 L-BFGS-B 方法进行优化,并寻找最小值、最大值
result_min=minimize(f,initial_guess,method='L-BFGS-B',bounds=bounds)
result_max=minimize(f_neg,initial_guess,method='L-BFGS-B',bounds=bounds)
# 下面给出结果
min_value_point=result_min.x
min_value=result_min.fun
max_value_point=result_max.x
max_value=-result_max.fun
# 下面输出结果
min_value_point,min_value,max_value_point,max_value
```

运行结果为

```
[3.92686647]  -0.027864069764540117  [0.78539812]  0.644793883889668
```

由此可知,当 $x=3.927$ 时,函数取得最小值 $y_{\min}=-0.0279$;当 $x=0.7854$ 时,函数取得最大值 $y_{\max}=0.6448$.

例 5 用边长为 3 m 的正方形铁板,在四个角剪去相同的正方形制成方形无盖水槽,问:如何剪可使水槽的容积最大?

解 设剪去的正方形的边长为 x(单位:m),则水槽的容积为$(3-2x)^2x(0<x<1.5)$(单位:m^3),求容积的最大值,即求 $y=-(3-2x)^2x$ 在区间$[0,1.5]$上的最小值.

程序代码为

```
import numpy as np
from scipy.optimize import minimize
def f(x):
    return -(3-2*x)**2*x
bounds=[(0,1.5)]
result=minimize(f,[0.5],method='L-BFGS-B',bounds=bounds)
result.x,result.fun
```

运行结果为

```
[0.5]  -2.0
```

由此可知,剪掉的正方形的边长为 0.5 m 时,水槽的容积最大,最大容积为 2 m^3.

实验题 3

1. 用 sp.solve 函数解方程组$\begin{cases}x^2+xy+y=3,\\x^2-4x+3=0.\end{cases}$

2. 分别用二分法和切线法求方程 $x^5+x-1=0$ 在区间[0,1]上的实根. 要求误差不超过 10^{-3},并比较两种方法的差异.

3. 分别求出 $y=\arctan x$ 在 $x=0$ 点和 $x=1$ 点的 7 阶泰勒展开式.

4. 一房地产公司有 50 套公寓要出租,当租金定为每月 180 元时,公寓会全部租出. 当租金每月增加 10 元时,就有一套公寓租不出去,而租出去的房子每月需花费 20 元的整修维护费. 问:房租定为多少元时可获得最大收入?

回顾与预习

1. 求下列极限.

(1) $\lim\limits_{x\to 0}\dfrac{x^2}{\sin x-x}$;　　(2) $\lim\limits_{x\to\infty}\dfrac{x^2-x+1}{e^x-1}$.

2. 设 a,b,c 为实数,证明:方程 $4ax^3+3bx^2+2cx=a+b+c$ 在区间(0,1)内至少有一个根.

3. 证明:$e^x>1+x,x\neq 0$.

4. 设 $0<a<b$,函数 $f(x)$ 在区间$[a,b]$上连续,在区间(a,b)内可导,证明:存在一点 $\xi\in(a,b)$,使

$$f(b)-f(a)=\xi f'(\xi)\ln\frac{b}{a}.$$

5. 设函数 $y=2x^3-3ax^2+4$ 在区间(0,2)内单调减少,求实数 a 的取值范围.

6. 设函数 $y=x^3+ax^2+bx$ 在 $x=1$ 处有极值 -2,确定系数 a,b,并求出 $y=f(x)$ 的所有拐点.

7. 函数 $y=x^3-3x^2-9x+2$ 在区间[0,4]上何处取得最大值、最小值? 求出它的最大值、最小值.

8. 某新能源充电站建设固定成本为 10 万元,每月最多可为 600 辆电动汽车充电. 已知每为一辆电动汽车充电的可变成本为 80 元,且总收益 R 是充电的电动汽车辆数 x 的函数:

$$R(x)=-0.4x^2+500x.$$

求每月为多少辆电动汽车充电时总利润最大? 最大利润为多少元?

本章常见问题　　泰勒定理轶事

本章自测题　　本章参考答案

第5章

不定积分

吴文俊

第 4 章介绍了一元函数微分学，即导数与微分及其相关知识，本章将开始研究一元函数积分学，它包括不定积分和定积分的相关内容. 本章介绍的不定积分主要是研究导数问题的反问题，即寻找一个可导函数，使其导数恰好等于已知函数，这是积分学的基本问题之一.

第 1 节　不定积分的概念与性质

一、原函数与不定积分的概念

如果已知做变速直线运动的质点的位置 s 与时间 t 的函数关系为 $s=s(t)$，就可以求出质点 M 在时刻 t 的瞬时速率 $v=s'(t)$. 但有时会遇到相反的问题：已知做变速直线运动的质点 M 在时刻 t 的瞬时速率 $v=v(t)$，求它在该时刻的位置 $s=s(t)$. 从数学的角度来看，这个问题就是求导的逆问题. 在实际应用中，还会遇到许多类似的问题. 例如，已知曲线上任一点处切线的斜率，求曲线的方程等. 这类问题的特点是已知一个函数的导数或微分，去寻找原来的函数. 下面先给出原函数和不定积分的概念.

原函数与不定定积分的概念

定义 1　如果在区间 I 上，$\forall x\in I$，有

$$F'(x)=f(x)\quad \text{或}\quad \mathrm{d}F(x)=f(x)\mathrm{d}x,$$

则称 $F(x)$ 为 $f(x)$ 在区间 I 上的原函数.

例如，因为 $(\ln x)'=\dfrac{1}{x}$，所以 $\ln x$ 是 $\dfrac{1}{x}$ 在区间 $(0,+\infty)$ 内的原函数；因为 $(x^2)'=2x$，所以 x^2 是 $2x$ 的一个原函数；同理，x^2+1，x^2+C（C 是任意常数）也都是 $2x$ 的原函数.

关于原函数，读者需要思考：一个函数具备什么条件，才能保证它的原函数一定存在？如果它的原函数存在，那么原函数有多少个？同一函数的原函数之间有什么关系？关于第一个

问题，有以下定理.

定理（原函数存在定理） **如果函数 $f(x)$ 在区间 I 上连续，那么在区间 I 上存在可导函数 $F(x)$，使得 $\forall x\in I$，都有**

$$F'(x)=f(x),$$

即连续函数一定有原函数.

这个定理将在第6章中加以证明.

关于后面两个问题，根据前面所学的知识，可以得到以下结论.

(1) 若 $\forall x\in I, F'(x)=f(x)$，则对任意常数 C，有

$$[F(x)+C]'=F'(x)=f(x),$$

即 $F(x)+C$ 都是函数 $f(x)$ 的原函数. 因此如果函数 $f(x)$ 有原函数，那么其原函数有无穷多个.

(2) 设函数 $G(x)$ 是函数 $f(x)$ 的任意一个原函数，即 $\forall x\in I$，有 $G'(x)=f(x)$，则

$$[G(x)-F(x)]'=G'(x)-F'(x)=f(x)-f(x)=0.$$

而在区间 I 上导数恒为零的函数是常数，即

$$G(x)-F(x)=C.$$

由此可见，同一函数的任意两个原函数之间只相差一个常数.

定义 2 **设函数 $F(x)$ 是函数 $f(x)$ 在区间 I 上的一个原函数，则称 $F(x)+C$（C 是任意常数）为 $f(x)$ 在区间 I 上的不定积分，记作**

$$\int f(x)\mathrm{d}x,$$

即

$$\int f(x)\mathrm{d}x=F(x)+C,$$

其中，$\int$ 称为积分号，$f(x)$ 称为被积函数，x 称为积分变量，$f(x)\mathrm{d}x$ 称为被积表达式.

函数 $f(x)$ 的原函数 $y=F(x)+C$ 的图形，称为函数 $f(x)$ 的**积分曲线**，它们都可由 $y=F(x)$ 的图形上下平移得到. 求一个函数的不定积分，实际上只需求出它的一个原函数，再加上任意常数即可. 要验证一个函数是否为某一函数的原函数，只需将这个函数求导，看其结果是否为已知函数即可. 这是验证不定积分正确与否的基本方法.

例 1 计算 $\int\frac{1}{x}\mathrm{d}x$.

解 当 $x>0$ 时，由于 $(\ln x)'=\frac{1}{x}$，所以 $\ln x$ 是 $\frac{1}{x}$ 在区间 $(0,+\infty)$ 内的一个原函数. 因此，在区间 $(0,+\infty)$ 内，

$$\int\frac{1}{x}\mathrm{d}x=\ln x+C.$$

当 $x<0$ 时，由于 $[\ln(-x)]'=\frac{1}{x}$，所以 $\ln(-x)$ 是 $\frac{1}{x}$ 在区间 $(-\infty,0)$ 内的一个原函数. 因此，在区间 $(-\infty,0)$ 内，

$$\int\frac{1}{x}\mathrm{d}x=\ln(-x)+C.$$

综上所述，可得

$$\int \frac{1}{x}\mathrm{d}x = \ln|x| + C.$$

例 2 设曲线通过点(1,2)，且其上任一点处的切线斜率等于该点横坐标的 2 倍，求此曲线的方程.

解 设所求曲线的方程为 $y=f(x)$，根据题意，有 $f'(x)=2x$，所以

$$f(x) = \int 2x\mathrm{d}x = x^2 + C,$$

又因为该曲线通过点(1,2)，所以 $f(1)=1+C=2$，得 $C=1$. 故所求曲线方程为 $y=x^2+1$.

例 2 说明，函数 $f(x)=2x$ 的积分曲线有无数条，方程为 $y=x^2+C$. 而通过点(1,2)的积分曲线只有一条，方程为 $y=x^2+1$，如图 5-1 所示.

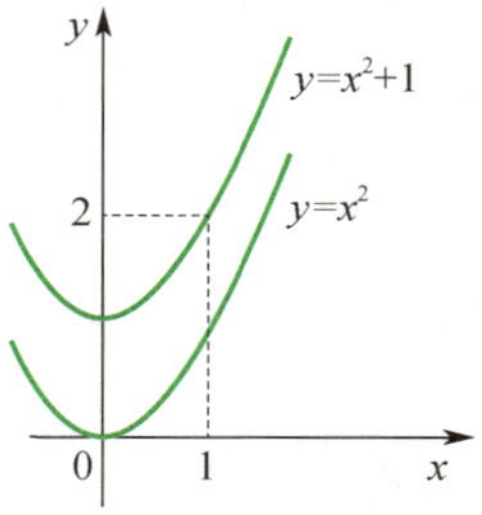

图 5-1

由不定积分的定义可知，不定积分与导数(或微分)有以下关系.

(1) $\frac{\mathrm{d}}{\mathrm{d}x}\left[\int f(x)\mathrm{d}x\right] = f(x)$ 或 $\mathrm{d}\left[\int f(x)\mathrm{d}x\right] = f(x)\mathrm{d}x$.

(2) $\int F'(x)\mathrm{d}x = F(x) + C$ 或 $\int \mathrm{d}F(x) = F(x) + C$.

上述关系可表述为“先积后微，形式不变；先微后积，差个常数”.

二、基本积分表

根据原函数的定义，可以很自然地由导数公式得到相应的积分公式.

例如，因为 $(\sin x)'=\cos x$，所以 $\sin x$ 是 $\cos x$ 的一个原函数，于是

$$\int \cos x\mathrm{d}x = \sin x + C.$$

又如，因为 $(\mathrm{e}^x)'=\mathrm{e}^x$，所以 e^x 是它自身的一个原函数，于是

$$\int \mathrm{e}^x\mathrm{d}x = \mathrm{e}^x + C.$$

把一些基本积分公式列成一个表，这个表通常称为**基本积分表**. 为方便学习，将基本积分表中的基本积分公式列举如下.

(1) $\int k\mathrm{d}x = kx + C$ (k 为常数)；

(2) $\int x^\mu \mathrm{d}x = \frac{1}{\mu+1}x^{\mu+1} + C(\mu \neq -1, x > 0)$；

(3) $\int \frac{\mathrm{d}x}{x} = \ln|x| + C(x \neq 0)$；

(4) $\int \frac{\mathrm{d}x}{1+x^2} = \arctan x + C$；

(5) $\int \frac{\mathrm{d}x}{\sqrt{1-x^2}} = \arcsin x + C$；

(6) $\int \cos x\mathrm{d}x = \sin x + C$；

(7) $\int \sin x\mathrm{d}x = -\cos x + C$；

(8) $\int \frac{dx}{\cos^2 x} = \int \sec^2 x dx = \tan x + C$;

(9) $\int \frac{dx}{\sin^2 x} = \int \csc^2 x dx = -\cot x + C$;

(10) $\int \sec x \cdot \tan x dx = \sec x + C$;

(11) $\int \csc x \cdot \cot x dx = -\csc x + C$;

(12) $\int e^x dx = e^x + C$;

(13) $\int a^x dx = \frac{a^x}{\ln a} + C(a > 0 且 a \neq 1)$.

基本积分表是求不定积分的基础，读者应该熟记. 求不定积分，往往利用各种方法（本章后续内容），将不定积分化为上述基本积分表中的形式. 下面举几个利用基本积分表求解不定积分的简单例子.

例 3 计算$\int \frac{1}{\sqrt{x}} dx$.

解 将被积函数化成 x^μ 的形式，应用基本积分表中的公式(2)，有

$$\int \frac{1}{\sqrt{x}} dx = \int x^{-\frac{1}{2}} dx = \frac{1}{-\frac{1}{2}+1} x^{-\frac{1}{2}+1} + C = 2\sqrt{x} + C.$$

例 4 计算 $\int x^2 \cdot \sqrt[3]{x} dx$.

解 将被积函数化成 x^μ 的形式，应用基本积分表中的公式(2)，有

$$\int x^2 \cdot \sqrt[3]{x} dx = \int x^{\frac{7}{3}} dx = \frac{3}{10} x^{\frac{10}{3}} + C.$$

在例 3、例 4 中，虽然被积函数用分式或根式的形式表示，但实际上是幂函数，遇到这种情况，应先将被积函数化为 x^μ 的形式，再根据相关公式求积分.

例 5 计算 $\int e^{2x} dx$.

解 先变形，再应用基本积分表的公式(13)，有

$$\int e^{2x} dx = \int (e^2)^x dx = \frac{1}{\ln e^2} e^{2x} + C = \frac{1}{2} e^{2x} + C.$$

三、不定积分的基本性质

由不定积分的定义及导数的运算法则，可推得以下不定积分的基本性质.

性质 1 两个函数之和(差)的不定积分等于这两个函数的不定积分的和(差)，即

$$\int [f(x) \pm g(x)] dx = \int f(x) dx \pm \int g(x) dx. \tag{5-1}$$

证 要证式(5-1)成立，首先要证式(5-1)右端是左端被积函数 $f(x) \pm g(x)$ 的原函数，将

式(5-1)右端对 x 求导,得

$$\left[\int f(x)\mathrm{d}x \pm \int g(x)\mathrm{d}x\right]' = \left[\int f(x)\mathrm{d}x\right]' \pm \left[\int g(x)\mathrm{d}x\right]'$$
$$= f(x) \pm g(x),$$

可见式(5-1)右端是 $f(x)\pm g(x)$ 的原函数. 另外,由于式(5-1)右端含有两个积分符号,形式上含有两个任意常数,两个任意常数的和(差)仍为任意常数,实际上含一个任意常数.

显然,性质 1 可推广到有限个函数的情形.

类似地,可以证明下面的性质 2.

性质 2　被积函数中不为零的常数因子可以提到积分号外面,即

$$\int kf(x)\mathrm{d}x = k\int f(x)\mathrm{d}x \quad (k\text{ 为不等于零的常数}).$$

利用基本积分表以及不定积分的这两个基本性质,可以求出一些较简单的不定积分. 这种求不定积分的方法称为**直接积分法**.

例 6　计算 $\int (\mathrm{e}^x + \sin x)\mathrm{d}x$.

解　由性质 1,得

$$\int (\mathrm{e}^x + \sin x)\mathrm{d}x = \int \mathrm{e}^x \mathrm{d}x + \int \sin x\mathrm{d}x = \mathrm{e}^x - \cos x + C.$$

例 7　计算 $\int (\sqrt{x}+1)\left(x-\frac{1}{\sqrt{x}}\right)\mathrm{d}x$.

解　先将被积函数展开并化为幂函数的代数和,再逐项积分.

$$\int (\sqrt{x}+1)\left(x-\frac{1}{\sqrt{x}}\right)\mathrm{d}x = \int \left(x^{\frac{3}{2}} + x - 1 - x^{-\frac{1}{2}}\right)\mathrm{d}x$$
$$= \frac{2}{5}x^{\frac{5}{2}} + \frac{1}{2}x^2 - x - 2x^{\frac{1}{2}} + C.$$

例 8　计算 $\int \frac{x^2}{1+x^2}\mathrm{d}x$.

解　先利用恒等变形,将所求积分化为基本积分公式的代数和,再逐项求积分.

$$\int \frac{x^2}{1+x^2}\mathrm{d}x = \int \frac{x^2+1-1}{1+x^2}\mathrm{d}x = \int \left(1-\frac{1}{1+x^2}\right)\mathrm{d}x$$
$$= x - \arctan x + C.$$

例 9　计算 $\int \frac{2^{x+1}-5^{x-1}}{10^x}\mathrm{d}x$.

解　先利用恒等变形,将所求积分化为基本积分公式的代数和,再逐项求积分.

$$\int \frac{2^{x+1}-5^{x-1}}{10^x}\mathrm{d}x = \int \left[2\left(\frac{1}{5}\right)^x - \frac{1}{5}\left(\frac{1}{2}\right)^x\right]\mathrm{d}x$$
$$= 2\int \left(\frac{1}{5}\right)^x \mathrm{d}x - \frac{1}{5}\int \left(\frac{1}{2}\right)^x \mathrm{d}x$$

$$= -\frac{2}{\ln 5}\left(\frac{1}{5}\right)^x + \frac{1}{5\ln 2}\left(\frac{1}{2}\right)^x + C.$$

例 10 计算 $\int \sin^2 \frac{x}{2} dx$.

解 由 $\sin^2 \frac{x}{2} = \frac{1-\cos x}{2}$,得

$$\int \sin^2 \frac{x}{2} dx = \int \frac{1-\cos x}{2} dx = \frac{1}{2}x - \frac{1}{2}\sin x + C.$$

例 11 计算 $\int \frac{dx}{\sin^2 x \cos^2 x}$.

解 由 $\sin^2 x + \cos^2 x = 1$,得

$$\begin{aligned}\int \frac{dx}{\sin^2 x \cos^2 x} &= \int \frac{\sin^2 x + \cos^2 x}{\sin^2 x \cos^2 x} dx \\ &= \int \frac{1}{\cos^2 x} dx + \int \frac{1}{\sin^2 x} dx \\ &= \tan x - \cot x + C.\end{aligned}$$

概念复习

1. 设函数 $F(x)$ 是函数 $f(x)$ 在区间 I 上的一个原函数,则称____________为函数 $f(x)$ 在区间 I 上的不定积分.

2. 若函数 $F(x)$ 为函数 $f(x)$ 的一个原函数,则 $\int f(x) dx =$ __________.

3. $\frac{d}{dx}\left[\int f(x) dx\right] =$ __________, $\int F'(x) dx =$ __________.

4. $\int (2x + 2\cos x) dx =$ ________.

习题 5-1

1. 求下列不定积分.

(1) $\int \frac{dx}{x^2}$;

(2) $\int \frac{dx}{\sqrt[5]{x}}$;

(3) $\int \frac{dx}{x^2\sqrt{x}}$;

(4) $\int \frac{(1-x)^2}{\sqrt{x}} dx$;

(5) $\int x^2 \sqrt[3]{x^2} dx$;

(6) $\int \frac{3x^4 + 3x^2 + 1}{x^2 + 1} dx$;

(7) $\int \left(2e^x + \frac{3}{x}\right) dx$;

(8) $\int e^x \left(1 - \frac{e^{-x}}{\sqrt{x}}\right) dx$;

(9) $\int\left(\frac{3}{1+x^2}-\frac{2}{\sqrt{1-x^2}}\right)\mathrm{d}x$；　　(10) $\int 3^x \mathrm{e}^x \mathrm{d}x$；

(11) $\int \frac{2\cdot 3^x-5\cdot 2^x}{3^x}\mathrm{d}x$；　　(12) $\int \frac{\cos 2x}{\cos x-\sin x}\mathrm{d}x$；

(13) $\int \frac{1}{1+\cos 2x}\mathrm{d}x$；　　(14) $\int \sec x(\sec x-\tan x)\mathrm{d}x$.

2. 一曲线通过点$(\mathrm{e}^2,3)$，且在任一点处的切线的斜率等于该点横坐标的倒数，求该曲线的方程.

3. 已知 $F'(x)=(3x-5)(1-x)$，$F(1)=3$，求 $F(x)$.

第 2 节　换元积分法

本章第 1 节讨论了如何利用基本积分表以及不定积分的基本性质求一些简单的不定积分，但能够直接用基本积分表求出的不定积分并不多，所以有必要讨论计算不定积分的其他方法. 本节将利用复合函数的求导法则来推导不定积分的换元积分法. 根据选取中间变量的方式，换元积分法又分为第一换元积分法和第二换元积分法.

一、第一换元积分法（凑微分法）

先来看一个例子.

第一换元公式

例 1　计算 $\int \cos 2x\mathrm{d}x$.

分析　由基本积分表中的公式(6)

$$\int \cos x\mathrm{d}x=\sin x+C,$$

自然会想到 $\int \cos 2x\mathrm{d}x=\sin 2x+C$ 是否成立，即 $\sin 2x$ 是否为 $\cos 2x$ 的原函数呢？由复合函数求导法则知

$$(\sin 2x)'=2\cos 2x\neq \cos 2x,$$

可见，$\cos 2x$ 的原函数不是 $\sin 2x$，而是 $\frac{1}{2}\sin 2x$. 因此

$$\int \cos 2x\mathrm{d}x=\frac{1}{2}\sin 2x+C.$$

为什么会出现这种情况？在公式(6)

$$\int \cos \underline{x}\mathrm{d}\underline{x}=\sin \underline{x}+C$$

中,带下画线的部分是相同的;而在

$$\int \cos \underline{2x}\mathrm{d}\underline{x} \neq \sin \underline{2x} + C,$$

中,带下画线的部分是不相同的.

由于 $\cos 2x$ 是复合函数,中间变量为 $u=2x$,则 $\mathrm{d}u=2\mathrm{d}x$,因此如果把 $\mathrm{d}x=\frac{1}{2}\mathrm{d}(2x)$ 代入所求不定积分,则

$$\int \cos \underline{2x}\mathrm{d}\underline{x} = \frac{1}{2}\int \cos \underline{2x}\mathrm{d}(\underline{2x}) = \frac{1}{2}\sin \underline{2x} - C.$$

例 1 使用的方法就是第一换元积分法.下面给出一般性的结论.

定理 1 **设函数 $f(u)$ 具有原函数 $F(u)$,$u=\varphi(x)$ 可导,则**

$$\int f[\varphi(x)]\varphi'(x)\mathrm{d}x = \int f[\varphi(x)]\mathrm{d}\varphi(x)$$

$$\xlongequal{\text{令 } u=\varphi(x)} \int f(u)\mathrm{d}u = F(u)+C = F[\varphi(x)]+C.$$

证 由于函数 $F(u)$ 是函数 $f(u)$ 的原函数,而函数 $F[\varphi(x)]$ 可以看作由函数 $F(u)$ 和可导函数 $u=\varphi(x)$ 复合而成的复合函数.由复合函数求导法,得

$$\{F[\varphi(x)]+C\}'=F'[\varphi(x)]\varphi'(x)=f[\varphi(x)]\varphi'(x),$$

所以函数 $F[\varphi(x)]$ 是函数 $f[\varphi(x)]\varphi'(x)$ 的一个原函数,故有

$$\int f[\varphi(x)]\varphi'(x)\mathrm{d}x = \int f(u)\mathrm{d}u\Big|_{u=\varphi(x)}. \tag{5-2}$$

式(5-2)称为**第一换元公式**.

由定理 1 可知,当不定积分 $\int g(x)\mathrm{d}x$ 的被积函数是复合函数时,可以尝试从被积函数 $g(x)$ 中分离出 $\varphi'(x)$,而将剩余部分写作 $f[\varphi(x)]$,即

$$\int g(x)\mathrm{d}x = \int f[\varphi(x)]\varphi'(x)\mathrm{d}x = \int f[\varphi(x)]\mathrm{d}\varphi(x),$$

此时引入中间变量 $u=\varphi(x)$ 进行换元,则原不定积分就转化为较为简单的不定积分 $\int f(u)\mathrm{d}u$. 如果容易求得 $f(u)$ 的一个原函数为 $F(u)$,则

$$\int f(u)\mathrm{d}u = F(u)+C,$$

再将 $u=\varphi(x)$ 代入上式,就可求得原不定积分.

由上面的分析过程可以看出,应用第一换元积分法的关键,就是从被积函数 $g(x)$ 中分离出 $\varphi'(x)$,凑出微分因子 $\mathrm{d}\varphi(x)=\varphi'(x)\mathrm{d}x$,故第一换元积分法又称为**凑微分法**.

下面举一些用凑微分法求不定积分的例子.

例 2 计算 $\int \frac{1}{3+2x}\mathrm{d}x$.

解 令 $u=3+2x$,则 $\mathrm{d}u=2\mathrm{d}x$,故

$$\int \frac{1}{3+2x}\mathrm{d}x = \frac{1}{2}\int \frac{1}{u}\mathrm{d}u = \left(\frac{1}{2}\ln|u|+C\right)\Big|_{u=3+2x} = \frac{1}{2}\ln|3+2x|+C.$$

例 3 计算 $\int \frac{1}{a^2+x^2}\mathrm{d}x$.

解 根据 $\int \frac{1}{1+x^2}\mathrm{d}x = \arctan x + C$，原不定积分可变形为

$$\int \frac{1}{a^2+x^2}\mathrm{d}x = \int \frac{1}{a^2}\cdot \frac{\mathrm{d}x}{1+\left(\frac{x}{a}\right)^2} = \int \frac{1}{a}\cdot \frac{1}{1+\left(\frac{x}{a}\right)^2}\mathrm{d}\left(\frac{x}{a}\right).$$

令 $u=\frac{x}{a}$，则

$$\int \frac{1}{a^2+x^2}\mathrm{d}x = \frac{1}{a}\int \frac{1}{1+u^2}\mathrm{d}u = \left(\frac{1}{a}\arctan u + C\right)\Big|_{u=\frac{x}{a}}$$

$$= \frac{1}{a}\arctan \frac{x}{a} + C.$$

例 4 计算 $\int \frac{1}{\sqrt{a^2-x^2}}\mathrm{d}x$.

解 根据 $\int \frac{\mathrm{d}x}{\sqrt{1-x^2}} = \arcsin x + C$，原不定积分可变形为

$$\int \frac{1}{\sqrt{a^2-x^2}}\mathrm{d}x = \int \frac{1}{a}\cdot \frac{\mathrm{d}x}{\sqrt{1-\left(\frac{x}{a}\right)^2}}.$$

由于 $\mathrm{d}\left(\frac{x}{a}\right)=\frac{1}{a}\mathrm{d}x$，令 $u=\frac{x}{a}$，则 $\mathrm{d}u=\frac{1}{a}\mathrm{d}x$，所以

$$\int \frac{1}{\sqrt{a^2-x^2}}\mathrm{d}x = \int \frac{1}{\sqrt{1-\left(\frac{x}{a}\right)^2}}\mathrm{d}\left(\frac{x}{a}\right)$$

$$= \int \frac{1}{\sqrt{1-u^2}}\mathrm{d}u = (\arcsin u + C)\big|_{u=\frac{x}{a}}$$

$$= \arcsin \frac{x}{a} + C.$$

注意 （1）例 3、例 4 的结果可以作为积分公式直接使用.

（2）当变量代换比较熟练之后，可以省去换元 $u=\varphi(x)$ 这一步骤，直接按照凑微分法逐步计算.

例 5 计算 $\int x\sqrt{1-x^2}\,\mathrm{d}x$.

解 $$\int x\sqrt{1-x^2}\,\mathrm{d}x = -\frac{1}{2}\int \sqrt{1-x^2}\,\mathrm{d}(1-x^2)$$

$$= -\frac{1}{3}(1-x^2)^{\frac{3}{2}} + C.$$

例 6 计算 $\int \frac{e^x}{1+e^{2x}}dx$.

解 $\int \frac{e^x}{1+e^{2x}}dx = \int \frac{d(e^x)}{1+(e^x)^2} = \arctan e^x + C$.

例 7 计算 $\int \tan x dx$.

解 $\int \tan x dx = \int \frac{\sin x}{\cos x}dx = -\int \frac{1}{\cos x}d(\cos x) = -\ln|\cos x| + C$.

类似地，可得 $\int \cot x dx = \ln|\sin x| + C$.

例 8 计算 $\int \sec x dx$.

解
$$\begin{aligned}\int \sec x dx &= \int \frac{1}{\cos x}dx = \int \frac{\cos x}{\cos^2 x}dx = \int \frac{d(\sin x)}{1-\sin^2 x}\\ &= \int \frac{d(\sin x)}{(1+\sin x)(1-\sin x)} = \frac{1}{2}\int \frac{d(\sin x)}{1+\sin x} + \frac{1}{2}\int \frac{d(\sin x)}{1-\sin x}\\ &= \frac{1}{2}\ln|1+\sin x| - \frac{1}{2}\ln|1-\sin x| + C\\ &= \frac{1}{2}\ln\left|\frac{1+\sin x}{1-\sin x}\right| + C = \frac{1}{2}\ln\left|\frac{(1+\sin x)^2}{1-\sin^2 x}\right| + C\\ &= \frac{1}{2}\ln\left|\frac{1+\sin x}{\cos x}\right|^2 + C = \ln|\sec x + \tan x| + C.\end{aligned}$$

类似地，可得 $\int \frac{1}{\sin x}dx = \int \csc x dx = \ln|\csc x - \cot x| + C$.

注意 例 7、例 8 的结果可以作为积分公式直接使用.

例 9 计算 $\int \frac{\cos x - \sin x}{\cos x + \sin x}dx$.

解
$$\begin{aligned}\int \frac{\cos x - \sin x}{\cos x + \sin x}dx &= \int \frac{d(\sin x + \cos x)}{\sin x + \cos x}\\ &= \ln|\sin x + \cos x| + C.\end{aligned}$$

例 10 计算 $\int \cos 3x \cdot \sin 2x dx$.

解 由三角函数的积化和差公式

$$\cos\alpha\sin\beta = \frac{1}{2}[\sin(\alpha+\beta) - \sin(\alpha-\beta)],$$

有
$$\begin{aligned}\int \cos 3x \cdot \sin 2x dx &= \frac{1}{2}\int (\sin 5x - \sin x)dx\\ &= -\frac{1}{10}\cos 5x + \frac{1}{2}\cos x + C.\end{aligned}$$

应用第一换元积分法求解不定积分，没有规律可循，除熟悉一些典型的例子外，还需要多做练习.

二、第二换元积分法

与第一换元积分法不同，第二换元积分法是选择适当的中间变量代换原不定积分中的变量，即 $x=\varphi(t)$，将不容易求解的不定积分 $\int f(x)\mathrm{d}x$ 化为容易求解的不定积分 $\int f[\varphi(t)]\varphi'(t)\mathrm{d}t$，有下面的定理.

定理 2 **设 $x=\varphi(t)$ 是单调可导的函数，且 $\varphi'(t)\neq 0$，又设 $f[\varphi(t)]\varphi'(t)$ 具有原函数 $\Phi(t)$，则有换元公式**

$$\int f(x)\mathrm{d}x \xlongequal{\text{令 } x=\varphi(t)} \int f[\varphi(t)]\varphi'(t)\mathrm{d}t=\Phi(t)\big|_{t=\varphi^{-1}(x)}+C, \tag{5-3}$$

其中，$t=\varphi^{-1}(x)$ 是 $x=\varphi(t)$ 的反函数.

证 要证明式(5-3)成立，只要证明其右端对 x 的导数等于其左端的被积函数 $f(x)$ 即可.

由于函数 $x=\varphi(t)$ 单调可导，故其反函数 $t=\varphi^{-1}(x)$ 存在，且 $\varphi'(t)$ 存在. 又 $\varphi'(t)\neq 0$，根据反函数求导法则，有

$$\frac{\mathrm{d}t}{\mathrm{d}x}=[\varphi^{-1}(x)]'=\frac{1}{\varphi'(t)}.$$

已知 $\Phi'(t)=f[\varphi(t)]\varphi'(t)$，则

$$\begin{aligned}\int f[\varphi(t)]\varphi'(t)\mathrm{d}t\bigg|_{t=\varphi^{-1}(x)}&=[\Phi(t)+C]\big|_{t=\varphi^{-1}(x)}\\&=\Phi[\varphi^{-1}(x)]+C.\end{aligned}$$

第二类换元法

因为
$$\begin{aligned}\frac{\mathrm{d}}{\mathrm{d}x}\{\Phi[\varphi^{-1}(x)]+C\}&=\Phi'(t)\frac{\mathrm{d}t}{\mathrm{d}x}=f[\varphi(t)]\varphi'(t)\cdot\frac{1}{\varphi'(t)}\\&=f[\varphi(t)]=f(x),\end{aligned}$$

所以式(5-3)的右端是 $f(x)$ 的原函数，即式(5-3)成立.

通常称式(5-3)为**第二换元公式.**

下面介绍对不同形式的被积函数，应用第二换元公式求解不定积分的例子.

例 11 计算 $\int\sqrt{a^2-x^2}\,\mathrm{d}x\ (a>0)$.

解 求解这个不定积分的困难在于存在根式 $\sqrt{a^2-x^2}$，为了化去根式，可以利用三角函数公式

$$\sin^2 t+\cos^2 t=1.$$

设 $x=a\sin t$，$-\frac{\pi}{2}<t<\frac{\pi}{2}$，则

$$\mathrm{d}x=a\cos t\mathrm{d}t,$$

$$\sqrt{a^2-x^2}=\sqrt{a^2-a^2\sin^2 t}=a\cos t,$$

所求不定积分化为

$$\begin{aligned}\int\sqrt{a^2-x^2}\,\mathrm{d}x&=\int a\cos t\cdot a\cos t\mathrm{d}t=a^2\int\cos^2 t\mathrm{d}t\\&=a^2\int\frac{1+\cos 2t}{2}\mathrm{d}t\end{aligned}$$

$$= a^2\left(\frac{t}{2}+\frac{\sin 2t}{4}\right)+C$$

$$= \frac{a^2}{2}(t+\sin t\cos t)+C.$$

根据 $x = a\sin t$ 作辅助三角形(见图 5-2),由此可知,

$$t = \arcsin\frac{x}{a},\quad \sin t = \frac{x}{a},\quad \cos t = \frac{\sqrt{a^2-x^2}}{a},$$

于是所求不定积分为

$$\int\sqrt{a^2-x^2}\,dx = \frac{a^2}{2}\arcsin\frac{x}{a}+\frac{1}{2}x\sqrt{a^2-x^2}+C.$$

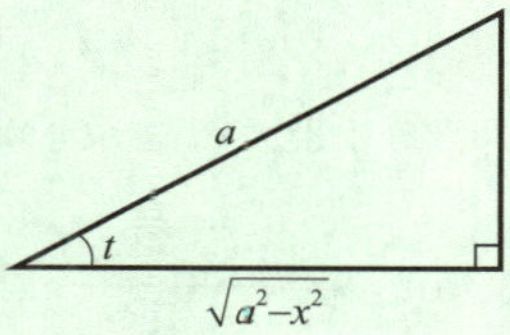

图 5-2

例 12 计算 $\int\frac{1}{\sqrt{a^2+x^2}}dx\ (a>0)$.

解 利用三角函数公式

$$1+\tan^2 t = \sec^2 t$$

化去根式.

设 $x = a\tan t, -\frac{\pi}{2}<t<\frac{\pi}{2}$,则

$$dx = a\sec^2 t\,dt,$$

$$\sqrt{a^2+x^2} = \sqrt{a^2+a^2\tan^2 t} = a\sec t,$$

所求不定积分化为

$$\int\frac{1}{\sqrt{a^2+x^2}}dx = \int\frac{a\sec^2 t}{a\sec t}dt = \int\sec t\,dt$$

$$= \ln|\sec t+\tan t|+C.$$

为了把 $\sec t$ 变及 $\tan t$ 换成 x 的函数,可以根据 $\tan t = \frac{x}{a}$ 作辅助三角形(见图 5-3),则

$$\sec t = \frac{\sqrt{x^2+a^2}}{a},$$

且 $\sec t+\tan t>0$,因此

$$\int\frac{1}{\sqrt{a^2+x^2}}dx = \ln\left(\frac{x}{a}+\frac{\sqrt{x^2+a^2}}{a}\right)+C_1$$

$$= \ln(x+\sqrt{x^2+a^2})+C,$$

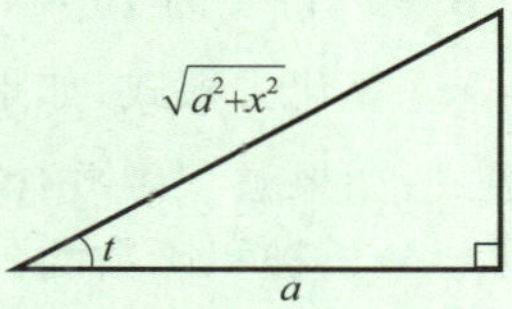

图 5-3

其中,$C = C_1-\ln a$.

例 13 计算 $\int\frac{1}{\sqrt{x^2-a^2}}dx\ (a>0)$.

解 利用三角函数公式

$$\sec^2 t-1 = \tan^2 t$$

化去根式.

当 $x>a$ 时,设 $x = a\sec t, 0<t<\frac{\pi}{2}$,则

$$dx = a\sec t\tan t\,dt,$$

$$\sqrt{x^2-a^2}=\sqrt{a^2\sec^2 t-a^2}=a\tan t,$$

所求不定积分化为

$$\int\frac{1}{\sqrt{x^2-a^2}}\mathrm{d}x=\int\frac{a\sec t\tan t}{a\tan t}\mathrm{d}t$$

$$=\int\sec t\mathrm{d}t=\ln|\sec t+\tan t|+C.$$

为了把 $\sec t$ 及 $\tan t$ 变换成 x 的函数，可以根据 $\sec t=\frac{x}{a}$ 作辅助三角形(见图 5-4)，则 $\tan t=\frac{\sqrt{x^2-a^2}}{a}$. 因此

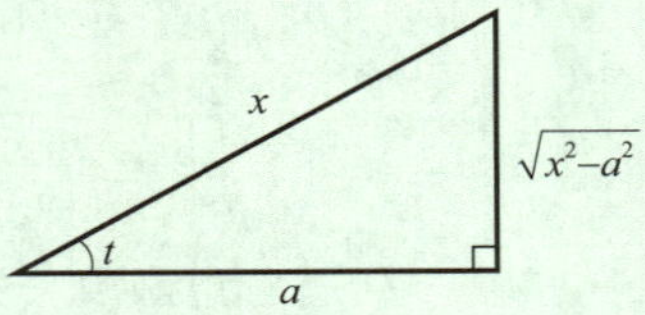

图 5-4

$$\int\frac{1}{\sqrt{x^2-a^2}}\mathrm{d}x=\ln\left|\frac{x}{a}+\frac{\sqrt{x^2-a^2}}{a}\right|+C_1$$

$$=\ln\left|x+\sqrt{x^2-a^2}\right|+C,$$

其中，$C=C_1-\ln a$.

当 $x<-a$ 时，设 $x=-u$，则 $u>a$，利用(1)的结果可得

$$\int\frac{1}{\sqrt{x^2-a^2}}\mathrm{d}x=-\int\frac{1}{\sqrt{u^2-a^2}}\mathrm{d}u=-\ln\left|u+\sqrt{u^2-a^2}\right|+C_1$$

$$=-\ln\left|-x+\sqrt{x^2-a^2}\right|+C_1=\ln\left|\frac{-x-\sqrt{x^2-a^2}}{a^2}\right|+C_1$$

$$=\ln\left|x+\sqrt{x^2-a^2}\right|+C(C=C_1-2\ln a).$$

所以，对 $x>a$ 和 $x<-a$ 都有

$$\int\frac{1}{\sqrt{x^2-a^2}}\mathrm{d}x=\ln\left|x+\sqrt{x^2-a^2}\right|+C.$$

由例 11 ～ 例 13 可以看出，如果被积函数含有根式 $\sqrt{a^2-x^2}$，可以作代换 $x=a\sin t$ 或 $x=a\cos t$ 化去根式；如果被积函数含有根式 $\sqrt{a^2+x^2}$，可以作代换 $x=a\tan t$ 或 $x=a\cot t$ 化去根式；如果被积函数含有根式 $\sqrt{x^2-a^2}$，可以作代换 $x=a\sec t$ 或 $x=a\csc t$ 化去根式. 但解题时要分析被积函数的具体情况，选取尽可能简捷的代换方式，不要拘泥于上述利用三角函数公式的变量代换. 例如，求解 $\int x\sqrt{1-x^2}\,\mathrm{d}x$ 时，尽管被积函数中含有根式，但由第一换元积分法就可求得结果(见本节例 5).

除上述三角代换外，还有一种常见的代换 —— 倒代换，即令 $x=\frac{1}{t}$，从而消去被积函数的分母中的变量因子 x 或降低分母中 x 的幂次.

例 14 计算 $\int\frac{1}{x^3(x^2+1)}\mathrm{d}x$.

解 被积函数的分母中 x 的幂次较高，可以通过作倒代换降低分母中 x 的幂次. 设 $x=\frac{1}{t}$，则 $\mathrm{d}x=-\frac{1}{t^2}\mathrm{d}t$，所以

$$\int \frac{1}{x^3(x^2+1)}\mathrm{d}x = \int \frac{1}{\frac{1}{t^3}\cdot\left(\frac{1}{t^2}+1\right)}\left(-\frac{1}{t^2}\right)\mathrm{d}t = -\int \frac{t^3}{t^2+1}\mathrm{d}t$$

$$= -\int \frac{t^3+t-t}{t^2+1}\mathrm{d}t = -\int\left(t-\frac{t}{t^2+1}\right)\mathrm{d}t$$

$$= -\frac{1}{2}t^2+\frac{1}{2}\ln(1+t^2)+C$$

$$= -\frac{1}{2x^2}+\frac{1}{2}\ln\left(1+\frac{1}{x^2}\right)+C.$$

在本节中，有些例题的结果可当作公式使用. 为方便学习，除基本积分表中的公式外，添加下面几个积分公式(其中常数 a 大于零).

(14) $\int \tan x\mathrm{d}x = -\ln|\cos x|+C$;

(15) $\int \cot x\mathrm{d}x = \ln|\sin x|+C$;

(16) $\int \sec x\mathrm{d}x = \ln|\sec x+\tan x|+C$;

(17) $\int \csc x\mathrm{d}x = \ln|\csc x-\cot x|+C$;

(18) $\int \frac{\mathrm{d}x}{a^2+x^2} = \frac{1}{a}\arctan\frac{x}{a}+C$;

(19) $\int \frac{\mathrm{d}x}{\sqrt{a^2-x^2}} = \arcsin\frac{x}{a}+C$;

(20) $\int \frac{\mathrm{d}x}{\sqrt{x^2\pm a^2}} = \ln\left|x-\sqrt{x^2\pm a^2}\right|+C.$

运用辩证思维
解决数学问题

在不定积分的求解过程中，第一换元积分法和第二换元积分法的应用不是彼此孤立的，往往同时用到两种方法，下面举例说明.

例 15 计算$\int x^3\sqrt{4-x^2}\,\mathrm{d}x$.

解 令 $x=2\cos t, 0<t<\pi$(第二换元积分法)，则

$$\int x^3\sqrt{4-x^2}\,\mathrm{d}x = \int(2\cos t)^3\sqrt{4-(2\cos t)^2}\,\mathrm{d}(2\cos t)$$

$$= \int 8\cos^3 t\cdot 2\sin t\cdot(-2)\sin t\mathrm{d}t$$

$$= -32\int\cos^3 t\cdot\sin^2 t\mathrm{d}t = -32\int\cos^2 t\cdot\sin^2 t\mathrm{d}(\sin t)\text{(第一换元积分法)}$$

$$= -32\int(1-\sin^2 t)\sin^2 t\mathrm{d}(\sin t)$$

$$= -\frac{32}{3}\sin^3 t+\frac{32}{5}\sin^5 t+C.$$

由 $x=2\cos t$，得 $\sin t=\sqrt{1-\left(\frac{x}{2}\right)^2}=\frac{1}{2}\sqrt{4-x^2}$，所以

$$\int x^3\sqrt{4-x^2}\,\mathrm{d}x=-\frac{4}{3}(4-x^2)^{\frac{3}{2}}+\frac{1}{5}(4-x^2)^{\frac{5}{2}}+C.$$

概念复习

1. 求不定积分 $\int f[\varphi(x)]\varphi'(x)\mathrm{d}x$ 时，可令 $u=$ ________，转化为求________.

2. $\int(ax+b)^{\alpha}\mathrm{d}x=$ ________.

3. $\int\frac{f'(\ln x)}{x}\mathrm{d}x=$ ________.

4. 当被积函数中含有根式 $\sqrt{a^2-x^2}$ 时，可作代换________化去根式.

习题 5－2

1. 在下列各式的横线上填入适当系数，使等式成立.

(1) $\mathrm{d}x=$ ______ $\mathrm{d}(7x+3)$； (2) $x\mathrm{d}x=$ ______ $\mathrm{d}(x^2)$；

(3) $x^3\mathrm{d}x=$ ______ $\mathrm{d}(3x^4-2)$； (4) $\frac{1}{x}\mathrm{d}x=$ ______ $\mathrm{d}(3-5\ln|x|)$；

(5) $\mathrm{e}^{2x}\mathrm{d}x=$ ______ $\mathrm{d}(\mathrm{e}^{2x})$； (6) $\frac{1}{1+9x^2}\mathrm{d}x=$ ______ $\mathrm{d}(\arctan 3x)$；

(7) $\frac{x}{\sqrt{1-x^2}}\mathrm{d}x=$ ______ $\mathrm{d}(\sqrt{1-x^2})$； (8) $\frac{1}{\sqrt{1-x^2}}\mathrm{d}x=$ ______ $\mathrm{d}(1-\arcsin x)$.

2. 求下列不定积分.

(1) $\int\mathrm{e}^{5x}\mathrm{d}x$； (2) $\int(3-2x)^3\mathrm{d}x$；

(3) $\int\frac{1}{1-2x}\mathrm{d}x$； (4) $\int x\mathrm{e}^{x^2}\mathrm{d}x$；

(5) $\int\frac{1}{\sqrt[3]{2-3x}}\mathrm{d}x$； (6) $\int\frac{x}{\sqrt{2-3x^2}}\mathrm{d}x$；

(7) $\int\frac{\sin\sqrt{x}}{\sqrt{x}}\mathrm{d}x$； (8) $\int\frac{x+1}{x^2+2x+1}\mathrm{d}x$；

(9) $\int\frac{3x^3}{1-x^4}\mathrm{d}x$； (10) $\int\frac{1}{x^2}\mathrm{e}^{\frac{1}{x}}\mathrm{d}x$；

(11) $\int\frac{1}{x\ln x}\mathrm{d}x$； (12) $\int\frac{1+\ln x}{(x\ln x)^2}\mathrm{d}x$；

(13) $\int\frac{1}{1+\mathrm{e}^x}\mathrm{d}x$； (14) $\int\frac{1}{\mathrm{e}^x+\mathrm{e}^{-x}}\mathrm{d}x$；

(15) $\int\frac{\sin x+\cos x}{\sqrt[3]{\sin x-\cos x}}\mathrm{d}x$； (16) $\int\frac{1}{\sin x\cdot\cos x}\mathrm{d}x$；

(17) $\int \tan^{10} x \cdot \sec^2 x \mathrm{d}x$； (18) $\int \sin 5x \cdot \sin 7x \mathrm{d}x$；

(19) $\int \frac{10^{2\arccos x}}{\sqrt{1-x^2}} \mathrm{d}x$； (20) $\int \sqrt{1-x^2}\, \mathrm{d}x$；

(21) $\int \frac{\sqrt{x^2-9}}{x} \mathrm{d}x$.

第3节 分部积分法

分部积分法

在计算不定积分时，换元积分法起了很重要的作用，但是只有这种方法显然是不够的，因为形如$\int x\sin x \mathrm{d}x$，$\int \ln x \mathrm{d}x$ 等的积分不能用换元积分法计算. 为此本节介绍另一种常用的积分方法 —— 分部积分法.

定理 **设函数 $u=u(x)$ 及 $v=v(x)$ 具有连续导数，则有下述积分公式：**

$$\int uv' \mathrm{d}x = uv - \int u'v \mathrm{d}x. \tag{5-4}$$

证 因为函数 $u=u(x)$ 及 $v=v(x)$ 具有连续导数，根据导数的四则运算法则，得

$$(uv)' = u'v + uv',$$

移项，得

$$uv' = (uv)' - u'v.$$

根据已知条件，上述等式中三项的不定积分都存在，对这个等式两端求不定积分，得

$$\int uv' \mathrm{d}x = \int (uv)' \mathrm{d}x - \int u'v \mathrm{d}x = uv - \int u'v \mathrm{d}x.$$

式(5-4) 称为**分部积分公式**. 如果求$\int uv' \mathrm{d}x$ 有困难，而求$\int u'v \mathrm{d}x$ 比较容易，就可以用分部积分公式来求解.

为简便起见，也可把式(5-4) 写作

$$\int u \mathrm{d}v = uv - \int v \mathrm{d}u. \tag{5-5}$$

由上述定理可以看出，应用分部积分公式求$\int f(x) \mathrm{d}x$ 时，关键在于把原不定积分$\int f(x) \mathrm{d}x$ 化为$\int u \mathrm{d}v$ 的形式. 选取函数 $u(x)$ 与 $v(x)$ 时，一般要考虑下面两点.

(1) 由 v' 易求 v.

(2) $\int v \mathrm{d}u$ 比$\int u \mathrm{d}v$ 易求出.

一般地，求解不定积分时，如果被积函数是五类基本初等函数(幂函数、对数函数、指数函数、三角函数、反三角函数) 中两类函数的乘积，往往要应用分部积分法，并按照"**反、对、幂、指、三**" 的顺序，将排在前的函数设为 u，将排在后的函数设为 v'.

通过以下例子说明分部积分公式的应用.

例 1 计算$\int x\cos x\mathrm{d}x$.

解 这里 $u=x,v=\sin x$,根据式(5-5),有

$$\begin{aligned}\int x\cos x\mathrm{d}x&=\int x\mathrm{d}(\sin x)=x\sin x-\int\sin x\mathrm{d}x\\&=x\sin x+\cos x+C.\end{aligned}$$

在例 1 中,如果取 $u=\cos x,v'=x,\mathrm{d}v=x\mathrm{d}x=\frac{1}{2}\mathrm{d}x^2$,则

$$\int x\cos x\mathrm{d}x=\int\cos x\mathrm{d}\frac{x^2}{2}=\frac{1}{2}x^2\cos x+\frac{1}{2}\int x^2\sin x\mathrm{d}x.$$

可以看出,$\int x^2\sin x\mathrm{d}x$ 比$\int x\cos x\mathrm{d}x$ 更难求解,这样选择 u 和 v' 是不合适的.

例 2 计算$\int x\mathrm{e}^x\mathrm{d}x$.

解 设 $u=x,v=\mathrm{e}^x$,根据式(5-5),有

$$\begin{aligned}\int x\mathrm{e}^x\mathrm{d}x&=\int x\mathrm{d}(\mathrm{e}^x)=x\mathrm{e}^x-\int\mathrm{e}^x\mathrm{d}x\\&=(x-1)\mathrm{e}^x+C.\end{aligned}$$

例 3 计算$\int x^2\ln x\mathrm{d}x$.

解 设 $u=\ln x,\mathrm{d}v=x^2\mathrm{d}x$,则 $\mathrm{d}u=\frac{1}{x}\mathrm{d}x,v=\frac{1}{3}x^3$. 于是有

$$\int x^2\ln x\mathrm{d}x=\frac{x^3}{3}\ln x-\frac{1}{3}\int x^3\cdot\frac{1}{x}\mathrm{d}x=\frac{x^3}{3}\ln x-\frac{x^3}{9}+C.$$

读者运算比较熟练后,进行分部积分时,可以不必写出 u 和 v'.

例 4 计算$\int\arccos x\mathrm{d}x$.

解
$$\begin{aligned}\int\arccos x\mathrm{d}x&=x\arccos x-\int x\mathrm{d}(\arccos x)\\&=x\arccos x+\int\frac{x}{\sqrt{1-x^2}}\mathrm{d}x\\&=x\arccos x-\frac{1}{2}\int\frac{1}{\sqrt{1-x^2}}\mathrm{d}(1-x^2)\\&=x\arccos x-\sqrt{1-x^2}+C.\end{aligned}$$

例 5 计算$\int\mathrm{e}^x\sin x\mathrm{d}x$.

解 $\int\mathrm{e}^x\sin x\mathrm{d}x=-\int\mathrm{e}^x\mathrm{d}(\cos x)=-\mathrm{e}^x\cos x+\int\mathrm{e}^x\cos x\mathrm{d}x$,等式右端的积分与左端的积分是同一类型的,继续用分部积分法,但在选取 u 和 v' 时要保持函数类型不变.

$$\int e^x \sin x dx = -e^x \cos x + \int e^x \cos x dx = -e^x \cos x + \int e^x d(\sin x)$$

$$= -e^x \cos x + e^x \sin x - \int e^x \sin x dx.$$

由于上式右端的第三项就是所求的不定积分$\int e^x \sin x dx$，把它移到等式的左端，然后两端除以 2，得

$$\int e^x \sin x dx = \frac{1}{2}(e^x \sin x - e^x \cos x) + C.$$

例 6 计算$\int \sec^3 x dx$.

解
$$\int \sec^3 x dx = \int \sec x \cdot \sec^2 x dx = \int \sec x d(\tan x)$$
$$= \sec x \tan x - \int \tan x d(\sec x)$$
$$= \sec x \tan x - \int \sec x \tan^2 x dx$$
$$= \sec x \tan x - \int \sec x (\sec^2 x - 1) dx$$
$$= \sec x \tan x - \int \sec^3 x dx + \int \sec x dx$$
$$= \sec x \tan x + \ln|\sec x + \tan x| - \int \sec^3 x dx,$$

上式右端的第三项就是所求的不定积分$\int \sec^3 x dx$，把它移到等式的左端，然后两端除以 2，得

$$\int \sec^3 x dx = \frac{1}{2}(\sec x \tan x + \ln|\sec x + \tan x|) + C.$$

在例 5、例 6 中，应用分部积分法虽然不能直接求出所求的不定积分，但是经过几次分部积分后又出现了与所求不定积分相同的形式，这时可以像解代数方程一样解出所求不定积分.

下面举一个要同时用换元积分法和分部积分法求解不定积分的例子.

例 7 计算$\int e^{\sqrt{x}} dx$.

解 令 $t = \sqrt{x}$，则 $x = t^2$，$dx = 2t dt$，故有

$$\int e^{\sqrt{x}} dx = 2\int t e^t dt = 2\int t d(e^t) = 2e^t(t-1) + C$$
$$= 2(\sqrt{x} - 1)e^{\sqrt{x}} + C.$$

概念复习

利用分部积分公式 $\int u\mathrm{d}v = uv - \int v\mathrm{d}u$ 求不定积分时：

(1) 若被积函数为幂函数乘以指数函数，则将________作为 u.

(2) 若被积函数为幂函数乘以三角函数，则将________作为 u.

(3) 若被积函数为幂函数乘以对数函数，则将________作为 u.

(4) 若被积函数为幂函数乘以反三角函数，则将________作为 u.

习题 5－3

求下列不定积分.

(1) $\int x\sin x\mathrm{d}x$； (2) $\int x\cos\frac{x}{2}\mathrm{d}x$； (3) $\int x\mathrm{e}^{-x}\mathrm{d}x$；

(4) $\int x^2\mathrm{e}^x\mathrm{d}x$； (5) $\int \ln x\mathrm{d}x$； (6) $\int \arctan x\mathrm{d}x$；

(7) $\int \frac{x}{\cos^2 x}\mathrm{d}x$； (8) $\int \cos\ln x\mathrm{d}x$； (9) $\int \mathrm{e}^{-x}\cos x\mathrm{d}x$；

(10) $\int \arcsin x\mathrm{d}x$； (11) $\int (\arcsin x)^2\mathrm{d}x$； (12) $\int \mathrm{e}^{\sqrt[3]{x}}\mathrm{d}x$.

第 4 节　有理函数的不定积分

一、有理函数的分解

定义　有理函数是指两个多项式函数的商所构成的函数，一般形式为

$$R(x)=\frac{P(x)}{Q(x)}=\frac{a_0x^n+a_1x^{n-1}+\cdots+a_{n-1}x+a_n}{b_0x^m+b_1x^{m-1}+\cdots+b_{m-1}x+b_m}, \tag{5-6}$$

其中，m 和 n 为非负整数，$a_0,a_1,a_2,\cdots,a_n$ 和 $b_0,b_1,b_2,\cdots,b_m$ 均为实数，且 $a_0\neq0,b_0\neq0$.

当 $m>n$ 时，式(5-6)称为**真分式**；当 $m\leqslant n$ 时，式(5-6)称为**假分式**.

为了求得有理函数的不定积分，需对有理函数进行分解，将有理函数分解成多项式和部分简单真分式的代数和. 下面给出有理函数分解的两个结论.

1. 任一假分式总可以化为一个多项式和一个真分式的和

例 1　将下列有理函数分解成多项式和真分式之和.

(1) $\frac{x^3+3}{x^2-5x+6}$； (2) $\frac{x^3+x^2+x+2}{x^2+1}$.

解 (1)用“加零裂项”的方法分解有理函数，则有

$$\begin{aligned}\frac{x^3+3}{x^2-5x+6}&=\frac{x^3-5x^2+6x+5x^2-6x+3}{x^2-5x+6}\\&=x+\frac{5(x^2-5x+6)+19x-27}{x^2-5x+6}\\&=x+5+\frac{19x-27}{x^2-5x+6}.\end{aligned}$$

有理函数的分解

(2) 将分子化成含有分母与其他因子的乘积的多项式，再分解有理函数，则有

$$\begin{aligned}\frac{x^3+x^2+x+2}{x^2+1}&=\frac{(x^3+x)+(x^2+1)+1}{x^2+1}\\&=x+1+\frac{1}{x^2+1}.\end{aligned}$$

2. 任一真分式总可化为部分简单真分式的代数和

简单真分式是指分母只含有一次因式或二次质因式的正整数次幂，即分母只含有因式 $(x-a)^k$ 或 $(x^2+px+q)^l$（其中，k，l 均为正整数，a，p，q 均为实数，$p^2-4q<0$）的真分式.

现设 $\dfrac{P(x)}{Q(x)}$ 为真分式，分解方法如下.

(1) 如果 $Q(x)$ 含有因式 $(x-a)^k$，则 $\dfrac{P(x)}{Q(x)}$ 的分解式中对应地含有以下 k 个部分简单真分式的和：

$$\frac{A_1}{(x-a)^k}+\frac{A_2}{(x-a)^{k-1}}+\cdots+\frac{A_k}{x-a},$$

其中，$A_i(i=1,2,\cdots,k)$ 为待定常数，可用比较系数法或赋值法来确定.

(2) 如果 $Q(x)$ 含有因式 $(x^2+px+q)^l$，$\dfrac{P(x)}{Q(x)}$ 的分解式中对应地含有以下 l 个部分简单真分式的和：

$$\frac{M_1x+N_1}{(x^2+px-q)^l}+\frac{M_2x+N_2}{(x^2+px+q)^{l-1}}+\cdots+\frac{M_lx+N_l}{x^2-px+q},$$

其中，M_i，$N_i(i=1,2,\cdots,l)$ 为待定常数，可用比较系数法或赋值法来确定.

例 2 将下列有理函数化为简单真分式之和.

(1) $\dfrac{x+3}{x^2-5x+6}$； (2) $\dfrac{1}{(1+2x)(x^2+1)}$.

解 (1) 设 $\dfrac{x+3}{x^2-5x+6}=\dfrac{x+3}{(x-2)(x-3)}=\dfrac{A}{x-2}+\dfrac{B}{x-3}$，其中，$A$，$B$ 为待定常数. 去分母，得

$$x+3=A(x-3)+B(x-2). \tag{5-7}$$

用赋值法求 A,B. 在式(5-7)中，令 $x=2$，得 $A=-5$；令 $x=3$，得 $B=6$，所以

$$\frac{x+3}{x^2-5x+6}=\frac{-5}{x-2}+\frac{6}{x-3}.$$

(2) 用比较系数法分解有理函数.

设 $\frac{1}{(1+2x)(x^2+1)}=\frac{A}{1+2x}+\frac{Mx+N}{x^2+1}$，去分母得

$$\begin{aligned}1&=A(x^2+1)+(Mx+N)(1+2x)\\&=(A+2M)x^2+(M+2N)x+(A+N),\end{aligned}\tag{5-8}$$

比较式(5-8)两端 x 的同次幂的系数，有

$$\begin{cases}A+2M=0,\\M+2N=0,\\A+N=1,\end{cases}$$

解得 $A=\frac{4}{5}$，$M=-\frac{2}{5}$，$N=\frac{1}{5}$，

则
$$\frac{1}{(1+2x)(x^2+1)}=\frac{\frac{4}{5}}{1+2x}+\frac{-\frac{2}{5}x+\frac{1}{5}}{x^2+1}.$$

综合以上两个结论，任一有理函数经分解后，总可化为多项式和简单有理函数 $\frac{A_k}{x-a}$，$\frac{A_{k-1}}{(x-a)^2}$，…，$\frac{A_1}{(x-a)^k}$，$\frac{M_l x+N_l}{x^2+px+q}$，$\frac{M_{l-1}x+N_{l-1}}{(x^2+px+q)^2}$，…，$\frac{M_1x+N_1}{(x^2+px+q)^l}$ 的代数和.

二、有理函数的不定积分

综上所述，求有理函数的不定积分，首先，将假分式化为多项式和真分式之和(若有理函数为真分式，则省略此步骤)；其次，将真分式化为简单真分式的代数和；最后，求解多项式和简单真分式的不定积分，进而求得有理函数的不定积分.

例 3 计算 $\int\frac{x+3}{x^2-5x+6}\mathrm{d}x$.

解 由例 2 的(1) 可知，$\frac{x+3}{x^2-5x+6}=\frac{-5}{x-2}+\frac{6}{x-3}$，所以

$$\begin{aligned}\int\frac{x+3}{x^2-5x+6}\mathrm{d}x&=\int\left(\frac{-5}{x-2}+\frac{6}{x-3}\right)\mathrm{d}x\\&=\int\frac{-5}{x-2}\mathrm{d}x+\int\frac{6}{x-3}\mathrm{d}x\\&=-5\ln|x-2|+6\ln|x-3|+C.\end{aligned}$$

例 4 计算 $\int\frac{x^3+x^2+x+2}{x^2+1}\mathrm{d}x$.

解 由例 1 的(2) 可知，$\frac{x^3+x^2+x+2}{x^2+1}=x+1+\frac{1}{x^2+1}$，所以

$$\int \frac{x^3+x^2+x+2}{x^2+1}\mathrm{d}x = \int\left(x+1+\frac{1}{x^2+1}\right)\mathrm{d}x$$
$$= \int (x+1)\mathrm{d}x + \int \frac{1}{x^2+1}\mathrm{d}x$$
$$= \frac{x^2}{2} + x + \arctan x + C.$$

例 5 计算$\int \frac{1}{(1+2x)(x^2+1)}\mathrm{d}x$.

解 由例 2 的(2) 可知，$\frac{1}{(1-2x)(x^2+1)} = \frac{\frac{4}{5}}{1+2x} + \frac{-\frac{2}{5}x+\frac{1}{5}}{x^2+1}$，所以

$$\int \frac{1}{(1+2x)(x^2+1)}\mathrm{d}x = \int\left(\frac{\frac{4}{5}}{1+2x} + \frac{-\frac{2}{5}x+\frac{1}{5}}{x^2+1}\right)\mathrm{d}x$$
$$= \frac{2}{5}\int \frac{2}{1+2x}\mathrm{d}x - \frac{1}{5}\int \frac{2x}{x^2+1}\mathrm{d}x + \frac{1}{5}\int \frac{1}{x^2+1}\mathrm{d}x$$
$$= \frac{2}{5}\int \frac{\mathrm{d}(1+2x)}{1+2x} - \frac{1}{5}\int \frac{\mathrm{d}(x^2+1)}{x^2+1} - \frac{1}{5}\int \frac{1}{x^2+1}\mathrm{d}x$$
$$= \frac{2}{5}\ln|1+2x| - \frac{1}{5}\ln(x^2+1) + \frac{1}{5}\arctan x + C.$$

综合上述结论及例题可见，**有理函数的原函数(不定积分)都是初等函数**.

*三、可化为有理函数的不定积分

有些不定积分，虽然被积函数不是有理函数，但通过适当的变量代换，可化为有理函数，从而可运用有理函数不定积分的求解方法求得不定积分.

当被积函数中含有简单根式$\sqrt[n]{ax+b}$或$\sqrt[n]{\frac{ax+b}{cx+d}}$时，可以令这个根式为 u，转化为有理函数后再求积分.

例 6 计算$\int \frac{\sqrt{x-1}}{x}\mathrm{d}x$.

解 令 $u=\sqrt{x-1}$，则 $x=u^2+1$，$\mathrm{d}x=2u\mathrm{d}u$，从而

$$\int \frac{\sqrt{x-1}}{x}\mathrm{d}x = \int \frac{2u^2}{u^2+1}\mathrm{d}u = 2\int\left(1-\frac{1}{u^2+1}\right)\mathrm{d}u$$
$$= 2(u-\arctan u)+C$$
$$= 2(\sqrt{x-1}-\arctan\sqrt{x-1})+C.$$

简单无理函数的不定积分

如果被积函数是 $\sin x$，$\cos x$ 及常数经过有限次四则运算所构成的函数，则可作变换 $u=\tan\frac{x}{2}$，将被积函数化为关于变量 u 的有理函数. 此时

$$\sin x = \frac{2\tan\frac{x}{2}}{1+\tan^2\frac{x}{2}} = \frac{2u}{1+u^2}, \quad \cos x = \frac{1-\tan^2\frac{x}{2}}{1+\tan^2\frac{x}{2}} = \frac{1-u^2}{1+u^2},$$

由 $x=2\arctan u$，得 $\mathrm{d}x=\dfrac{2}{1+u^2}\mathrm{d}u$，通过求解关于 u 的有理函数的不定积分，可求得原不定积分.

例 7 计算 $\displaystyle\int\frac{\mathrm{d}x}{\sin x+\cos x}$.

解 令 $u=\tan\dfrac{x}{2}$，则

$$x=2\arctan u,\quad \sin x=\frac{2u}{1+u^2},\quad \cos x=\frac{1-u^2}{1+u^2},\quad \mathrm{d}x=\frac{2}{1+u^2}\mathrm{d}u,$$

从而有

$$\begin{aligned}\int\frac{\mathrm{d}x}{\sin x+\cos x}&=\int\frac{2}{1+2u-u^2}\mathrm{d}u=2\int\frac{\mathrm{d}u}{2-(u-1)^2}\\&=\frac{\sqrt{2}}{2}\int\left[\frac{1}{u-(1-\sqrt{2})}-\frac{1}{u-(1+\sqrt{2})}\right]\mathrm{d}u\\&=\frac{\sqrt{2}}{2}\ln\left|\frac{u-(1-\sqrt{2})}{u-(1+\sqrt{2})}\right|+C=\frac{\sqrt{2}}{2}\ln\left|\frac{\tan\frac{x}{2}-1+\sqrt{2}}{\tan\frac{x}{2}-1-\sqrt{2}}\right|+C.\end{aligned}$$

三角函数有理式的不定积分

需要说明的是，尽管初等函数在其定义域上是连续的，其原函数一定存在，但其原函数不一定是初等函数，如

$$\int e^{-x^2}\mathrm{d}x,\quad \int\frac{\sin x}{x}\mathrm{d}x,\quad \int\frac{\mathrm{d}x}{\ln x},\quad \int\frac{\mathrm{d}x}{\sqrt{1+x^4}}$$

等都不是初等函数.

概念复习

1. ________________的函数称为有理函数.
2. 任一假分式总可以化为________________的和.
3. 任一真分式(除简单分式外)总可化为________________的代数和.
4. $\dfrac{x^3-2x^2+2x-2}{x^2-3x+2}$ 可化为________________.

习题 5-4

求下列不定积分.

(1) $\displaystyle\int\frac{x^3}{x+3}\mathrm{d}x$；

(2) $\displaystyle\int\frac{2x+3}{x^2+3x-10}\mathrm{d}x$；

(3) $\displaystyle\int\frac{3}{x^3+1}\mathrm{d}x$；

(4) $\displaystyle\int\frac{1}{x(x^2+1)}\mathrm{d}x$；

(5) $\int \frac{1}{x^4-1}\mathrm{d}x$；　　(6) $\int \frac{x}{(x^2+1)(x^2+x+1)}\mathrm{d}x$；

*(7) $\int \frac{(\sqrt{x})^3+1}{\sqrt{x}+1}\mathrm{d}x$；　　*(8) $\int \frac{1}{\sqrt{x}+\sqrt[4]{x}}\mathrm{d}x$；

*(9) $\int \frac{1}{\sin x+2}\mathrm{d}x$；　　*(10) $\int \frac{1}{\cos x+3}\mathrm{d}x$.

第 5 节　积分表的使用

积分表

在科学计算和工程实践中，经常会遇到不定积分的计算问题，为了使计算方便，按被积函数的类型，将常用的积分公式汇列成表，这种表称为**积分表**. 积分表的使用方法是，根据被积函数的类型，直接查积分表中相应的积分公式，或对被积函数进行简单的变形，将其化为积分表中已有的被积函数的类型，再查积分表中相应的积分公式，进而求得积分.

本书将积分表以二维码的形式呈现，扫码即可查阅积分公式. 下面举例说明积分表的使用方法.

例 1　计算 $\int \frac{x}{(3x+4)^2}\mathrm{d}x$.

解　查积分表，可得

$$\int \frac{x}{(ax+b)^2}\mathrm{d}x = \frac{1}{a^2}\left(\ln|ax+b| + \frac{b}{ax+b}\right) + C,$$

这里 $a=3, b=4$，从而

$$\int \frac{x}{(3x+4)^2}\mathrm{d}x = \frac{1}{9}\left(\ln|3x+4| + \frac{4}{3x+4}\right) + C.$$

例 2　计算 $\int \frac{\mathrm{d}x}{5-4\cos x}$.

解　查积分表，可得

$$\int \frac{\mathrm{d}x}{a+b\cos x} = \frac{2}{a+b}\sqrt{\frac{a+b}{a-b}}\arctan\left(\sqrt{\frac{a-b}{a+b}}\tan\frac{x}{2}\right) + C,$$

这里 $a=5, b=-4$，从而

$$\int \frac{\mathrm{d}x}{5-4\cos x} = \frac{2}{5+(-4)}\sqrt{\frac{5+(-4)}{5-(-4)}}\arctan\left[\sqrt{\frac{5-(-4)}{5+(-4)}}\tan\frac{x}{2}\right] + C$$
$$= \frac{2}{3}\arctan\left(3\tan\frac{x}{2}\right) + C.$$

例 3 计算$\int \frac{dx}{x\sqrt{4x^2+9}}$.

解 本例中被积函数不符合积分表中已有的函数形式，故不能直接查表，需作变量代换，将其化为积分表中已有的形式，从而求得积分.

令 $u=2x, du=2dx$，则

$$\int \frac{dx}{x\sqrt{4x^2+9}}=\int \frac{1}{\frac{u}{2}\sqrt{u^2+3^2}}\cdot\frac{1}{2}du=\int \frac{du}{u\sqrt{u^2+3^2}}.$$

查积分表，可得

$$\int \frac{dx}{x\sqrt{x^2+a^2}}=\frac{1}{a}\ln\frac{\sqrt{x^2+a^2}-a}{|x|}+C,$$

这里 $a=3$，从而

$$\begin{aligned}\int \frac{dx}{x\sqrt{4x^2+9}}&=\int \frac{du}{u\sqrt{u^2+3^2}}=\frac{1}{3}\ln\frac{\sqrt{u^2+3^2}-3}{|u|}+C\\&=\frac{1}{3}\ln\frac{\sqrt{4x^2+9}-3}{2|x|}+C.\end{aligned}$$

例 4 计算$\int \sin^4 x dx$.

解 查积分表，可得

$$\int \sin^n x dx=-\frac{\sin^{n-1}x\cos x}{n}+\frac{n-1}{n}\int \sin^{n-2}x dx,$$

得

$$\int \sin^4 x dx=-\frac{\sin^3 x\cos x}{4}+\frac{3}{4}\int \sin^2 x dx.$$

查积分表，可得

$$\int \sin^2 x dx=\frac{x}{2}-\frac{1}{4}\sin 2x+C,$$

从而

$$\int \sin^4 x dx=-\frac{\sin^3 x\cos x}{4}+\frac{3}{4}\left(\frac{x}{2}-\frac{1}{4}\sin 2x\right)+C.$$

习题 5-5

利用积分表求下列不定积分.

(1) $\int \frac{dx}{(x^2+9)^2}$;

(2) $\int \frac{dx}{\sin^3 x}$;

(3) $\int \cos^6 x dx$;

(4) $\int \frac{dx}{2+5\cos x}$;

(5) $\int (\ln x)^3 dx$;

(6) $\int \frac{dx}{x^2\sqrt{2x-1}}$;

(7) $\int \sqrt{\frac{1-x}{1+x}}dx$;

(8) $\int \frac{x+5}{x^2-2x-1}dx$.

回顾与预习

1. 所有的连续函数都有原函数吗？原函数存在的话一定是初等函数吗？

2. 计算下列图形的面积.

(1) 由 x 轴、直线 $x=a$、直线 $x=b$ 和直线 $y=c$ 所围成的图形的面积；

(2) 由 x 轴、直线 $x=a$、直线 $x=b$ 和直线 $y=x+c$ 所围成的图形的面积；

(3) 由 x 轴、直线 $x=0$、直线 $x=1$ 和曲线 $y=\sqrt{1-x^2}$ 所围成的图形的面积.

3. 初速率为 v_0、加速度为 a、做匀变速直线运动的物体，在任一时刻 t 的速率为 $v=v_0+at$.

(1) 求物体的运动规律 $s=s(t)$；

(2) 求物体从 T_1 时刻到 T_2 时刻通过的路程.

4. 设函数 $f(x)=x$.

(1) 求 $f(x)$ 的一个原函数 $F(x)$，并计算 $F(1)-F(0)$；

(2) 计算 $\lim\limits_{n\to\infty}\sum\limits_{i=1}^{n} f\left(\frac{i}{n}\right)\frac{1}{n}$，并观察其与 $F(1)-F(0)$ 的关系.

5. 第一换元积分法和第二换元积分法有什么区别？变量代换后需要回代吗？

本章常见问题

本章自测题

本章参考答案

第6章

定 积 分

刘徽

第 5 章讨论了积分学的一个基本问题——不定积分，它是作为导数的反问题而引入的，本章将利用极限方法来研究积分学的另一个基本问题——定积分.

第 1 节　定积分的概念与性质

曲边梯形的面积

一、定积分的概念

定积分的概念是在分析和解决实际问题的过程中逐步发展起来的，下面先来看两个具体的问题.

例 1　曲边梯形的面积.

设函数 $y=f(x)$ 在闭区间 $[a,b]$ 上非负连续，由曲线 $y=f(x)$、直线 $x=a$、直线 $x=b$ 和 x 轴所围成的图形称为**曲边梯形**（见图 6-1），如何求它的面积 A 呢？

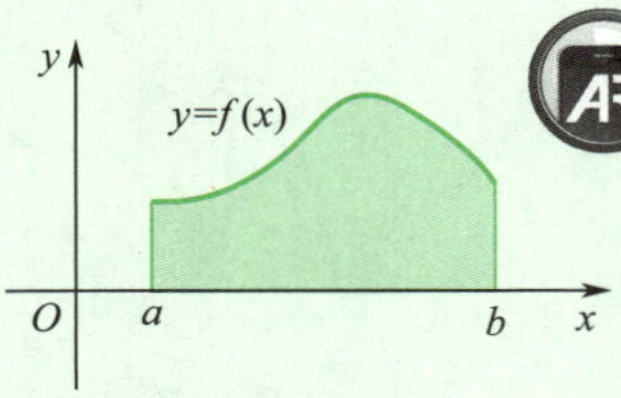

图 6-1

初等数学中介绍了求由直线段和圆弧所围成的平面图形的面积的方法，而曲边梯形的曲边既不是直线段也不是圆弧，所以不能直接用这些方法来求它的面积. 然而，由于函数 $f(x)$ 在闭区间 $[a,b]$ 上是连续的，对于闭区间 $[a,b]$ 上任意一个子区间 $[x,x+\Delta x]$，当 Δx 很小时，在这个小区间上可以把 $f(x)$ 近似地看作是不变的，即在这个小区间上用直线段近似代替曲线段. 因此，如果把曲边梯形分成若干个小曲边梯形，对每一个小曲边梯形用一个小矩形近似代替它，那么所有小矩形的面积之和就近似等于曲边梯形的面积. 将曲边梯形分割得越细，小矩形的面积之和就越接近曲边梯形的面积，当所有小曲边梯形的底边长度都趋于零时，如果小矩形的面积之和的极限存在，那么这个极限就是曲边梯形的面积.

由以上讨论，得到求曲边梯形的面积的步骤如下.

(1) **分割**：在区间$[a,b]$上插入若干个分点

$$a=x_0<x_1<\cdots<x_n=b,$$

把区间$[a,b]$分成n个小区间

$$[x_0,x_1],[x_1,x_2],\cdots,[x_{n-1},x_n],$$

其中，第i个小区间的长度为$\Delta x_i=x_i-x_{i-1}(i=1,2,\cdots,n)$.

经过每一个分点作平行于y轴的直线，把曲边梯形分成n个小曲边梯形(见图6-2)，记第i个小曲边梯形的面积为$\Delta A_i(i=1,2,\cdots,n)$.

(2) **近似**：在每一个小区间$[x_{i-1},x_i]$上任取一点ξ_i $(i=1,2,\cdots,n)$，用以小区间$[x_{i-1},x_i]$为底、$f(\xi_i)$为高的小矩形的面积近似代替第i个小曲边梯形的面积，即

$$\Delta A_i\approx f(\xi_i)\Delta x_i\quad(i=1,2,\cdots,n).$$

(3) **求和**：将n个小矩形的面积相加，就得到曲边梯形面积的近似值

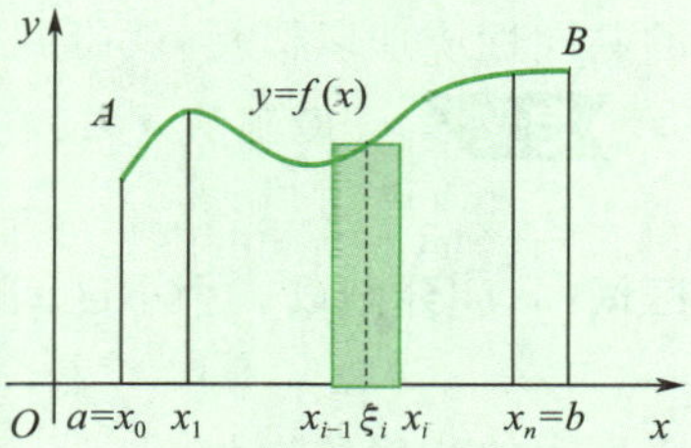

图6-2

$$A=\sum_{i=1}^{n}\Delta A_i\approx\sum_{i=1}^{n}f(\xi_i)\Delta x_i.$$

(4) **取极限**：用λ表示所有小区间长度的最大者，即

$$\lambda=\max_{1\leqslant i\leqslant n}\{\Delta x_i\},$$

当$\lambda\to0$时，上述和式的极限就是曲边梯形的面积A，即

$$A=\lim_{\lambda\to0}\sum_{i=1}^{n}f(\xi_i)\Delta x_i.$$

例2 变速直线运动的路程.

设物体做变速直线运动，其速率v是时间t的连续函数$v=v(t)$，且$v(t)\geqslant0$，求物体由时刻a到时刻b所经过的路程s.

与例1类似，由于速率$v(t)$是一个连续函数，在很短的时间间隔内，可以把变速运动近似看成匀速运动，具体步骤如下.

(1) 分割：在区间$[a,b]$内插入若干个分点$a=t_0<t_1<\cdots<t_n=b$把区间$[a,b]$分成n个小区间，第i个小区间的长度为$\Delta t_i=t_i-t_{i-1}(i=1,2,\cdots,n)$. 设物体在第$i$个时间间隔$[t_{i-1},t_i]$内所经过的路程为$\Delta s_i(i=1,2,\cdots,n)$.

(2) 近似：在每一个时间间隔$[t_{i-1},t_i]$上任取一点$\tau_i(i=1,2,\cdots,n)$，以物体在时刻τ_i的速率$v(\tau_i)$近似代替在区间$[t_{i-1},t_i]$上每一时刻的速率，得到物体在这段时间里所经过的路程Δs_i的一个近似值

$$\Delta s_i\approx v(\tau_i)\Delta t_i\quad(i=1,2,\cdots,n).$$

（3）求和：把这些近似值加起来，就得到总路程 s 的近似值

$$s=\sum_{i=1}^{n}\Delta s_i\approx\sum_{i=1}^{n}v(\tau_i)\Delta t_i.$$

（4）取极限：以 λ 表示所有小区间长度的最大者，即

$$\lambda=\max_{1\leqslant i\leqslant n}\{\Delta t_i\},$$

当 $\lambda\to 0$ 时，上述和式的极限就是总路程 s 的精确值，即

$$s=\lim_{\lambda\to 0}\sum_{i=1}^{n}v(\tau_i)\Delta t_i.$$

上面的两个例子，一个是几何问题，一个是物理问题.尽管它们的实际意义不同，但是结果都取决于一个函数及其自变量的变化区间.另外，计算这些量的方法和步骤都是相同的，最终都归结为具有相同结构的一种特定和的极限.抛开这些问题的实际意义，抓住它们在数量关系上的共同性质加以概括，就得到积分学中另一个重要的概念——定积分.

定义 **设函数 $f(x)$ 在区间 $[a,b]$ 上有界，在区间 $[a,b]$ 上任意插入若干个分点**

$$a=x_0<x_1<x_2<\cdots<x_{n-1}<x_n=b,$$

把区间 $[a,b]$ 分割成 n 个小区间

$$[x_0,x_1],[x_1,x_2],\cdots,[x_{n-1},x_n],$$

各小区间的长度依次为

$$\Delta x_1=x_1-x_0,\Delta x_2=x_2-x_1,\cdots,\Delta x_n=x_n-x_{n-1}.$$

定积分定义演示

在每个小区间 $[x_{i-1},x_i]$ 上任取一点 ξ_i，作函数值 $f(\xi_i)$ 与小区间长度 Δx_i 的乘积 $f(\xi_i)\Delta x_i$ $(i=1,2,\cdots,n)$，并作和

$$S=\sum_{i=1}^{n}f(\xi_i)\Delta x_i,$$

记 $\lambda=\max\{\Delta x_1,\Delta x_2,\cdots,\Delta x_n\}$，如果不论对区间 $[a,b]$ 采取怎样的分法，也不论在小区间 $[x_{i-1},x_i]$ 上点 ξ_i 是怎样的取法，只要当 $\lambda\to 0$ 时，和 S 总趋于确定的极限 I，则称函数 $f(x)$ 在区间 $[a,b]$ 上可积，并称这个极限 I 为函数 $f(x)$ 在区间 $[a,b]$ 上的定积分，记作

$$\int_a^b f(x)\mathrm{d}x=\lim_{\lambda\to 0}\sum_{i=1}^{n}f(\xi_i)\Delta x_i,$$

其中，$f(x)$ 称为被积函数，$f(x)\mathrm{d}x$ 称为被积表达式，x 称为积分变量，$[a,b]$ 称为积分区间，a 与 b 分别称为积分的下限与上限.

根据定积分的定义，例 1 中曲边梯形的面积可以表示为

$$A=\int_a^b f(x)\mathrm{d}x;$$

例 2 中的路程可以表示为

$$s=\int_a^b v(t)\mathrm{d}t.$$

对于定积分，作以下两点说明.

（1）定积分 $\int_a^b f(x)\mathrm{d}x$ 是一个数，这个数仅与被积函数 $f(x)$、积分区间 $[a,b]$ 有关，而与积分变量用什么字母表示无关，因此

$$\int_a^b f(x)\mathrm{d}x = \int_a^b f(t)\mathrm{d}t = \int_a^b f(u)\mathrm{d}u.$$

(2) 在平面坐标系上，定积分 $\int_a^b f(x)\mathrm{d}x$ 表示由曲线 $y=f(x)$、直线 $x=a$、直线 $x=b$ 和 x 轴所围成的曲边梯形面积的代数和，即用 x 轴上方图形的面积减去 x 轴下方图形的面积所得的结果(见图 6-3).

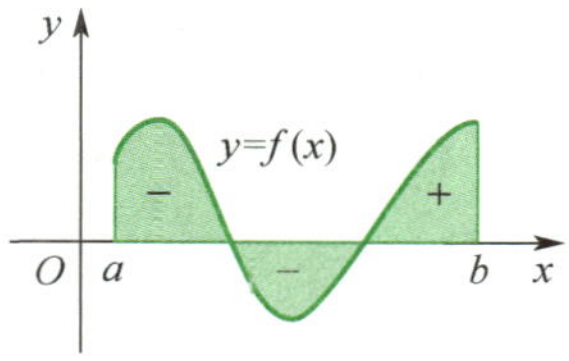

图 6-3

对于函数可积的条件，不加证明地给出以下充分条件.

定理 **若函数 $f(x)$ 在积分区间 $[a,b]$ 上连续或仅有有限个第一类间断点，则函数 $f(x)$ 在积分区间 $[a,b]$ 上可积.**

二、定积分的性质

定积分的定义中要求积分下限小于积分上限，为了方便应用，补充如下规定：

(1) 当 $a>b$ 时，$\int_a^b f(x)\mathrm{d}x = -\int_b^a f(x)\mathrm{d}x$；

(2) 当 $a=b$ 时，$\int_a^b f(x)\mathrm{d}x = 0$.

下面讨论定积分的性质，假定各性质中所出现的定积分都是存在的，如不特别指出，积分上、下限的大小不加限制.

性质 1(线性性质)

$$\int_a^b [\alpha f(x) \pm \beta g(x)]\mathrm{d}x = \alpha\int_a^b f(x)\mathrm{d}x \pm \beta\int_a^b g(x)\mathrm{d}x.$$

性质 2(可加性) **如果将积分区间分成两部分，则在整个区间上的定积分等于两个部分区间上的定积分之和，即设 $a<c<b$，则**

$$\int_a^b f(x)\mathrm{d}x = \int_a^c f(x)\mathrm{d}x + \int_c^b f(x)\mathrm{d}x.$$

在性质 2 中，一般假设 $a<c<b$，但其实不论 a,b,c 的相对位置如何，

$$\int_a^b f(x)\mathrm{d}x = \int_a^c f(x)\mathrm{d}x + \int_c^b f(x)\mathrm{d}x$$

总成立.

例如，当 $a<b<c$ 时，由于

$$\int_a^c f(x)\mathrm{d}x = \int_a^b f(x)\mathrm{d}x + \int_b^c f(x)\mathrm{d}x,$$

则

$$\int_a^b f(x)\mathrm{d}x = \int_a^c f(x)\mathrm{d}x - \int_b^c f(x)\mathrm{d}x = \int_a^c f(x)\mathrm{d}x + \int_c^b f(x)\mathrm{d}x.$$

由例 1 可知，如果在区间 $[a,b]$ 上，$f(x)\geqslant 0$，定积分 $\int_a^b f(x)\mathrm{d}x$ 表示由曲线 $y=f(x)$，直线 $x=a$，直线 $x=b$ 和 x 轴所围成的曲边梯形的面积，因此

$$\int_a^b f(x)\mathrm{d}x \geqslant 0.$$

特别地，当 $f(x)=1$ 时，它表示边长分别为 1 和 $b-a$ 的矩形的面积. 于是有下面的性质.

性质 3 如果 $f(x)=1$，则 $\int_a^b f(x)\mathrm{d}x=\int_a^b \mathrm{d}x=b-a$.

性质 4（保序性） 如果在闭区间 $[a,b]$ 上，$f(x)\leqslant g(x)$，则

$$\int_a^b f(x)\mathrm{d}x \leqslant \int_a^b g(x)\mathrm{d}x \quad (a<b).$$

特别地，因为

$$-|f(x)|\leqslant f(x)\leqslant |f(x)|,$$

所以

$$-\int_a^b |f(x)|\mathrm{d}x \leqslant \int_a^b f(x)\mathrm{d}x \leqslant \int_a^b |f(x)|\mathrm{d}x,$$

即

$$\left|\int_a^b f(x)\mathrm{d}x\right| \leqslant \int_a^b |f(x)|\mathrm{d}x.$$

性质 5 设 M,m 分别是函数 $f(x)$ 在闭区间 $[a,b]$ 上的最大值和最小值，则

$$m(b-a)\leqslant \int_a^b f(x)\mathrm{d}x \leqslant M(b-a).$$

证 因为 $m\leqslant f(x)\leqslant M$，由性质 3 和性质 4，得

$$\int_a^b m\mathrm{d}x \leqslant \int_a^b f(x)\mathrm{d}x \leqslant \int_a^b M\mathrm{d}x,$$

即

$$m(b-a)\leqslant \int_a^b f(x)\mathrm{d}x \leqslant M(b-a).$$

性质 6（定积分中值定理） 如果函数 $f(x)$ 在闭区间 $[a,b]$ 上连续，则在闭区间 $[a,b]$ 上至少存在一点 ξ，使得

$$\int_a^b f(x)\mathrm{d}x = f(\xi)\cdot(b-a).$$

证 因为函数 $f(x)$ 在区间 $[a,b]$ 上连续，所以在区间 $[a,b]$ 上存在最大值 M 与最小值 m，由性质 5 知

$$m(b-a)\leqslant \int_a^b f(x)\mathrm{d}x \leqslant M(b-a),$$

或

$$m\leqslant \frac{1}{b-a}\int_a^b f(x)\mathrm{d}x \leqslant M.$$

这说明，$\frac{1}{b-a}\int_a^b f(x)\mathrm{d}x$ 介于 M 与 m 之间，根据闭区间上连续函数的介值定理，在区间 $[a,b]$ 上至少存在一点 ξ，使

$$f(\xi)=\frac{1}{b-a}\int_a^b f(x)\mathrm{d}x,$$

即

$$\int_a^b f(x)\mathrm{d}x = f(\xi)\cdot(b-a).$$

定积分中值定理有明显的几何意义：设连续函数 $f(x)\geqslant 0$，由曲线 $y=f(x)$、直线 $x=a$、直线 $x=b$ 及 x 轴所围成的曲边梯形的面积等于以区间 $[a,b]$ 为底，某一点 ξ 处的函数值 $f(\xi)$ 为高的矩形的面积（见图 6-4）.

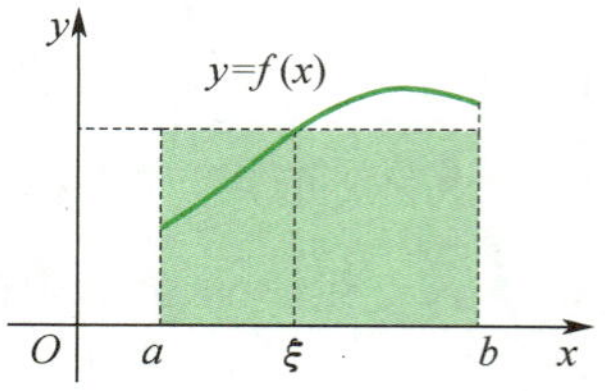

图 6-4

例3 比较$\int_0^1 x\mathrm{d}x$与$\int_0^1 x^2\mathrm{d}x$的大小.

解 因为当$x\in[0,1]$时,$x^2\leqslant x$,所以由性质4,得

$$\int_0^1 x\mathrm{d}x\geqslant\int_0^1 x^2\mathrm{d}x.$$

概念复习

1. 求曲边梯形的面积分为四步:__________,__________,__________,__________.

2. 在$\int_a^b f(x)\mathrm{d}x$中,$f(x)$称为________,x称为________,a与b分别称为________.

3. 定积分的值与积分变量用什么字母表示______.

4. 积分$\int_a^b f(x)\mathrm{d}x$对积分区间的可加性是指对任意c,总有$\int_a^b f(x)\mathrm{d}x=$________________.

习题 6－1

1. 利用定积分的几何意义,说明下列等式.

(1) $\int_0^1\sqrt{1-x^2}\,\mathrm{d}x=\frac{\pi}{4}$;　　(2) $\int_{-\pi}^{\pi}\sin x\mathrm{d}x=0$.

2. 不求出定积分的值,比较下列各对定积分的大小.

(1) $\int_0^1 x^3\mathrm{d}x$与$\int_0^1 x^2\mathrm{d}x$;　　(2) $\int_0^{\frac{\pi}{2}} x\mathrm{d}x$与$\int_0^{\frac{\pi}{2}}\sin x\mathrm{d}x$.

3. 利用性质5,估计下列定积分的值.

(1) $\int_1^4(x^2+1)\mathrm{d}x$;　　(2) $\int_{\frac{\sqrt{3}}{3}}^{\sqrt{3}} x\arctan x\mathrm{d}x$.

4. 证明:$\int_1^2\sqrt{x+1}\,\mathrm{d}x\geqslant\sqrt{2}$.

第 2 节　微积分基本公式

用定义计算定积分是一件十分复杂的事情，甚至有些定积分用定义无法求出结果，因此必须寻找其他计算定积分的方法．本节将通过研究积分上限的函数，揭示不定积分和定积分的关系，并给出微积分基本公式．

一、积分上限的函数及其导数

设函数 $f(x)$ 在区间$[a,b]$上连续，x 为$[a,b]$上任意一点，则 $f(x)$ 在区间$[a,x]$上也是连续的，因此定积分$\int_a^x f(t)\mathrm{d}t$ 存在（为便于区分，积分变量采用符号 t）．故对任一 $x\in[a,b]$，有唯一确定的数$\int_a^x f(t)\mathrm{d}t$ 与之对应，由此在区间$[a,b]$上定义一个新的函数，称其为积分上限的函数，记作 $\Phi(x)$（见图 6-5），即

$$\Phi(x)=\int_a^x f(t)\mathrm{d}t\quad(a\leqslant x\leqslant b).$$

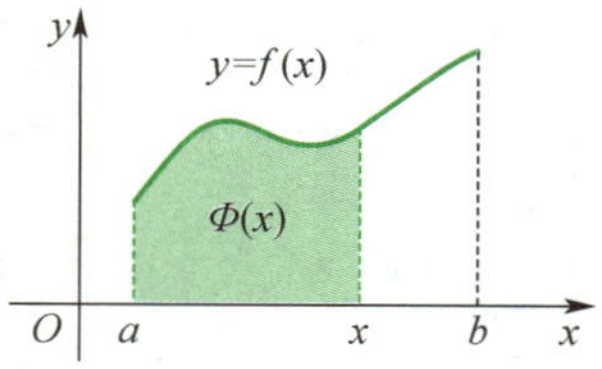

图 6-5

定理 1　**如果函数 $f(x)$ 在区间$[a,b]$上连续，则积分上限的函数**

$$\Phi(x)=\int_a^x f(t)\mathrm{d}t$$

在区间$[a,b]$上连续且可导，并且它的导数为

$$\Phi'(x)=\frac{\mathrm{d}}{\mathrm{d}x}\int_a^x f(t)\mathrm{d}t=f(x)\quad(a\leqslant x\leqslant b).$$

证　设自变量 x 有增量 Δx，使 $x+\Delta x\in[a,b]$，则函数 $\Phi(x)$ 具有增量

$$\Delta\Phi=\Phi(x+\Delta x)-\Phi(x)=\int_a^{x+\Delta x}f(t)\mathrm{d}t-\int_a^x f(t)\mathrm{d}t$$

$$=\int_a^x f(t)\mathrm{d}t+\int_x^{x+\Delta x}f(t)\mathrm{d}t-\int_a^x f(t)\mathrm{d}t=\int_x^{x+\Delta x}f(t)\mathrm{d}t.$$

由积分中值定理，存在 ξ 介于 x 与 $x+\Delta x$ 之间，使

$$\Delta\Phi=\int_x^{x+\Delta x}f(t)\mathrm{d}t=f(\xi)\Delta x,$$

于是，有

$$\frac{\Delta\Phi}{\Delta x}=f(\xi)\quad(\xi\text{介于}x\text{与}x+\Delta x\text{之间}),$$

又因为函数 $f(x)$ 在区间$[a,b]$上连续，且当 $\Delta x\to0$ 时，$\xi\to x$，所以

$$\Phi'(x)=\lim_{\Delta x\to0}\frac{\Delta\Phi}{\Delta x}=\lim_{\xi\to x}f(\xi)=f(x).$$

积分上限的函数及其导数

该定理不仅肯定了连续函数的原函数是存在的，即

$$\left[\int_a^x f(t)\mathrm{d}t\right]'=f(x),$$

还揭示了定积分与原函数之间的关系.

例 1 求 $\frac{\mathrm{d}}{\mathrm{d}x}\int_0^x \sin^2 t\mathrm{d}t$.

解 由定理 1 可知,上限为变量 x 的定积分,其导数就是被积函数在上限处的值,即

$$\frac{\mathrm{d}}{\mathrm{d}x}\int_0^x \sin^2 t\mathrm{d}t = \sin^2 x.$$

例 2 求函数 $\Phi(x) = \int_0^{x^2} \sin t\mathrm{d}t$ 的导数.

解 函数 $\Phi(x) = \int_0^{x^2} \sin t\mathrm{d}t$ 为复合函数,x^2 为中间变量,根据复合函数求导法则,得

$$\Phi'(x) = \left(\int_0^{x^2} \sin t\mathrm{d}t\right)' = (\sin x^2)(x^2)' = 2x\sin x^2.$$

例 3 求极限 $\lim\limits_{x\to 0}\dfrac{\int_0^x \cos t^2\mathrm{d}t}{x}$.

解 当 $x\to 0$ 时,$\int_0^x \cos t^2\mathrm{d}t \to 0$,所以这是一个 $\frac{0}{0}$ 型未定式,根据洛必达法则,得

$$\lim_{x\to 0}\frac{\int_0^x \cos t^2\mathrm{d}t}{x} = \lim_{x\to 0}\frac{\frac{\mathrm{d}}{\mathrm{d}x}\int_0^x \cos t^2\mathrm{d}t}{1} = \lim_{x\to 0}\cos x^2 = 1.$$

二、牛顿-莱布尼茨公式

利用定理 1,可以给出一个用原函数计算定积分的公式.

定理 2 **如果函数 $F(x)$ 是连续函数 $f(x)$ 在区间 $[a,b]$ 上的一个原函数,则**

$$\int_a^b f(x)\mathrm{d}x = F(b) - F(a). \tag{6-1}$$

证 已知函数 $F(x)$ 是函数 $f(x)$ 的一个原函数,由定理 1,积分上限的函数 $\Phi(x) = \int_a^x f(t)\mathrm{d}t$ 也是 $f(x)$ 的一个原函数,于是这两个原函数相差一个常数 C,即

$$F(x) - \Phi(x) = C \quad (a \leqslant x \leqslant b). \tag{6-2}$$

在式(6-2)中,令 $x = a$,则

$$F(a) - \Phi(a) = C,$$

令 $x = b$,则

$$F(b) - \Phi(b) = C,$$

所以

$$F(b) - F(a) = \Phi(b) - \Phi(a) = \int_a^b f(t)\mathrm{d}t - \int_a^a f(t)\mathrm{d}t$$

$$= \int_a^b f(t)\mathrm{d}t = \int_a^b f(x)\mathrm{d}x.$$

微积分与事物普遍联系的观点

式(6-1) 称为**牛顿**(Newton)-**莱布尼茨**(Leibniz)**公式**，也称为微积分基本公式，它是微积分中一个十分重要的公式. 为方便起见，式(6-1) 也记作

$$\int_a^b f(x)\mathrm{d}x = [F(x)]_a^b \quad 或 \quad \int_a^b f(x)\mathrm{d}x = F(x)\big|_a^b.$$

例 4 计算$\int_0^1 x^2\mathrm{d}x$.

牛顿-莱布尼茨公式

解 由于$\left(\frac{1}{3}x^3\right)' = x^2$，所以

$$\int_0^1 x^2\mathrm{d}x = \left[\frac{x^3}{3}\right]_0^1 = \frac{1^3}{3} - \frac{0^3}{3} = \frac{1}{3}.$$

例 5 计算 $y = \frac{1}{1+x^2}$ 在区间[0,1]上与 x 轴所围成的平面图形的面积.

解 由定积分的几何意义知，

$$A = \int_0^1 \frac{1}{1+x^2}\mathrm{d}x = [\arctan x]_0^1 = \frac{\pi}{4}.$$

例 6 计算$\int_1^3 |x-2|\mathrm{d}x$.

解 要去掉绝对值符号，必须分区间积分，显然点 $x=2$ 为区间的分界点，所以

$$\begin{aligned}\int_1^3 |x-2|\mathrm{d}x &= \int_1^2 |x-2|\mathrm{d}x + \int_2^3 |x-2|\mathrm{d}x \\ &= \int_1^2 (2-x)\mathrm{d}x + \int_2^3 (x-2)\mathrm{d}x \\ &= \left[2x - \frac{1}{2}x^2\right]_1^2 + \left[\frac{1}{2}x^2 - 2x\right]_2^3 = 1.\end{aligned}$$

例 7 火车以 72 km/h 的速率行驶，在到达某车站前以恒定加速度 $a=-2.5\ \mathrm{m/s^2}$ 刹车，需要在到站前多远距离开始刹车，才能使火车到站时停稳？

解 首先计算开始刹车到火车停止所需的时间，即速率从 $v_0 = 72\ \mathrm{km/h} = 20\ \mathrm{m/s}$ 变为 $v = 0\ \mathrm{m/s}$ 的时间. 因为 $a=-2.5\ \mathrm{m/s^2}$，所以

$$v(t) = v_0 + at = 20 - 2.5t.$$

令 $v(t) = 0\ \mathrm{m/s}$，得 $t = 8\ \mathrm{s}$.

以开始刹车即 $t = 0\ \mathrm{s}$ 作为计时起点，则在 $t = 0\ \mathrm{s}$ 到 $t = 8\ \mathrm{s}$ 之间火车行进的路程

$$s = \int_0^8 v(t)\mathrm{d}t = \int_0^8 (20-2.5t)\mathrm{d}t = \left[20t - \frac{5}{4}t^2\right]_0^8 = 80\ \mathrm{m},$$

所以火车需要在到站前 80 m 处开始刹车，才可使火车到站时停稳.

概念复习

1. ________称为 $f(x)$ 的积分上限的函数.

2. $\frac{d}{dx}\int_a^x f(t)dt=$ ________, $\frac{d}{dx}\int_x^a f(t)dt=$ ________, $\frac{d}{dx}\int_a^{\varphi(x)} f(t)dt=$ ________.

3. 如果函数 $F(x)$ 是连续函数 $f(x)$ 在区间 $[a,b]$ 上的一个原函数, 则 $\int_a^b f(x)dx=$ ________.

4. $\int_a^b f'(x)dx=$ ________.

习题 6－2

1. 计算下列导数.

(1) $\frac{d}{dx}\int_0^x e^{-t^2}dt$;　　(2) $\frac{d}{dx}\int_0^{x^2} e^t dt$;

(3) $\frac{d}{dx}\int_x^{-1}\ln(1+t^2)dt$.

2. 求下列极限.

(1) $\lim\limits_{x\to 0}\frac{1}{x^2}\int_0^x \sin t dt$;　　(2) $\lim\limits_{x\to 0}\frac{\int_0^x t\sin t dt}{x^3}$.

3. 计算下列定积分.

(1) $\int_1^3 x^3 dx$;　　(2) $\int_0^1 \frac{1}{t^2+1}dt$;

(3) $\int_{-\frac{1}{2}}^{\frac{1}{2}} \frac{1}{\sqrt{1-x^2}}dx$;　　(4) $\int_{-e-1}^{-2} \frac{1}{1+x}dx$;

(5) $\int_0^{2\pi} |\sin x| dx$;　　(6) $\int_0^{\frac{\pi}{4}} \tan^2\theta d\theta$.

4. 设 $f(x)=\begin{cases} x^2, & -1\leqslant x\leqslant 1, \\ e^{-x}, & 1<x\leqslant 2, \end{cases}$ 求 $\int_0^{\frac{3}{2}} f(x)dx$.

第 3 节　定积分的计算方法

牛顿-莱布尼茨公式揭示了定积分与不定积分的关系,因此可以根据不定积分的计算方法推导出相应的定积分的计算方法.

一、定积分的换元积分法

先来看一个例子.

例 1 计算 $\int_{\frac{\pi}{3}}^{\pi}\sin\left(2x+\frac{\pi}{3}\right)\mathrm{d}x$.

解 先求不定积分 $\int\sin\left(2x+\frac{\pi}{3}\right)\mathrm{d}x$. 利用换元积分法，令 $t=2x+\frac{\pi}{3}$，则 $\mathrm{d}x=\frac{1}{2}\mathrm{d}t$，于是有

$$\int\sin\left(2x+\frac{\pi}{3}\right)\mathrm{d}x=\frac{1}{2}\int\sin t\mathrm{d}t=-\frac{1}{2}\cos t+C$$
$$=-\frac{1}{2}\cos\left(2x+\frac{\pi}{3}\right)+C.$$

由牛顿-莱布尼茨公式，有

$$\int_{\frac{\pi}{3}}^{\pi}\sin\left(2x+\frac{\pi}{3}\right)\mathrm{d}x=\left[-\frac{1}{2}\cos\left(2x+\frac{\pi}{3}\right)\right]_{\frac{\pi}{3}}^{\pi}=-\frac{3}{4}.$$

如果在换元的同时，根据 $t=2x+\frac{\pi}{3}$ 相应地变换定积分的上、下限，即当 $x=\frac{\pi}{3}$ 时 $t=\pi$，当 $x=\pi$ 时 $t=2\pi+\frac{\pi}{3}$，这样不需要将 t 换成原来的自变量 x，就能求出定积分：

$$\int_{\frac{\pi}{3}}^{\pi}\sin\left(2x+\frac{\pi}{3}\right)\mathrm{d}x=\frac{1}{2}\int_{\pi}^{2\pi+\frac{\pi}{3}}\sin t\mathrm{d}t=\left[-\frac{1}{2}\cos t\right]_{\pi}^{\frac{7}{3}\pi}=-\frac{3}{4}.$$

显然，后面的计算方法更简单，这就是定积分的换元积分法.

定理 1 **设函数 $f(x)$ 在区间 $[a,b]$ 上连续，函数 $x=\varphi(t)$ 在区间 $[\alpha,\beta]$ 上具有连续的导数，当 t 在区间 $[\alpha,\beta]$ 上变化时，$x=\varphi(t)$ 的值在区间 $[a,b]$ 上变化，又 $\varphi(\alpha)=a,\varphi(\beta)=b$，则**

$$\int_a^b f(x)\mathrm{d}x=\int_{\alpha}^{\beta}f[\varphi(t)]\varphi'(t)\mathrm{d}t. \tag{6-3}$$

证 设函数 $F(x)$ 是函数 $f(x)$ 在区间 $[a,b]$ 上的一个原函数，则

$$\int_a^b f(x)\mathrm{d}x=F(b)-F(a),$$

再设 $\Phi(t)=F[\varphi(t)]$，对 $\Phi(t)$ 求导，得

$$\Phi'(t)=\frac{\mathrm{d}F}{\mathrm{d}x}\frac{\mathrm{d}x}{\mathrm{d}t}=f(x)\varphi'(t)=f[\varphi(t)]\varphi'(t),$$

即 $\Phi(t)$ 是 $f[\varphi(t)]\varphi'(t)$ 的一个原函数，因此有

$$\int_{\alpha}^{\beta}f[\varphi(t)]\varphi'(t)\mathrm{d}t=\Phi(\beta)-\Phi(\alpha),$$

又 $\Phi(t)=F[\varphi(t)],\varphi(\alpha)=a,\varphi(\beta)=b$，可知

$$\Phi(\beta)-\Phi(\alpha)=F[\varphi(\beta)]-F[\varphi(\alpha)]=F(b)-F(a),$$

定积分的换元公式

所以

$$\int_a^b f(x)\mathrm{d}x = \int_\alpha^\beta f[\varphi(t)]\varphi'(t)\mathrm{d}t.$$

应用定积分换元公式[式(6-3)]时，有两点值得注意：一是作变量代换后，积分限也要换成与新变量 t 对应的积分限；二是求出关于 t 的原函数 $\Phi(t)$ 后，不必像计算不定积分那样再把 $\Phi(t)$ 换成关于 x 的函数，而只要将变量 t 的上、下限分别代入 $\Phi(t)$ 中再相减即可.

例 2 计算 $\int_0^a \sqrt{a^2 - x^2}\,\mathrm{d}x\,(a > 0)$.

解 令 $x = a\sin t, 0 \leqslant t \leqslant \frac{\pi}{2}$，则 $\mathrm{d}x = a\cos t\mathrm{d}t$，且当 $x = 0$ 时 $t = 0$，当 $x = a$ 时 $t = \frac{\pi}{2}$，于是

$$\begin{aligned}\int_0^a \sqrt{a^2 - x^2}\,\mathrm{d}x &= a^2 \int_0^{\frac{\pi}{2}} \cos t \cdot \cos t\mathrm{d}t = a^2 \int_0^{\frac{\pi}{2}} \frac{1 + \cos 2t}{2}\mathrm{d}t \\ &= \frac{a^2}{2}\int_0^{\frac{\pi}{2}} (1 + \cos 2t)\mathrm{d}t \\ &= \frac{a^2}{2}[t]_0^{\frac{\pi}{2}} + \frac{a^2}{4}[\sin 2t]_0^{\frac{\pi}{2}} = \frac{a^2}{4}\pi.\end{aligned}$$

例 3 计算 $\int_0^3 \frac{x}{\sqrt{1+x}}\mathrm{d}x$.

解 为去掉根号，可令 $t = \sqrt{1+x}$，即 $x = t^2 - 1$，则 $\mathrm{d}x = 2t\mathrm{d}t$. 当 $x = 0$ 时 $t = 1$，当$x = 3$ 时 $t = 2$，于是

$$\begin{aligned}\int_0^3 \frac{x}{\sqrt{1+x}}\mathrm{d}x &= \int_1^2 \frac{t^2 - 1}{t} \cdot 2t\mathrm{d}t = 2\int_1^2 (t^2 - 1)\mathrm{d}t \\ &= 2\left[\frac{1}{3}t^3 - t\right]_1^2 = \frac{8}{3}.\end{aligned}$$

例 4 计算 $\int_0^{\frac{\pi}{2}} \cos^5 x\sin x\mathrm{d}x$.

解 令 $t = \cos x$，则 $\mathrm{d}t = -\sin x\mathrm{d}x$，且当 $x = 0$ 时 $t = 1$，当 $x = \frac{\pi}{2}$ 时 $t = 0$，于是

$$\int_0^{\frac{\pi}{2}} \cos^5 x\sin x\mathrm{d}x = -\int_1^0 t^5\mathrm{d}t = \int_0^1 t^5\mathrm{d}t = \left[\frac{t^6}{6}\right]_0^1 = \frac{1}{6}.$$

在例 4 中，也可以不写出新变量 t，方法如下.

$$\begin{aligned}\int_0^{\frac{\pi}{2}} \cos^5 x\sin x\mathrm{d}x &= -\int_0^{\frac{\pi}{2}} \cos^5 x\mathrm{d}(\cos x) \\ &= -\left[\frac{\cos^6 x}{6}\right]_0^{\frac{\pi}{2}} = -\left(0 - \frac{1}{6}\right) = \frac{1}{6}.\end{aligned}$$

由此可知，在定积分的换元积分法中，如果不写出新变量，那么定积分的上、下限也不需要变更.

例 5 证明：

(1) 若函数 $f(x)$ 在区间 $[-a,a]\ (a>0)$ 上连续且为偶函数，则

$$\int_{-a}^{a} f(x)\mathrm{d}x = 2\int_{0}^{a} f(x)\mathrm{d}x;$$

(2) 若函数 $f(x)$ 在区间 $[-a,a]\ (a>0)$ 上连续且为奇函数，则

$$\int_{-a}^{a} f(x)\mathrm{d}x = 0.$$

利用对称性求定积分

证 由

$$\int_{-a}^{a} f(x)\mathrm{d}x = \int_{-a}^{0} f(x)\mathrm{d}x + \int_{0}^{a} f(x)\mathrm{d}x,$$

令 $t=-x$，得

$$\int_{-a}^{0} f(x)\mathrm{d}x = -\int_{a}^{0} f(-t)\mathrm{d}t = \int_{0}^{a} f(-t)\mathrm{d}t = \int_{0}^{a} f(-x)\mathrm{d}x,$$

所以

$$\begin{aligned}\int_{-a}^{a} f(x)\mathrm{d}x &= \int_{-a}^{0} f(x)\mathrm{d}x + \int_{0}^{a} f(x)\mathrm{d}x \\ &= \int_{0}^{a} f(-x)\mathrm{d}x + \int_{0}^{a} f(x)\mathrm{d}x \\ &= \int_{0}^{a} [f(x)+f(-x)]\mathrm{d}x.\end{aligned}$$

(1) 当 $f(x)$ 为偶函数时，$f(x)+f(-x)=2f(x)$，故

$$\int_{-a}^{a} f(x)\mathrm{d}x = 2\int_{0}^{a} f(x)\mathrm{d}x;$$

(2) 当 $f(x)$ 为奇函数时，$f(x)+f(-x)=0$，故

$$\int_{-a}^{a} f(x)\mathrm{d}x = 0.$$

从几何图形上看，例 5 显然是成立的，如图 6-6 所示.

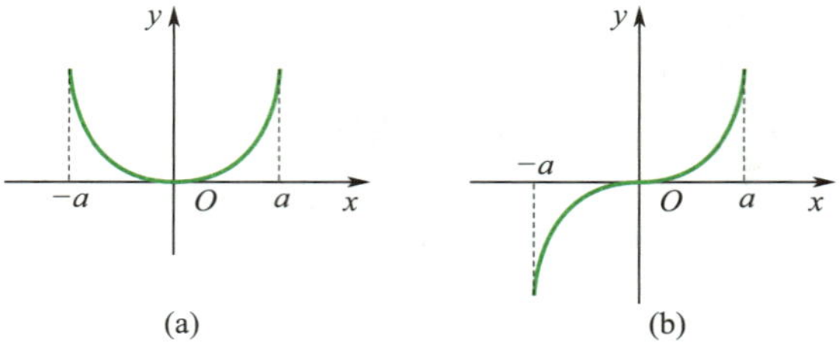

图 6-6

利用例 5 的结论，常可简化计算偶函数、奇函数在对称区间上的定积分.

例如，计算 $\int_{-\frac{\pi}{2}}^{\frac{\pi}{2}} \frac{x}{1+\cos x}\mathrm{d}x$，由于被积函数 $\frac{x}{1+\cos x}$ 是奇函数，所以由例 5 可知，$\int_{-\frac{\pi}{2}}^{\frac{\pi}{2}} \frac{x}{1+\cos x}\mathrm{d}x = 0$.

二、定积分的分部积分法

定积分也有与不定积分类似的分部积分法.

定理 2 设函数 $u=u(x)$ 与 $v=v(x)$ 在区间$[a,b]$上分别具有连续的导数 $u'(x)$ 与 $v'(x)$，则有分部积分公式

$$\int_a^b u\mathrm{d}v=[uv]_a^b-\int_a^b v\mathrm{d}u. \tag{6-4}$$

例 6 计算$\int_0^{\frac{\pi}{2}} x\cos x\mathrm{d}x$.

解 令 $u=x,\cos x\mathrm{d}x=\mathrm{d}v$，则 $\mathrm{d}u=\mathrm{d}x,v=\sin x$，于是由式(6-4)得

$$\begin{aligned}\int_0^{\frac{\pi}{2}} x\cos x\mathrm{d}x&=\int_0^{\frac{\pi}{2}} x\mathrm{d}(\sin x)=[x\sin x]_0^{\frac{\pi}{2}}-\int_0^{\frac{\pi}{2}}\sin x\mathrm{d}x\\&=\frac{\pi}{2}+[\cos x]_0^{\frac{\pi}{2}}=\frac{\pi}{2}-1.\end{aligned}$$

例 7 计算$\int_0^{\frac{\pi}{2}} \mathrm{e}^{2x}\cos x\mathrm{d}x$.

解 令 $I=\int_0^{\frac{\pi}{2}}\mathrm{e}^{2x}\cos x\mathrm{d}x$，则

$$\begin{aligned}I&=\int_0^{\frac{\pi}{2}}\mathrm{e}^{2x}\mathrm{d}(\sin x)=[\mathrm{e}^{2x}\sin x]_0^{\frac{\pi}{2}}-2\int_0^{\frac{\pi}{2}}\mathrm{e}^{2x}\sin x\mathrm{d}x\\&=\mathrm{e}^{\pi}+2\int_0^{\frac{\pi}{2}}\mathrm{e}^{2x}\mathrm{d}(\cos x)\\&=\mathrm{e}^{\pi}+2\left\{[\mathrm{e}^{2x}\cos x]_0^{\frac{\pi}{2}}-2\int_0^{\frac{\pi}{2}}\mathrm{e}^{2x}\cos x\mathrm{d}x\right\}\\&=\mathrm{e}^{\pi}-2-4I,\end{aligned}$$

解得

$$I=\frac{1}{5}(\mathrm{e}^{\pi}-2).$$

例 8 计算$\int_0^1 \mathrm{e}^{\sqrt{x}}\mathrm{d}x$.

解 令 $t=\sqrt{x}$，则 $x=t^2,\mathrm{d}x=2t\mathrm{d}t$，所以

$$\begin{aligned}\int_0^1\mathrm{e}^{\sqrt{x}}\mathrm{d}x&=\int_0^1\mathrm{e}^t\cdot 2t\mathrm{d}t=2\int_0^1 t\mathrm{e}^t\mathrm{d}t=2\int_0^1 t\mathrm{d}\mathrm{e}^t\\&=2\left[t\mathrm{e}^t\right]_0^1-2\int_0^1\mathrm{e}^t\mathrm{d}t=2\mathrm{e}-2(\mathrm{e}-1)=2.\end{aligned}$$

例 8 是换元积分法和分部积分法的综合应用.

概念复习

1. 设函数 $f(x)$ 在区间 $[a,b]$ 上连续，函数 $x=\varphi(t)$ 在区间 $[\alpha,\beta]$ 上具有连续的导数. 当 t 在区间 $[\alpha,\beta]$ 上变化时，$x=\varphi(t)$ 的值在 $[a,b]$ 上变化，又 $\varphi(\alpha)=a,\varphi(\beta)=b$，则 $\int_a^b f(x)\mathrm{d}x=$ ________.

2. 计算形如 $\int_a^b f(x^n)x^{n-1}\mathrm{d}x$ 的积分时，可令 $t=$ ________，将积分转化为________.

3. 若函数 $f(x)$ 在区间 $[-a,a]$ 上连续且为奇函数，则 $\int_{-a}^a f(x)\mathrm{d}x=$ ________.

4. 设函数 $u=u(x)$ 与 $v=v(x)$ 在区间 $[a,b]$ 上分别具有连续的导数 $u'(x)$ 与 $v'(x)$，则 $\int_a^b u\mathrm{d}v=$ ________.

习题 6-3

1. 用换元积分法和分部积分法计算下列定积分.

(1) $\int_0^1(2x+3)\mathrm{d}x$；　(2) $\int_1^{\mathrm{e}}\frac{1+\ln x}{x}\mathrm{d}x$；

(3) $\int_0^{\pi}(1-\sin^3\theta)\mathrm{d}\theta$；　(4) $\int_{\mathrm{e}}^{\mathrm{e}^2}\frac{\mathrm{d}x}{x\ln x}$；

(5) $\int_0^{\sqrt{2}}\sqrt{2-x^2}\mathrm{d}x$；　(6) $\int_0^4\frac{\mathrm{d}x}{1+\sqrt{x}}$；

(7) $\int_{\frac{1}{\mathrm{e}}}^{\mathrm{e}}|\ln x|\mathrm{d}x$；　(8) $\int_1^2 x^{-2}\mathrm{e}^{\frac{1}{x}}\mathrm{d}x$；

(9) $\int_1^{\mathrm{e}}\sin(\ln x)\mathrm{d}x$；　(10) $\int_{-\pi}^{\pi}x^4\sin x\mathrm{d}x$.

2. 利用函数的奇偶性计算下列定积分.

(1) $\int_{-\pi}^{\pi}x^2\sin x\mathrm{d}x$；　(2) $\int_{-a}^{a}\ln\frac{1+x}{1-x}\mathrm{d}x$；

(3) $\int_{-\frac{1}{2}}^{\frac{1}{2}}\frac{(\arcsin x)^2}{\sqrt{1-x^2}}\mathrm{d}x$.

3. 设函数 $f(x)=\begin{cases}\frac{1}{1+x}, & x\geqslant 0,\\ \frac{1}{1+\mathrm{e}^x}, & x<0,\end{cases}$ 求 $\int_0^2 f(x-1)\mathrm{d}x$.

4. 设函数 $f(x)$ 在区间 $[-a,a]$ 上连续，证明：

$$\int_{-a}^{a}f(x)\mathrm{d}x=\int_{-a}^{a}f(-x)\mathrm{d}x.$$

*5. 设 $f(x)$ 为区间 $(-\infty,+\infty)$ 内以 T 为周期的连续函数，证明对任意实数 a，恒有

$$\int_a^{a+T}f(x)\mathrm{d}x=\int_0^T f(x)\mathrm{d}x.$$

第4节 反常积分

前面所讨论的定积分都假设积分区间有限,而且被积函数在积分区间上是有界的.但在一些实际问题中,常遇到积分区间为无穷区间的情况,或被积函数为无界函数的情况.因此,需要将定积分的概念加以推广,引入无穷限积分和无界函数的积分,二者统称为反常积分(或广义积分).

一、无穷限的反常积分

先来考察一个例子.

例1 计算由曲线 $y=\frac{1}{x^2}$、直线 $x=1$ 及 x 轴所围成的开口曲边梯形的面积.

解 根据定积分的几何意义,由曲线 $y=\frac{1}{x^2}$、x 轴、直线 $x=1$ 及 $x=b(b>1)$所围成的曲边梯形的面积为

$$A(b)=\int_1^b\frac{\mathrm{d}x}{x^2}=\left[-\frac{1}{x}\right]_1^b=1-\frac{1}{b}.$$

因此,所求开口曲边梯形的面积为

$$A=\lim_{b\to+\infty}A(b)=\lim_{b\to+\infty}\left(1-\frac{1}{b}\right)=1.$$

例1实际上将定积分的概念从有限区间推广到了无穷区间.这就是下面要讨论的无穷限的反常积分.

定义 1 **设函数 $f(x)$ 在无穷区间 $[a,+\infty)$ 上连续,取 $b>a$,如果极限 $\lim\limits_{b\to+\infty}\int_a^b f(x)\mathrm{d}x$ 存在,则称此极限值为函数 $f(x)$ 在无穷区间 $[a,+\infty)$ 上的反常积分(或广义积分),记作 $\int_a^{+\infty}f(x)\mathrm{d}x$,即**

$$\int_a^{+\infty}f(x)\mathrm{d}x=\lim_{b\to+\infty}\int_a^b f(x)\mathrm{d}x,$$

这时也称反常积分 $\int_a^{+\infty}f(x)\mathrm{d}x$ 收敛.若上述极限不存在,则称反常积分 $\int_a^{+\infty}f(x)\mathrm{d}x$ 发散.

同样,可以定义函数 $f(x)$ 在无穷区间 $(-\infty,b]$,$(-\infty,+\infty)$ 上的反常积分.

设函数 $f(x)$ 在区间 $(-\infty,b]$ 上连续,取 $a<b$,如果极限

$$\lim_{a\to-\infty}\int_a^b f(x)\mathrm{d}x$$

存在,则称此极限值为函数 $f(x)$ 在无穷区间 $(-\infty,b]$ 上的反常积分,记作 $\int_{-\infty}^b f(x)\mathrm{d}x$,即

$$\int_{-\infty}^b f(x)\mathrm{d}x=\lim_{a\to-\infty}\int_a^b f(x)\mathrm{d}x,$$

这时也称反常积分$\int_{-\infty}^{b} f(x)\mathrm{d}x$收敛.如果上述极限不存在,则称反常积分$\int_{-\infty}^{b} f(x)\mathrm{d}x$发散.

设函数$f(x)$在区间$(-\infty,+\infty)$内连续,如果反常积分

$$\int_{-\infty}^{0} f(x)\mathrm{d}x \quad 和 \quad \int_{0}^{+\infty} f(x)\mathrm{d}x$$

都收敛,则称上述两反常积分之和为函数$f(x)$在无穷区间$(-\infty,+\infty)$内的反常积分,记作$\int_{-\infty}^{+\infty} f(x)\mathrm{d}x$,即

$$\int_{-\infty}^{+\infty} f(x)\mathrm{d}x=\int_{-\infty}^{0} f(x)\mathrm{d}x+\int_{0}^{+\infty} f(x)\mathrm{d}x,$$

这时也称反常积分$\int_{-\infty}^{+\infty} f(x)\mathrm{d}x$收敛.否则,称反常积分$\int_{-\infty}^{+\infty} f(x)\mathrm{d}x$发散.

例2 计算$\int_{-\infty}^{+\infty} \frac{\mathrm{d}x}{1+x^2}$.

解 因为

$$\begin{aligned}\int_{0}^{+\infty} \frac{\mathrm{d}x}{1+x^2}&=\lim_{b\to+\infty}\int_{0}^{b} \frac{\mathrm{d}x}{1+x^2}=\lim_{b\to+\infty}[\arctan x]_0^b\\&=\lim_{b\to+\infty}\arctan b=\frac{\pi}{2},\\ \int_{-\infty}^{0} \frac{\mathrm{d}x}{1+x^2}&=\lim_{a\to-\infty}\int_{a}^{0} \frac{\mathrm{d}x}{1+x^2}=\lim_{a\to-\infty}[\arctan x]_a^0\\&=\lim_{a\to-\infty}-\arctan a=\frac{\pi}{2},\end{aligned}$$

所以$\int_{-\infty}^{+\infty} \frac{\mathrm{d}x}{1+x^2}=\int_{0}^{+\infty} \frac{\mathrm{d}x}{1+x^2}+\int_{-\infty}^{0} \frac{\mathrm{d}x}{1+x^2}=\pi$.

设函数$f(x)$在区间$(-\infty,+\infty)$内连续,函数$F(x)$是$f(x)$的原函数,为了方便,分别记

$$\lim_{b\to+\infty}[F(x)]_a^b=\lim_{b\to+\infty}F(b)-F(a)=[F(x)]_a^{+\infty},$$
$$\lim_{a\to-\infty}[F(x)]_a^b=F(b)-\lim_{a\to-\infty}F(a)=[F(x)]_{-\infty}^b,$$

则无穷限的反常积分为

$$\int_{a}^{+\infty} f(x)\mathrm{d}x=[F(x)]_a^{+\infty},\quad \int_{-\infty}^{b} f(x)\mathrm{d}x=[F(x)]_{-\infty}^b.$$

例3 计算$\int_{\mathrm{e}}^{+\infty} \frac{\ln x}{x}\mathrm{d}x$.

解
$$\begin{aligned}\int_{\mathrm{e}}^{+\infty} \frac{\ln x}{x}\mathrm{d}x&=\lim_{b\to+\infty}\int_{\mathrm{e}}^{b} \frac{\ln x}{x}\mathrm{d}x=\lim_{b\to+\infty}\int_{\mathrm{e}}^{b}\ln x\mathrm{d}(\ln x)\\&=\lim_{b\to+\infty}\left[\frac{1}{2}(\ln x)^2\right]_{\mathrm{e}}^{b}=\lim_{b\to+\infty}\frac{1}{2}[(\ln b)^2-1]\\&=+\infty,\end{aligned}$$

所以,反常积分$\int_{\mathrm{e}}^{+\infty} \frac{\ln x}{x}\mathrm{d}x$发散.

例 4 讨论反常积分 $\int_a^{+\infty} \frac{dx}{x^p}(a > 0)$ 的收敛性.

解 当 $p \neq 1$ 时,

$$\int_a^{+\infty} \frac{dx}{x^p} = \left[\frac{x^{1-p}}{1-p}\right]_a^{+\infty} = \begin{cases} \frac{a^{1-p}}{p-1}, & p > 1, \\ +\infty, & p < 1; \end{cases}$$

当 $p = 1$ 时,

$$\int_a^{+\infty} \frac{dx}{x} = [\ln x]_a^{+\infty} = +\infty.$$

因此,反常积分 $\int_a^{+\infty} \frac{1}{x^p}dx$ 当 $p > 1$ 时收敛于 $\frac{a^{1-p}}{p-1}$,当 $p \leqslant 1$ 时发散.

二、无界函数的反常积分

与本节第一部分类似,下面将定积分推广到被积函数为有限区间上的无界函数的情形.

无界函数的反常积分

定义 2 **设函数 $f(x)$ 在区间 $(a,b]$ 上连续,且 $\lim\limits_{x\to a^+} f(x) = \infty$. 任取 $\varepsilon > 0$,如果极限**

$$\lim_{\varepsilon\to 0^+} \int_{a+\varepsilon}^b f(x)dx$$

存在,则称此极限值为无界函数 $f(x)$ 在 $(a,b]$ 上的反常积分(或广义积分),记作 $\int_a^b f(x)dx$,即

$$\int_a^b f(x)dx = \lim_{\varepsilon\to 0^+} \int_{a+\varepsilon}^b f(x)dx,$$

这时也称反常积分 $\int_a^b f(x)dx$ 收敛. 若上述极限不存在,则称反常积分 $\int_a^b f(x)dx$ 发散.

类似地,设函数 $f(x)$ 在区间 $[a,b)$ 上连续,且 $\lim\limits_{x\to b^-} f(x) = \infty$,如果极限

$$\int_a^b f(x)dx = \lim_{\varepsilon\to 0^+} \int_a^{b-\varepsilon} f(x)dx$$

存在,则称反常积分 $\int_a^b f(x)dx$ 收敛,此极限值为该反常积分的值;如果上述极限不存在,则称反常积分 $\int_a^b f(x)dx$ 发散.

设函数 $f(x)$ 在区间 $[a,c)$ 及区间 $(c,b]$ 上连续,且 $\lim\limits_{x\to c} f(x) = \infty$. 如果反常积分 $\int_a^c f(x)dx$ 和 $\int_c^b f(x)dx$ 均收敛,则称反常积分 $\int_a^b f(x)dx$ 收敛,反常积分 $\int_a^c f(x)dx$ 和 $\int_c^b f(x)dx$ 的值之和为反常积分 $\int_a^b f(x)dx$ 的值;否则称反常积分 $\int_a^b f(x)dx$ 发散.

例 5 计算下列反常积分.

(1) $\int_0^1 \frac{dx}{\sqrt{1-x^2}}$; (2) $\int_0^1 \ln x dx$.

解 (1) 因为 $\lim\limits_{x\to1^-}\dfrac{1}{\sqrt{1-x^2}}=+\infty$，所以

$$\int_0^1\frac{\mathrm{d}x}{\sqrt{1-x^2}}=\lim_{\varepsilon\to0^+}\int_0^{1-\varepsilon}\frac{\mathrm{d}x}{\sqrt{1-x^2}}=\lim_{\varepsilon\to0^+}\left[\arcsin x\right]_0^{1-\varepsilon}$$

$$=\lim_{\varepsilon\to0^+}\arcsin(1-\varepsilon)=\frac{\pi}{2}.$$

(2) 因为 $\lim\limits_{x\to0^+}\ln x=-\infty$，所以

$$\int_0^1\ln x\mathrm{d}x=\lim_{\varepsilon\to0^+}\int_\varepsilon^1\ln x\mathrm{d}x=\lim_{\varepsilon\to0^+}\left[x\ln x-x\right]_\varepsilon^1$$

$$=\lim_{\varepsilon\to0^+}(-1-\varepsilon\ln\varepsilon+\varepsilon)=-1.$$

注意 根据洛必达法则，有

$$\lim_{\varepsilon\to0^+}\varepsilon\ln\varepsilon=\lim_{\varepsilon\to0^+}\frac{\ln\varepsilon}{\frac{1}{\varepsilon}}=\lim_{\varepsilon\to0^+}\frac{\frac{1}{\varepsilon}}{-\frac{1}{\varepsilon^2}}=\lim_{\varepsilon\to0^+}\varepsilon=0.$$

例 6 讨论反常积分 $\displaystyle\int_a^b\frac{\mathrm{d}x}{(x-a)^q}$ 的收敛性($b>a>0,q>0$).

解 显然，$\lim\limits_{x\to a^+}\dfrac{1}{(x-a)^q}=\infty$. 当 $q\neq1$ 时，

$$\int_a^b\frac{\mathrm{d}x}{(x-a)^q}=\lim_{\varepsilon\to0^+}\int_{a+\varepsilon}^b\frac{\mathrm{d}x}{(x-a)^q}=\lim_{\varepsilon\to0^+}\left[\frac{(x-a)^{1-q}}{1-q}\right]_{a+\varepsilon}^b$$

$$=\lim_{\varepsilon\to0^+}\frac{1}{1-q}\left[(b-a)^{1-q}-\varepsilon^{1-q}\right]$$

$$=\begin{cases}\dfrac{(b-a)^{1-q}}{1-q}, & q<1,\\ +\infty, & q>1.\end{cases}$$

当 $q=1$ 时，

$$\int_a^b\frac{\mathrm{d}x}{(x-a)^q}=\int_a^b\frac{\mathrm{d}x}{x-a}=\lim_{\eta\to0^+}\int_{a+\eta}^b\frac{\mathrm{d}x}{x-a}=\lim_{\eta\to0^+}\left[\ln(x-a)\right]_{a+\eta}^b$$

$$=\lim_{\eta\to0^+}\left[\ln(b-a)-\ln\eta\right]=+\infty.$$

因此，当 $q<1$ 时，反常积分 $\displaystyle\int_a^b\frac{\mathrm{d}x}{(x-a)^q}$ 收敛；当 $q\geqslant1$ 时，此积分发散.

同理可得，当 $q<1$ 时，反常积分 $\displaystyle\int_a^b\frac{\mathrm{d}x}{(b-x)^q}$ 收敛；当 $q\geqslant1$ 时，此积分发散.

概念复习

1. $\displaystyle\int_a^{+\infty}f(x)\mathrm{d}x=$ ____________，$\displaystyle\int_{-\infty}^b f(x)\mathrm{d}x=$ ____________.

2. $\displaystyle\int_0^{+\infty}\frac{\mathrm{d}x}{1+x^2}=$ ____________.

3. 设函数 $f(x)$ 在区间 $(a,b]$ 上连续，且 $\lim\limits_{x\to a^+} f(x)=\infty$，则 $\int_a^b f(x)\mathrm{d}x=$ ____________.

4. 若 $c\in(a,b)$，且 $\lim\limits_{x\to c} f(x)=\infty$，则 $\int_a^b f(x)\mathrm{d}x=$ ____________.

习题 6－4

1. 判定下列反常积分的收敛性，若收敛，求出它的值.

(1) $\int_1^{+\infty}\frac{1}{\sqrt{x}}\mathrm{d}x$；　(2) $\int_{-\infty}^0 \mathrm{e}^{4x}\mathrm{d}x$；　(3) $\int_{-\infty}^0\frac{2x}{x^2+1}\mathrm{d}x$；

(4) $\int_1^{+\infty}\frac{1}{x^2(x^2+1)}\mathrm{d}x$；　(5) $\int_0^1\frac{x\mathrm{d}x}{\sqrt{1-x^2}}$；　(6) $\int_0^2\frac{\mathrm{d}x}{(1-x)^2}$.

2. 当 k 为何值时，反常积分 $\int_2^{+\infty}\frac{1}{x(\ln x)^k}\mathrm{d}x$ 收敛？当 k 为何值时，该反常积分发散？

回顾与预习

1. 写出 $f(x)=\mathrm{e}^{-x^2}$ 的一个原函数.

2. 计算下列定积分.

(1) $\int_1^2\frac{1}{x^2}\mathrm{d}x$；　(2) $\int_0^1\frac{1}{1+x}\mathrm{d}x$；

(3) $\int_0^1\mathrm{e}^{-x}\mathrm{d}x$；　(4) $\int_0^1\frac{x}{1+x^2}\mathrm{d}x$.

3. 求由曲线 $y=x^2+2$、直线 $x=-1$、直线 $x=3$ 及 x 轴所围成的曲边梯形的面积.

4. 讨论下列反常积分的收敛性.

(1) $\int_1^{+\infty}\frac{1}{x^2}\mathrm{d}x$；　(2) $\int_1^{+\infty}\frac{x}{1+x^2}\mathrm{d}x$；

(3) $\int_1^2\frac{1}{x\ln x}\mathrm{d}x$；　(4) $\int_0^1\frac{x}{\sqrt{1-x^2}}\mathrm{d}x$.

本章常见问题　　本章自测题　　本章参考答案

第7章

定积分的应用

祖冲之

第 6 章由曲边梯形的面积和变速直线运动的路程两个例子，引入了定积分的概念，讨论了定积分的计算方法. 在实际应用中，有许多问题可以归结为定积分的问题. 本章将讨论定积分在几何学、物理学及经济学中的一些简单应用.

第 1 节　定积分在几何中的应用举例

利用定积分解决实际问题的关键是如何把实际问题抽象为定积分问题，建立定积分表达式. 解决这类问题常采用的方法是元素法，下面介绍这种方法.

一、定积分的元素法

以曲边梯形的面积为例，分析所求量满足什么条件时可以用定积分计算，以及如何把这个问题转化为定积分问题.

设曲边梯形以连续函数 $y=f(x)[f(x)\geqslant 0]$ 为曲边，曲边与直线 $x=a$、直线 $x=b$ 及 x 轴围成图形的面积为 A. 回顾曲边梯形面积的求法，是通过“分割，近似，求和，取极限”四步得到的，具体如下.

(1) 分割：用一组分点

$$a=x_0<x_1<x_2<\cdots<x_{n-1}<x_n=b,$$

将区间 $[a,b]$ 分成 n 个小区间，相应地把曲边梯形分成 n 个小曲边梯形，其面积为 $\Delta A_i(i=1,2,\cdots,n)$. 于是有

$$A=\sum_{i=1}^{n}\Delta A_i.$$

(2) 近似：计算小曲边梯形面积的近似值.

第 i 个小曲边梯形面积的近似表达式为

$$\Delta A_i \approx f(\xi_i)\Delta x_i \quad (x_{i-1} \leqslant \xi_i \leqslant x_i).$$

(3) 求和：计算面积 A 的近似值，其表达式为

$$A = \sum_{i=1}^{n} \Delta A_i \approx \sum_{i=1}^{n} f(\xi_i)\Delta x_i.$$

(4) 取极限：记 $\lambda = \max\limits_{1 \leqslant i \leqslant n}\{\Delta x_i\}$，得

$$A = \lim_{\lambda \to 0}\sum_{i=1}^{n} f(\xi_i)\Delta x_i = \int_a^b f(x)\mathrm{d}x.$$

由此可见，曲边梯形的面积 A 与变量 x 的变化区间 $[a,b]$ 有关. 当把曲边梯形分割成若干个小曲边梯形时，这些小曲边梯形面积之和等于原曲边梯形的面积，即所求量等于所有部分量之和，这一性质称为所求量对区间 $[a,b]$ 具有**可加性**. 另外，每一个小曲边梯形面积的近似值都可以用 $f(\xi_i)\Delta x_i$ 近似代替，且它们只相差一个比 Δx_i 高阶的无穷小，这是将面积 A 表示成定积分的关键. 一般地，如果所求量 U 满足下列条件：

(1) U 是与一个变量 x 的变化区间 $[a,b]$ 有关的量；

(2) U 对区间 $[a,b]$ 具有可加性；

(3) 部分量 ΔU_i 的近似值可以用 $f(\xi_i)\Delta x_i$ 表示，

那么就可以用定积分求出这个量.

用定积分表示所求量 U 的步骤如下.

(1) 根据量 U 的具体情况，选取积分变量，如选取 x 为积分变量，并确定它的变化区间 $[a,b]$.

(2) 在区间 $[a,b]$ 上任取一个小区间 $[x,x+\mathrm{d}x]$，用 ΔU 表示小区间 $[x,x+\mathrm{d}x]$ 上的部分量，如果 ΔU 能近似地表示为 $[a,b]$ 上的一个连续函数 $f(x)$ 在 x 处的值与 $\mathrm{d}x$ 的乘积，就称 $f(x)\mathrm{d}x$ 为**量 U 的元素**，记作 $\mathrm{d}U$，即

$$\mathrm{d}U = f(x)\mathrm{d}x.$$

(3) 以 $f(x)\mathrm{d}x$ 为被积表达式，在区间 $[a,b]$ 上求定积分，得

$$U = \int_a^b f(x)\mathrm{d}x,$$

这就是所求量 U 的积分表达式.

元素法中蕴含的实现理想的路径

这种求 U 的方法称为**元素法**. 下面应用元素法解决一些具体问题.

二、平面图形的面积

在求曲边梯形的面积时，曾得到由曲线 $y=f(x)[f(x)\geqslant 0]$、直线 $x=a$、直线 $x=b(a<b)$ 及 x 轴所围成的曲边梯形的面积

$$A = \int_a^b f(x)\mathrm{d}x,$$

其中，被积表达式 $f(x)\mathrm{d}x$ 就是直角坐标系下的面积元素. 对于一般的平面图形，同样可以应用定积分计算出它的面积.

设一个平面图形由连续曲线 $y=f(x)$，$y=g(x)$ 和直线 $x=a$，$x=b$ 所围成并且在区间 $[a,b]$ 上 $f(x)\geqslant g(x)$（见图 7-1），下面利用元素法来计算它的面积.

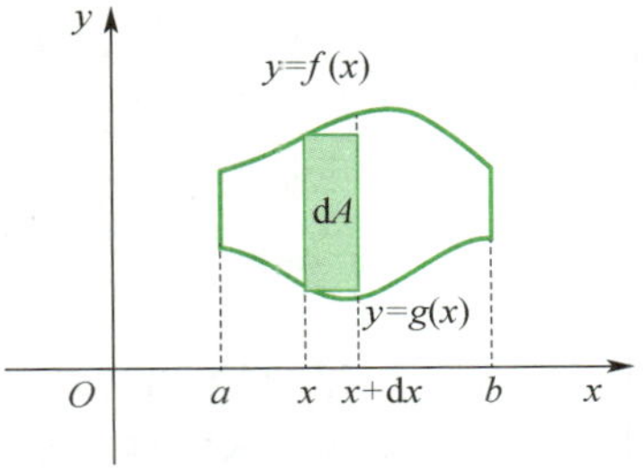

图 7-1

取横坐标 x 为积分变量，它的变化区间为 $[a,b]$，对应的

区间$[a,b]$上的任一小区间$[x,x+\mathrm{d}x]$的窄条的面积近似等于长为$[f(x)-g(x)]$、宽为$\mathrm{d}x$的矩形的面积，从而得到面积元素

$$\mathrm{d}A=[f(x)-g(x)]\mathrm{d}x,$$

以$\mathrm{d}A$为被积表达式，在区间$[a,b]$上求定积分得

$$A=\int_a^b[f(x)-g(x)]\mathrm{d}x. \tag{7-1}$$

也可以将图7-1中的平面图形看作是由两个曲边梯形构成的，由定积分的几何意义可直接得到

$$A=\int_a^b f(x)\mathrm{d}x-\int_a^b g(x)\mathrm{d}x=\int_a^b[f(x)-g(x)]\mathrm{d}x.$$

例1 求由抛物线$y=x^2-2$和直线$y=2x+1$所围成的图形的面积.

解 为了确定积分变量的取值范围，先求出两条曲线的交点. 为此解方程组

$$\begin{cases}y=x^2-2,\\y=2x+1,\end{cases}$$

得到两组解：$x=-1,y=-1$和$x=3,y=7$（见图7-2）.

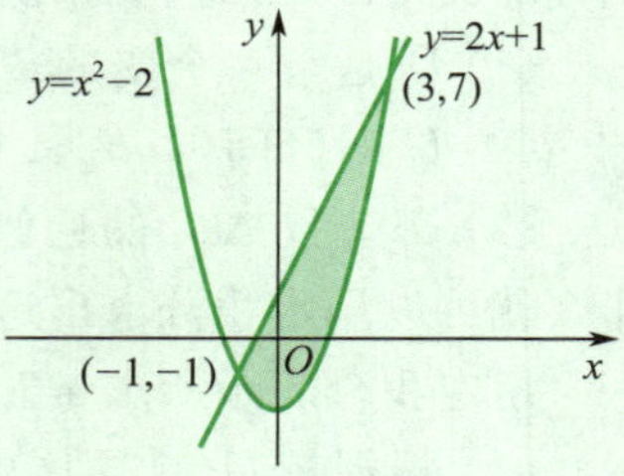

图7-2

取x为积分变量，因为当$-1<x<3$时，$x^2-2<2x+1$，所以由式(7-1)，得

$$\begin{aligned}A&=\int_{-1}^3[(2x+1)-(x^2-2)]\mathrm{d}x\\&=\left[x^2-\frac{1}{3}x^3+3x\right]_{-1}^3=10\frac{2}{3}.\end{aligned}$$

类似地，若一个平面图形由连续曲线$x=\varphi(y)$，$x=\psi(y)$和直线$y=c$，$y=d$所围成，并且在区间$[c,d]$上$\varphi(y)\geqslant\psi(y)$，则可求得其面积为

$$A=\int_c^d[\varphi(y)-\psi(y)]\mathrm{d}y. \tag{7-2}$$

例2 求由$y^2=x$及$y=x-2$所围成的平面图形的面积.

解 如图7-3所示，选择变量y为积分变量. 解方程组$\begin{cases}y^2=x,\\y=x-2,\end{cases}$得交点为$(1,-1)$和$(4,2)$，从而变量$y$的变化区间为$[-1,2]$. 在区间$[-1,2]$上，$2+y\geqslant y^2$，由式(7-2)，得

$$\begin{aligned}A&=\int_{-1}^2(2+y-y^2)\mathrm{d}y\\&=\left[2y+\frac{y^2}{2}-\frac{y^3}{3}\right]_{-1}^2=\frac{9}{2}.\end{aligned}$$

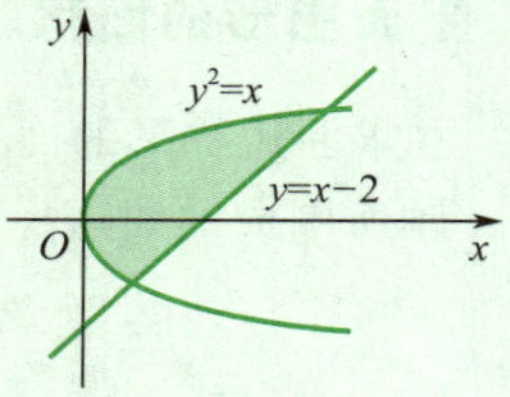

图7-3

有些平面图形的边界曲线用极坐标表示比较简单，下面推导极坐标系下的面积计算公式.

设曲线的极坐标方程为$\rho=\varphi(\theta)$，$\varphi(\theta)$在区间$[\alpha,\beta]$上连续，且$\varphi(\theta)\geqslant0$，称由曲线$\rho=\varphi(\theta)$、射线$\theta=\alpha$、射线$\theta=\beta$所围成的图形为曲边扇形，如图7-4所示. 下面用定积分的元素法来计算曲

边扇形的面积.

取 θ 为积分变量，θ 的变化区间为 $[\alpha,\beta]$. 在区间 $[\alpha,\beta]$ 上任取一小区间 $[\theta,\theta+\mathrm{d}\theta]$，对应的窄曲边扇形的面积可用半径为 $r=\varphi(\theta)$、中心角为 $\mathrm{d}\theta$ 的扇形的面积来近似代替，从而得到窄曲边扇形面积的近似值，即曲边扇形的面积元素为

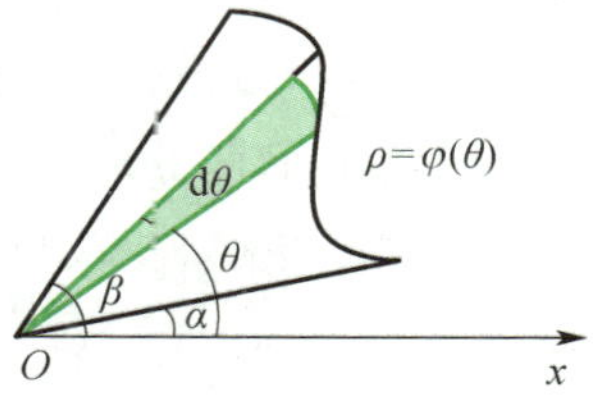

图 7-4

$$\mathrm{d}A=\frac{1}{2}[\varphi(\theta)]^2\mathrm{d}\theta,$$

以 $\frac{1}{2}[\varphi(\theta)]^2\mathrm{d}\theta$ 为被积表达式，在闭区间 $[\alpha,\beta]$ 上求定积分，便得所求曲边扇形的面积为

$$A=\int_\alpha^\beta\frac{1}{2}[\varphi(\theta)]^2\mathrm{d}\theta. \tag{7-3}$$

例 3 计算心形线 $\rho=a(1+\cos\theta)(a>0)$ 所围成的图形的面积.

解 心形线所围成的图形如图 7-5 所示. 这个图形关于极轴对称，因此所求图形的面积 A 是极轴以上部分图形面积 A_1 的 2 倍. 由式(7-3)，得

$$\begin{aligned}A_1&=\int_0^\pi\frac{1}{2}a^2(1+\cos\theta)^2\mathrm{d}\theta\\&=\frac{a^2}{2}\int_0^\pi\left(\frac{3}{2}+2\cos\theta+\frac{1}{2}\cos 2\theta\right)\mathrm{d}\theta\\&=\frac{a^2}{2}\left[\frac{3}{2}\theta+2\sin\theta+\frac{1}{4}\sin 2\theta\right]_0^\pi=\frac{3}{4}\pi a^2,\end{aligned}$$

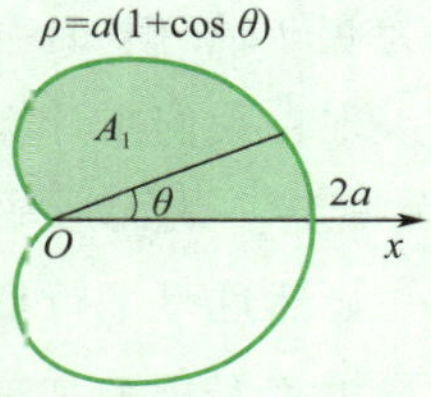

图 7-5

因而所求面积为

$$A=2A_1=\frac{3}{2}\pi a^2.$$

三、体积

定积分的应用
——体积

1. 平行截面面积已知的立体体积

如果一立体被垂直于某直线的平面所截的截面的面积可求，则对于该立体，可以用定积分求其体积.

如图 7-6 所示，一立体位于垂直于 x 轴的两张平面 $x=a$，$x=b$ 之间，垂直 x 轴的平面截立体所得截面的面积为 $A(x)$，$A(x)$ 是连续函数. 求此立体的体积.

取 x 为积分变量，其变化区间为 $[a,b]$，相应于区间 $[a,b]$ 上任一小区间 $[x,x+\mathrm{d}x]$ 的小薄片的体积近似等于底面积为 $A(x)$、高为 $\mathrm{d}x$ 的扁柱体的体积，从而得到所求的体积元素为

$$\mathrm{d}V=A(x)\mathrm{d}x,$$

于是所求立体的体积为

$$V=\int_a^b A(x)\mathrm{d}x. \tag{7-4}$$

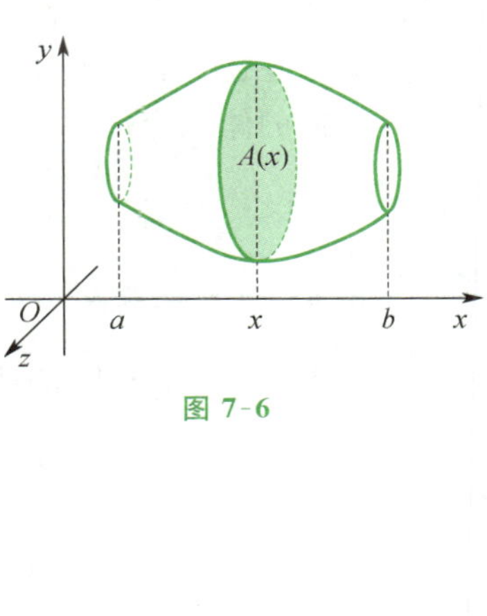

图 7-6

例 4 求以 xOy 平面上的圆 $x^2+y^2=R^2$ 为底，以平行且长度等于底圆直径的线段为顶、高为 h 的正劈锥体的体积(见图 7-7).

解 垂直于 x 轴的平面 $x(-R\leqslant x\leqslant R)$ 截该立体的截面为等腰三角形，面积为

$$A(x)=hy=h\sqrt{R^2-x^2},$$

由式(7-4)，得

$$V=h\int_{-R}^{R}\sqrt{R^2-x^2}\,\mathrm{d}x=2h\int_{0}^{R}\sqrt{R^2-x^2}\,\mathrm{d}x$$

$$=2R^2h\int_{0}^{\frac{\pi}{2}}\sin^2\theta\mathrm{d}\theta=\frac{\pi R^2h}{2}.$$

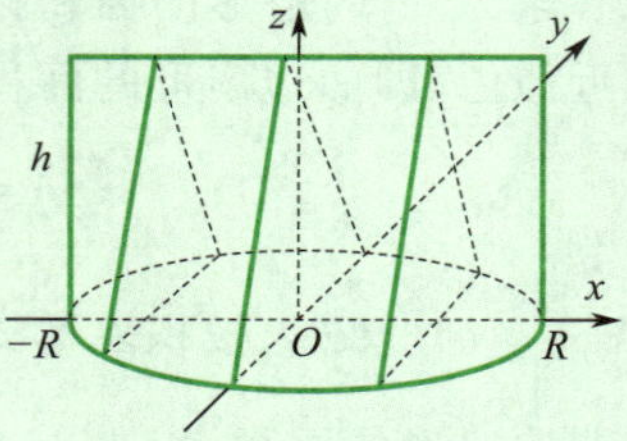

图 7-7

2. 旋转体的体积

旋转体就是由一个平面图形绕着平面内的一条定直线旋转一周而形成的立体，该定直线称为旋转轴. 例如，圆柱、圆台、球等都是旋转体.

现在我们来计算由连续曲线 $y=f(x)$、直线 $x=a$、直线 $x=b$ 及 x 轴所围成的曲边梯形绕 x 轴旋转一周而形成的旋转体的体积(见图 7-8).

显然这是平行截面面积已知的立体，因为旋转体在任一点 x 处垂直于 x 轴的截面面积为

$$A(x)=\pi y^2=\pi[f(x)]^2,$$

由式(7-4)，得

$$V=\pi\int_a^b y^2\mathrm{d}x=\pi\int_a^b[f(x)]^2\mathrm{d}x. \qquad (7\text{-}5)$$

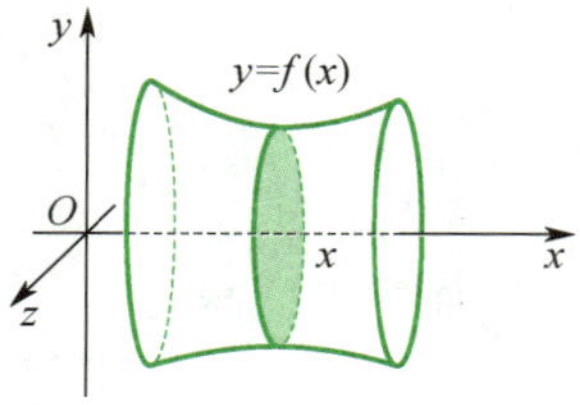

图 7-8

类似地，由平面曲线 $x=\varphi(y)$、直线 $y=c$、直线 $y=d$ 及 y 轴所围成的曲边梯形绕 y 轴旋转一周而形成的旋转体的体积为

$$V=\pi\int_c^d x^2\mathrm{d}y=\pi\int_c^d[\varphi(y)]^2\mathrm{d}y. \qquad (7\text{-}6)$$

例 5 将抛物线 $y=x^2$、x 轴及直线 $x=2$ 所围成的平面图形绕 x 轴旋转一周，求所形成的旋转体的体积.

解 题述平面图形如图 7-9 所示，由式(7-5)，它绕 x 轴旋转而形成的旋转体的体积为

$$V=\pi\int_0^2 y^2\mathrm{d}x=\pi\int_0^2 x^4\mathrm{d}x=\pi\left[\frac{x^5}{5}\right]_0^2=\frac{32}{5}\pi.$$

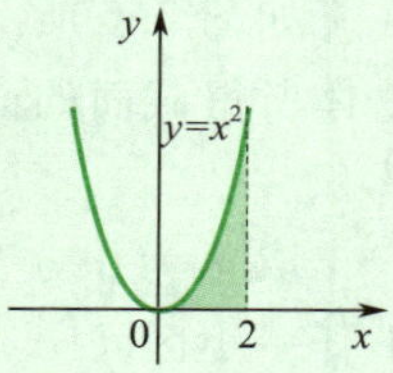

图 7-9

例 6 计算由椭圆 $\frac{x^2}{a^2}+\frac{y^2}{b^2}=1$ 所围成的图形绕 x 轴旋转一周而形成的旋转体(旋转椭球体)的体积.

解 此椭球体可看作由上半椭圆 $y=\frac{b}{a}\sqrt{a^2-x^2}$ 及 x 轴所围成的图形绕 x 轴旋转一周而形成的立体(见图 7-10).

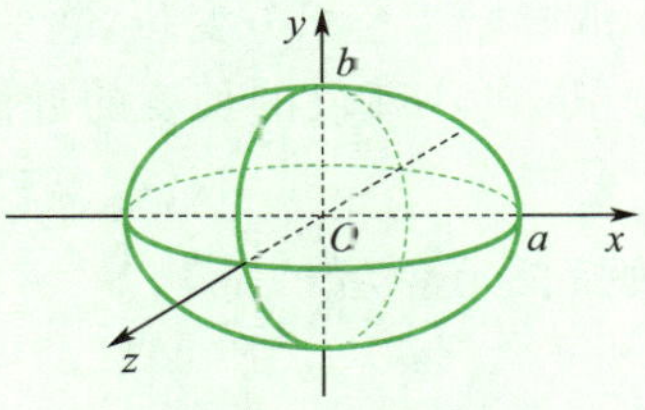

图 7-10

由式(7-5)可得,所求体积为

$$V=\pi\int_{-a}^{a}\frac{b^2}{a^2}(a^2-x^2)\mathrm{d}x$$
$$=\pi\frac{b^2}{a^2}\left[a^2x-\frac{1}{3}x^3\right]_{-a}^{a}=\frac{4}{3}\pi ab^2.$$

四、平面曲线的弧长

设曲线弧 $\overset{\frown}{AB}$ 由直角坐标方程 $y=f(x)\ (a\leqslant x\leqslant b)$ 给出(见图 7-11),其中,$f(x)$ 在区间 $[a,b]$ 上具有一阶导数,下面计算该曲线弧的长度.

取横坐标 x 为积分变量,它的变化区间为 $[a,b]$,曲线 $y=f(x)$ 上相应于区间 $[a,b]$ 上任一小区间 $[x,x+\mathrm{d}x]$ 的一段弧的长度,可以用该曲线在点 $(x,f(x))$ 处的切线上对应的一小段的长度来近似代替,即

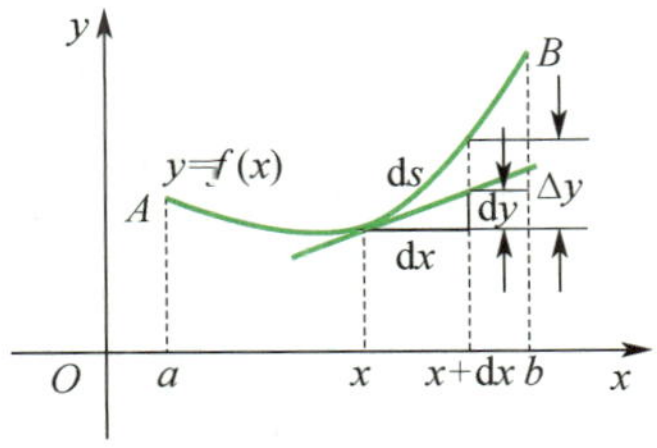

图 7-11

$$\Delta s\approx\sqrt{(\mathrm{d}x)^2+(\mathrm{d}y)^2}=\sqrt{1+y'^2}\,\mathrm{d}x, \tag{7-7}$$

从而得弧长元素(弧微分)为

$$\mathrm{d}s=\sqrt{1+y'^2}\,\mathrm{d}x.$$

以 $\sqrt{1+y'^2}\,\mathrm{d}x$ 为被积表达式,在闭区间 $[a,b]$ 上求定积分,便得所求的弧长为

$$s=\int_a^b\sqrt{1+y'^2}\,\mathrm{d}x. \tag{7-8}$$

例 7 求曲线 $y=\ln(1-x^2)$ 上相应于 $0\leqslant x\leqslant\frac{1}{2}$ 的一段弧长.

解 由于 $y'=\frac{-2x}{1-x^2}$,所以弧长元素为

$$\mathrm{d}s=\sqrt{1+y'^2}\,\mathrm{d}x=\frac{1+x^2}{1-x^2}\mathrm{d}x,$$

因此,所求弧长为

$$s=\int_0^{\frac{1}{2}}\frac{1+x^2}{1-x^2}\mathrm{d}x=\int_0^{\frac{1}{2}}\left(-1+\frac{1}{1+x}+\frac{1}{1-x}\right)\mathrm{d}x$$
$$=-\frac{1}{2}+\left[\ln\frac{1+x}{1-x}\right]_0^{\frac{1}{2}}=-\frac{1}{2}+\ln 3.$$

如果曲线由参数方程

$$\begin{cases}x=\varphi(t),\\ y=\psi(t)\end{cases}$$

给出，其中，$\alpha\leqslant t\leqslant\beta$，$\varphi(t)$和$\psi(t)$在区间$[\alpha,\beta]$上均具有连续导数，且$\varphi'(t)$和$\psi'(t)$不同时为零，则取参数$t$为积分变量，它的变化区间为$[\alpha,\beta]$. 由式(7-7)，对应的区间$[\alpha,\beta]$上任一小区间$[t,t+\mathrm{d}t]$的小弧段的长度的近似值（弧微分）为

$$\Delta s\approx\sqrt{\varphi'^2(t)(\mathrm{d}t)^2+\psi'^2(t)(\mathrm{d}t)^2}=\sqrt{\varphi'^2(t)+\psi'^2(t)}\,\mathrm{d}t,$$

故弧长元素为

$$\mathrm{d}s=\sqrt{\varphi'^2(t)+\psi'^2(t)}\,\mathrm{d}t,$$

于是所求弧长为

$$s=\int_\alpha^\beta\sqrt{\varphi'^2(t)+\psi'^2(t)}\,\mathrm{d}t. \tag{7-9}$$

例 8　计算摆线

$$\begin{cases}x=a(t-\sin t),\\ y=a(1-\cos t)\end{cases}$$

的一拱$(0\leqslant t\leqslant 2\pi)$（见图 7-12）的长度.

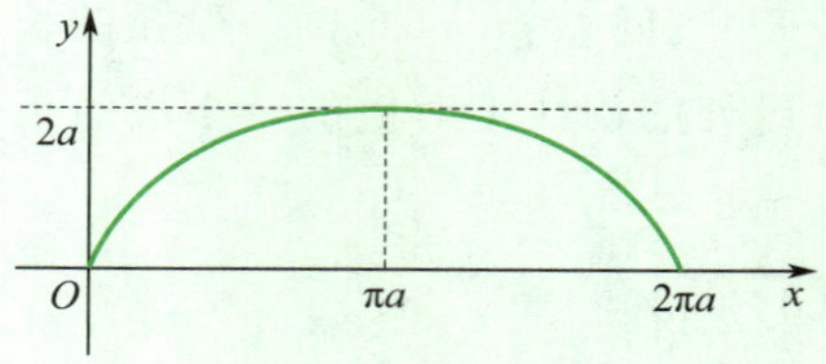

图 7-12

解　由于$x'(t)=a(1-\cos t)$，$y'(t)=a\sin t$，所以

$$\begin{aligned}\mathrm{d}s&=\sqrt{x'^2(t)+y'^2(t)}\,\mathrm{d}t\\&=\sqrt{a^2(1-\cos t)^2+a^2\sin^2 t}\,\mathrm{d}t=a\sqrt{2(1-\cos t)}\,\mathrm{d}t,\end{aligned}$$

所求弧长为

$$\begin{aligned}s&=a\int_0^{2\pi}\sqrt{2(1-\cos t)}\,\mathrm{d}t\\&=2a\int_0^{2\pi}\sin\frac{t}{2}\mathrm{d}t=\left[-4a\cos\frac{t}{2}\right]_0^{2\pi}=8a.\end{aligned}$$

概念复习

1. 由连续曲线$y=f(x)$，$y=g(x)$$[f(x)\geqslant g(x)]$和直线$x=a$，$x=b$所围成的平面图形的面积为________________.

2. 若一立体垂直于x轴的截面的面积是已知的连续函数$A(x)$，则立体上位于垂直于x轴的两张平面$x=a$，$x=b$之间的部分的体积为________________.

3. 由连续曲线$y=f(x)$，直线$x=a$，直线$x=b$及x轴所围成的曲边梯形绕x轴旋转一周而形成的旋转体的体积为________.

4. 连续光滑曲线弧$y=f(x)(a\leqslant x\leqslant b)$的长度为____________________.

习题 7-1

1. 求正弦曲线 $y=\sin x, x\in\left[0,\frac{3\pi}{2}\right]$ 和直线 $x=\frac{3}{2}\pi$ 及 x 轴所围成的平面图形的面积.

2. 设曲线 $y=\sqrt{2x}$,

(1) 求该曲线上点(2,2)处的切线方程;

(2) 求由该曲线、(1)中的切线、x 轴所围成的平面图形的面积.

3. 求对数螺线 $\rho=ae^{\theta}(-\pi\leqslant\theta\leqslant\pi)$ 与射线 $\theta=\pi$ 所围成的平面图形的面积.

4. 求由曲线 $y=e^x$、该曲线过原点的切线、x 轴所围成的平面图形的面积.

5. 设有一截锥体,其高为 h,上、下底均为椭圆,椭圆的轴长分别为 $2a,2b$ 和 $2A,2B$,求该截锥体的体积.

6. 求由抛物线 $y=\frac{x^2}{10}, y=\frac{x^2}{10}+1$ 与直线 $y=10$ 所围成的平面图形绕 y 轴旋转而形成的旋转体的体积.

7. 求曲线 $y=\ln x$ 上相应于 $\sqrt{3}\leqslant x\leqslant\sqrt{8}$ 的一段弧的长度.

8. 计算从抛物线 $y^2=2px(p>0)$ 的顶点到该曲线上的一点 $M(x,y)$ 的弧长.

9. 计算星形线 $x=a\cos^3 t, y=a\sin^3 t$ 的全长.

第2节　定积分在物理学中的应用举例

一、变力沿直线所做的功

由物理学知识可知,设某物体在常力 F 的作用下沿直线运动,且力的方向与物体运动的方向一致,那么在物体移动了距离 s 时,力 F 对物体所做的功为

$$W=F\cdot s.$$

如果力 $F=f(x)$ 是变化的,即随物体位置的变化而变化,那么物体沿直线从点 $x=a$ 处运动到点 $x=b$ 处时,该力所做的功如何计算呢?

设 $F=f(x)$ 是连续函数,在区间 $[a,b]$ 上任取一小区间 $[x,x+dx]$,在这个小区间上力 F 变化很小,可近似地看作是常力沿直线做功,即得功元素为

$$dW=Fdx=f(x)dx,$$

从而所做的功为

$$W=\int_a^b f(x)dx.$$

例 1 设空气压缩机活塞的面积为 A，如图 7-13 所示，在等温的压缩过程中，活塞由点 x_1 处（此时气体体积为 $V_1=Ax_1$）压缩到点 x_2 处（$x_2<x_1$，此时气体体积为 $V_2=Ax_2$）．求压缩机在这一压缩过程中消耗的功．

解 任取 $x\in[x_2,x_1]$，在点 x 处，气体体积为$V=Ax$．一定量气体在等温条件下，$pV=c$（c 为常数），从而活塞面上单位面积的压强为 $p=\dfrac{c}{V}=\dfrac{c}{Ax}$，活塞面上的总压力为 $f(x)=pA=\dfrac{c}{x}$，于是在点 x 处压缩机消耗的功元素为

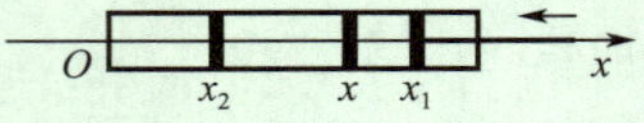

图 7-13

$$\mathrm{d}W=\frac{c}{x}\mathrm{d}x,$$

所以，活塞由点 x_1 处压缩到点 x_2 处所消耗的功为

$$W=\int_{x_2}^{x_1}\mathrm{d}W=\int_{x_2}^{x_1}\frac{c}{x}\mathrm{d}x=c\ln\frac{x_1}{x_2}.$$

例 2 从地面垂直向上发射质量为 m 的火箭，当火箭到地面的距离为 r 时，求火箭克服地球引力所做的功．

解 设地球半径为 R，地球的质量为 M，火箭距离地面的高度为 x，已知火箭的质量为 m，由万有引力定律，火箭受到地球的引力为

$$f=G\frac{Mm}{(R+x)^2},$$

其中，G 为引力常量．

已知当 $x=0$ 时，$f=mg$，即 $G\dfrac{Mm}{R^2}=mg$，故 $G=\dfrac{R^2g}{M}$，所以

$$f=\frac{R^2g}{M}\cdot\frac{Mm}{(R+x)^2}=\frac{R^2mg}{(R+x)^2},$$

定积分的应用
——引力

于是，在点 x 处火箭克服地球引力所做的功元素为

$$\mathrm{d}W=f\mathrm{d}x=\frac{R^2mg}{(R+x)^2}\mathrm{d}x.$$

从而，当火箭到地面的距离为 r 时，火箭克服地球引力所做的功为

$$W=\int_0^r\mathrm{d}W=\int_0^r\frac{R^2mg}{(R+x)^2}\mathrm{d}x=R^2mg\left(\frac{1}{R}-\frac{1}{R+r}\right).$$

*二、水的压力

由物理学知识可知，在水深为 h 处，水的压强为 $p=\rho gh$，其中，ρ 是水的密度．如果有一面积为 A 的平板水平放置在水深为 h 处，那么平板一侧所受的水的压力为

$$P=pA.$$

如果平板铅直放置在水中，由于水深不同的点处压强 p 不相等，所以平板一侧所受水的压力就不能用上述方法计算，下面通过一个例子来说明它的计算方法．

例 3 一个底为 b、高为 h 的对称抛物线弓形闸门，其底平行于水面，到水面的距离为 h（顶和水平面相切），闸门垂直放在水中，水的密度为 ρ. 求闸门一侧所受的压力.

解 建立直角坐标系，如图 7-14 所示，设抛物线的方程为

$$y^2=2px,$$

因为它通过点 $\left(h,\frac{b}{2}\right)$，将点的坐标代入方程求得 $p=\frac{b^2}{8h}$，所以抛物线方程为

$$y^2=\frac{b^2}{4h}x.$$

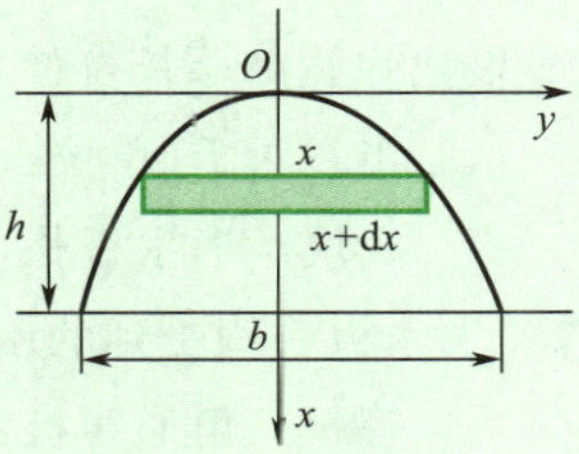

图 7-14

取 x 为积分变量，其变化区间为 $[0,h]$. 考虑相应于区间 $[x,x+\mathrm{d}x]$ 的小窄条，其上各点处的压强近似于 ρgx，这一窄条的面积近似于 $|2y|\mathrm{d}x$. 因此，这一窄条一侧所受水的压力的近似值，即压力元素为

$$\mathrm{d}F=\rho gx\cdot|2y|\mathrm{d}x=2\rho gx\sqrt{\frac{b^2x}{4h}}\mathrm{d}x,$$

于是闸门一侧所受的压力为

$$\begin{aligned}P&=\int_0^h\mathrm{d}P=\int_0^h 2\rho gx\sqrt{\frac{b^2x}{4h}}\mathrm{d}x\\&=\frac{\rho gb}{\sqrt{h}}\int_0^h x^{\frac{3}{2}}\mathrm{d}x=\left[\frac{2}{5}\frac{\rho gb}{\sqrt{h}}x^{\frac{5}{2}}\right]_0^h\\&=\frac{2}{5}\rho gbh^2.\end{aligned}$$

概念复习

1. 物体在变力 $F=f(x)$ 作用下从点 $x=a$ 处运动到点 $x=b$ 处时，该力所做的功为__________.

2. 设一物体在变力 $F=kx^2$（k 是常数）作用下从点 $x=0$ 处运动到点 $x=1$ 处，则该过程中力 F 所做的功为__________.

3. 已知电场中一个与坐标原点 O 相距 r 的单位正电荷所受的电场力为 $F=k\frac{q}{r^2}$（k,q 是常数），则该单位正电荷在电场中从点 $r=a$ 处移动到点 $r=b$ 处的过程中电场力对它做的功为__________（用定积分表示）.

*4. 长为 a、宽为 b 的矩形平板铅直放在水中（宽平行于水面），水的密度为 ρ，取过矩形中心且铅直向下的直线为 x 轴，过矩形中心的水平线为 y 轴，则平板所受到的水的压力元素可表示为__________.

习题 7－2

1. 由物理学知识可知，弹簧在拉伸过程中，所需的力 F（单位：N）与伸长量 s（单位：cm）成正比，即

$$F=ks \quad (k\text{ 是比例常数}),$$

如果把弹簧由原长拉伸 8 cm，计算所做的功.

2. 半径为 R（单位：m）的半球形水池充满了水，要把池内的水完全吸尽，需做多少功？

*3. 一块矩形木板长 10 m，宽 5 m. 木板垂直于水平面，沉没于水中，其宽与水面一样高. 求木板一侧受到的压力.（水的密度 $\rho=1\ \text{g/cm}^3$.）

*4. 等腰三角形薄板铅直沉入水中，其底与水面相齐，薄板的高为 h，底为 a.

(1) 计算薄板一侧所受压力；

(2) 若倒转薄板，使顶点与水面相齐，而底平行于水面，则水对薄板一侧的压力增加了多少？

第 3 节　定积分在经济问题中的应用举例

定积分是解决经济问题的常用工具，本节将通过几个例子介绍定积分在经济问题中的应用.

一、已知边际函数求总量函数

由于边际变量（成本、收入、利润等）是指对应经济变量的变化率，所以边际函数（边际成本、边际收入、边际利润等）就是总量函数（总成本、总收入、总利润等）的导数. 因此，当已知边际函数和初始条件时，可用定积分求出总量函数.

例 1　已知某厂产品的边际收入为 $R'(x)=200-2x$，且当销售量为零时，总收入为零，求：

(1) 总收入函数 $R(x)$；

(2) 当销售量由 50 单位增加到 60 单位时收入的增量.

解　(1)

$$\begin{aligned}R(x)-R(0) &= \int_0^x R'(t)\mathrm{d}t \\ &= \int_0^x (200-2t)\mathrm{d}t = [200t-t^2]_0^x \\ &= 200x-x^2,\end{aligned}$$

因为 $R(0)=0$，故 $R(x)=200x-x^2$.

(2) $\Delta R=\int_{50}^{60}(200-2x)\mathrm{d}x=[200x-x^2]_{50}^{60}=900.$

例 2 假设某产品的边际收入函数为 $R'(x)=-x+9$(万元/万台)，边际成本函数为 $C'(x)=\frac{x}{4}+4$(万元/万台)，其中产量 x 以万台为单位.

(1) 求产量 x 由 4 万台增加到 5 万台时利润的增量;

(2) 求当产量为多少时，所获利润最大.

解 (1) 已知利润函数 $L(x)=R(x)-C(x)$，则边际利润为

$$L'(x)=R'(x)-C'(x)=-x+9-\left(\frac{x}{4}+4\right)=-\frac{5x}{4}+5,$$

增量 $$\Delta L = L(5)-L(4)=\int_4^5 L'(x)\mathrm{d}x=\int_4^5\left(-\frac{5x}{4}+5\right)\mathrm{d}x=-\frac{5}{8}\text{ 万元},$$

即在 4 万台基础上再生产 1 万台，利润不但没增加，反而减少了.

(2)令 $L'(x)=0$，即 $R'(x)=C'(x)$，得 $-x+9=\frac{x}{4}+4$，解得 $x=4$(万台)，而 $L''(4)=-\frac{5}{4}<0$，故当 $x=4$ 时 $L(x)$ 最大，所以产量为 4 万台时利润最大.

二、已知总产量的变化率求总产量

如果已知总产量变化率 $g'(t)$(t 为时间)及初始时刻 t_0 的产量 $g(t_0)$，则总产量为

$$g(t)=g(t_0)+\int_{t_0}^{t} g'(s)\mathrm{d}s \quad (t\geqslant t_0).$$

例 3 已知某造纸厂纸产量的变化率是时间 t(单位:年)的函数 $f(t)=4t-5(t\geqslant 0)$.

(1) 求第 1 个五年计划期间纸的总产量;

(2) 求第 n 个五年计划期间纸的总产量;

(3) 该厂将在第几个五年计划期间纸的总产量达到 800 单位?

解 设产量函数为 $g(t)$.

(1) 第 1 个五年计划期间纸的总产量

$$g(5)=\int_0^5 g'(t)\mathrm{d}t=\int_0^5 f(t)\mathrm{d}t=\int_0^5(4t-5)\mathrm{d}t$$
$$=[2t^2-5t]_0^5=25.$$

(2) 第 n 个五年计划期间纸的总产量

$$\Delta g_n=g(5n)-g(5n-5)=\int_{5n-5}^{5n}(4t-5)\mathrm{d}t$$
$$=[2t^2-5t]_{5n-5}^{5n}=100n-75.$$

(3) 设在第 n 个五年计划期间纸的总产量达到 800 单位，则

$$100n-75=800,\quad 得\ n=8.75.$$

即第 9 个五年计划期间纸的总产量达到 800 单位.

三、其他应用

除上述应用外，还有许多其他经济问题可以应用定积分来解决，下面再举两个例子.

例 4 设某商品从时刻 0 到时刻 t 的销售量为 $x(t)=kt, t\in[0,T], k>0$. 欲在 T 时刻将数量为 A 的该商品销售完，试求：

（1）t 时刻的商品剩余量 y 以及 k 的值；

（2）在时段 $[0,T]$ 上的平均剩余量.

解 （1）t 时刻的商品剩余量为

$$y(t)=A-x(t)=A-kt,\quad t\in[0,T].$$

因在 T 时刻将数量为 A 的该商品销售完，所以

$$A-kT=0,\quad 得\ k=\frac{A}{T},$$

于是

$$y(t)=A-\frac{A}{T}t,\quad t\in[0,T].$$

（2）在时段 $[0,T]$ 上的平均剩余量为

$$\overline{y(t)}=\frac{1}{T}\int_0^T y(t)\mathrm{d}t=\frac{1}{T}\int_0^T\left(A-\frac{A}{T}t\right)\mathrm{d}t=\frac{A}{2}.$$

一般地，连续函数 $f(x)$ 在区间 $[a,b]$ 上的平均值 $\overline{y}$ 等于函数 $f(x)$ 在区间 $[a,b]$ 上的定积分除以区间 $[a,b]$ 的长度，即

$$\overline{y}=\frac{1}{b-a}\int_a^b f(x)\mathrm{d}x.$$

* **例 5** 在鱼塘中捕鱼时，鱼越少，捕捞成本越高，假设当鱼塘中鱼量为 x（单位：kg）时，每千克的捕捞成本是 $\frac{2\ 000}{10+x}$（元）. 已知鱼塘中现有鱼 10 000 kg，求从鱼塘中捕捞 6 000 kg 鱼所花费的成本.

解 由题意，捕捞边际成本函数为

$$C'(x)=\frac{2\ 000}{10+x}\quad (x>0).$$

假设塘中现有鱼量为 A，需要捕捞的鱼量为 T，当捕捞的鱼量为 x 时，塘中所剩的鱼量为 $A-x$，此时再捕捞 Δx 鱼所需成本为

$$\Delta C=C'(A-x)\Delta x=\frac{2\ 000}{10+(A-x)}\Delta x,$$

因此，捕捞 T 鱼所需成本为

$$\begin{aligned}C&=\int_0^T\frac{2\ 000}{10+(A-x)}\mathrm{d}x\\&=-2\ 000\ln\left[10+(A-x)\right]_0^T\\&=2\ 000\ln\frac{10+A}{10+(A-T)}.\end{aligned}$$

将已知数据 $A=10\ 000$ kg，$T=6\ 000$ kg 代入，得总捕捞成本为

$$C=2\ 000\ln\frac{10\ 010}{4\ 010}(\text{元})\approx 1\ 829.59(\text{元}),$$

每千克鱼的平均捕捞成本为

$$\overline{C}=\frac{1\ 829.59}{6\ 000}(\text{元})\approx 0.30(\text{元}).$$

概念复习

1. 已知某产品的边际收入为 $R'(x)$，则总收入函数 $R(x)=$____________.

2. 如果已知总产量变化率 $g'(t)$ 及初始时刻 t_0 的产量 $g(t_0)$，则总产量为____________.

3. 连续函数 $y=f(x)$ 在区间 $[a,b]$ 上的平均值 $\overline{y}$ 等于__________.

4. 物体以变速 $v(t)$ 做直线运动，在 $[T_1,T_2]$ 这段时间内的平均速率为____________(用定积分表示).

习题 7-3

1. 设生产某产品的固定成本为 100 元，当产量为 x 时的边际成本为 $C'(x)=3x^2-x+30$(元)，求总成本函数.

2. 已知生产某产品的边际成本为 $C'(x)=150-0.2x$(x 为产量)，求产量从 200 单位增加到 300 单位时需要追加的成本.

3. 设某产品生产 x 单位时的边际收入是 $R'(x)=100-\frac{x}{200}$.

(1) 求生产 100 单位时的总收入；

(2) 如果已经生产了 200 单位，求再生产 200 单位的总收入.

4. 已知生产某产品 x(单位：百台)的边际成本和边际收入分别为

$$C'(x)=3+\frac{1}{3}x(\text{万元/百台}),$$

$$R'(x)=7-x(\text{万元/百台}),$$

其中，$C(x)$ 和 $R(x)$ 分别是总成本函数和总收入函数.

(1) 若固定成本 $C_0=1$ 万元，求总成本函数、总收入函数和总利润函数；

(2) 产量为多少时，总利润最大？最大总利润是多少？

5. 已知某产品在时刻 t(单位：h)的总产量的变化率是 $f(t)=100+12t-0.6t^2$(单位/h)，求从 $t=2$ h 到 $t=4$ h 的总产量.

实验四　一元函数积分的 Python 实现

在 Python 中，主要应用 SymPy 和 SciPy 计算积分. 不定积分、定积分的计算主要应用支持符号数学和符号积分的 SymPy，定积分也可以应用 SciPy 中的积分工具 integrate()函数. 对于其他数值积分方法，如辛普森(Simpson)法则或梯形法则，可手动实现数值积分计算.

一、一元函数积分的 Python 实现

在 Python 中，SymPy 中的 integrate()函数既可计算不定积分，也可计算定积分. 在计算不定积分时，使用的程序代码为

```
integrate(f,x),
```

其中，f 是要积分的函数，x 是积分变量. integrate()函数返回的结果是一个符号表达式，表示原函数，但不会自动添加任意常数($+C$).

计算定积分时，使用的程序代码为

```
integrate(f,(x,a,b)),
```

其中，a，b 对应定积分的下限与上限.

例 1　计算 $\int x^2 \mathrm{d}x$.

解　程序代码为

```
from sympy import symbols,integrate
x= symbols('x')
f= x**2
indefinite_integral= integrate(f,x) # 计算不定积分
indefinite_integral
```

运行结果为

```
x**3/3
```

例 2　计算 $\int_0^4 \frac{x+2}{\sqrt{2x+1}}\mathrm{d}x$.

解　程序代码为

```
from sympy import symbols,integrate,sqrt
x=symbols('x')
f=(x+2)/sqrt(2*x+1)
integral=integrate(f,(x,0,4))
integral
```

运行结果为

```
22/3
```

例 2 也可以应用 scipy. integrate. quad()函数求解，程序代码为

```
from scipy.integrate import quad
import numpy as np
def f(x):
    return (x+2)/np.sqrt(2*x+1)
integral,error=quad(f,0,4)
integral,error
```

注意 这里返回的值 integral 为该定积分的数值解，error 为计算误差.

SymPy 同样可以处理反常积分，包括当积分区间为无限区间或函数在积分区间内无界的情况.

例 3 计算 $\int_{-\infty}^{+\infty} e^{-x^2}\,dx$.

解 程序代码为

```
from sympy import symbols,integrate,exp,oo
x=symbols('x')
f=exp(-x**2)
integral=integrate(f,(x,-oo,oo))
integral
```

运行结果为

```
sqrt(pi)
```

二、应用举例

例 4 石油的消耗量.

近年来，世界范围内每年的石油消耗率呈指数增长，增长指数大约为 0.07. 1970 年年初，消耗率大约为每年 161 亿桶. 设 $R(t)$表示从 1970 年起第 t 年的石油消耗率(单位:亿桶/年)，则 $R(t)=161e^{0.07t}$. 请用此式估算 1970—1990 年石油消耗的总量(单位:亿桶).

解 设 $T(t)$表示从 1970 年起($t=0$)直到第 t 年的石油消耗总量，即求 $T(20)$.

由于 $T(t)$是石油消耗的总量，所以其导数 $T'(t)$就是石油消耗率 $R(t)$，即 $T'(t)=R(t)$. 那么 $T(t)$就是 $R(t)$的一个原函数，于是

$$T(t)=\int R(t)\,dt=\int 161e^{0.07t}\,dt$$

$$=\frac{161}{0.07}e^{0.07t}+C=2300e^{0.07t}+C.$$

程序代码为

```
from sympy import symbols,integrate,exp
t=symbols('t')
f=161*exp(0.07*t)
integral=integrate(f,t)
integral
```

运行结果为

```
2300.0*exp(0.07*t)
```

由 $T(0)=0$ 求得 $C=-2\ 300$，所以

$$T(t)=2\ 300(e^{0.07t}-1),$$

令 $t=20$，得到 1970—1990 年石油消耗的总量为

$$T(20)=2\ 300(e^{0.07\times 20}-1)\approx 7\ 027(\text{亿桶}).$$

*例 5　桶在海水中所受的压力.

一直径为 2 m 的圆筒横浸在海水中（0 ℃时海水的密度约为 1 030 kg/m^3），桶底中心距水面 4 m，请计算整个桶底所受水的压力.

解　桶底如图 7-15 所示，置坐标原点 O 于桶底中心. 取 y 作为积分变量，则积分区间为$[-1,1]$. 在任一小区间$[y,y+dy]$上桶底所受力为

$$\Delta F=PA,$$

其中，P 为压强，A 为该区间对应的桶底面积. 由桶底中心距水面 4 m，知 $P\approx\rho(4-y)$.

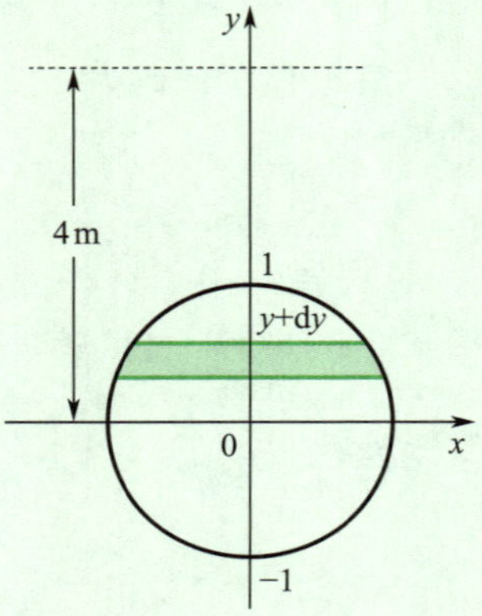

图 7-15

由于圆形桶底的方程为 $x^2+y^2=1$，所以在 y 轴右侧 $x=\sqrt{1-y^2}$，在 y 轴左侧 $x=-\sqrt{1-y^2}$，于是 $A\approx 2\sqrt{1-y^2}\,dy$，从而

$$dF=2\rho(4-y)\sqrt{1-y^2}\,dy,$$

积分得整个桶底所受水的压力

$$\begin{aligned}F&=\int_{-1}^{1}2\rho(4-y)\sqrt{1-y^2}\,dy\\&=8\rho\int_{-1}^{1}\sqrt{1-y^2}\,dy-2\rho\int_{-1}^{1}y\sqrt{1-y^2}\,dy.\end{aligned}$$

其中，第一个积分是半圆 $x=\sqrt{1-y^2}$ 的面积，等于$\frac{1}{2}\pi r^2=\frac{1}{2}\pi$；第二个积分的被积函数是奇函数，故积分为零. 于是得到

$$F=8\rho\cdot\frac{\pi}{2}=4\pi\rho=4\ 120\pi(\text{kg})\approx 12\ 943(\text{kg})=12.943(\text{t}).$$

程序代码为

```
from sympy import symbols,integrate,exp,sqrt
y=symbols('y')
f=2*1030*(4-y)*sqrt(1-y**2)
integral=integrate(f,(y,-1,1))
integral
```

运行结果为

```
4120*pi
```

三、数值积分

虽然牛顿-莱布尼茨公式可以用于精确地计算定积分的值，但它仅适用于被积函数的原函数能用初等函数表达出来的情形．很多时候这点不容易办到或者办不到，因此，有必要考虑定积分近似计算的方法．

定积分近似计算的基本思想，就是利用定积分的几何意义，将求定积分的问题转化为求曲边梯形面积的问题．首先将积分区间分割成若干小区间，然后在小区间上近似计算小曲边梯形的面积，最后将所有小曲边梯形面积的近似值求和，得到整个曲边梯形面积的近似值，也就得到了所给定积分的近似值．下面介绍常用的 3 种定积分的近似计算方法：矩形法、梯形法、抛物线法．

1. 矩形法

矩形法就是把曲边梯形分成若干个窄曲边梯形，然后用窄矩形的面积来近似代替窄曲边梯形的面积，从而求得定积分的近似值，具体做法如下．

设函数 $f(x)$ 在区间 $[a,b]$ 上连续，这时定积分 $\int_a^b f(x)\mathrm{d}x$ 存在．如图 7-16 所示，用分点 $a=x_0,x_1,\cdots,x_n=b$，将区间 $[a,b]$ 分割为 n 等份，取小区间左端点的函数值 $y_i(i=0,1,\cdots,n-1)$ 作为窄矩形的高，则有

$$\int_a^b f(x)\mathrm{d}x \approx \sum_{i=1}^{n} y_{i-1}\Delta x = \frac{b-a}{n}\sum_{i=1}^{n} y_{i-1}. \tag{7-10}$$

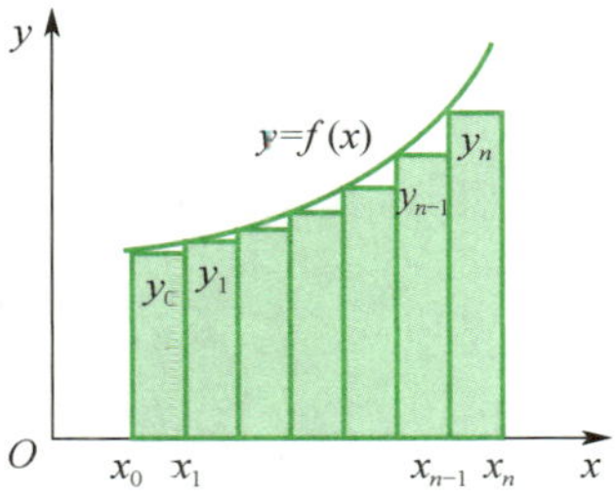

图 7-16

取小区间右端点的函数值 $y_i(i=1,2,\cdots,n)$ 作为窄矩形的高，则有

$$\int_a^b f(x)\mathrm{d}x \approx \sum_{i=1}^{n} y_i\Delta x = \frac{b-a}{n}\sum_{i=1}^{n} y_i. \tag{7-11}$$

式(7-10)和式(7-11)称为矩形法公式．

2. 梯形法

梯形法就是在每个小区间上，以窄梯形的面积近似代替窄曲边梯形的面积(见图 7-17)，从而得到定积分的近似公式

$$\begin{aligned}\int_a^b f(x)\mathrm{d}x &\approx \frac{1}{2}(y_0+y_1)\Delta x+\frac{1}{2}(y_1+y_2)\Delta x+\cdots+\frac{1}{2}(y_{n-1}+y_n)\Delta x \\ &=\frac{b-a}{n}\left[\frac{1}{2}(y_0+y_n)+y_1+y_2+\cdots+y_{n-1}\right].\end{aligned} \tag{7-12}$$

式(7-12)称为梯形法公式．由这个公式所得的近似值，其实就是式(7-10)和式(7-11)所得近似值的平均值．

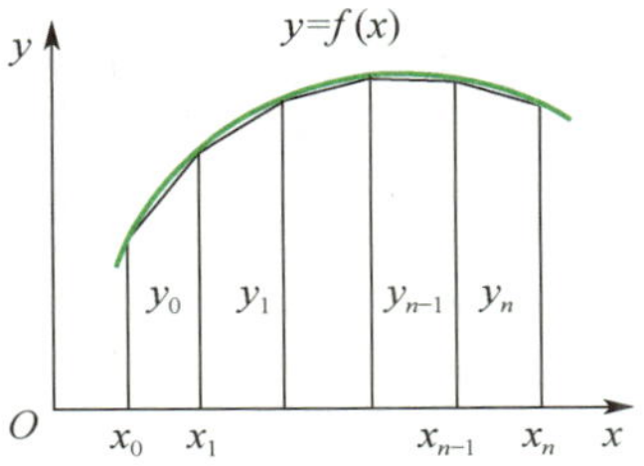

图 7-17

3. 抛物线法

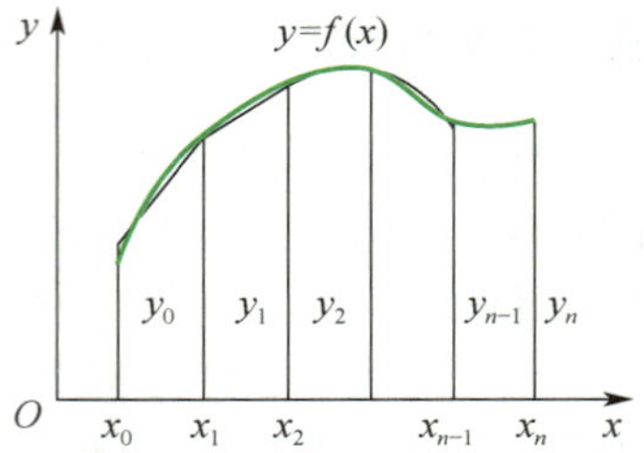

图 7-18

矩形法、梯形法的近似都是将每个小曲边梯形的曲边用直线段来近似代替. 为了进一步提高精确度，可以考虑在小范围内用二次函数来近似被积函数，即把小曲边梯形的曲边用二次曲线来近似替代，这种方法称为抛物线法，也称为辛普森法则. 具体方法如下.

设函数 $f(x)$ 在区间 $[a,b]$ 上连续，如图 7-18 所示，用分点 $a=x_0,x_1,x_2,\cdots,x_n=b$，将积分区间分割为 n 等份（这里要求 n 为偶数），各分点对应的函数值分别为 $y_0,y_1,y_2,\cdots,y_n$. 已知平面上三点可以确定一条抛物线 $y=px^2+qx+r$，而相邻的两个小区间经过曲线上的三个点，则由这三点作抛物线（为此抛物线法必须将区间等分为偶数个小区间），将以这些抛物线为曲边的曲边梯形的面积相加，就能得到所求定积分的近似值.

下面计算在区间 $[x_0,x_2]$ 上以抛物线为曲边的曲边梯形的面积. 为此，先计算区间 $[-h,h]$ 上，以过 $(-h,y_0)$，$(0,y_1)$，(h,y_2) 三点的抛物线 $y=px^2+qx+r$ 为曲边的曲边梯形的面积 A，具体如下.

$$A=\int_{-h}^{h}(px^2+qx+r)\mathrm{d}x=2\int_{0}^{h}(px^2+r)\mathrm{d}x=\frac{2}{3}ph^3+2rh,$$

由 $y_0=ph^2-qh+r$，$y_1=r$，$y_2=ph^2+qh+r$，得

$$2ph^2=y_0+y_2-2y_1,$$

故所求面积为

$$A=\frac{1}{3}h(2ph^2+6r)=\frac{1}{3}h(y_0+4y_1+y_2).$$

取 $h=\dfrac{b-a}{n}$，则上面所求面积 A 等于区间 $[x_0,x_2]$ 上以抛物线为曲边的曲边梯形的面积. 同理，可以得到区间 $[x_{i-1},x_{i+1}]$ 上以抛物线为曲边的曲边梯形的面积，即

$$A_i=\frac{b-a}{3n}(y_{i-1}+4y_i+y_{i+1}),\quad i=1,2,\cdots,n-1.$$

将这 $\dfrac{n}{2}$ 个曲边梯形的面积加起来，就得到定积分的近似值为

$$A_n=\frac{b-a}{3n}[y_0+y_n+4(y_1+y_3+\cdots+y_{n-1})+2(y_2+y_4+\cdots+y_{n-2})]. \tag{7-13}$$

式(7-13)称为辛普森公式或抛物线法公式.

4. Python 实现

定积分的近似计算方法也称为数值积分方法，当被积函数理论上不可积时，往往采用数值方法来求解，对于定积分的近似数值计算，Python 也可以手动实现数值积分算法.

例 6 计算 $\int_0^1 x^2\mathrm{d}x$.

解 程序代码为

```
def rectangular_rule(f,a,b,n):  # 定义矩形法
```

```
    h=(b-a)/n
    sum=0
    for i in range(n):
        x_i=a+i*h
        sum+=f(x_i)
    return h*sum
def trapezoidal_rule(f,a,b,n):  # 定义梯形法
    h=(b-a)/n
    sum=0.5*(f(a)+f(b))
    for i in range(1,n):
        sum+=f(a+i*h)
    return h*sum
def simpsons_rule(f,a,b,n):  # 定义辛普森法则
    h=(b-a)/n
    sum=f(a)+f(b)
    for i in range(1,n,2):
        sum+=4*f(a+i*h)
    for i in range(2,n-1,2):
        sum+=2*f(a+i*h)
    return (h/3)*sum
def f(x):  # 定义被积函数
    return x**2
a,b=0,1  # 设置积分区间
# 下面使用矩形法、梯形法和辛普森法计算积分
n=100
rectangular=rectangular_rule(f,a,b,n)
trapezoidal=trapezoidal_rule(f,a,b,n)
simpsons=simpsons_rule(f,a,b,n)
rectangular,trapezoidal,simpsons
```

运行结果为

```
0.328 350 000 000 000 03    0.333 350 000 000 000 04    0.333 333 333 333 333 4
```

矩形法的精确度通常低于梯形法则和辛普森法则，但对于某些问题，它仍然是一个简单且有效的选择.

实验题 4

1. 利用 Python 求下列积分.

(1) $\int \frac{x^3}{\sqrt{1+x^2}}\mathrm{d}x$；　　(2) $\int \frac{\mathrm{d}t}{t+t^{n+1}}$；　　(3) $\int_0^1 \frac{\sin x}{x}\mathrm{d}x$；

(4) $\int_0^{\sqrt{3}} \frac{1}{t^2\sqrt{t^2+1}}\mathrm{d}t$；　　(5) $\int_1^{+\infty} \frac{1}{x^4}\mathrm{d}x$.

2. 某制造公司在生产了一批超音速运输机之后停产了. 但该公司承诺将为客户终身供应一种适于该机型的特殊润滑油. 一年后，该批飞机的用油率（单位：L/a）为 $r(t)=\frac{300}{t^{3/2}}$，其中，t 表示飞机服役的年数（$t \geqslant 1$），该公司要一次性生产该批飞机一年以后所需的所有润滑油并在需要时分发出去，请问需要生产此润滑油多少 L？

3. 半径为 r 的球沉入水中，其最高点与水面相接，球的密度为 1，现将球从水中取出，要做多少功？

4. 用不同的数值计算方法分别计算 $\int_0^1 \frac{1}{1+x^2}\mathrm{d}x$，并比较所得结果，说明哪一种方法所得结果更接近实际值.

回顾与预习

1. 定积分可以用来解决什么类型的实际问题？
2. 列出元素法的基本步骤.
3. 满足 $y'=x$ 的函数有多少个？这些函数之间有什么关系？它们中有几个满足 $y(0)=1$？
4. 已知 $y''=x$，求 y' 和 y.
5. 一元二次方程 $ax^2+bx+c=0$ 在什么情况下有：

(1) 两个不同的实根？

(2) 两个相等的实根？

(3) 一对共轭的复根？

本章自测题　　　　本章参考答案

第8章

微 分 方 程

秦九韶

在研究物理、几何及许多实际问题时，常常需要寻求相关变量之间的函数关系. 但在许多情况下，这种函数关系不能直接找到，有时只能根据问题所提供的条件，得到所求函数及其导数之间的关系式，这样的关系式就是微分方程. 在建立微分方程以后，求解得到未知函数，就是解微分方程. 本章主要介绍微分方程的一些基本概念，并讨论常用的几种微分方程的解法.

第 1 节　微分方程的基本概念

下面通过具体例题来说明微分方程的基本概念.

例 1　一曲线通过点(1,3)，且在该曲线上任一点 $P(x,y)$ 处的切线斜率为 $4x^3$，求该曲线的方程.

解　设所求曲线的方程为 $y=y(x)$. 根据导数的几何意义，未知函数 $y=y(x)$ 应满足关系式

$$\frac{\mathrm{d}y}{\mathrm{d}x}=4x^3, \tag{8-1}$$

此外，未知函数 $y=y(x)$ 还应满足以下条件：

$$当\ x=1\ 时，y=3. \tag{8-2}$$

将式(8-1)两端积分，得

$$y=\int 4x^3\,\mathrm{d}x,\quad 即\ y=x^4+C, \tag{8-3}$$

其中，C 为任意常数.

将条件"当 $x=1$ 时，$y=3$"代入式(8-3)，解得 $C=2$. 将 $C=2$ 代入式(8-3)，即得所求曲线方程

$$y=x^4+2. \tag{8-4}$$

例 2 一质量为 m 的物体只受重力作用而自由下落，求该物体下落的距离 s 与时间 t 的函数关系.

解 设物体经过时间 t 下落的距离为 $s=s(t)$，物体受重力 $F=mg$ 的作用而自由下落，物体下落的加速度为 $a=\frac{\mathrm{d}^2 s}{\mathrm{d}t^2}$.

根据牛顿第二定律 $F=ma$，得物体在下落过程中，路程 s 与时间 t 满足的关系式为

$$m\frac{\mathrm{d}^2 s}{\mathrm{d}t^2}=mg,$$

或

$$\frac{\mathrm{d}^2 s}{\mathrm{d}t^2}=g. \tag{8-5}$$

此外，未知函数 $s=s(t)$ 还应满足以下条件：

$$\text{当 } t=0 \text{ 时}, s=0, v=\frac{\mathrm{d}s}{\mathrm{d}t}=0. \tag{8-6}$$

将式(8-5)两端积分，得

$$v=\frac{\mathrm{d}s}{\mathrm{d}t}=gt+C_1, \tag{8-7}$$

再积分，得

$$s=\frac{1}{2}gt^2+C_1 t+C_2, \tag{8-8}$$

其中，C_1，C_2 都为任意常数.

将条件“当 $t=0$ 时，$v=0$”代入式(8-7)，解得 $C_1=0$；再将条件“当 $t=0$ 时，$s=0$”代入式(8-8)，解得 $C_2=0$. 于是，所求的 s 与 t 的函数关系，即物体下落的运动方程为

$$s=\frac{1}{2}gt^2. \tag{8-9}$$

例 3 有一电路如图 8-1 所示，其中，电源电动势为 E，电阻 R 和电感 L 都为常量. 求电流 $I(t)$ 的变化规律.

解 由电学知识可知，电阻 R 上的电动势为 RI，电感 L 上的感应电动势为 $L\frac{\mathrm{d}I}{\mathrm{d}t}$. 根据基尔霍夫(Kirchhoff)电压定律，得

$$L\frac{\mathrm{d}I}{\mathrm{d}t}+RI=E, \tag{8-10}$$

这就是闭合电路中电流 $I(t)$ 随时间变化所遵循的规律.

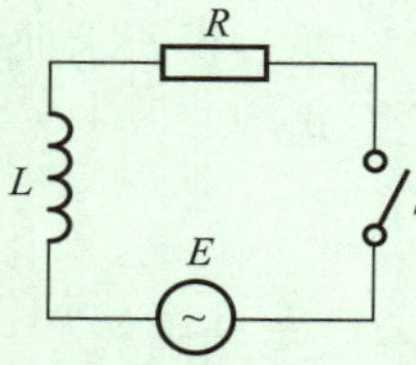

图 8-1

在上述几个例子中，都无法直接找到变量之间的函数关系，而是利用问题的几何或物理意义，建立含有未知函数、未知函数的导数与自变量的方程，这种方程就是微分方程. 一般地，表示未知函数、未知函数的导数(或微分)及自变量之间关系的方程称为**微分方程**. 未知函数是一元函数的，称为**常微分方程**；未知函数是多元函数的，称为**偏微分方程**. 微分方程有时也简称为方程. 本章只讨论常微分方程.

微分方程中出现的未知函数导数的最高阶的阶数，称为**微分方程的阶**. 例如，方程(8-1)、

方程(8-10)是一阶微分方程,方程(8-5)是二阶微分方程.

一般地,n 阶微分方程的形式是

$$F(x,y,y',y'',\cdots,y^{(n)})=0. \tag{8-11}$$

值得注意的是,在式(8-11)中,$y^{(n)}$ 是必须出现的,而其他变量可以不出现.

由前面几个例子可以看出,在研究某些实际问题时,首先要建立微分方程,然后找出满足微分方程的函数.一般地,若将一个函数代入微分方程后能使该方程成为恒等式,则称此函数为这个**微分方程的解**.例如,函数(8-3)和函数(8-4)都是方程(8-1)的解,函数(8-8)和函数(8-9)都是方程(8-5)的解.

若微分方程的解中含有任意常数,且独立的任意常数的个数与微分方程的阶数相同,这样的解称为**微分方程的通解**.例如,函数(8-3)和函数(8-8)分别是方程(8-1)和方程(8-5)的通解.

用来确定通解中任意常数的条件,称为**初始条件**.一阶微分方程的初始条件通常是

$$当\ x=x_0\ 时,y=y_0\ 或\ y\big|_{x=x_0}=y_0,$$

二阶微分方程的初始条件通常是

$$当\ x=x_0\ 时,y=y_0,y'=y_0',$$

或

$$y\big|_{x=x_0}=y_0,y'\big|_{x=x_0}=y_0',$$

确定了通解中任意常数的解,称为**微分方程的特解**.例如,函数(8-4)是方程(8-1)满足条件式(8-2)的特解.

求微分方程满足某初始条件的解的问题,称为**微分方程的初值问题**.例如,函数 $y=\mathrm{e}^x$ 就是满足初值问题

$$\begin{cases}\dfrac{\mathrm{d}y}{\mathrm{d}x}=y,\\ y\big|_{x=0}=1\end{cases}$$

的解.

微分方程的解的图形是一条曲线,称为微分方程的积分曲线.由于微分方程的通解含有任意常数,当任意常数取不同的值时,就得到一族曲线,通常称为积分曲线族.

概念复习

1. 表示未知函数及未知函数的________或________及自变量之间关系的方程称为微分方程.

2. 方程 $y''+(y')^3+y=1$ 是________阶微分方程.

3. 若微分方程的解中含有任意常数,且________任意常数的个数与微分方程的________相同,这样的解称为微分方程的通解.

4. 方程 $\dfrac{\mathrm{d}y}{\mathrm{d}x}=2x$ 的通解是________________,满足初始条件 $y\big|_{x=1}=2$ 的特解是________________.

习题 8－1

1. 指出下列微分方程的阶数.

(1) $y''+2y'+3y=x$；

(2) $x^2y''+y'-y=0$；

(3) $dy=(x+3)dx$；

(4) $\frac{dM}{dt}=\cos t^2$；

(5) $(x+y)dx+(6x-y)dy=0$.

2. 指出下列题目中的函数是否是所给微分方程的解.

(1) $y'=x^2$，$y=\frac{1}{3}x^3-1$；

(2) $xy'=2y$，$y=x^2$；

(3) $y''-3y'+2y=0$，$y=e^x+3e^{2x}$；

(4) $y''+y=0$，$y=3\sin x-4\cos x$.

3. 验证 $y=Ce^{-x}+x-1$（C 为任意常数）是微分方程 $\frac{dy}{dx}+y=x$ 的通解，并求出满足初始条件 $y|_{x=0}=1$ 的特解.

4. 写出下列条件确定的曲线所满足的微分方程.

(1) 曲线在点 (x,y) 处的切线斜率等于该点横坐标的平方；

(2) 曲线上点 $P(x,y)$ 处的法线与 x 轴的交点为 Q，且线段 PQ 被 y 轴平分.

5. 一质点由坐标原点开始（$t=0$）沿直线运动，已知质点在任意时刻 t 的加速度为 $a=t^2-1(m/s^2)$，$t=1$ s 时的速率为 $\frac{1}{3}$ m/s，求位移 x 与时间 t 之间的关系.

第 2 节　一阶微分方程及其解法

本节将讨论几种常见类型的一阶微分方程的解法.

一阶微分方程的一般形式为

$$y'=f(x,y) \quad 或 \quad P(x,y)dx+Q(x,y)dy=0.$$

一、可分离变量的微分方程

形如

$$\frac{dy}{dx}=f(x)g(y) \quad 或 \quad g(y)dy=f(x)dx \tag{8-12}$$

的一阶微分方程，称为**可分离变量的微分方程**.

如果方程(8-12)中的函数 $f(x)$ 和 $g(y)$ 都连续. 设 $y=\varphi(x)$ 是方程(8-12)的一个解，将它代入方程(8-12)中得恒等式

$$g[\varphi(x)]\varphi'(x)\mathrm{d}x=f(x)\mathrm{d}x,$$

上式两端对 x 积分，得

$$\int g[\varphi(x)]\varphi'(x)\mathrm{d}x=\int f(x)\mathrm{d}x,$$

由于 $y=\varphi(x)$，应用第一换元积分法，得

$$\int g(y)\mathrm{d}y=\int f(x)\mathrm{d}x. \tag{8-13}$$

因为对式(8-13)两端求导，即得方程(8-12)，所以由式(8-13)所确定的隐函数 $y=y(x)$ 就是方程(8-12)的解. 由于方程(8-13)只含一个任意常数，它就是方程(8-12)的通解.

由此可见，求解可分离变量的微分方程时，只需要分离变量，使方程的一端只含 y 的函数和 $\mathrm{d}y$，另一端只含 x 的函数和 $\mathrm{d}x$ 的形式后，两端积分即可得到通解.

例 1 求微分方程 $\frac{\mathrm{d}y}{\mathrm{d}x}+yx^2=0$ 的通解.

解 这是可分离变量的微分方程. 当 $y\neq 0$ 时，分离变量，得

$$\frac{1}{y}\mathrm{d}y=-x^2\mathrm{d}x,$$

对上式两端积分

$$\int\frac{1}{y}\mathrm{d}y=-\int x^2\mathrm{d}x,$$

得

$$\ln|y|=-\frac{1}{3}x^3+C_1,\text{即 } y=\pm e^{-\frac{1}{3}x^3+C_1}=\pm e^{C_1}\cdot e^{-\frac{1}{3}x^3},$$

记 $C=\pm e^{C_1}$，原方程的通解为

$$y=Ce^{-\frac{1}{3}x^3}.$$

显然，$y=0$ 也是方程的解. 它可以并入通解之中，只需取 $C=0$ 即可.

例 2 求微分方程 $xy'-y\ln y=0$ 满足初始条件 $y|_{x=1}=e$ 的特解.

解 这是可分离变量的微分方程. 当 $y\neq 1$ 时，分离变量，得

$$\frac{1}{y\ln y}\mathrm{d}y=\frac{1}{x}\mathrm{d}x,$$

对上式两端积分

$$\int\frac{1}{y\ln y}\mathrm{d}y=\int\frac{1}{x}\mathrm{d}x,$$

得

$$\ln|\ln y|=\ln|x|+\ln|C|,\text{即 } \ln y=Cx,$$

原方程的通解为

$$y=e^{Cx},$$

又由初始条件 $y|_{x=1}=e$ 得 $e=e^C$，故 $C=1$，则所求特解为 $y=e^x$.

例 3 放射性元素铀中不断地有原子放射出微观粒子而变成其他元素，导致铀的含量不断地减少，这种现象称为衰变. 由原子物理学知识可知，铀的衰变速度与当时未衰变的原子的含量 M 成正比. 已知 $t=0$ 时铀的含量为 M_0，求在衰变过程中铀含量 $M(t)$ 随时间 t 变化的规律.

解 铀的衰变速率就是 $M(t)$ 对时间 t 的导数，由于铀的衰变速率与其含量成正比，得微分方程为

$$\frac{\mathrm{d}M}{\mathrm{d}t}=-\lambda M,$$

其中，$\lambda>0$ 为衰变常数，且有 $M(0)=M_0$. 将上述方程分离变量，得

$$\frac{\mathrm{d}M}{M}=-\lambda\mathrm{d}t,$$

由于 $M>0$，对上式两端积分，得

$$\ln M=-\lambda t+C_1,$$

故微分方程的通解为

$$M=C\mathrm{e}^{-\lambda t}\quad (C=\mathrm{e}^{C_1}).$$

将初始条件 $M(0)=M_0$ 代入上式，得 $C=M_0$. 即铀的衰变规律为

$$M=M_0\mathrm{e}^{-\lambda t}.$$

二、齐次方程

在一阶微分方程中，有些方程不能直接分离变量，但通过适当的变换后可以化为可分离变量的微分方程. 例如，形如

$$\frac{\mathrm{d}y}{\mathrm{d}x}=\varphi\left(\frac{y}{x}\right)\tag{8-14}$$

的一阶微分方程，这种方程称为**齐次方程**.

齐次方程(8-14)不能直接分离变量，但通过变换

$$u=\frac{y}{x}\quad 或\quad y=ux,\tag{8-15}$$

它就可以转化为可分离变量的微分方程.

事实上，由式(8-15)可知

$$\frac{\mathrm{d}y}{\mathrm{d}x}=u+x\frac{\mathrm{d}u}{\mathrm{d}x},$$

代入方程(8-14)，有

$$u+x\frac{\mathrm{d}u}{\mathrm{d}x}=\varphi(u).$$

利用变量代换求解一阶微分方程

当 $\varphi(u)-u\neq 0$ 时，分离变量得微分方程

$$\frac{\mathrm{d}u}{\varphi(u)-u}=\frac{\mathrm{d}x}{x},$$

求出这个方程的通解后，再用 $\frac{y}{x}$ 代替 u，便得方程(8-14)的通解.

例 4 求微分方程$(x^2+y^2)dx-xydy=0$的通解.

解 这是齐次方程,可化为如下形式:

$$\frac{dy}{dx}=\frac{x^2+y^2}{xy} \quad 或 \quad \frac{dy}{dx}=\frac{1+\left(\frac{y}{x}\right)^2}{\frac{y}{x}}.$$

令 $u=\frac{y}{x}$,则 $y=ux$,$\frac{dy}{dx}=u-x\frac{du}{dx}$. 将其代入上述方程,得

$$u+x\frac{du}{dx}=\frac{1+u^2}{u},$$

即

$$x\frac{du}{dx}=\frac{1}{u},$$

分离变量,得

$$udu=\frac{dx}{x},$$

对上式两端积分,得

$$u^2=2\ln|x|+C,$$

以$\frac{y}{x}$代替上式中的u,便得所求方程的通解为

$$y^2=x^2(2\ln|x|+C).$$

例 5 求微分方程 $x^2\frac{dy}{dx}=xy-y^2$ 满足初始条件$y|_{x=1}=1$的特解.

解 这是齐次方程,原方程可化为

$$\frac{dy}{dx}=\frac{y}{x}-\left(\frac{y}{x}\right)^2.$$

令 $u=\frac{y}{x}$,则 $y=ux$,$\frac{dy}{dx}=u+x\frac{du}{dx}$. 将其代入上述方程,得

$$u+x\frac{du}{dx}=u-u^2,即-\frac{1}{u^2}du=\frac{dx}{x},$$

对上式两端积分,整理得

$$\frac{1}{u}=\ln x+C,$$

以$\frac{y}{x}$代上式中的u,便得所求方程的通解为

$$\frac{x}{y}=\ln x+C,$$

将初始条件$y|_{x=1}=1$代入上式,得$C=1$. 所求方程的特解为

$$y=\frac{x}{1+\ln x}.$$

三、一阶线性微分方程

一阶微分方程

$$\frac{dy}{dx}+P(x)y=Q(x) \tag{8-16}$$

中，未知函数及导数的关系是线性的（一次的），称这种方程为**一阶线性微分方程**. 如果 $Q(x)\equiv 0$，则方程(8-16)称为一阶**齐次**线性微分方程；如果 $Q(x)\neq 0$，则方程(8-16)称为一阶**非齐次**线性微分方程.

首先，求一阶线性齐次微分方程

$$\frac{dy}{dx}+P(x)y=0 \tag{8-17}$$

的通解.

方程(8-17)又称为对应于非齐次方程(8-16)的齐次线性方程. 显然，它是可分离变量的微分方程. 分离变量，得

$$\frac{dy}{y}=-P(x)dx\ (y\neq 0),$$

两端积分，得对应的齐次方程(8-17)的通解为

$$\ln|y|=-\int P(x)dx+\ln|C|，即\ y=Ce^{-\int P(x)dx}. \tag{8-18}$$

其中，C 是任意常数（因为 $y=0$ 也是方程的解，所以它可以取零）.

下面利用常数变易法来求非齐次线性方程(8-16)的通解.

我们希望非齐次线性方程(8-16)也有形如式(8-18)的通解，而式(8-18)是对应的齐次方程(8-17)的解，显然不能满足方程(8-16). 但能否找到一个函数 $u(x)$ 代替常数 C，使

$$y=u(x)e^{-\int P(x)dx} \tag{8-19}$$

满足方程(8-16)呢？为此，将函数(8-19)及其导数

$$y'=u'(x)e^{-\int P(x)dx}-u(x)P(x)e^{-\int P(x)dx},$$

常数变易法

代入方程(8-16)，得

$$u'(x)e^{-\int P(x)dx}-u(x)P(x)e^{-\int P(x)dx}+u(x)P(x)e^{-\int P(x)dx}=Q(x),$$

即

$$u'(x)e^{-\int P(x)dx}=Q(x)\quad 或\quad u'(x)=Q(x)e^{\int P(x)dx},$$

两端积分，有

$$u(x)=\int Q(x)e^{\int P(x)dx}dx+C.$$

于是，可以找到函数 $u(x)$，把它代入式(8-19)，得到非齐次线性微分方程(8-16)的通解为

$$y=e^{-\int P(x)dx}\left[\int Q(x)e^{\int P(x)dx}dx+C\right]. \tag{8-20}$$

这种求微分方程(8-16)的通解的方法称为**常数变易法**.

将通解公式(8-20)改写为

$$y=Ce^{-\int P(x)dx}+e^{-\int P(x)dx}\int Q(x)e^{\int P(x)dx}dx,$$

其中，第一项对应的是齐次线性方程(8-17)的通解；第二项对应的是在式(8-20)中取 $C=0$ 时，非齐次线性方程(8-16)的一个特解. 由此可见，一阶非齐次线性方程的通解等于对应的齐次方程的通解与非齐次方程的一个特解之和.

例 6 求微分方程 $\frac{\mathrm{d}y}{\mathrm{d}x}+2xy=4x$ 的通解.

解 这是一阶线性非齐次微分方程，其中，$P(x)=2x$，$Q(x)=4x$，由式(8-20)，得

$$y=\mathrm{e}^{-\int 2x\mathrm{d}x}\left(\int 4x\mathrm{e}^{\int 2x\mathrm{d}x}\mathrm{d}x+C\right)$$

$$=\mathrm{e}^{-x^2}\left(\int 4x\mathrm{e}^{x^2}\mathrm{d}x+C\right)=2+C\mathrm{e}^{-x^2},$$

故原方程的通解为

$$y=2+C\mathrm{e}^{-x^2}.$$

例 7 求本章第 1 节例 3 中的电流 $I(t)$.

解 将方程(8-10)改写成标准形式，得

$$\frac{\mathrm{d}I}{\mathrm{d}t}+\frac{R}{L}I=\frac{E}{L},$$

由式(8-20)，得

$$I=\mathrm{e}^{-\int\frac{R}{L}\mathrm{d}t}\left(\int\frac{E}{L}\mathrm{e}^{\int\frac{R}{L}\mathrm{d}t}\mathrm{d}t+C\right)$$

$$=\mathrm{e}^{-\frac{R}{L}t}\left(\int\frac{E}{L}\mathrm{e}^{\frac{R}{L}t}\mathrm{d}t+C\right)=\frac{E}{R}+C\mathrm{e}^{-\frac{R}{L}t}.$$

概念复习

1. 求解可分离变量的微分方程 $\frac{\mathrm{d}y}{\mathrm{d}x}=\frac{y+1}{x}$ 的第一步是________.

2. 解齐次方程 $\frac{\mathrm{d}y}{\mathrm{d}x}=\frac{x^2}{y^2+xy}$ 时，可以用换元法，令 $u=$ ____或____，使原方程化为可分离变量的微分方程.

3. 一阶线性齐次微分方程 $\frac{\mathrm{d}y}{\mathrm{d}x}+P(x)y=0$ 的通解为__________.

4. 一阶非齐次线性方程 $\frac{\mathrm{d}y}{\mathrm{d}x}+P(x)y=Q(x)$ 的通解等于对应的齐次方程的________与非齐次方程的一个________之和.

习题 8-2

1. 求下列微分方程的通解.

(1) $\mathrm{d}y=2xy\mathrm{d}x$；

(2) $y\sqrt{1-x^2}\mathrm{d}y=x\mathrm{d}x$；

(3) $3x^2+5x-5y'=0$；

(4) $\frac{\mathrm{d}y}{\mathrm{d}x}=10^{x+y}$；

(5) $\cos x\sin y\mathrm{d}x+\sin x\cos y\mathrm{d}y=0$.

2. 求下列微分方程满足所给初始条件的特解.

(1) $\dfrac{\mathrm{d}y}{\mathrm{d}x}=2y+1, y(0)=3$;

(2) $y'\sin x=y\ln y, y|_{x=\frac{\pi}{2}}=\mathrm{e}$;

(3) $x\mathrm{d}y+2y\mathrm{d}x=0, y|_{x=2}=1$.

3. 求下列齐次方程的解.

(1) $xy'+y=2\sqrt{xy}$;　(2) $x\dfrac{\mathrm{d}y}{\mathrm{d}x}=y\ln\dfrac{y}{x}$;

(3) $x(\ln x-\ln y)\mathrm{d}y-y\mathrm{d}x=0$;　(4) $y'=\dfrac{x}{y}+\dfrac{y}{x}, y|_{x=1}=2$.

4. 求下列一阶线性微分方程的解.

(1) $y'+2xy=x\mathrm{e}^{-x^2}$;　(2) $xy'-3y=x^2$;

(3) $y'+3y=2$.

5. 求一曲线的方程，该曲线通过坐标原点，并且它在点(x,y)处的切线斜率等于$2x+y$.

6. 一曲线通过点(2,3)，它在两坐标轴之间的任一切线段均被切点平分，求该曲线的方程.

*7. 小船从河边点O出发驶向对岸（两岸为平行直线），设船速为a，船行方向始终与河岸垂直，又设河宽为h，河中任一点处的水流速率与该点到两岸距离的乘积成正比（比例系数为k），求小船的行船路线.

第3节　可降阶的高阶微分方程

二阶及二阶以上的微分方程，称为**高阶微分方程**. 有些高阶微分方程可以通过变量代换化为低阶微分方程，再利用前两节介绍的方法求解. 下面介绍3种可降阶的高阶微分方程.

一、$y^{(n)}=f(x)$型的微分方程

方程

$$y^{(n)}=f(x) \tag{8-21}$$

的右端仅含自变量x. 将方程两端积分，得到一个$n-1$阶微分方程

$$y^{(n-1)}=\int f(x)\mathrm{d}x+C_1,$$

再次积分，得到一个$n-2$阶微分方程

$$y^{(n-2)}=\int\left[\int f(x)\mathrm{d}x+C_1\right]\mathrm{d}x+C_2,$$

按此方法接连积分n次，便得到方程(8-21)的含有n个任意常数的通解.

可降阶的微分方程

例1 求微分方程 $y''=x-\sin x$ 的通解.

解 对所给方程接连积分两次,得

$$y'=\frac{1}{2}x^2-\cos x+C_1,$$

$$y=\frac{1}{6}x^3-\sin x+C_1x+C_2,$$

这就是所求的通解.

例2 汽车在平直的高速公路上以 30 m/s 的速率行驶,前方有紧急情况需要停车.已知汽车刹车时获得加速度为 $-0.6\ \mathrm{m/s^2}$,问:汽车开始刹车后经过多长时间才能停稳?汽车刹车的距离是多少?

解 令 $s=s(t)$ 表示 t 时刻汽车的位移.由题意可得微分方程

$$\frac{\mathrm{d}^2s}{\mathrm{d}t^2}=-0.6,$$

且有初始条件 $s(0)=0, v(0)=\left.\frac{\mathrm{d}s}{\mathrm{d}t}\right|_{t=0}=30$.

对原方程两端积分,得

$$\frac{\mathrm{d}s}{\mathrm{d}t}=-0.6t+C_1,$$

将 $v(0)=\left.\frac{\mathrm{d}s}{\mathrm{d}t}\right|_{t=0}=30$ 代入上式得 $C_1=30$.所以有

$$\frac{\mathrm{d}s}{\mathrm{d}t}=-0.6t+30,$$

再对上式两端积分,得

$$s=-0.3t^2+30t+C_2,$$

又 $s(0)=0$,代入上式得 $C_2=0$.故所求的特解为

$$s=-0.3t^2+30t.$$

再由 $v(t)=\frac{\mathrm{d}s}{\mathrm{d}t}=-0.6t+30=0$,可得 $t=50$.也就是说,开始刹车后经过 50 s 才能停稳,此时汽车刹车的距离为

$$s=s(50)=(-0.3\times50^2+30\times50)\mathrm{m}=750\ \mathrm{m}.$$

二、$y''=f(x,y')$ 型的微分方程

方程

$$y''=f(x,y')$$

的特点是不显含 y,为降低方程的阶,令 $y'=p$,将 p 看作新的未知函数,x 仍为自变量,则 $y''=\frac{\mathrm{d}p}{\mathrm{d}x}=p'$,代入原方程,得

$$p'=f(x,p),$$

利用前两节介绍的方法解上述关于 x,p 的一阶微分方程,设其通解为

$$p=\varphi(x,C_1),$$

而 $p=\frac{dy}{dx}$，故有

$$\frac{dy}{dx}=\varphi(x,C_1),$$

将上述方程两端积分，得原方程的通解为

$$y=\int\varphi(x,C_1)dx+C_2.$$

例 3 求微分方程 $y''=y'+x$ 的通解.

解 所给方程不显含 y，令 $y'=p$，则 $y''=p'$，代入原方程，得

$$p'-p=x.$$

由式(8-20)，得

$$\begin{aligned} y' = p &= e^{\int dx}\left(\int x e^{-\int dx}dx + C_1\right) \\ &= C_1 e^x - x - 1, \end{aligned}$$

对上式两端积分，得所求方程的通解为

$$y=C_1e^x-\frac{x^2}{2}-x+C_2.$$

三、$y''=f(y,y')$ 型的微分方程

方程

$$y''=f(y,y')$$

的特点是不显含 x. 令 $y'=p$，将 p 看作 y 的函数，则

$$y''=\frac{dp}{dx}=\frac{dp}{dy}\cdot\frac{dy}{dx}=p\frac{dp}{dy},$$

代入原方程，得

$$p\frac{dp}{dy}=f(y,p).$$

这是一个关于 y,p 的一阶微分方程，设其通解为

$$y'=p=\varphi(y,C_1),$$

上式分离变量，两端积分，得原方程的通解为

$$\int\frac{dy}{\varphi(y,C_1)}=x+C_2.$$

例 4 求微分方程 $y''=2yy'$ 满足初始条件 $y|_{x=0}=-1, y'|_{x=0}=1$ 的特解.

解 所给方程不显含 x，令 $y'=p$，则

$$y''=\frac{dp}{dx}=\frac{dp}{dy}\cdot\frac{dy}{dx}=p\frac{dp}{dy},$$

代入原方程，得

$$p\frac{dp}{dy}=2yp,$$

即

$$\frac{dp}{dy}=2y,$$

分离变量，得

$$p=y^2+C_1,$$

将初始条件 $y|_{x=0}=-1, y'|_{x=0}=1$ 代入上式，得 $C_1=0$. 故

$$\frac{dy}{dx}=p=y^2,$$

上式分离变量，两端积分，整理得

$$y=-\frac{1}{x+C_2},$$

将初始条件 $y|_{x=0}=-1$ 代入上式，得 $C_2=1$. 从而，所求的特解为

$$y=-\frac{1}{x+1}.$$

概念复习

1. 微分方程 $\frac{d^3y}{dx^3}=2x+1$ 可以连续积分____次求其通解.

2. 二阶微分方程 $(1+x^2)y''=2xy'$ 中可以用换元法令 $p=$________化为一阶微分方程________.

3. 微分方程 $y''=f(y,y')$ 中令 $y'=p, y''=$________进行降阶.

4. 微分方程 $y''=(y')^3+y'$ 中令 $y'=p, y''=$________，化为一阶微分方程________；也可以令 $y'=p, y''=$________，化为一阶微分方程________，这两个微分方程容易求解的方程是____________.

习题 8-3

1. 求下列微分方程的通解.

(1) $y'''=xe^x$；　(2) $y''=\frac{1}{1+x^2}$；

(3) $xy''+y'=0$；　(4) $y''=(y')^3+y'$.

2. 求下列微分方程满足初始条件的特解.

(1) $y^3y''+1=0, y|_{x=1}=1, y'|_{x=1}=0$；

(2) $y''=e^{2y}, y|_{x=0}=y'|_{x=0}=0$；

(3) $y'''=e^{ax}, y|_{x=1}=y'|_{x=1}=y''|_{x=1}=0$.

3. 求 $y''=x$ 的经过点 $M(0,1)$ 且在此点上与直线 $y=\frac{x}{2}+1$ 相切的积分曲线.

第 4 节　二阶线性微分方程

本节将讨论二阶线性微分方程解的结构及二阶常系数线性微分方程的求解方法.

一、二阶线性微分方程解的结构

二阶线性微分方程的一般形式为

$$y''+P(x)y'+Q(x)y=f(x). \tag{8-22}$$

其中，当 $f(x)\equiv 0$ 时，方程(8-22)为

$$y''+P(x)y'+Q(x)y=0, \tag{8-23}$$

方程(8-23)称为**二阶齐次线性方程**；当 $f(x)\neq 0$ 时，方程(8-22)称为**二阶非齐次线性微分方程**.

定理 1　**如果函数 $y_1(x)$ 与 $y_2(x)$ 是方程(8-23)的两个解，那么**

$$y=C_1y_1(x)+C_2y_2(x) \tag{8-24}$$

也是方程(8-23)的解，其中 C_1,C_2 为任意常数.

定理 1 表明齐次线性方程的解具有叠加性.

既然式(8-24)是方程(8-23)的解，且含有两个任意常数，那么它是方程(8-23)的通解吗？一般情况下它不是. 例如，容易验证 $y_1=e^x$，$y_2=2e^x$ 都是方程 $y''-y=0$ 的解. 但是 $y=C_1y_1+C_2y_2$ 中的两个任意常数可以合并为 $C=C_1+2C_2$，即 $y=Cy_1$，所以它不是通解. 那么在什么情况下式(8-24)才是方程(8-23)的通解呢？为解答这个问题，先引入函数组的线性相关与线性无关的概念.

设 $y_1(x),y_2(x),\cdots,y_n(x)$ 为定义在区间 I 上的 n 个函数，若存在 n 个不全为零的常数 $k_1,k_2,\cdots,k_n$，使得当 $x\in I$ 时，有恒等式

$$k_1y_1+k_2y_2+\cdots+k_ny_n\equiv 0$$

成立，则称这 n 个函数在区间 I 上**线性相关**；否则，称这 n 个函数在区间 I 上**线性无关**.

二阶齐次线性微分方程解的结构

易知，两个函数 $y_1(x)$ 与 $y_2(x)$ 线性无关的充要条件为 $\dfrac{y_1(x)}{y_2(x)}\neq$ 常数.

定理 2　**如果函数 $y_1(x)$ 与 $y_2(x)$ 是方程(8-23)的两个线性无关的特解，那么**

$$y=C_1y_1(x)+C_2y_2(x)\quad (C_1,C_2\ \text{为任意常数})$$

就是方程(8-23)的通解.

例如，容易验证 $y_1=\cos x$ 与 $y_2=\sin x$ 是二阶齐次线性方程 $y''+y=0$ 的两个线性无关的特解，因此，其通解为

$$y=C_1\cos x+C_2\sin x.$$

在本章第 2 节中已介绍过，一阶非齐次线性方程的通解等于对应的齐次方程的通解与非齐次方程的一个特解之和. 非齐次线性方程解的这种结构不仅对一阶线性方程成立，对于二阶

线性方程同样成立.

定理 3 **设 $y^*(x)$ 是二阶非齐次线性方程(8-22)的一个特解,$Y(x)$ 是与方程(8-22)对应的齐次方程(8-23)的通解,则**

$$y=Y(x)+y^*(x) \tag{8-25}$$

是二阶非齐次线性微分方程(8-22)的通解.

证 将式(8-25)代入方程(8-22)的左端,得

$$\begin{aligned}&(Y''+y^{*\prime\prime})+P(x)(Y'+y^{*\prime})+Q(x)(Y+y^*)\\=&[Y''+P(x)Y'+Q(x)Y]+[y^{*\prime\prime}+P(x)y^{*\prime}+Q(x)y^*],\end{aligned}$$

由于 Y 是方程(8-23)的通解,y^* 是方程(8-22)的一个特解,所以上式第一个中括号内的表达式恒等于零,第二个中括号内的表达式恒等于 $f(x)$. 于是 $y=Y(x)+y^*(x)$ 满足方程(8-22). 又因为 $Y=C_1y_1(x)+C_2y_2(x)$ 中含有两个相互独立的任意常数,所以 $y=Y(x)+y^*(x)$ 是方程(8-22)的通解.

二、二阶常系数齐次线性微分方程

形如

$$y''+py'+qy=0 \tag{8-26}$$

的方程,其中,p,q 是常数,称为**二阶常系数齐次线性微分方程.**

根据定理 2,求方程(8-26)的通解,关键是求出它的两个线性无关的特解. 考虑到方程(8-26)中 y'',y' 和 y 的系数均为常数,以及指数函数 $y=\mathrm{e}^{rx}$ 和它的各阶导数仅差一个常数因子的特性,利用这个性质,我们希望选择适当的常数 r,使 $y=\mathrm{e}^{rx}$ 满足方程(8-26). 为此,设 $y=\mathrm{e}^{rx}$ 是方程(8-26)的解. 将 $y=\mathrm{e}^{rx}$ 及它的一阶、二阶导数

$$y'=r\mathrm{e}^{rx},y''=r^2\mathrm{e}^{rx}$$

代入方程(8-26),得

$$(r^2+pr+q)\mathrm{e}^{rx}=0,$$

由于 $\mathrm{e}^{rx}\neq0$,所以

$$r^2+pr+q=0. \tag{8-27}$$

二阶常系数齐次线性微分方程的解法

由此可见,只要 r 满足代数方程(8-27),函数 $y=\mathrm{e}^{rx}$ 就是方程(8-26)的解. 代数方程(8-27)称为微分方程(8-26)的**特征方程**,特征方程的根称为**特征根**. 下面根据特征根的不同性质,分 3 种情况讨论.

(1) 特征方程有两个不等的实根:$r_1\neq r_2$.

函数 $y_1=\mathrm{e}^{r_1x},y_2=\mathrm{e}^{r_2x}$ 是方程(8-26)的两个解. 由于它们之比不等于常数,所以它们线性无关. 因此,方程(8-26)的通解为

$$y=C_1\mathrm{e}^{r_1x}+C_2\mathrm{e}^{r_2x}.$$

(2) 特征方程有两个相等的实根:$r_1=r_2$.

这时,只能得到方程(8-26)一个解 $y_1=\mathrm{e}^{r_1x}$. 为了求出与 y_1 线性无关的另一个解 y_2,设 $\dfrac{y_2}{y_1}=u(x)$,即 $y_2=u(x)\mathrm{e}^{r_1x}$. 将 y_2 及其一阶、二阶导数

$$y_2'=e^{r_1x}(u'+r_1u),\quad y_2''=e^{r_1x}(u''+2r_1u'+r_1^2u)$$

代入方程(8-26)，得

$$e^{r_1x}[(u''+2r_1u'+r_1^2u)+p(u'+r_1u)+qu]=0,$$

整理，得

$$u''+(2r_1+p)u'+(r_1^2+pr_1+q)u=0,$$

因为 r_1 是代数方程(8-27)的二重根，所以 $r_1^2+pr_1+q=0$，且 $2r_1+p=0$，于是有

$$u''=0,$$

解上述方程得 $u=C_1x+C_2$.

因为只需求出一个与 y_1 线性无关的解即可，所以不妨选取 $u=x$. 由此得到微分方程(8-26)的另一个解

$$y_2=xe^{r_1x},$$

从而微分方程(8-26)的通解为

$$y=e^{r_1x}(C_1x+C_2).$$

(3) 特征方程有一对共轭复根：$r_1=\alpha+i\beta$，$r_2=\alpha-i\beta$.

此时，方程(8-26)有两个线性无关的解

$$y_1=e^{(\alpha+i\beta)x},\quad y_2=e^{(\alpha-i\beta)x}.$$

但是，这种复数形式的解使用不方便，为了得到实数形式的解，利用欧拉(Euler)公式 $e^{i\theta}=\cos\theta+i\sin\theta$，将 y_1，y_2 改写为

$$y_1=e^{\alpha x}(\cos\beta x+i\sin\beta x),y_2=e^{\alpha x}(\cos\beta x-i\sin\beta x).$$

由解的叠加性可知，

$$\overline{y}_1=\frac{1}{2}(y_1+y_2)=e^{\alpha x}\cos\beta x,\quad \overline{y}_2=\frac{1}{2i}(y_1-y_2)=e^{\alpha x}\sin\beta x,$$

也是方程(8-26)的解，且它们是线性无关的. 所以方程(8-26)的通解是

$$y=e^{\alpha x}(C_1\cos\beta x+C_2\sin\beta x).$$

综上所述，求二阶常系数齐次线性微分方程通解的步骤如下.

(1)写出方程 $y''+py'+qy=0$ 的特征方程

$$r^2+pr+q=0.$$

(2)求出两个特征根 r_1，r_2.

(3)根据特征根的不同情况，写出微分方程的通解.

为方便读者使用，将上面的结论列表总结，如表 8-1 所示.

表 8-1

特征方程 $r^2+pr+q=0$ 的两个根 r_1，r_2	微分方程 $y''+py'+qy=0$ 的通解
两个不相等的实根 $r_1\neq r_2$	$y=C_1e^{r_1x}+C_2e^{r_2x}$
两个相等的实根 $r_1=r_2$	$y=(C_1+C_2x)e^{r_1x}$
一对共轭复根 $r_{1,2}=\alpha\pm i\beta$	$y=e^{\alpha x}(C_1\cos\beta x+C_2\sin\beta x)$

例 1 求下列微分方程的通解.

(1) $y''-4y=0$；(2) $y''+4y'+4y=0$；(3) $y''+9y=0$.

解 (1)特征方程为 $r^2-4=0$，解得 $r_1=-2$，$r_2=2$，故原方程的通解为 $y=C_1e^{-2x}+C_2e^{2x}$.

(2) 特征方程为 $r^2+4r+4=0$，解得 $r_1=r_2=-2$，故原方程的通解为 $y=(C_1+C_2x)e^{-2x}$.

(3) 特征方程为 $r^2+9=0$，解得 $r_{1,2}=\pm 3i$，故原方程的通解为 $y=C_1\cos 3x+C_2\sin 3x$.

三、二阶常系数非齐次线性微分方程

二阶常系数非齐次线性微分方程的解法

求二阶常系数非齐次线性微分方程

$$y''+py'+qy=f(x) \tag{8-28}$$

的通解，由定理 3 可以归结为求它所对应的齐次线性方程

$$y''+py'+qy=0$$

的通解和它自身的一个特解.由本节第二部分的讨论可知，二阶齐次线性微分方程通解的求法已解决，剩下的问题就是设法求出非齐次线性方程的一个特解.当方程(8-28)右端的函数 $f(x)$ 是某些特殊类型的函数时，可以运用待定系数法求方程(8-28)的特解.

(1) $f(x)=e^{\lambda x}P_m(x)$ 型，其中，λ 是常数，$P_m(x)$ 是 x 的一个 m 次多项式，

$$P_m(x)=a_0x^m+a_1x^{m-1}+\cdots+a_{m-1}x+a_m,$$

由于方程(8-28)右端的 $f(x)$ 是多项式与指数函数的乘积，而多项式与指数函数的乘积的导数还是这种类型的函数，因此，假设方程(8-28)有形如 $y^*=Q(x)e^{\lambda x}$ 的解.将

$$y^*,\quad y^{*\prime}=e^{\lambda x}[\lambda Q(x)+Q'(x)],\quad y^{*\prime\prime}=e^{\lambda x}[\lambda^2Q(x)+2\lambda Q'(x)+Q''(x)]$$

代入方程(8-28)并消去 $e^{\lambda x}$，得

$$Q''(x)+(2\lambda+p)Q'(x)+(\lambda^2+p\lambda+q)Q(x)=P_m(x). \tag{8-29}$$

下面讨论 λ 的 3 种情况.

① 如果 λ 不是特征根，即 $\lambda^2+p\lambda+q\neq 0$.

由于 $P_m(x)$ 是 m 次多项式，要使式(8-29)恒等，可令 $Q(x)$ 为 m 次多项式

$$Q_m(x)=b_0x^m+b_1x^{m-1}+\cdots+b_{m-1}x+b_m,$$

将 $Q_m(x)$ 代入式(8-29)，比较等式两端 x 的同次幂的系数，就得到关于 $b_0,b_1,\cdots,b_{m-1},b_m$ 的 $m+1$ 个方程，联立并解方程组确定 $b_i(i=0,1,\cdots,m)$，从而得到所求的特解 $y^*=Q_m(x)e^{\lambda x}$.

② 如果 λ 是特征单根，即 $\lambda^2+p\lambda+q=0$，$2\lambda+p\neq 0$.

这时，由式(8-29)可知，要使式(8-29)恒等，必须要求 $Q'(x)$ 为 m 次多项式，可令

$$Q(x)=xQ_m(x),$$

用与①同样的方法可确定 $Q_m(x)$ 的系数 $b_i(i=0,1,\cdots,m)$.

③ 如果 λ 是特征重根，即 $\lambda^2+p\lambda+q=0$，$2\lambda+p=0$.

由式(8-29)可知，可令

$$Q(x)=x^2Q_m(x),$$

用同样的方法可确定 $Q_m(x)$ 中的系数.

综上所述，对于 $f(x)=e^{\lambda x}P_m(x)$ 型的非齐次线性方程(8-28)，具有形如

$$y^*=x^kQ_m(x)e^{\lambda x}$$

的特解，其中，$Q_m(x)$是 x 的一个 m 次多项式，而 k 的取值方法如下.

当 λ 不是特征根时，$k=0$；当 λ 是特征单根时，$k=1$；当 λ 是特征重根时，$k=2$.

例 2 求微分方程 $y''-4y=e^{2x}$ 的通解.

解 原方程对应的齐次方程通解为 $Y=C_1e^{-2x}+C_2e^{2x}$.（见例 1.）

$\lambda=2$ 为特征方程的单根，$m=0$，故设原方程的一个特解为 $y^*=axe^{2x}$，代入原方程，解得 $a=\frac{1}{4}$，于是 $y^*=\frac{1}{4}xe^{2x}$. 所以原方程的通解为

$$y=C_1e^{-2x}+C_2e^{2x}+\frac{1}{4}xe^{2x}.$$

(2) $f(x)=e^{\lambda x}[P_l(x)\cos\omega x+P_n(x)\sin\omega x]$型，其中，$\lambda,\omega$ 为常数，多项式 $P_l(x)$，$P_n(x)$分别为 x 的 l 次与 n 次多项式，其中有一个可以为零.

二阶非齐次方程(8-28) 的特解可设为

$$y^*=x^ke^{\lambda x}[R_m^{(1)}(x)\cos\omega x+R_m^{(2)}(x)\sin\omega x],$$

其中，多项式 $R_m^{(1)}(x)$，$R_m^{(2)}(x)$是 m 次多项式，$m=\max\{l,n\}$，而当 $\lambda\pm i\omega$ 是特征根时，取 $k=1$；当 $\lambda\pm i\omega$ 不是特征根时，取 $k=0$.

例 3 求微分方程 $y''+2y'=4e^x(\sin x+\cos x)$的通解.

解 原方程对应的齐次方程的特征方程为 $r^2+2r=0$，解得 $r_1=0$，$r_2=-2$. 故齐次方程的通解为 $Y=C_1+C_2e^{-2x}$.

$\lambda\pm i\omega=1\pm i$ 不是特征根，$l=n=0$，所以设特解为

$$y^*=e^x(a\sin x+b\cos x),$$

将上式代入原方程，比较系数得 $a=\frac{6}{5}$，$b=-\frac{2}{5}$.

所以原方程的一个特解为 $y^*=\frac{e^x}{5}(6\sin x-2\cos x)$.

因而原方程的通解为 $y=C_1+C_2e^{-2x}+\frac{e^x}{5}(6\sin x-2\cos x)$.

微分方程应用举例

概念复习

1. 如果函数 $y_1(x)$与 $y_2(x)$是方程(8-23)的两个________的特解，那么 $y=C_1y_1(x)+C_2y_2(x)$(C_1，C_2 为任意常数)就是方程(8-23)的通解.

2. 求二阶常系数齐次线性微分方程的通解，关键是求出它对应的特征方程的________.

3. 微分方程 $y''-2y'-15y=0$ 的特征方程为________________，通解为____________________.

4. 设微分方程 $y''-3y'-10y=e^x$ 的特解为 $y^*=x^kQ_m(x)e^{\lambda x}$，其中，$\lambda=$________，$k=$________，$m=$________.

习题 8－4

1. 求下列微分方程的通解.

(1) $y''+y'-2y=0$;　　(2) $y''-6y'+9y=0$;

(3) $y''+2y=0$;　　(4) $y''-5y'+6y=6x+1$;

(5) $y''-4y'+3y=e^x$.

2. 求下列微分方程满足初始条件的特解.

(1) $y''-3y'-4y=0, y|_{x=0}=0, y'|_{x=0}=-5$;

(2) $y''+4y'+29y=0, y|_{x=0}=0, y'|_{x=0}=15$;

(3) $y''+25y=0, y|_{x=0}=2, y'|_{x=0}=5$;

(4) $y''-4y'+13y=0, y|_{x=0}=0, y'|_{x=0}=3$.

3. 验证 $y_1=\cos\omega x$ 及 $y_2=\sin\omega x$ 是方程 $y''+\omega^2 y=0$ 的两个线性无关的特解,并写出该方程的通解.

*4. 直径为 20 cm 的圆柱形浮筒,质量为 20 kg,铅直地浮在水中,顶面高出水面 10 cm. 现将它下压使得其顶面与水面平齐,然后突然放手,不计阻力,求浮筒的振动规律.

实验五　微分方程求解的 Python 实现

一、微分方程的求解命令

在 Python 中,微分方程的求解通常使用 SymPy 进行,SymPy 可以用来求解各种类型的微分方程,包括常微分方程和偏微分方程. 使用 SymPy 中的 dsolve()函数求解常微分方程的程序代码为

```
dsolve(eq,f(x),ics=ics),
```

即从微分方程 eq 中解出 f(x),初始条件为 ics.

例 1　求微分方程 $y^{(4)}=y$ 的通解和满足初始条件 $y(0)=y'(0)=2, y''(0)=y'''(0)=1$ 的特解.

解　程序代码为

```
from sympy import symbols,Function,Eq,dsolve,diff
x=symbols('x')
y=Function('y')(x)
ode=Eq(y.diff(x,4),y)  # 定义微分方程
general_solution=dsolve(ode)  # 求通解
# 下面定义初始条件
```

```
ics={y.subs(x,0): 2,y.diff(x).subs(x,0): 2,y.diff(x,2).subs(x,0): 1,y.diff(x,3).subs(x,0): 1}
particular_solution=dsolve(ode,ics=ics) # 求特解
general_solution,particular_solution
```

运行结果为

```
(Eq(y(x),C1*exp(-x)+C2*exp(x)+C3*sin(x)+C4*cos(x)),Eq(y(x),3*exp(x)/2+sin(x)/2+cos(x)/2))
```

由此可知，通解为 $y(x)=C_1\mathrm{e}^{-x}+C_2\mathrm{e}^{x}+C_3\sin x+C_4\cos x$，特解为 $y(x)=\frac{3\mathrm{e}^x}{2}+\frac{\sin x}{2}+\frac{\cos x}{2}$.

二、应用举例

例 2 控制体重.

举重运动员在赛前需要减轻体重，减得少会因为体重大而排名靠后，但如果减得太多，会导致运动员在比赛中体力不济，无法取得好成绩，那么如何正确地减重？此外，许多饲养场也要在限定的时间内将牲畜或家禽饲养到一定质量出售，为了获得最大利润，应该怎么办？

解 用热量平衡方程来解决此类问题.

设举重运动员每天通过饮食产生的热量为 A，新陈代谢消耗的热量为 B，活动消耗的热量为 C，并且假定增重、减重的热量主要由脂肪提供，每公斤脂肪转化的热量为 D，记 $W(t)$ 为体重，有平衡方程

$$[W(t+\Delta t)-W(t)]D=[(A-B)-CW(t)]\Delta t,$$

$$\lim_{\Delta t\to 0}\frac{W(t+\Delta t)-W(t)}{\Delta t}=\frac{A-B}{D}-\frac{C}{D}W(t).$$

于是得微分方程为

$$\begin{cases}\dfrac{\mathrm{d}W(t)}{\mathrm{d}t}=a-bW(t),\\ W(0)=W_0,\end{cases}$$

其中，常数 $a=\frac{A-B}{D}$ 与饮食、新陈代谢有关，$b=\frac{C}{D}$ 与活动量有关，W_0 为初始体重. 解得

$$W(t)=\frac{a}{b}+\left(W_0-\frac{a}{b}\right)\mathrm{e}^{-bt}.$$

程序代码为

```
from sympy import symbols,Function,Eq,dsolve,diff,exp
w0,a,b,t=symbols('w0,a,b,t')
w=Function('w')(t)
ode=Eq(w.diff(t,1),a-b*w)
ics={w.subs(t,0): w0}
particular_solution=dsolve(ode,ics=ics)
```

```
particular_solution
```

运行结果为

```
Eq(w(t),a/b+(-a+b*w0)*exp(-b*t)/b)
```

具体分析如下.

(1) 理论上增重、减重都是可能的,因为当 $t\to\infty$ 时,$W(t)\to\frac{a}{b}$,改变 a 与 b 的值可得期望值.近代科学研究表明,新陈代谢是可调节的,但如何改变 a,b 要靠医生、营养师、生物学家的共同指导和研究来确定.

(2) 举重运动员只获取维持生命所需的那部分新陈代谢的热量是不行的,$A=B$ 使得 $a=0$,从而有 $\lim\limits_{t\to\infty}W(t)=0$,即会导致举重运动员死亡.

(3) 只吃不活动也不行,因为这时 $b=0$,$W(t)=W_0+at$,$\lim\limits_{t\to\infty}W(t)=\infty$.说明得了肥胖症很危险,也会导致死亡(当然体重不会无限变大).

(4) 关于举重运动员减重的数学问题中条件是明确的.已知 W_0,要达到的值为 W_1,其期限为 t,求 a,b 的最佳组合,使 $W_1=\frac{a}{b}+\left(W_0-\frac{a}{b}\right)\mathrm{e}^{-bt}$ 成立.但解决这个问题还要靠教练、医生与运动员共同制订合理的计划.

例 3 游船上的传染病人数.

一只游船上有 800 人,一名游客感染了某种传染病,12 h 后有 3 人发病.由于这种传染病没有早期症状,故感染者不能被及时隔离.疫苗将在 60～72 h 内运达,请估算疫苗运达时感染此传染病的人数.

解 设 $y(t)$ 表示发现首例病人后 t(单位:h)时刻的感染人数,则 $800-y(t)$ 表示此时刻未感染的人数.由题意可知,$y(0)=1$,$y(12)=3$.

当感染人数 $y(t)$ 很小时,传染病的传播速度较慢,因为只有很少的游客能接触到感染者;当感染人数 $y(t)$ 很大时,未受感染的人数 $800-y(t)$ 很小,即只有很少的游客能被传染,所以此时传染病的传播速度也很慢.排除上述两种极端的情况,当有很多感染者及很多未感染者时,传染病的传播速度很快,因此传染病的发病率,既受感染人数的影响,又受未感染人数的影响.

根据上面的分析,可建立如下微分方程:

$$\frac{\mathrm{d}y}{\mathrm{d}t}=ky(800-y),$$

其中,k 为比例常数.微分方程的通解为

$$y(t)=\frac{800}{1+C\mathrm{e}^{-800kt}},$$

由 $y(0)=1$,得 $C=799$.

程序代码为

```
from sympy import symbols,Function,Eq,dsolve,diff,exp
k,t=symbols('k,t')
y=Function('y')(t)
ode=Eq(y.diff(t,1),k*y*(800-y))
```

```
general_solution=dsolve(ode)
ics={y.subs(t,0): 1}
particular_solution=dsolve(ode,ics=ics)
general_solution,particular_solution
```

运行结果为

```
Eq(y(t),800/(C1*exp(-800*k*t)+1)),Eq(y(t),800/(1+799*exp(-800*k*t)))
```

又因为 $y(12)=3$，所以

$$3=\frac{800}{1+799\mathrm{e}^{-800\times k\times 12}},$$

解得

$$800k=-\frac{1}{12}\ln\frac{797}{799\times 3}\approx 0.091\,76,$$

所以

$$y(t)=\frac{800}{1+799\mathrm{e}^{-0.091\,76t}}.$$

下面计算 $t=60$ 和 $t=72$ 时感染者的人数.

$$y(60)=\frac{800}{1+799\mathrm{e}^{-0.091\,76\times 60}}\approx 188,$$

$$y(72)=\frac{800}{1+799\mathrm{e}^{-0.091\,76\times 72}}\approx 385.$$

从上面的结果可以看出，在疫苗在 72 h 运达的情况下，感染者的人数约是在疫苗在 60 h 运达的情况下感染者人数的 2 倍. 可见，在传染病流行时，及时采取措施是至关重要的.

实验题 5

1. 利用 Python 求解下列微分方程.

(1) $t\dfrac{\mathrm{d}y}{\mathrm{d}t}+y=t^2+3t+2$；　　(2) $xy''+y'=0$；

(3) $y'=\left(\dfrac{y}{x}\right)^2+\dfrac{y}{x}+4$，　$y(1)=0$.

2. 已知物体冷却速度与该物体和周围介质的温差成正比.

(1) 温度为 T_0 的物体放在保持温度为 α 的室内，求温度 T 与时间 t 的关系；

(2) 设室温为 20 ℃，某物体在 10 min 内由 100 ℃冷却到 60 ℃，则此物体从 100 ℃降到 25 ℃需要经过多长时间？

回顾与预习

1. 选择题.

(1) 下列各式中是常微分方程的是(　　).

(A) $y^2+y=3$　　(B) $y''+y^2=y'$

(C) $xy'+y=(xy)'$　　(D) $x+(z_x)'+(z_y)'=y$

(2) 微分方程 $y''+y=0$ 的解函数是(　　).

(A) $y=1$　　(B) $y=x$

(C) $y=\sin x$　　(D) $y=e^x$

(3) 方程 $xy'+y=3$ 的通解是(　　).

(A) $y=\dfrac{C}{x}+3$　　(B) $y=\dfrac{3}{x}+C$

(C) $y=-\dfrac{C}{x}-3$　　(D) $y=\dfrac{C}{x}-3$

(4) 方程$\dfrac{dx}{y}+\dfrac{dy}{x}=0$ 满足初始条件$y|_{x=3}=4$ 的特解是(　　).

(A) $x^2+y^2=25$　　(B) $3x+4y=C$

(C) $x^2+y^2=C$　　(D) $-x^2+y^2=7$

(5)方程 $y''+y=\cos x$ 的一个特解形式为 $y^*=$(　　).

(A) $y=Ax\cos x$　　(B) $y=Ax\cos x+B\sin x$

(C) $y=A\cos x+Bx\sin x$　　(D) $y=Ax\cos x+Bx\sin x$

2. 填空题.

(1) 方程 $y''-3y'+2y=0$ 的通解是____________________.

(2) 方程 $y''+4y'+4y=0$ 的通解是____________________.

(3) 方程 $y''+6y'+13y=0$ 的通解是____________________.

(4) 函数 $y_1(x)=1$,$y_2(x)=x$ 与 $y_3(x)=x^2$ 是二阶线性非齐次微分方程 $y''+P(x)y'+Q(x)y=f(x)$的三个线性无关的特解,则此方程通解为____________________.

(5) 用待定系数法求方程 $y''+4y'+4y=xe^{-2x}$ 的一个特解时,应设特解的形式为 $y^*=$____________________.

3. 求下列微分方程的通解.

(1)$2xy\,dx+x^2\,dy=0$;　　(2) $(x^3+y^3)dx-3xy^2\,dy=0$;

(3)$y''-\dfrac{1}{y}y'^2=0$;　　(4) $y''-4y'-12y=xe^{2x}$.

4. 火车沿水平直线轨道运动. 设火车质量为 p,机车牵引力为 F,阻力为 $a+bv$. 其中,a,b 为常数,v 为火车的速率,火车由静止开始运动. 求火车的运动规律$s=s(t)$.

5. 画出下列圆锥曲线.

(1) $2x=y^2$;　(2) $\dfrac{x^2}{4}+\dfrac{y^2}{9}=1$;　(3) $x^2-4y^2=1$.

本章常见问题　　本章自测题　　本章参考答案

第9章

向量与空间解析几何

陈建功

解析几何，就是用代数的方法研究几何问题，使“数”与“形”密切地结合起来，而这种结合是通过用坐标法建立点与有序数组的对应、图形与方程的对应来实现的. 经过中学阶段的学习，读者对空间直角坐标系和空间向量有了初步了解，本章将系统地介绍空间直角坐标系与向量，并在此基础上利用坐标讨论空间的几何图形，主要包含空间的平面、直线与一些常见的曲面.

第1节　空间直角坐标系与向量

一、空间直角坐标系

与平面解析几何中点的坐标类似，为确定空间中一点的位置，需要建立空间的点与三元有序数组之间的联系，这种联系通过引进空间直角坐标系来实现.

数形结合中的辩证唯物主义

过空间一定点 O，作三条互相垂直的数轴 Ox，Oy 和 Oz，它们的正向(右手法则)规定如下：以右手握住 z 轴，当右手的四指从 x 轴正向以 $\frac{\pi}{2}$ 角度转向 y 轴正向时，大拇指的指向就是 z 轴的正向. 其中，点 O 称为坐标原点，Ox，Oy 和 Oz 分别称为 x 轴(横轴)、y 轴(纵轴)和 z 轴(竖轴)，统称为**坐标轴**. 三条坐标轴中的每两条确定的平面 xOy 面、yOz 面和 zOx 面统称为**坐标面**. 三个坐标面将空间分成八个部分，每一部分称为一个**卦限**. 在 xOy 面上方，把含有三个坐标轴正向的那个卦限称为第一卦限，按逆时针方向，依次确定第二、三、四卦限. 第五至第八卦限在 xOy 面的下方，由第一卦限之下的第五卦限，按逆时针方向依次确定(见图 9-1). 这八个卦限可以分别用罗马数字 Ⅰ，Ⅱ，Ⅲ，Ⅳ，Ⅴ，Ⅵ，Ⅶ，Ⅷ表示.

设点 M 为空间一点，过点 M 作三张平面分别与 x 轴、y 轴、z 轴垂直，它们与三个坐标轴

的交点分别是 A,B,C(见图 9-2),其在坐标轴上的坐标依次为 x,y,z. 于是,对于空间任一点 M,通过这种方法必有唯一的一组有序实数(x,y,z)与之对应. 反过来,任给一个有序数组(x,y,z),也可以唯一地确定空间中一点 M,这样就建立了点 M 和有序数组(x,y,z)之间的一一对应关系. 有序数组(x,y,z)称为点 M 的坐标,记作 $M(x,y,z)$. x,y 和 z 分别称为点 M 的**横坐标**、**纵坐标**和**竖坐标**.

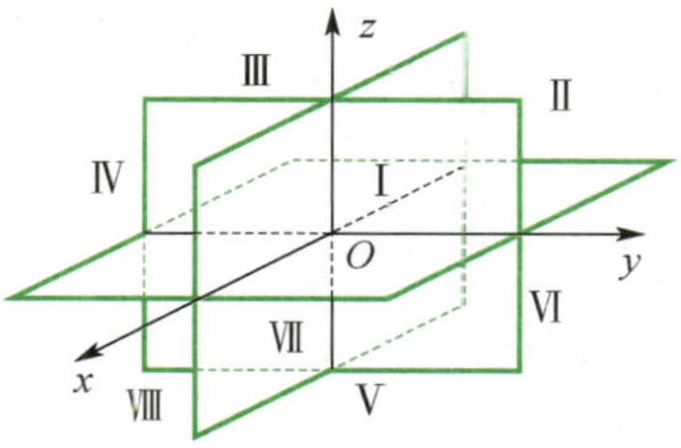

图 9-1

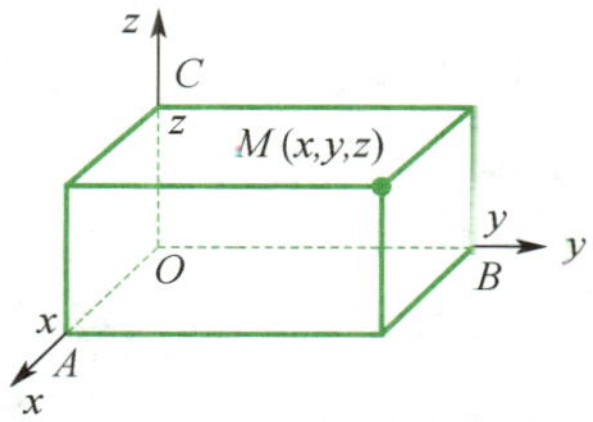

图 9-2

特别地,坐标面上的点有一个坐标为零. 若点 M 在 xOy 面上,则点 M 的竖坐标 $z=0$;同样,在 yOz 面上的点,有 $x=0$;在 zOx 面上的点,有 $y=0$. 坐标轴上的点有两个坐标为零. 若点 M 在 x 轴上,则点 M 的纵坐标和竖坐标均为零,即 $y=0,z=0$;同样,在 y 轴上的点,有 $x=0$,$z=0$;在 z 轴上的点,有 $x=0,y=0$.

建立了空间直角坐标系,就可以使空间曲线、曲面与关于 x,y,z 的代数方程建立起联系,进而可以用代数的方法来研究几何问题.

类似于平面上两点间的距离公式,空间两点 $M_1(x_1,y_1,z_1)$,$M_2(x_2,y_2,z_2)$之间的距离公式为

$$d=|M_1M_2|=\sqrt{(x_2-x_1)^2+(y_2-y_1)^2+(z_2-z_1)^2}.$$

例 1 已知两点 $A(-4,1,7)$与 $B(3,5,-2)$,在 z 轴上求一点 P,使 $|AP|=|BP|$.

解 因为点 P 在 z 轴上,所以它的坐标可写作$(0,0,z)$,由两点间距离公式,得

$$|AP|=\sqrt{(0+4)^2+(0-1)^2+(z-7)^2}=\sqrt{66-14z+z^2},$$

$$|BP|=\sqrt{(0-3)^2+(0-5)^2+(z+2)^2}=\sqrt{38+4z+z^2}.$$

由题设 $|AP|=|BP|$,得

$$\sqrt{56-14z+z^2}=\sqrt{38+4z+z^2},$$

两端平方并化简得 $z=\dfrac{14}{9}$,从而得到所求的点为 $P\left(0,0,\dfrac{14}{9}\right)$.

二、向量及其线性运算

1. 向量的概念

物理上常见的量有两种:一种完全可以由数值来决定,如温度、时间、质量和密度等,这种量称为**标量**;另一种不仅具有大小而且具有方向,如位移、速度、加速度和力等,这种既有大小又有方向的量称为**向量**,也称**矢量**.

在数学上，通常用一条有向线段(有方向的线段)来表示向量，有向线段的起点与终点分别称为向量的起点和终点，起点是 A、终点是 B 的向量记作$\overrightarrow{AB}$；有向线段的长度表示向量的大小，称为向量$\overrightarrow{AB}$的**长度或模**，记作 $|\overrightarrow{AB}|$；从点 A 到点 B 的方向表示向量$\overrightarrow{AB}$的方向(见图 9-3). 有时，向量也用一个粗体字母或用一个上面加箭头的书写体字母来表示，如 $\boldsymbol{a}$,$\boldsymbol{b}$,$\boldsymbol{F}$ 或 $\vec{a}$,$\vec{b}$,$\vec{F}$ 等.

数学上讨论向量时，只考虑大小和方向，即只研究与起点无关的向量，这种向量称为**自由向量**. 如果两个向量 $\boldsymbol{a}$ 和 $\boldsymbol{b}$ 的大小相等，且方向相同，就说它们是相等的，记作 $\boldsymbol{a}=\boldsymbol{b}$. 也就是说，经过平行移动后能完全重合的向量是相等的.

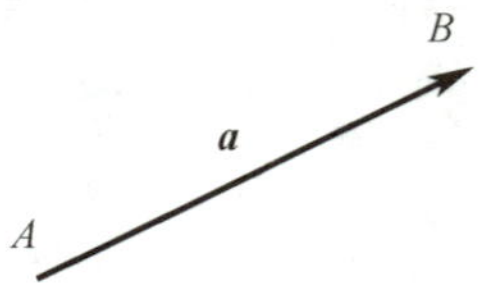

图 9-3

在直角坐标系中，如以坐标原点 O 为起点，向已知点 M 引向量$\overrightarrow{OM}$，这个向量称为点 M 对于点 O 的**向径**，常用 $\boldsymbol{r}$ 表示. 空间中的每一点 M 都对应着一个向径$\overrightarrow{OM}$，反过来，每个向径$\overrightarrow{OM}$，也和它的终点 M 一一对应.

两个方向相同或相反的向量称为**平行向量**(或称**两向量共线**). 如果向量 $\boldsymbol{a}$ 与向量 $\boldsymbol{b}$ 平行，则记作 $\boldsymbol{a}/\!/\boldsymbol{b}$. 如果两向量大小相等、方向相反，则称其中一个向量是另一个向量的**负向量**. 向量 $\boldsymbol{a}$ 的负向量记为 $-\boldsymbol{a}$. 模为 1 的向量称为**单位向量**，模为 0 的向量称为**零向量**，记作 $\boldsymbol{0}$. 零向量与任意向量都平行.

2. 向量的线性运算

定义 1 **设给定两向量 $\boldsymbol{a}$ 与 $\boldsymbol{b}$，任取一点 A，作$\overrightarrow{AB}=\boldsymbol{a}$，$\overrightarrow{BC}=\boldsymbol{b}$，连接 AC，则称向量$\overrightarrow{AC}$(记为 $\boldsymbol{c}$)为向量 $\boldsymbol{a}$ 与 $\boldsymbol{b}$ 的和，记作**

$$\boldsymbol{c}=\boldsymbol{a}+\boldsymbol{b}.$$

这种求向量之和的方法称为向量相加的三角形法则(见图 9-4).

类似于力学上求合力的平行四边形法则，也有**向量加法的平行四边形法则**：将向量 $\boldsymbol{a}$ 的起点与向量 $\boldsymbol{b}$ 的起点重合，以 $\boldsymbol{a}$,$\boldsymbol{b}$ 为邻边的平行四边形的对角线向量 $\boldsymbol{c}$ 就是向量 $\boldsymbol{a}$ 与 $\boldsymbol{b}$ 的和(见图 9-5).

向量的加法满足下列运算规律.

(1) 交换律 $\boldsymbol{a}+\boldsymbol{b}=\boldsymbol{b}+\boldsymbol{a}$；

(2) 结合律 $(\boldsymbol{a}+\boldsymbol{b})+\boldsymbol{c}=\boldsymbol{a}+(\boldsymbol{b}+\boldsymbol{c})$.

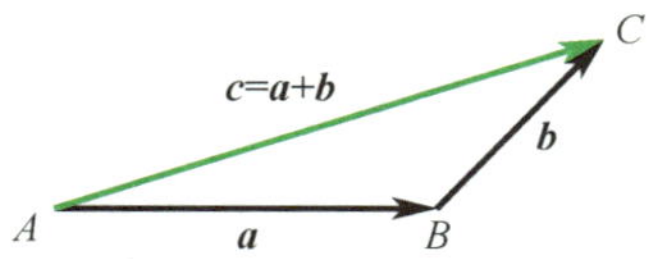

图 9-4

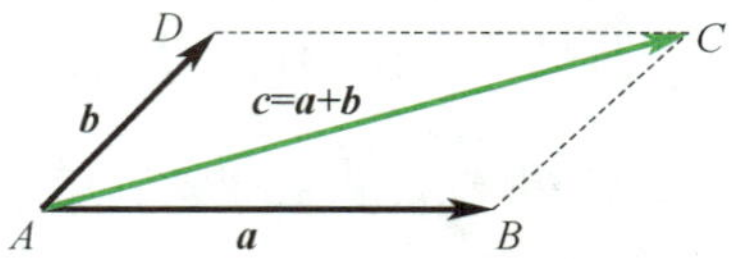

图 9-5

由于向量加法满足交换律和结合律，所以 n 个向量 $\boldsymbol{a}_1$,$\boldsymbol{a}_2$,$\cdots$,$\boldsymbol{a}_n$ 相加可以写成 $\boldsymbol{a}_1+\boldsymbol{a}_2+\cdots+\boldsymbol{a}_n$，并可以按多边形法则相加：使前一向量的终点作为次一向量的起点，相继作出向量 $\boldsymbol{a}_1$,$\boldsymbol{a}_2$,$\cdots$,$\boldsymbol{a}_n$，则以 $\boldsymbol{a}_1$ 的起点为起点，$\boldsymbol{a}_n$ 的终点为终点作一向量，这个向量便是所求 n 个向量的和.

向量的减法可用加法来定义，即

$$\boldsymbol{b}-\boldsymbol{a}=\boldsymbol{b}+(-\boldsymbol{a}),$$

将向量 $\boldsymbol{a}$ 与 $\boldsymbol{b}$ 平移到共同的起点，则以 $\boldsymbol{a}$ 的终点为起点，以 $\boldsymbol{b}$ 的终点为终点的向量便是 $\boldsymbol{b}-\boldsymbol{a}$（见图 9-6）.

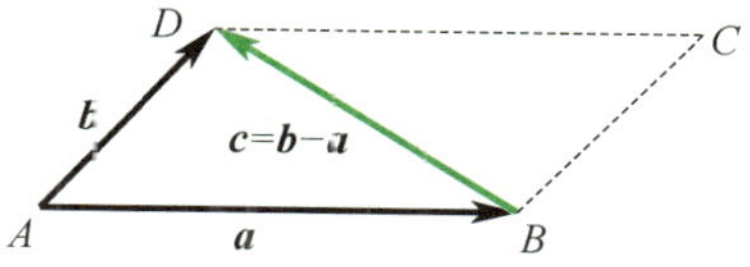

图 9-6

定义 2 **设给定实数 λ 与向量 $\boldsymbol{a}$，λ 与 $\boldsymbol{a}$ 的乘积称为向量的数乘，记作 $\lambda\boldsymbol{a}$. 它是一个向量，它的模为**

$$|\lambda\boldsymbol{a}|=|\lambda|\cdot|\boldsymbol{a}|,$$

它的方向如下：当 $\lambda>0$ 时，与 $\boldsymbol{a}$ 相同；当 $\lambda<0$ 时，与 $\boldsymbol{a}$ 相反. 当 $\lambda=0$ 或 $\boldsymbol{a}=\boldsymbol{0}$ 时，$\lambda\boldsymbol{a}$ 为零向量.

向量与数的乘法满足下列运算规律.

(1) 结合律 $\lambda(\mu\boldsymbol{a})=\mu(\lambda\boldsymbol{a})=(\lambda\mu)\boldsymbol{a}$；

(2) 分配律 $(\lambda+\mu)\boldsymbol{a}=\lambda\boldsymbol{a}+\mu\boldsymbol{a}$，

$\lambda(\boldsymbol{a}+\boldsymbol{b})=\lambda\boldsymbol{a}+\lambda\boldsymbol{b}$.

向量的加法、减法与向量的数乘运算统称为向量的线性运算.

由本节定义 2 可知：设两个非零向量 $\boldsymbol{a}$，$\boldsymbol{b}$，若 $\boldsymbol{a}=\lambda\boldsymbol{b}$，则必有 $\boldsymbol{a}$ 与 $\boldsymbol{b}$ 平行；若 $\boldsymbol{a}$ 与 $\boldsymbol{b}$ 平行，则存在非零常数 $\lambda=\pm\dfrac{|\boldsymbol{a}|}{|\boldsymbol{b}|}$（$\boldsymbol{a}$ 与 $\boldsymbol{b}$ 同向时取正，反向时取负），使 $\boldsymbol{a}=\lambda\boldsymbol{b}$. 即有下面的定理.

定理 **非零向量 $\boldsymbol{a}$ 与 $\boldsymbol{b}$ 平行的充要条件是存在唯一的实数 λ，使得 $\boldsymbol{a}=\lambda\boldsymbol{b}$.**

三、向量的坐标表示

在空间直角坐标系中，沿 x 轴，y 轴和 z 轴正向的三个单位向量称为**基本单位向量**，分别记作 $\boldsymbol{i}$，$\boldsymbol{j}$ 和 $\boldsymbol{k}$. 过向量 $\overrightarrow{OM}$ 的终点 $M(x,y,z)$ 作垂直于 x 轴，y 轴和 z 轴的三张平面，与坐标轴分别交于点 $P(x,0,0)$，$Q(0,y,0)$ 和 $R(0,0,z)$（见图 9-7），向量 $\overrightarrow{OP}$，$\overrightarrow{OQ}$ 和 $\overrightarrow{OR}$ 称为向量 $\overrightarrow{OM}$ 在坐标轴上的**分向量**. 由向量的加法可知

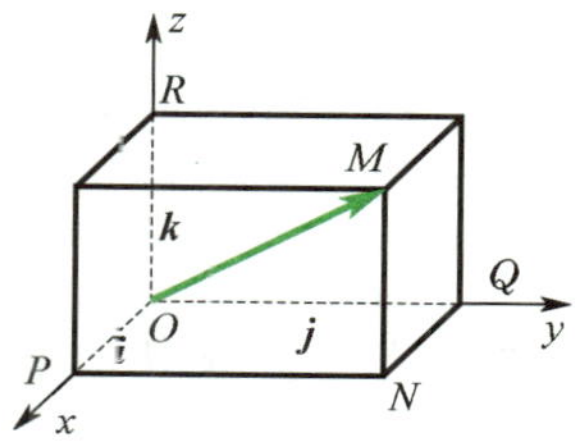

图 9-7

$$\overrightarrow{OM}=\overrightarrow{OP}+\overrightarrow{PN}+\overrightarrow{NM}=\overrightarrow{OP}+\overrightarrow{OQ}+\overrightarrow{OR}.$$

而 $$\overrightarrow{OP}=x\boldsymbol{i},\ \overrightarrow{OQ}=y\boldsymbol{j},\ \overrightarrow{OR}=z\boldsymbol{k},$$

于是 $$\overrightarrow{OM}=x\boldsymbol{i}+y\boldsymbol{j}+z\boldsymbol{k},$$

上式称为向量 $\overrightarrow{OM}$ 的坐标表示式，x,y,z 称为向径 $\overrightarrow{OM}$ 的**坐标**. 记作

$$\overrightarrow{OM}=(x,y,z).$$

特别地，$\boldsymbol{0}=(0,0,0)$，$\boldsymbol{i}=(1,0,0)$，$\boldsymbol{j}=(0,1,0)$，$\boldsymbol{k}=(0,0,1)$.

例 2 已知两点 $M_1(x_1,y_1,z_1)$，$M_2(x_2,y_2,z_2)$，求 $\boldsymbol{a}=\overrightarrow{M_1M_2}$.

解 如图 9-8 所示，

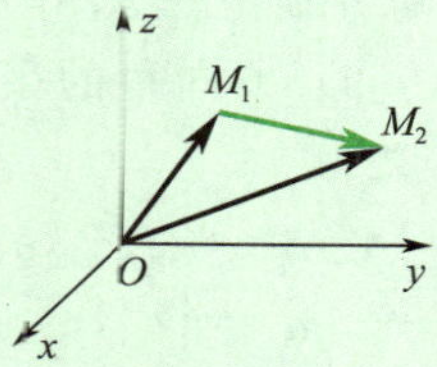

图 9-8

$\overrightarrow{OM_1}=(x_1,y_1,z_1)$，$\overrightarrow{OM_2}=(x_2,y_2,z_2)$，

$$\begin{aligned}\overrightarrow{M_1M_2}&=\overrightarrow{OM_2}-\overrightarrow{OM_1}\\&=(x_2\boldsymbol{i}+y_2\boldsymbol{j}+z_2\boldsymbol{k})-(x_1\boldsymbol{i}+y_1\boldsymbol{j}+z_1\boldsymbol{k})\\&=(x_2-x_1)\boldsymbol{i}+(y_2-y_1)\boldsymbol{j}+(z_2-z_1)\boldsymbol{k},\end{aligned}\qquad(9\text{-}1)$$

即 $$\boldsymbol{a}=(x_2-x_1,y_2-y_1,z_2-z_1).\qquad(9\text{-}2)$$

在例2中，式(9-1)称为向量$\overrightarrow{M_1M_2}$按基本单位向量的分解式，式(9-2)称为向量$\boldsymbol{a}$的坐标表示式. $x_2-x_1, y_2-y_1, z_2-z_1$称为向量$\boldsymbol{a}$的坐标，通常用$a_x, a_y, a_z$表示，记作

$$\boldsymbol{a}=(a_x, a_y, a_z).$$

利用向量的坐标表示式，可以将向量的几何变换转化为其坐标的代数运算.

设$\boldsymbol{a}=(a_x, a_y, a_z)$，$\boldsymbol{b}=(b_x, b_y, b_z)$，则

$$\boldsymbol{a}+\boldsymbol{b}=(a_x+b_x, a_y+b_y, a_z+b_z);$$
$$\boldsymbol{a}-\boldsymbol{b}=(a_x-b_x, a_y-b_y, a_z-b_z);$$
$$\lambda\boldsymbol{a}=(\lambda a_x, \lambda a_y, \lambda a_z).$$

由此可见，对向量的加减及数乘运算，只需要对其对应的坐标进行相应的运算即可.

例3 设$\boldsymbol{a}=(a_x, a_y, a_z)$，$\boldsymbol{b}=(b_x, b_y, b_z)$为两个非零向量，证明$\boldsymbol{a}, \boldsymbol{b}$平行的充要条件是它们的对应坐标成比例.

证 由定理可知，$\boldsymbol{a}, \boldsymbol{b}$平行的充要条件是存在唯一的实数$\lambda$，使得$\boldsymbol{a}=\lambda\boldsymbol{b}$，即

$$(a_x, a_y, a_z)=\lambda(b_x, b_y, b_z),$$

所以$a_x=\lambda b_x, a_y=\lambda b_y, a_z=\lambda b_z$. 从而

$$\frac{a_x}{b_x}=\frac{a_y}{b_y}=\frac{a_z}{b_z}=\lambda.$$

需要注意的是，当向量$\boldsymbol{b}$的坐标有一个为0时，如$b_x=0$，则将式子

$$\frac{a_x}{0}=\frac{a_y}{b_y}=\frac{a_z}{b_z}$$

理解为

$$\begin{cases}\dfrac{a_y}{b_y}=\dfrac{a_z}{b_z},\\ a_x=0;\end{cases}$$

若有两个坐标为0，如$b_x=b_y=0$，则理解为$\begin{cases}a_x=0,\\ a_y=0.\end{cases}$

设向量$\boldsymbol{a}=(a_x, a_y, a_z)$，作向量$\overrightarrow{OM}=(a_x, a_y, a_z)$（见图9-9）. 由空间两点间的距离公式，得向量$\boldsymbol{a}$的模为

$$|\boldsymbol{a}|=\sqrt{a_x^2+a_y^2+a_z^2}.$$

为了确定向量$\boldsymbol{a}$的方向，把向量$\boldsymbol{a}$与x轴，y轴，z轴正向的夹角分别记作α, β, γ $(0\leqslant\alpha, \beta, \gamma\leqslant\pi)$，称为向量$\boldsymbol{a}$的**方向角**（见图9-9）. 方向角的余弦$\cos\alpha, \cos\beta, \cos\gamma$称为向量$\boldsymbol{a}$的**方向余弦**.

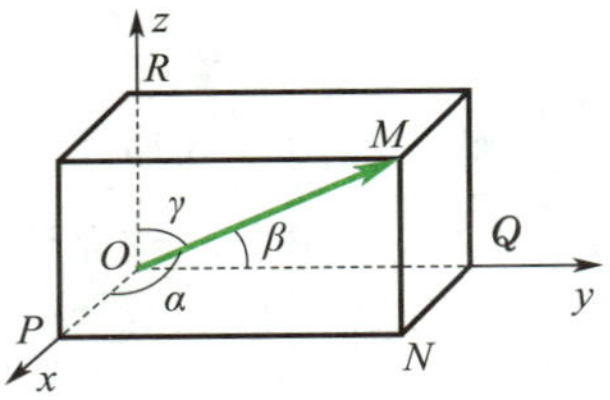

图 9-9

设$\boldsymbol{a}=(a_x, a_y, a_z)$是非零向量，由图9-9可以看出

$$a_x=|\boldsymbol{a}|\cos\alpha,\quad a_y=|\boldsymbol{a}|\cos\beta,\quad a_z=|\boldsymbol{a}|\cos\gamma,$$

从而有

$$\cos\alpha=\frac{a_x}{|\boldsymbol{a}|}=\frac{a_x}{\sqrt{a_x^2+a_y^2+a_z^2}},$$

$$\cos\beta=\frac{a_y}{|\boldsymbol{a}|}=\frac{a_y}{\sqrt{a_x^2+a_y^2+a_z^2}},$$

$$\cos\gamma=\frac{a_z}{|\boldsymbol{a}|}=\frac{a_z}{\sqrt{a_x^2+a_y^2+a_z^2}},$$

且

$$\cos^2\alpha+\cos^2\beta+\cos^2\gamma=1,$$

即任一非零向量的方向余弦的平方和等于 1.

例 4 已知两点 $A(0,-1,2)$，$B(-1,1,0)$，求向量$\overrightarrow{AB}$的模及方向余弦.

解 因为 $\overrightarrow{AB}=(-1-0,1-(-1),0-2)=(-1,2,-2)$，

所以

$$|\overrightarrow{AB}|=\sqrt{(-1)^2+2^2+(-2)^2}=\sqrt{9}=3,$$

从而

$$\cos\alpha=\frac{-1}{3},\cos\beta=\frac{2}{3},\cos\gamma=\frac{-2}{3}.$$

概念复习

1. 空间两点 $M_1(x_1,y_1,z_1)$，$M_2(x_2,y_2,z_2)$间的距离 $|M_1M_2|=$__________.

2. 设 $\boldsymbol{a}=(a_x,a_y,a_z)$，$\boldsymbol{b}=(b_x,b_y,b_z)$，则 $\boldsymbol{a}+\boldsymbol{b}=$__________；$\boldsymbol{a}-\boldsymbol{b}=$__________；$\lambda\boldsymbol{a}=$__________.

3. 设 $\boldsymbol{a}=(a_x,a_y,a_z)$ 是非零向量，则方向余弦 $\cos\alpha=$__________；$\cos\beta=$__________；$\cos\gamma=$__________；$\cos^2\alpha+\cos^2\beta+\cos^2\gamma=$__________.

习题 9-1

1. 求点 $P(3,-1,2)$关于坐标原点、各坐标轴、各坐标平面的对称点的坐标.

2. 设点 P 在 x 轴上，它到点 $P_1(0,\sqrt{2},3)$的距离为到点 $P_2(0,1,-1)$的距离的 2 倍，求点 P 的坐标.

3. 在平行四边形 $ABCD$ 中，设$\overrightarrow{AB}=\boldsymbol{a}$，$\overrightarrow{AD}=\boldsymbol{b}$. 请用 $\boldsymbol{a}$ 和 $\boldsymbol{b}$ 表示向量$\overrightarrow{MA}$，$\overrightarrow{MB}$，$\overrightarrow{MC}$，$\overrightarrow{MD}$，其中点 M 是平行四边形对角线的交点.

4. 已知两点 $M_1(2,2,\sqrt{2})$，$M_2(1,3,0)$，计算向量$\overrightarrow{M_1M_2}$的模、方向余弦、方向角以及与$\overrightarrow{M_1M_2}$同向的单位向量.

5. 已知向量 $\boldsymbol{a}=m\boldsymbol{i}+5\boldsymbol{j}-\boldsymbol{k}$ 与向量 $\boldsymbol{b}=3\boldsymbol{i}+\boldsymbol{j}+n\boldsymbol{k}$ 平行，求 m 与 n.

第 2 节　数量积与向量积

一、行列式简介

设有一个两行两列的数表

$$\begin{pmatrix} a_{11} & a_{12} \\ a_{21} & a_{22} \end{pmatrix},$$

称表达式 $a_{11}a_{22}-a_{12}a_{21}$ 为对应于这个数表的二阶行列式，记作

$$\begin{vmatrix} a_{11} & a_{12} \\ a_{21} & a_{22} \end{vmatrix},$$

即

$$\begin{vmatrix} a_{11} & a_{12} \\ a_{21} & a_{22} \end{vmatrix}=a_{11}a_{22}-a_{12}a_{21}. \tag{9-3}$$

数 a_{ij} $(i=1,2;j=1,2)$ 称为行列式(9-3)的**元素**，其第一个下标 i 称为**行标**，第二个下标 j 称为**列标**.

例 1　计算二阶行列式 $D=\begin{vmatrix} 2 & 1 \\ 1 & -3 \end{vmatrix}$.

解　$D=\begin{vmatrix} 2 & 1 \\ 1 & -3 \end{vmatrix}$

$=2\times(-3)-1\times1=-7.$

类似地，三阶行列式可定义为

$$\begin{vmatrix} a_{11} & a_{12} & a_{13} \\ a_{21} & a_{22} & a_{23} \\ a_{31} & a_{32} & a_{33} \end{vmatrix}=a_{11}a_{22}a_{33}+a_{12}a_{23}a_{31}+a_{13}a_{21}a_{32}$$

$$-a_{13}a_{22}a_{31}-a_{12}a_{21}a_{33}-a_{11}a_{23}a_{32}.$$

三阶行列式的元素、行标、列标等概念，与二阶行列式的概念类似.

三阶行列式还可改写为

$$\begin{vmatrix} a_{11} & a_{12} & a_{13} \\ a_{21} & a_{22} & a_{23} \\ a_{31} & a_{32} & a_{33} \end{vmatrix}=a_{11}(a_{22}a_{33}-a_{23}a_{32})-a_{12}(a_{21}a_{33}-a_{23}a_{31})$$

$$+a_{13}(a_{21}a_{32}-a_{22}a_{31})$$

$$=a_{11}\begin{vmatrix} a_{22} & a_{23} \\ a_{32} & a_{33} \end{vmatrix}-a_{12}\begin{vmatrix} a_{21} & a_{23} \\ a_{31} & a_{33} \end{vmatrix}+a_{13}\begin{vmatrix} a_{21} & a_{22} \\ a_{31} & a_{32} \end{vmatrix}.$$

上式称为三阶行列式按第一行展开的展开式.

例 2 计算行列式 $D=\begin{vmatrix} 3 & 0 & -2 \\ 2 & 1 & 3 \\ -2 & 3 & 1 \end{vmatrix}$.

解 方法一 根据定义,有

$$D=3\times1\times1+2\times3\times(-2)+(-2)\times0\times3-(-2)\times1\times(-2)-2\times0\times1-3\times3\times3=-40.$$

方法二 将行列式按第一行展开,有

$$D=3\times\begin{vmatrix} 1 & 3 \\ 3 & 1 \end{vmatrix}-0\times\begin{vmatrix} 2 & 3 \\ -2 & 1 \end{vmatrix}+(-2)\times\begin{vmatrix} 2 & 1 \\ -2 & 3 \end{vmatrix}=3\times(-8)-0+(-2)\times8=-40.$$

二、数量积(点积)

定义 1 两个向量 $\boldsymbol{a}$ 和 $\boldsymbol{b}$ 的模与它们夹角 θ 的余弦的乘积称为向量 $\boldsymbol{a}$ 和 $\boldsymbol{b}$ 的数量积(也称为点积或内积),记作 $\boldsymbol{a}\cdot\boldsymbol{b}$. 即

$$\boldsymbol{a}\cdot\boldsymbol{b}=|\boldsymbol{a}||\boldsymbol{b}|\cos\theta.$$

由定义知数量积具有下列性质.

(1) $\boldsymbol{a}\cdot\boldsymbol{a}=|\boldsymbol{a}|^2$;

(2) 两向量 $\boldsymbol{a}$ 和 $\boldsymbol{b}$ 互相垂直的充要条件是 $\boldsymbol{a}\cdot\boldsymbol{b}=0$,即

$$\boldsymbol{a}\perp\boldsymbol{b}\Leftrightarrow\boldsymbol{a}\cdot\boldsymbol{b}=0.$$

这是因为零向量与任何向量都垂直,当向量 $\boldsymbol{a},\boldsymbol{b}$ 中有一个为零向量时,结论显然成立;当 $\boldsymbol{a},\boldsymbol{b}$ 均为非零向量($|\boldsymbol{a}|\neq0$, $|\boldsymbol{b}|\neq0$)时,$\boldsymbol{a}\cdot\boldsymbol{b}=|\boldsymbol{a}||\boldsymbol{b}|\cos\theta=0$ 等价于 $\cos\theta=0$,即 $\theta=\frac{\pi}{2}$.

数量积满足下列运算规律.

(1) 交换律 $\boldsymbol{a}\cdot\boldsymbol{b}=\boldsymbol{b}\cdot\boldsymbol{a}$;

(2) 结合律 $(\lambda\boldsymbol{a})\cdot\boldsymbol{b}=\boldsymbol{a}\cdot(\lambda\boldsymbol{b})=\lambda(\boldsymbol{a}\cdot\boldsymbol{b})$,$\lambda$ 为实数;

(3) 分配律 $(\boldsymbol{a}+\boldsymbol{b})\cdot\boldsymbol{c}=\boldsymbol{a}\cdot\boldsymbol{c}+\boldsymbol{b}\cdot\boldsymbol{c}$.

下面来推导数量积的坐标表示式.

由上述有关数量积的性质和运算规律,对于基本单位向量 $\boldsymbol{i},\boldsymbol{j},\boldsymbol{k}$,有下列性质.

$$\boldsymbol{i}\cdot\boldsymbol{i}=\boldsymbol{j}\cdot\boldsymbol{j}=\boldsymbol{k}\cdot\boldsymbol{k}=1,$$

$$\boldsymbol{i}\cdot\boldsymbol{j}=\boldsymbol{j}\cdot\boldsymbol{i}=\boldsymbol{j}\cdot\boldsymbol{k}=\boldsymbol{k}\cdot\boldsymbol{j}=\boldsymbol{k}\cdot\boldsymbol{i}=\boldsymbol{i}\cdot\boldsymbol{k}=0.$$

设 $\boldsymbol{a}=a_x\boldsymbol{i}+a_y\boldsymbol{j}+a_z\boldsymbol{k}$,$\boldsymbol{b}=b_x\boldsymbol{i}+b_y\boldsymbol{j}+b_z\boldsymbol{k}$,则

$$\begin{aligned}\boldsymbol{a}\cdot\boldsymbol{b}&=a_xb_x\boldsymbol{i}\cdot\boldsymbol{i}+a_xb_y\boldsymbol{i}\cdot\boldsymbol{j}+a_xb_z\boldsymbol{i}\cdot\boldsymbol{k}\\&\quad+a_yb_x\boldsymbol{j}\cdot\boldsymbol{i}+a_yb_y\boldsymbol{j}\cdot\boldsymbol{j}+a_yb_z\boldsymbol{j}\cdot\boldsymbol{k}\\&\quad+a_zb_x\boldsymbol{k}\cdot\boldsymbol{i}+a_zb_y\boldsymbol{k}\cdot\boldsymbol{j}+a_zb_z\boldsymbol{k}\cdot\boldsymbol{k}\\&=a_xb_x+a_yb_y+a_zb_z,\end{aligned}$$

即

$$\boldsymbol{a}\cdot\boldsymbol{b}=a_xb_x+a_yb_y+a_zb_z.$$

因为 $\boldsymbol{a}\cdot\boldsymbol{b}=|\boldsymbol{a}||\boldsymbol{b}|\cos\theta$,所以当 $\boldsymbol{a},\boldsymbol{b}$ 均为非零向量时,有

$$\cos\theta=\frac{\boldsymbol{a}\cdot\boldsymbol{b}}{|\boldsymbol{a}||\boldsymbol{b}|}=\frac{a_xb_x+a_yb_y+a_zb_z}{\sqrt{a_x^2+a_y^2+a_z^2}\sqrt{b_x^2+b_y^2+b_z^2}}.$$

由此进一步得到两个非零向量 $\boldsymbol{a},\boldsymbol{b}$ 垂直的充要条件是

$$\boldsymbol{a}\perp\boldsymbol{b}\Leftrightarrow\boldsymbol{a}\cdot\boldsymbol{b}=0\Leftrightarrow a_xb_x+a_yb_y+a_zb_z=0.$$

例 3 已知三点 $A(1,1,1),B(2,2,1)$ 和 $C(2,1,2)$,求 $\angle BAC$.

解 作向量 $\overrightarrow{AB}$ 与 $\overrightarrow{AC}$,$\angle BAC$ 就是向量 $\overrightarrow{AB}$ 与 $\overrightarrow{AC}$ 的夹角.

$$\overrightarrow{AB}=(2-1,2-1,1-1)=(1,1,0),$$
$$\overrightarrow{AC}=(2-1,1-1,2-1)=(1,0,1),$$

因此

$$\cos\angle BAC=\frac{1\cdot1+1\cdot0+0\cdot1}{\sqrt{1^2+1^2+0^2}\cdot\sqrt{1^2+0^2+1^2}}=\frac{1}{2},$$

即 $\angle BAC=\frac{\pi}{3}$.

例 4 在 xOy 面上,求与已知向量 $\boldsymbol{a}=(-4,3,7)$ 垂直的单位向量.

解 设所求单位向量为 (x,y,z),因为它在 xOy 面上,所以 $z=0$. 又因为它是与向量 $\boldsymbol{a}$ 垂直的单位向量,所以有

$$\begin{cases}x^2+y^2=1,\\-4x+3y=0,\end{cases}$$

解此方程组,得 $x_1=\frac{3}{5},y_1=\frac{4}{5};x_2=-\frac{3}{5},y_2=-\frac{4}{5}$.

故所求单位向量为 $\left(\frac{3}{5},\frac{4}{5},0\right)$ 与 $\left(-\frac{3}{5},-\frac{4}{5},0\right)$.

三、向量积(叉积)

定义 2 两个向量 $\boldsymbol{a}$ 与 $\boldsymbol{b}$ 的向量积(也称为叉积或外积)是一个向量 $\boldsymbol{c}$,记作 $\boldsymbol{c}=\boldsymbol{a}\times\boldsymbol{b}$. 它的大小与方向规定如下:

(1) $|\boldsymbol{c}|=|\boldsymbol{a}||\boldsymbol{b}|\sin\theta$,$\theta$ 为向量 $\boldsymbol{a},\boldsymbol{b}$ 的夹角;

(2) 向量 $\boldsymbol{c}$ 的方向垂直于向量 $\boldsymbol{a}$ 与 $\boldsymbol{b}$ 所确定的平面($\boldsymbol{c}\perp\boldsymbol{a}$ 且 $\boldsymbol{c}\perp\boldsymbol{b}$),向量 $\boldsymbol{c}$ 的指向按右手规则从向量 $\boldsymbol{a}$ 转向向量 $\boldsymbol{b}$ 来确定(见图 9-10).

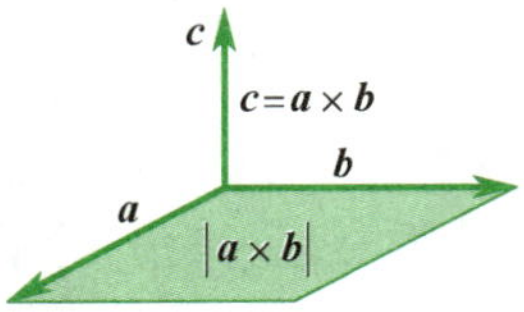

图 9-10

由向量积的定义可推得向量积有下列性质.

(1) $\boldsymbol{a}\times\boldsymbol{a}=\boldsymbol{0}$;

(2) 两向量 $\boldsymbol{a}$ 和 $\boldsymbol{b}$ 互相平行的充要条件是 $\boldsymbol{a}\times\boldsymbol{b}=\boldsymbol{0}$;

(3) 向量积 $\boldsymbol{a}\times\boldsymbol{b}$ 的模 $|\boldsymbol{a}\times\boldsymbol{b}|$ 等于以 $\boldsymbol{a},\boldsymbol{b}$ 为邻边的平行四边形的面积,这就是向量积的几何意义(见图 9-10).

向量积满足下列运算规律.

(1) 反交换律 $\boldsymbol{a}\times\boldsymbol{b}=-\boldsymbol{b}\times\boldsymbol{a}$;

(2) 结合律 $(\lambda\boldsymbol{a})\times\boldsymbol{b}=\boldsymbol{a}\times(\lambda\boldsymbol{b})=\lambda(\boldsymbol{a}\times\boldsymbol{b})$;

(3) 分配律　$(\boldsymbol{a}+\boldsymbol{b})\times\boldsymbol{c}=\boldsymbol{a}\times\boldsymbol{c}+\boldsymbol{b}\times\boldsymbol{c}$.

由上述向量积的性质及运算规律,有

$$\boldsymbol{i}\times\boldsymbol{i}=\boldsymbol{j}\times\boldsymbol{j}=\boldsymbol{k}\times\boldsymbol{k}=\boldsymbol{0},$$

$$\boldsymbol{i}\times\boldsymbol{j}=\boldsymbol{k},\quad \boldsymbol{j}\times\boldsymbol{k}=\boldsymbol{i},\quad \boldsymbol{k}\times\boldsymbol{i}=\boldsymbol{j},\quad \boldsymbol{j}\times\boldsymbol{i}=-\boldsymbol{k},\quad \boldsymbol{k}\times\boldsymbol{j}=-\boldsymbol{i},\quad \boldsymbol{i}\times\boldsymbol{k}=-\boldsymbol{j}.$$

下面推导向量积的坐标表示式.

设 $\boldsymbol{a}=(a_x,a_y,a_z)$,$\boldsymbol{b}=(b_x,b_y,b_z)$,则

$$\begin{aligned}\boldsymbol{a}\times\boldsymbol{b}&=(a_x\boldsymbol{i}+a_y\boldsymbol{j}+a_z\boldsymbol{k})\times(b_x\boldsymbol{i}+b_y\boldsymbol{j}+b_z\boldsymbol{k})\\&=a_xb_x(\boldsymbol{i}\times\boldsymbol{i})+a_xb_y(\boldsymbol{i}\times\boldsymbol{j})+a_xb_z(\boldsymbol{i}\times\boldsymbol{k})\\&\quad+a_yb_x(\boldsymbol{j}\times\boldsymbol{i})+a_yb_y(\boldsymbol{j}\times\boldsymbol{j})+a_yb_z(\boldsymbol{j}\times\boldsymbol{k})\\&\quad+a_zb_x(\boldsymbol{k}\times\boldsymbol{i})+a_zb_y(\boldsymbol{k}\times\boldsymbol{j})+a_zb_z(\boldsymbol{k}\times\boldsymbol{k})\\&=(a_yb_z-b_ya_z)\boldsymbol{i}+(a_zb_x-b_za_x)\boldsymbol{j}+(a_xb_y-b_xa_y)\boldsymbol{k}.\end{aligned}$$

向量积的计算

为了记忆方便,将向量积用三阶行列式表示为

$$\boldsymbol{a}\times\boldsymbol{b}=\begin{vmatrix}\boldsymbol{i}&\boldsymbol{j}&\boldsymbol{k}\\a_x&a_y&a_z\\b_x&b_y&b_z\end{vmatrix}.$$

例 5　已知三点 $A(3,0,2)$,$B(5,3,1)$,$C(0,-1,3)$,求向量积 $\overrightarrow{AB}\times\overrightarrow{AC}$ 及以这三点为顶点的三角形的面积.

解　因为 $\overrightarrow{AB}=(2,3,-1)$,$\overrightarrow{AC}=(-3,-1,1)$,所以

$$\begin{aligned}\overrightarrow{AB}\times\overrightarrow{AC}&=\begin{vmatrix}\boldsymbol{i}&\boldsymbol{j}&\boldsymbol{k}\\2&3&-1\\-3&-1&1\end{vmatrix}\\&=\boldsymbol{i}\begin{vmatrix}3&-1\\-1&1\end{vmatrix}-\boldsymbol{j}\begin{vmatrix}2&-1\\-3&1\end{vmatrix}+\boldsymbol{k}\begin{vmatrix}2&3\\-3&-1\end{vmatrix}\\&=2\boldsymbol{i}+\boldsymbol{j}+7\boldsymbol{k}.\end{aligned}$$

向量积的应用举例

由向量积的几何意义,得 $\triangle ABC$ 的面积

$$S=\frac{1}{2}|\overrightarrow{AB}\times\overrightarrow{AC}|=\frac{1}{2}\sqrt{2^2+1^2+7^2}=\frac{\sqrt{54}}{2}.$$

概念复习

1. 设 $\boldsymbol{a}=(a_x,a_y,a_z)$,$\boldsymbol{b}=(b_x,b_y,b_z)$,则 $\boldsymbol{a}\cdot\boldsymbol{b}=$________;$\boldsymbol{a}\times\boldsymbol{b}=$________.

2. 两向量 $\boldsymbol{a}$ 和 $\boldsymbol{b}$ 互相垂直的充要条件是____________;互相平行的充要条件是____________.

3. 同时垂直于向量 $\boldsymbol{a}$ 和 $\boldsymbol{b}$ 的单位向量为____________.

4. 以向量 $\boldsymbol{a}$ 和 $\boldsymbol{b}$ 为邻边的平行四边形的面积为____________.

习题 9－2

1. 下列结论是否成立，为什么？

(1) 如果 $\boldsymbol{a}\cdot\boldsymbol{b}=\boldsymbol{0}$，那么 $\boldsymbol{a}=\boldsymbol{0}$ 或 $\boldsymbol{b}=\boldsymbol{0}$；

(2) $(\boldsymbol{a}\cdot\boldsymbol{b})^2=\boldsymbol{a}^2\cdot\boldsymbol{b}^2$；

(3) $(\boldsymbol{a}\cdot\boldsymbol{b})\cdot\boldsymbol{c}=\boldsymbol{a}\cdot(\boldsymbol{b}\cdot\boldsymbol{c})$；

(4) $\sqrt{\boldsymbol{a}^2}=\boldsymbol{a}$；

(5) 如果 $\boldsymbol{a}\neq\boldsymbol{0}$，且 $\boldsymbol{a}\cdot\boldsymbol{b}=\boldsymbol{a}\cdot\boldsymbol{c}$，那么 $\boldsymbol{b}=\boldsymbol{c}$；

(6) 如果 $\boldsymbol{a}\neq\boldsymbol{0}$，且 $\boldsymbol{a}\times\boldsymbol{b}=\boldsymbol{a}\times\boldsymbol{c}$，那么 $\boldsymbol{b}=\boldsymbol{c}$.

2. 已知 $\boldsymbol{a}=(1,-2,1)$，$\boldsymbol{b}=(1,1,2)$，计算：

(1) $\boldsymbol{a}\times\boldsymbol{b}$；　(2) $(2\boldsymbol{a}-\boldsymbol{b})\cdot(\boldsymbol{a}+\boldsymbol{b})$；　(3) $|\boldsymbol{a}-\boldsymbol{b}|^2$.

3. 求与 $\boldsymbol{a}=(1,-3,1)$，$\boldsymbol{b}=(2,-1,3)$都垂直的单位向量.

4. 已知$\overrightarrow{OA}=\boldsymbol{i}+3\boldsymbol{k}$，$\overrightarrow{OB}=\boldsymbol{j}+3\boldsymbol{k}$，求$\triangle OAB$ 的面积.

第 3 节　平面与直线

一、平面及其方程

1. 平面的方程

在中学几何的学习中，读者已知道确定平面在空间的位置是有一定的几何条件的. 例如，过空间内某一点的平面有无穷多个，但如果再限定平面垂直于已知直线，则确定一张平面. 下面以向量为工具来建立平面的方程.

一般地，垂直于平面的任一非零向量 $\boldsymbol{n}$ 称为该平面的**法向量**.

设平面 Π 过点 $M_0(x_0,y_0,z_0)$，且 $\boldsymbol{n}=(A,B,C)$是它的一个法向量，点 $M(x,y,z)$为平面 Π 上的任一点（见图 9-11），则

$$\overrightarrow{M_0M}\perp\boldsymbol{n},$$

即

$$\overrightarrow{M_0M}\cdot\boldsymbol{n}=0,$$

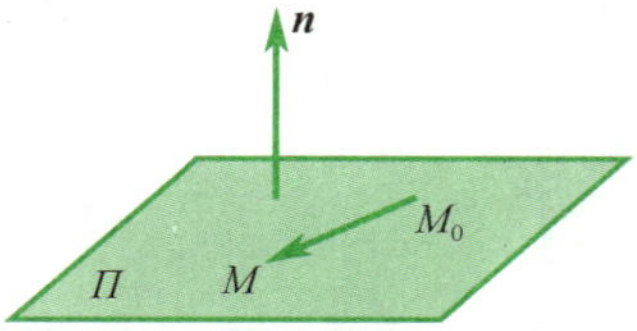

图 9-11

因为

$$\overrightarrow{M_0M}=(x-x_0,y-y_0,z-z_0),$$

所以

$$A(x-x_0)+B(y-y_0)+C(z-z_0)=0. \tag{9-4}$$

由点 M 的任意性可知，平面 Π 上任一点的坐标都满足方程(9-4)，而不在平面 Π 上的点的坐标都不满足方程(9-4). 将方程(9-4)称为平面 Π 的**点法式方程**.

如果令 $D=-(Ax_0+By_0+Cz_0)$，则点法式方程可改写为

$$Ax+By+Cz+D=0. \tag{9-5}$$

因此平面的方程是关于 x,y,z 的三元一次方程. 若给出一个关于 x,y,z 的三元一次方程 $Ax+By+Cz+D=0$(A,B,C 不全为零),不妨设 $A\neq 0$,则该一次方程可改写为

$$A\left(x+\frac{D}{A}\right)+B(y-0)+C(z-0)=0,$$

这就是过点 $M_0\left(-\frac{D}{A},0,0\right)$、法向量为 $\boldsymbol{n}=(A,B,C)$ 的平面方程. 由此可知,任一平面的方程是三元一次方程;任一三元一次方程的图形都是一张平面. 方程(9-5)称为平面的**一般式方程**,其中,x,y,z 的系数就是该平面的一个法向量 $\boldsymbol{n}$ 的坐标,即 $\boldsymbol{n}=(A,B,C)$.

例 1 求过点 $(1,-1,0)$ 且以 $\boldsymbol{n}=(9,0,9)$ 为法向量的平面方程.

解 由点法式方程,得

$$9(x-1)+9(z-0)=0,$$

化简得所求平面方程为

$$x+z-1=0.$$

例 2 已知平面与 x 轴,y 轴,z 轴的交点分别为 $A(a,0,0)$,$B(0,b,0)$,$C(0,0,c)$,求平面的方程(其中,$abc\neq 0$).

解 设所求平面的方程为

$$Ax+By+Cz+D=0,$$

因为 $A(a,0,0)$,$B(0,b,0)$,$C(0,0,c)$ 三点都在平面上,所以它们的坐标都应该满足平面方程,即有

$$\begin{cases} aA+D=0, \\ bB+D=0, \\ cC+D=0, \end{cases}$$

解得 $A=-\frac{D}{a}$,$B=-\frac{D}{b}$,$C=-\frac{D}{c}$.

故所求方程为

$$-\frac{Dx}{a}-\frac{Dy}{b}-\frac{Dz}{c}+D=0,$$

方程两端同除以 $D(D\neq 0)$ 并化简,得

$$\frac{x}{a}+\frac{y}{b}+\frac{z}{c}=1. \tag{9-6}$$

方程(9-6)称为平面的**截距式方程**,而 a,b,c 依次称为平面在 x 轴、y 轴、z 轴上的**截距**.

平面的三点式和截距式方程

2. 两平面的夹角

两平面的法向量的夹角(通常指锐角或直角)称为**两平面的夹角**.

例 3 设两平面 Π_1,Π_2 的方程分别为 $x-y+5=0,x-2y+2z-3=0$，求平面 Π_1 与 Π_2 的夹角.

解 两平面的法向量分别为

$$\boldsymbol{n}_1=(1,-1,0),\quad \boldsymbol{n}_2=(1,-2,2),$$

如图 9-12 所示，两平面的夹角为 θ.

因为 θ 为锐角，所以

$$\cos\theta=\frac{|\boldsymbol{n}_1\cdot\boldsymbol{n}_2|}{|\boldsymbol{n}_1|\cdot|\boldsymbol{n}_2|}=\frac{|1\times1-1\times(-2)+0\times2|}{\sqrt{1^2+(-1)^2+0^2}\cdot\sqrt{1^2+(-2)^2+2^2}}=\frac{\sqrt{2}}{2},$$

即 $\theta=\frac{\pi}{4}$.

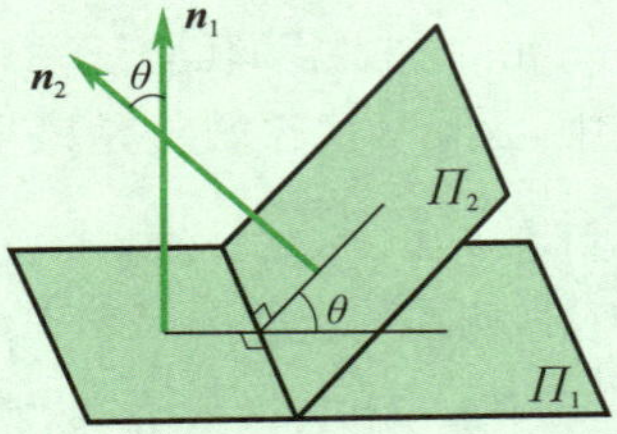

图 9-12

一般地，设平面 Π_1 和 Π_2 的方程分别为

$$\Pi_1:A_1x+B_1y+C_1z+D_1=0,$$
$$\Pi_2:A_2x+B_2y+C_2z+D_2=0,$$

则两平面的夹角 θ 可由

$$\cos\theta=\frac{|A_1A_2+B_1B_2+C_1C_2|}{\sqrt{A_1^2+B_1^2+C_1^2}\cdot\sqrt{A_2^2+B_2^2+C_2^2}}$$

来确定.

两平面平行或垂直的条件

由两向量垂直、平行的充要条件可以推得以下结论.

(1) 平面 Π_1,Π_2 垂直的充要条件是 $A_1A_2+B_1B_2+C_1C_2=0$；

(2) 平面 Π_1,Π_2 平行或重合的充要条件是 $\frac{A_1}{A_2}=\frac{B_1}{B_2}=\frac{C_1}{C_2}$.

二、空间直线及其方程

1. 空间直线的方程

平行于直线的任一非零向量称为**直线的方向向量**.

由于过空间内一定点可作且只能作一条直线使它平行于已知的非零向量，所以当已知直线 L 上一点 $M_0(x_0,y_0,z_0)$ 和它的一个方向向量 $\boldsymbol{s}=(m,n,p)$ 时，直线 L 的位置就完全确定了. 下面建立直线 L 的方程.

设点 $M(x,y,z)$ 为直线 L 上的任一点，由 $\overrightarrow{M_0M}/\!/\boldsymbol{s}$ 得直线的方程为

$$\frac{x-x_0}{m}=\frac{y-y_0}{n}=\frac{z-z_0}{p},\tag{9-7}$$

式(9-7)称为直线的**对称式方程**或**点向式方程**.

当 m,n,p 中有一个为 0 时，如 $m=0$，式(9-7)应理解为

$$\begin{cases} x=x_0, \\ \dfrac{y-y_0}{n}=\dfrac{z-z_0}{p}. \end{cases}$$

例4 求过点 $M_1(3,-1,2)$，$M_2(4,-6,-5)$ 的直线方程.

解 由于直线过点 M_1，M_2，所以取直线的方向向量为

$$\boldsymbol{s}=\overrightarrow{M_1M_2}=(1,-5,-7),$$

又点 M_1 为直线上的一点，由公式(9-7)得所求直线的方程为

$$\frac{x-3}{1}=\frac{y+1}{-5}=\frac{z-2}{-7}.$$

如果在式(9-7)中，令 $\dfrac{x-x_0}{m}=\dfrac{y-y_0}{n}=\dfrac{z-z_0}{p}=t$，那么有

$$\begin{cases} x=x_0+mt, \\ y=y_0+nt, \\ z=z_0+pt, \end{cases} \tag{9-8}$$

式(9-8)称为直线的**参数式方程**.

任何一条空间直线 L 都可以看成是过这条直线的两张平面的交线. 如果平面

$$\Pi_1: A_1x+B_1y+C_1z+D_1=0 \text{ 和 } \Pi_2: A_2x+B_2y+C_2z+D_2=0$$

均通过直线 L，且 $A_1:B_1:C_1\neq A_2:B_2:C_2$，则直线 L 上任意一点的坐标应同时满足这两个平面方程，即应满足方程组

$$\begin{cases} A_1x+B_1y+C_1z+D_1=0, \\ A_2x+B_2y+C_2z+D_2=0, \end{cases} \tag{9-9}$$

反之，不在直线 L 上的点的坐标不能同时满足这两个平面方程. 所以直线 L 的方程可以用方程组(9-9)来表示，方程组(9-9)称为空间直线的**一般式方程**.

例5 求直线 L：$\begin{cases} 2x-3y+z-7=0, \\ 3x+2y-z+1=0 \end{cases}$ 的点向式方程和参数式方程.

直线方程及应用举例

解 令 $x=1$，得

$$\begin{cases} -3y+z=5, \\ 2y-z=-4, \end{cases}$$

解得 $y=-1$，$z=2$，所以 $(1,-1,2)$ 为所求直线上一点.

因为直线 L 同时经过两张平面，所以 L 与这两张平面的法向量都垂直. 而 $\boldsymbol{n}_1=(2,-3,1)$，$\boldsymbol{n}_2=(3,2,-1)$，所以 L 的方向向量 $\boldsymbol{s}$ 可取为

$$\boldsymbol{s}=\boldsymbol{n}_1\times\boldsymbol{n}_2=\begin{vmatrix} \boldsymbol{i} & \boldsymbol{j} & \boldsymbol{k} \\ 2 & -3 & 1 \\ 3 & 2 & -1 \end{vmatrix}=\boldsymbol{i}+5\boldsymbol{j}+13\boldsymbol{k},$$

因此，直线 L 的点向式方程为

$$\frac{x-1}{1}=\frac{y+1}{5}=\frac{z-2}{13}.$$

令$\frac{x-1}{1}=\frac{y+1}{5}=\frac{z-2}{13}=t$，得直线 L 的参数式方程为

$$\begin{cases}x=1+t,\\y=-1+5t,\\z=2+13t.\end{cases}$$

2. 两直线的夹角

两直线方向向量的夹角(通常指锐角或直角)称为**两直线的夹角**.

例 6 求直线 $L_1:\frac{x-2}{2}=\frac{y+1}{-1}=\frac{z-3}{1}$与 $L_2:\frac{x+3}{1}=\frac{y-1}{1}=\frac{z-6}{2}$的夹角.

解 两直线的方向向量分别为 $\boldsymbol{s}_1=(2,-1,1)$，$\boldsymbol{s}_2=(1,1,2)$，而直线 L_1 与 L_2 的夹角 θ 是锐角，所以

$$\cos\theta=\frac{|\boldsymbol{s}_1\cdot\boldsymbol{s}_2|}{|\boldsymbol{s}_1||\boldsymbol{s}_2|}=\frac{|2\times1-1\times1+1\times2|}{\sqrt{2^2+(-1)^2+1^2}\cdot\sqrt{1^2+1^2+2^2}}$$

$$=\frac{3}{\sqrt{6}\cdot\sqrt{6}}=\frac{1}{2},$$

从而 $\theta=\frac{\pi}{3}$.

两直线平行或垂直的条件

一般地，若两直线的方程分别为

$$L_1:\frac{x-x_1}{m_1}=\frac{y-y_1}{n_1}=\frac{z-z_1}{p_1},\quad L_2:\frac{x-x_2}{m_2}=\frac{y-y_2}{n_2}=\frac{z-z_2}{p_2},$$

则两直线的夹角 θ 可由

$$\cos\theta=\frac{|m_1m_2+n_1n_2+p_1p_2|}{\sqrt{m_1^2+n_1^2+p_1^2}\cdot\sqrt{m_2^2+n_2^2+p_2^2}}$$

来确定.

例 7 已知直线通过点(1,1,0)，且垂直于平面 $x-2y+3z+2=0$，求直线方程.

解 由于直线垂直于平面，所以直线的方向向量 $\boldsymbol{s}$ 可取平面的法向量 $\boldsymbol{n}$，即

$$\boldsymbol{s}=\boldsymbol{n}=(1,-2,3),$$

又直线通过点(1,1,0)，所以直线的方程为

$$\frac{x-1}{1}=\frac{y-1}{-2}=\frac{z}{3}.$$

概念复习

1. 过点 $M_0(x_0,y_0,z_0)$，且垂直于向量 $\boldsymbol{n}=(A,B,C)$的平面方程为____________.

2. 平面 $\Pi_1:A_1x+B_1y+C_1z+D_1=0$ 与 $\Pi_2:A_2x+B_2y+C_2z+D_2=0$ 夹角的余弦为________________.

3. 过点 $M_0(x_0,y_0,z_0)$，平行于向量 $\boldsymbol{s}=(m,n,p)$ 的直线方程为________________.

4. 直线 L_1：$\frac{x-x_1}{m_1}=\frac{y-y_1}{n_1}=\frac{z-z_1}{p_1}$ 与 L_2：$\frac{x-x_2}{m_2}=\frac{y-y_2}{n_2}=\frac{z-z_2}{p_2}$ 夹角的余弦为________________.

习题 9－3

1. 求满足下列条件的平面方程.

(1) 过坐标原点及点$(6,-3,2)$，且与平面 $4x-y+2z=8$ 垂直；

(2) 过点$(-1,2,1)$且与两平面 $x-y+z-1=0$ 和 $2x+y-z+1=0$ 都垂直.

2. 研究以下各组中两平面的位置关系.

(1) $-x+2y-z+1=0$，$y+3z-1=0$；

(2) $2x-y+z-1=0$，$-4x+2y-2z-1=0$；

(3) $2x-y-z+1=0$，$-4x+2y+2z-2=0$.

3. 用对称式方程及参数式方程表示直线$\begin{cases}x+y+z+1=0,\\2x-y+3z+4=0.\end{cases}$

4. 求满足以下条件的直线方程.

(1)过点$(3,2,-1)$和$(-2,3,5)$；

(2)过点$(0,-3,2)$且平行于平面 $x+2z=1$ 和 $y-3z=2$；

(3)过点$(2,-3,1)$且垂直于平面 $2x+3y-z-1=0$.

5. 求直线$\frac{x}{2}=\frac{y-1}{3}=\frac{z}{-6}$与直线$\begin{cases}x=2t,\\y=3+3t,\\z=-6+t\end{cases}$夹角的余弦.

第 4 节　曲面与空间曲线

一、曲面方程的概念

在本章第 3 节中，读者已知道，平面 Π 与其方程 $Ax+By+Cz+D=0$ 满足关系：平面 Π 上点的坐标都满足方程 $Ax+By+Cz+D=0$，而不在平面 Π 上的点的坐标不满足这个方程. 一般地，如果曲面 S 与三元方程

$$F(x,y,z)=0 \tag{9-10}$$

有下述关系：

(1) 曲面 S 上任一点的坐标都满足方程(9-10)；

（2）不在曲面 S 上的点的坐标不满足方程(9-10)，
那么方程(9-10)就称为**曲面 S 的方程**，而曲面 S 就称为**方程**(9-10)**的图形**.

例 1　建立球心在点 $M_0(x_0,y_0,z_0)$ 处、半径为 R 的球面方程.

解　设点 $M(x,y,z)$ 是球面上任一点，由球面的性质有

$$|M_0M|=R,$$

即

$$\sqrt{(x-x_0)^2+(y-y_0)^2+(z-z_0)^2}=R,$$

所以

$$(x-x_0)^2+(y-y_0)^2+(z-z_0)^2=R^2. \tag{9-11}$$

球面上所有点的坐标都满足方程(9-11)，而不在球面上的点，与 M_0 的距离都不等于 R，因而其坐标都不满足方程(9-11). 方程(9-11)就是球心在点 $M_0(x_0,y_0,z_0)$ 处、半径为 R 的球面方程.

例 2　讨论方程 $x^2+y^2+z^2-2x+4y+2z=0$ 表示什么曲面.

解　通过配方，原方程可化为

$$(x-1)^2+(y+2)^2+(z+1)^2=(\sqrt{6})^2,$$

由例 1 可知，该方程表示以(1，−2，−1)为球心，以 $\sqrt{6}$ 为半径的球面.

在空间解析几何中，关于曲面的研究，有下列两个基本问题：

（1）已知一曲面作为点的几何轨迹时，建立该曲面的方程；

（2）已知一个三元方程，研究该方程所表示的曲面的形状.

下面，讨论旋转曲面，作为基本问题(1)的例子；讨论柱面和二次曲面，作为基本问题(2)的例子.

二、旋转曲面

平面曲线 Γ 绕其所在平面内的一条定直线 L 旋转一周所形成的曲面称为**旋转曲面**，定直线 L 称为旋转曲面的**轴**，曲线 Γ 称为旋转曲面的**母线**.

下面，仅就某一坐标面上的曲线 Γ 绕此坐标面上的某一坐标轴旋转所形成的旋转曲面进行讨论.

设 $F(y,z)=0$ 是 yOz 面上的曲线 Γ 的方程，求将其绕 z 轴旋转一周所得到的旋转曲面的方程(见图 9-13).

设 $M_1(0,y_1,z_1)$ 为曲线 Γ 上的任一点，则有

$$F(y_1,z_1)=0. \tag{9-12}$$

当曲线 Γ 绕 z 轴旋转时，点 M_1 绕 z 轴旋转到 $M(x,y,z)$，竖坐标是始终不变的，即 $z=z_1$. 又因为点 M 和点 M_1 到 z 轴的距离相等，所以

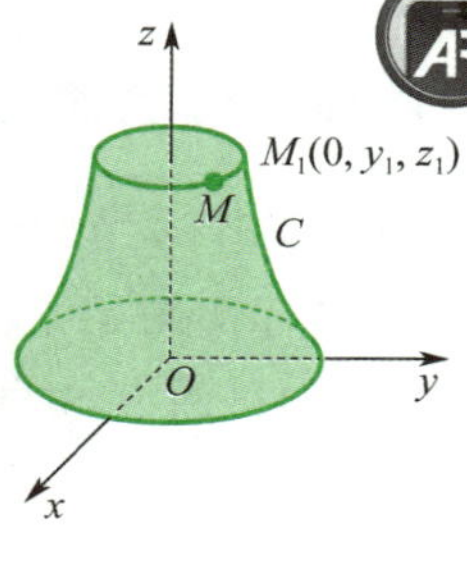

图 9-13

$$|y_1|=\sqrt{x^2+y^2},$$

即

$$y_1=\pm\sqrt{x^2+y^2},$$

代入式(9-12),得

$$F(\pm\sqrt{x^2+y^2},z)=0,$$

这就是所求旋转曲面的方程.

旋转曲面

同理可得,yOz 面上的曲线 $F(y,z)=0$ 绕 y 轴旋转所形成的旋转曲面方程为 $F(y,\pm\sqrt{x^2+z^2})=0$;xOy 面上的曲线 $F(x,y)=0$ 绕 x 轴旋转所形成的旋转曲面方程为 $F(x,\pm\sqrt{y^2+z^2})=0$,绕 y 轴旋转所形成的旋转曲面方程为 $F(\pm\sqrt{z^2+x^2},y)=0$ 等.

例 3 求 xOz 面上的双曲线 $\dfrac{x^2}{a^2}-\dfrac{z^2}{c^2}=1$ 分别绕 x 轴和 z 轴旋转一周所形成的旋转曲面的方程.

解 绕 x 轴旋转:将方程中的 z 用 $\pm\sqrt{y^2+z^2}$ 代替,得旋转曲面的方程

$$\frac{x^2}{a^2}-\frac{y^2+z^2}{c^2}=1.$$

同理,所给双曲线绕 z 轴旋转一周形成的旋转曲面的方程为

$$\frac{x^2+y^2}{a^2}-\frac{z^2}{c^2}=1.$$

这两种曲面都称为**旋转双曲面**.类似地,还可以得到**旋转椭球面**和**旋转抛物面**.

例 4 求对称轴为 z 轴,半顶角为 α 的圆锥面方程.

解 所求锥面由 yOz 面上的直线 $\Gamma: z=y\cot\alpha$ 绕 z 轴旋转而成,故锥面方程为

$$z=\pm\sqrt{x^2+y^2}\cot\alpha,$$

即

$$z^2=(x^2+y^2)\cot^2\alpha.$$

三、柱面

先来分析一个具体的例子.

例 5 方程 $x^2+y^2=R^2$ 表示什么曲面?

解 在平面直角坐标系中,方程 $x^2+y^2=R^2$ 表示圆心在坐标原点,半径为 R 的圆.在空间直角坐标系中,此方程不含 z,即不论空间点的竖坐标 z 怎样取,只要其横坐标 x 和纵坐标 y 能满足此方程,那么这些点就在此方程所表示的曲面 S 上.只要点的横坐标 x 与纵坐标 y 不满足此方程,不论其竖坐标 z 怎样取,这些点都不在曲面 S 上.换句话说,凡是通过 xOy 面上的圆 $x^2+y^2=R^2$ 上的点 $M(x,y,0)$,且平行于 z 轴的直线 L 都在曲面 S 上,所以曲面 S 可看作平行于 z 轴的直线 L 沿 xOy 面上的圆 $x^2+y^2=R^2$ 平行移动所形成,这种曲面称为**圆柱面**.

柱面方程及常见柱面

一般地,设 C 是一条曲线,动直线 L 沿定曲线 C 平行移动所形成的由面称为**柱面**.定曲线 C 称为**准线**,动直线 L 称为柱面的**母线**.

由此可见，在空间直角坐标系中，不含 z 的方程 $x^2+y^2=R^2$ 表示一个母线平行于 z 轴，准线是 xOy 面上的圆 $x^2+y^2=R^2$ 的圆柱面.

一般地，不含变量 z 的方程 $F(x,y)=0$ 表示母线平行于 z 轴的柱面. 类似地，不含 x 的方程 $H(y,z)=0$ 表示母线平行于 x 轴的柱面；不含 y 的方程 $G(x,z)=0$ 表示母线平行于 y 轴的柱面.

四、二次曲面

三元二次方程所代表的曲面称为**二次曲面**. 下面，介绍一些常用的二次曲面的方程及图形.

1. 椭球面

由方程

$$\frac{x^2}{a^2}+\frac{y^2}{b^2}+\frac{z^2}{c^2}=1 \quad (a>0,b>0,c>0)$$

确定的曲面称为**椭球面**. 椭球面关于三个坐标面、三条坐标轴、坐标原点都对称(见图 9-14).

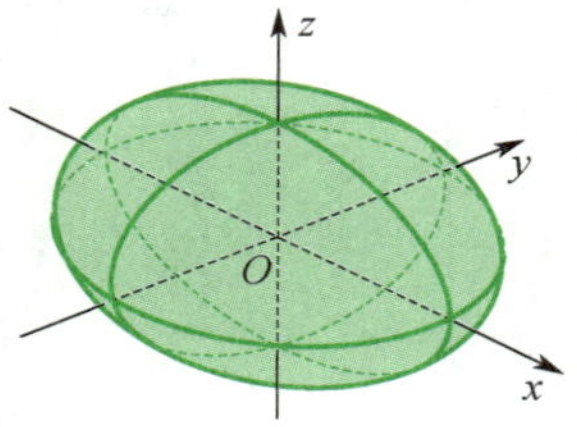

图 9-14

特别地，当 a,b,c 中有两个相等时，它是一个旋转椭球面. 如当 $a=b\neq c$ 时，方程 $\frac{x^2}{a^2}+\frac{y^2}{a^2}+\frac{z^2}{c^2}=1$ 是一个旋转椭球面；当 $a=b=c$ 时，方程 $\frac{x^2}{a^2}+\frac{y^2}{a^2}+\frac{z^2}{a^2}=1$ 就是一个球心在坐标原点、半径为 a 的球面.

2. 双曲面

由方程

$$\frac{x^2}{a^2}+\frac{y^2}{b^2}-\frac{z^2}{c^2}=1 \quad (a>0,b>0,c>0)$$

确定的曲面称为**单叶双曲面**. 单叶双曲面与椭球面一样，也关于三个坐标面、三条坐标轴、坐标原点都对称(见图 9-15).

由方程

$$\frac{x^2}{a^2}+\frac{y^2}{b^2}-\frac{z^2}{c^2}=-1 \quad (a>0,b>0,c>0)$$

确定的曲面称为**双叶双曲面**(见图 9-16).

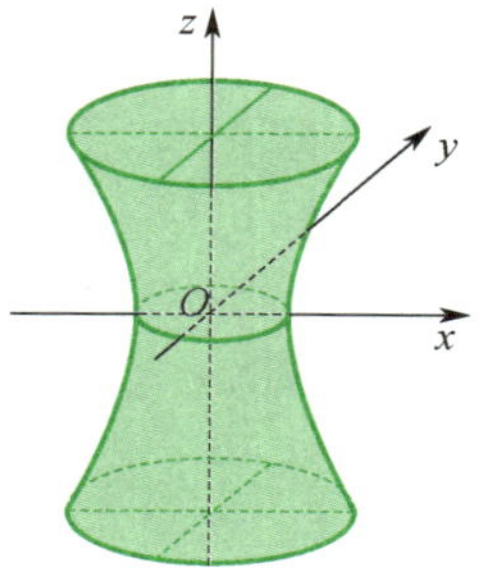

图 9-15

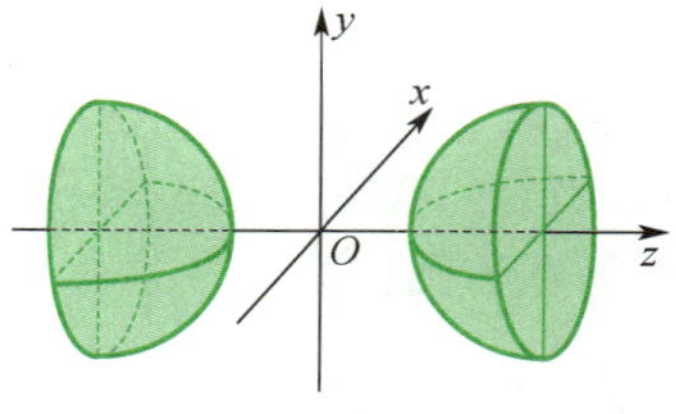

图 9-16

3. 抛物面

由方程

$$\frac{x^2}{2p}+\frac{y^2}{2q}=z \quad (p\text{ 与 }q\text{ 同号})$$

确定的曲面称为**椭圆抛物面**(见图 9-17).

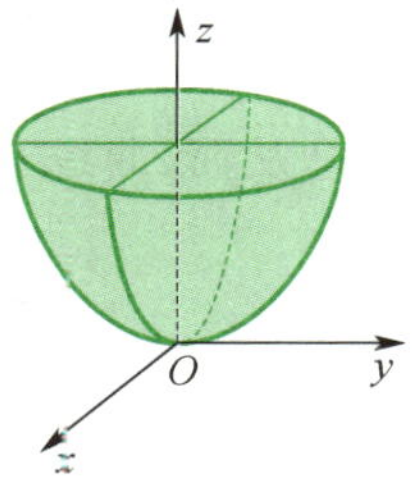

图 9-17

其他二次曲面的图形可利用实验六中介绍的方法通过 Python 绘图得到.

五、空间曲线

1. 空间曲线的方程

空间直线是最简单的空间曲线,它可以看作两张平面的交线,而一般的空间曲线可看作两张曲面的交线.

设 $S_1:F(x,y,z)=0$ 和 $S_2:G(x,y,z)=0$ 是两张曲面,它们的交线为 C(见图 9-18).

因为曲线 C 上的任一点的坐标应同时满足这两张曲面的方程,所以应满足方程组

$$\begin{cases}F(x,y,z)=0,\\G(x,y,z)=0.\end{cases} \tag{9-13}$$

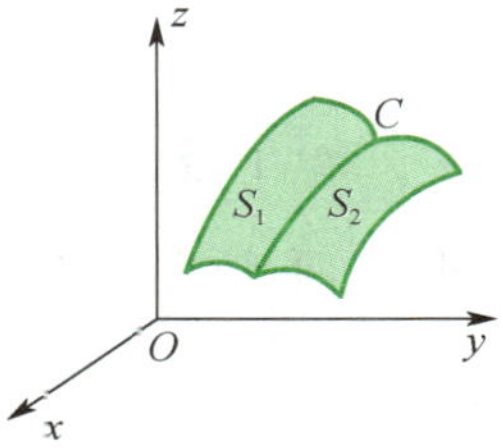

图 9-18

如果点 M 不在曲线 C 上,那么它不可能同时在两张曲面上,所以它的坐标不满足方程组(9-13).因此,曲线 C 可以用方程组(9-13)来表示.方程组(9-13)称为空间曲线 C 的**一般方程**.

空间曲线 C 的方程除一般方程外,也可以用参数形式表示,只要将曲线 C 上动点的坐标 x,y,z 表示为 t 的函数:

$$\begin{cases}x=x(t),\\y=y(t),\\z=z(t).\end{cases} \tag{9-14}$$

当给定 $t=t_0$ 时,就得到曲线 C 上的一个点(x_0,y_0,z_0),随着 t 的变动便可得到曲线 C 上的全部点.方程组(9-14)称为空间曲线的**参数方程**.

空间曲线在坐标面上的投影

2. 空间曲线在坐标面上的投影

设空间曲线 C 的一般方程由方程组(9-13)表示,现在要求它在 xOy 面上的**投影曲线**.由方程组(9-13)消去变量 z,得到一个不含 z 的方程,设其为

$$f(x,y)=0. \tag{9-15}$$

方程(9-15)表示一个母线平行于 z 轴的**柱面**.此柱面方程是由曲线 C 的方程(9-13)得到的,因此曲线 C 上点的坐标一定满足方程(9-15),即曲线 C 在此柱面上,所以,此柱面可以看作是以曲线 C 为**准线**,母线平行于 z 轴的柱面,即曲线 C 关于 xOy 面的**投影柱面**,它与 xOy 面的交线就是曲线C 在 xOy 面上的**投影曲线**,简称**投影**.由于 xOy 面的方程为 $z=0$,所以曲线 C 在 xOy 面上的投影曲线的方程为

$$\begin{cases}f(x,y)=0,\\z=0.\end{cases} \tag{9-16}$$

同理,如果要得到曲线 C 在 yOz 面和 zOx 面上的投影,可分别从方程组(9-13)中消去 x

和 y，得到曲线 C 关于 yOz 面和 zOx 面的投影柱面分别为

$$g(y,z)=0 \quad \text{和} \quad h(x,z)=0.$$

从而，曲线 C 在 yOz 面和 zOx 面上的投影分别为

$$\begin{cases} g(y,z)=0, \\ x=0 \end{cases} \quad \text{和} \quad \begin{cases} h(x,z)=0, \\ y=0. \end{cases}$$

例 6 求曲线 $\begin{cases} x^2+y^2+z^2=1, \\ z=\dfrac{1}{2} \end{cases}$ 在三个坐标面上的投影曲线.

解 消去方程组中的变量 z，得曲线关于 xOy 面的投影柱面方程

$$x^2+y^2=\frac{3}{4},$$

因此，曲线在 xOy 面上的投影曲线为

$$\begin{cases} x^2+y^2=\dfrac{3}{4}, \\ z=0. \end{cases}$$

由于曲线在平面 $z=\dfrac{1}{2}$ 上，此平面垂直于 yOz 面，$z=\dfrac{1}{2}$ 就是该曲线关于 yOz 面的投影柱面，所以该曲线在 yOz 面上的投影为

$$\begin{cases} x=0, \\ z=\dfrac{1}{2}. \end{cases}$$

同理可得，曲线在 zOx 面上的投影为

$$\begin{cases} y=0, \\ z=\dfrac{1}{2}. \end{cases}$$

概念复习

1. 在空间直角坐标系中，方程 $F(x,y,z)=0$ 表示__________；方程组 $\begin{cases} F(x,y,z)=0, \\ G(x,y,z)=0 \end{cases}$ 表示__________.

2. yOz 面上的曲线 $z=y^2$ 绕 z 轴旋转一周形成的旋转曲面的方程为__________.

3. 在空间直角坐标系中，方程 $F(x,y)=0$ 表示母线平行于 z 轴的__________.

4. 空间曲线在 xOy 面的投影柱面方程是不含有______的二元方程.

习题 9-4

1. 求下列旋转曲面的方程.

(1) xOy 面上的曲线 $\dfrac{x^2}{4}+\dfrac{y^2}{9}=1$ 绕 x 轴旋转；

(2) yOz 面上的曲线 $-\frac{y^2}{4}+z^2=1$ 绕 y 轴旋转.

2. 指出下列方程在平面解析几何中和空间解析几何中分别表示什么图形.

(1) $x=2$; (2) $y=x+1$; (3) $x^2+y^2=4$; (4) $x^2-y^2=1$.

3. 求下列空间曲线在 xOy 面上的投影曲线的方程.

(1) $\begin{cases}x^2+y^2=z,\\z=x+1;\end{cases}$ (2) $\begin{cases}x^2+y^2+z^2=9,\\x+z=1.\end{cases}$

4. 分别求母线平行于 x 轴和 y 轴且过曲线 $\begin{cases}2x^2+y^2+z^2=16,\\x^2+z^2-y^2=0\end{cases}$ 的柱面方程.

实验六 Python 绘图

在实验一中，已经介绍了用 Python 绘制二维图形的方法，下面将介绍如何用 Python 绘制三维图形.

一、用 Python 绘制三维曲线

在 Python 中，三维图形的绘制通常使用 Matplotlib 的 mplot3d 工具包，使用时需要导入三维坐标系，程序代码为

```
from mpl_toolkits.mplot3d import Axes3D
```

下面给出应用示例.

例 1 绘制空间直线 $\begin{cases}x=-1+3t,\\y=1+3t,\\z=2+3t\end{cases}$ 和 $\begin{cases}x=-t,\\y=6+3t,\\z=-5+3t.\end{cases}$

解 程序代码为

```
import numpy as np
import matplotlib.pyplot as plt
from mpl_toolkits.mplot3d import Axes3D
# 下面定义两条直线的参数方程
t1=np.linspace(-4,4,100)
t2=np.linspace(-4,4,100)
x1=-1+3*t1
y1=1+3*t1
z1=2+3*t1
x2=-1*t2
```

```
y2=6+3*t2
z2=-5+3*t2
# 下面创建图形和坐标轴
fig=plt.figure(figsize=(8,6))
ax=fig.add_subplot(111,projection='3d')
# 下面绘制两条空间直线
ax.plot(x1,y1,z1,color='blue')
ax.plot(x2,y2,z2,color='red')
ax.set_xlabel('X')
ax.set_ylabel('Y')
ax.set_zlabel('Z')
```

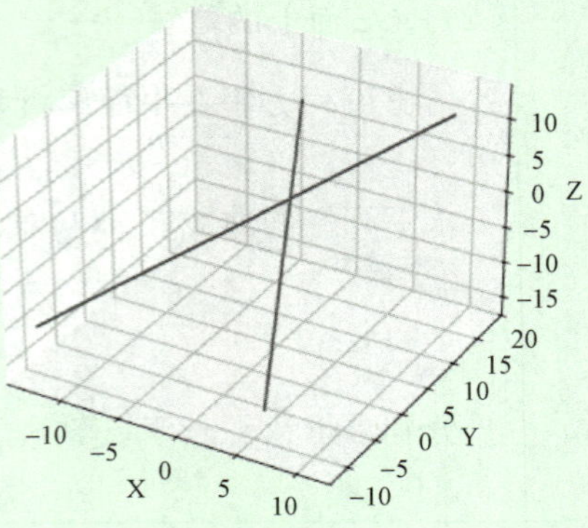

图 9-19

运行结果如图 9-19 所示.

例 2 绘制参数方程 $x=t^3\sin 3t\cdot e^{-t}, y=t^3\cos 3t\cdot e^{-t}, z=t^2$ 的三维曲线.

解 程序代码为

```
import matplotlib.pyplot as plt
from mpl_toolkits.mplot3d import Axes3D
import numpy as np
plt.rcParams['font.sans- serif']=['SimHei']
plt.rcParams['axes.unicode_minus']=False
t=np.linspace(0,2*np.pi,200)
x=t**3*np.sin(3*t)*np.exp(-t)
y=t**3*np.cos(3*t)*np.exp(-t)
z=t**2
fig=plt.figure()
ax=fig.add_subplot(111,projection='3d')
ax.plot(x,y,z,label='参数方程曲线')
ax.set_xlabel('X 轴')
ax.set_ylabel('Y 轴')
ax.set_zlabel('Z 轴')
ax.legend()
plt.show()
```

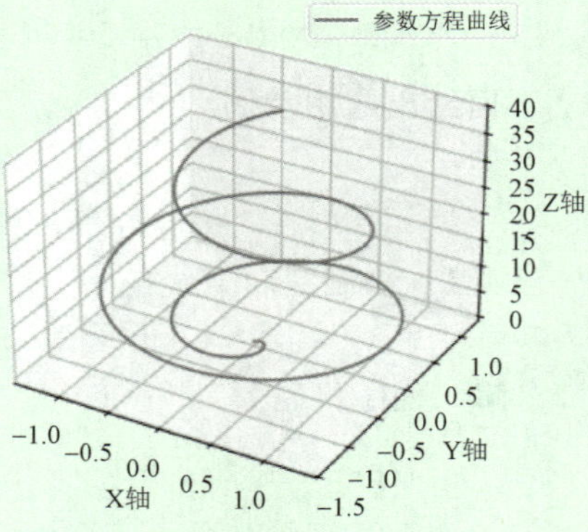

图 9-20

运行结果如图 9-20 所示.

二、用 Python 绘制三维曲面

如果已知二元函数 $z=f(x,y)$，则可以绘制出该函数的三维曲面图. 在绘制三维图之前，需要在 Python 中导入必要的模块，并创建数据点，再使用 mplot3d 的 plot_surface 方法绘制三维曲面图.

例 3 绘制三维曲面 $z=\sin(x+\sin y)-\frac{x}{10}$.

解 程序代码为

```
import matplotlib.pyplot as plt
from mpl_toolkits.mplot3d import Axes3D
import numpy as np
# 下面创建数据点
x=np.linspace(0,15,100)
y=np.linspace(0,15,100)
x,y=np.meshgrid(x,y)
z=np.sin(x+np.sin(y))-x/10
fig=plt.figure()
ax=fig.add_subplot(111,projection='3d')
# 下面绘制三维曲面图
ax.plot_surface(x,y,z,cmap='PuBu')
ax.set_xlabel('X')
ax.set_ylabel('Y')
ax.set_zlabel('Z')
plt.show()
```

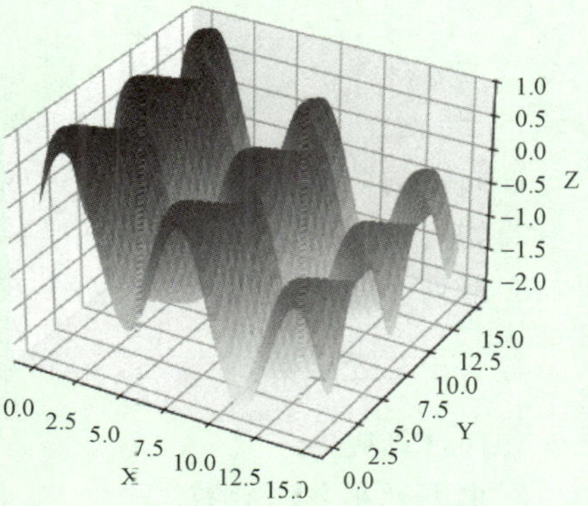

图 9-21

运行结果如图 9-21 所示.

注意 cmap 用于设置颜色映射.

例 4 绘制双叶双曲面 $\frac{x^2}{4}+\frac{y^2}{9}-z^2=-1$.

解 程序代码为

```
import numpy as np
import matplotlib.pyplot as plt
from mpl_toolkits.mplot3d import Axes3D
# 下面定义双叶双曲面
a,b,c= 2,3,1
k=3.0
xx,yy=np.meshgrid(np.linspace(-k*a-0.5,k*a+0.5,100),np.linspace(-k*b-0.5,
k*b+0.5,100))
zz_up=np.sqrt(1+xx**2/a**2+yy**2/b**2)*c
zz_down=-zz_up
fig=plt.figure(figsize=(8,6))
ax=fig.add_subplot(111,projection='3d')
ax.plot_surface(xx,yy,zz_up,cmap='rainbow')
ax.plot_surface(xx,yy,zz_down,cmap='rainbow')
ax.set_xlabel('X')
ax.set_ylabel('Y')
ax.set_zlabel('Z')
plt.show()
```

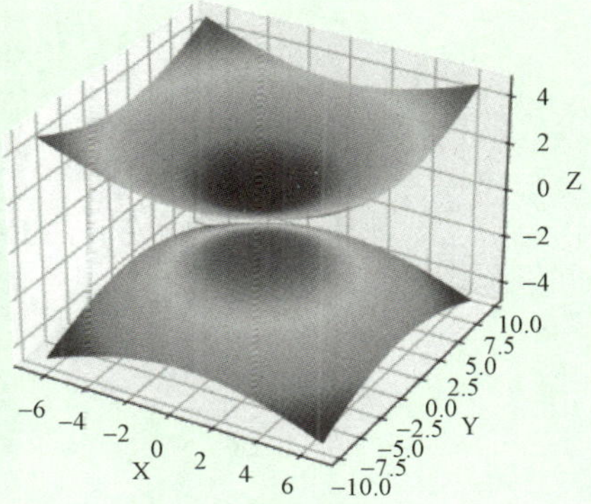

图 9-22

运行结果如图 9-22 所示.

实验题 6

1. 绘制空间曲线 $x=\left(4+\cos\frac{3}{2}t\right)\cos t, y=\left(2+\cos\frac{3}{2}t\right)\sin t, z=\sin\frac{3}{2}t, 0<t<\frac{\pi}{4}$ 的图形.

2. 对第 9 章第 4 节中介绍的几种二次曲面，任意选取参数，利用 Python 绘制出它们的图形，并分析参数的变化对图形有何影响.

回顾与预习

1. 向量的数量积和向量积有何应用？

2. 如何确定一条空间曲线在坐标面上的投影？曲面和立体在坐标面上的投影呢？

3. 请列举几个生活中关于两个或更多自变量的函数的例子.

4. 对于二元函数 $z=f(x,y)$ 和点 $P_0(x_0,y_0)$，极限 $\lim\limits_{\Delta x\to 0}\frac{f(x_0+\Delta x,y_0)-f(x_0,y_0)}{\Delta x}$ 表示什么？如何计算呢？

5. 求下列函数的导数.

(1) $y=\cos 2x$；　　(2) $y=\sin(3x-1)$；

(3) $y=\tan x^2$；　　(4) $y=\cot\sqrt{x}$；

(5) $y=\sec x+\csc x$；　　(6) $y=a^{2x+1}$；

(7) $y=\mathrm{e}^{\sin x}$；　　(8) $y=x^2\ln x$.

本章常见问题

本章重难点视频

数学的威力有多大？

本章自测题

本章参考答案

第10章

多元函数微分法及其应用

关肇直

前面讨论的函数只有一个自变量，这种函数称为一元函数. 但在很多实际问题中，影响某一变量的因素很多，一个变量往往依赖于多个变量的变化而变化. 这就引出了多元函数以及多元函数的微分和积分问题. 本章将在一元函数微分学的基础上，以二元函数为主，讨论多元函数的微分法及其应用.

第1节　多元函数的基本概念

一、区域

讨论一元函数时，经常用到邻域和区间的概念. 讨论多元函数时，不仅需要把邻域和区间的概念加以推广，还需要引入一些其他的相关概念.

1. 邻域

设点 $P_0(x_0,y_0)$ 是 xOy 平面上的一个点，δ 是某一正数. 与点 $P_0(x_0,y_0)$ 的距离小于 δ 的点 $P(x,y)$ 的全体，称为**点 P_0 的 δ 邻域**，记为 $U(P_0,\delta)$，即

$$U(P_0,\delta)=\{P \mid |PP_0|<\delta\}$$

或

$$U(P_0,\delta)=\{(x,y) \mid \sqrt{(x-x_0)^2+(y-y_0)^2}<\delta\}.$$

在几何上，$U(P_0,\delta)$ 表示 xOy 平面上以点 $P_0(x_0,y_0)$ 为中心、δ 为半径的圆内部的点 $P(x,y)$ 的全体.

点 P_0 的去心 δ 邻域，记作 $\mathring{U}(P_0,\delta)$，即

$$\mathring{U}(P_0,\delta)=\{P \mid 0<|P_0P|<\delta\}.$$

如果不需要强调邻域的半径 δ，则用 $U(P_0)$ 表示点 P_0 的某个邻域. 点 P_0 的去心邻域记作 $\mathring{U}(P_0)$.

2. 区域

设 E 是平面上一个点集，P 是平面上任意一点，则点 P 与点集 E 有以下 3 种关系之一.

(1) 存在点 P 的某一邻域 $U(P)$，使得 $U(P)\subset E$，此时称点 P 为点集 E 的**内点**.

(2) 存在点 P 的某一邻域 $U(P)$，使得 $U(P)\cap E=\varnothing$，此时称点 P 为点集 E 的**外点**.

(3) 如果点 P 的任一邻域内既有属于点集 E 的点，也有不属于点集 E 的点，此时称点 P 为点集 E 的**边界点**. 点集 E 的边界点的全体，称为点集 E 的**边界**.

点集 E 的内点必属于 E，E 的外点必定不属于 E；而 E 的边界点可能属于 E，也可能不属于 E.

例如，设平面点集

$$E=\{(x,y)\mid 1<x^2+y^2\leqslant 4\},$$

满足 $1<x^2+y^2<4$ 的一切点 (x,y) 都是 E 的内点；满足 $x^2+y^2=1$ 的一切点 (x,y) 都是 E 的边界点，它们都不属于 E；满足 $x^2+y^2=4$ 的一切点 (x,y) 也都是 E 的边界点，它们都属于 E.

如果点集 E 的点都是 E 的内点，则称 E 为**开集**.

设 E 为一点集，如果对于点集 E 的任意两点，都可用折线连接起来，且该折线上的点都属于 E，则称 E 为**连通集**.

连通的开集称为**区域**或**开区域**.

例如，$E_1=\{(x,y)\mid 1<x^2+y^2<4\}$ 及 $D_1=\{(x,y)\mid x-y>1\}$ 都是开区域.

开区域连同它的边界所构成的点集称为**闭区域**.

例如，$E_2=\{(x,y)\mid 1\leqslant x^2+y^2\leqslant 4\}$ 及 $D_2=\{(x,y)\mid x-y\geqslant 1\}$ 都是闭区域.

对于点集 E，如果存在正数 K，使得 E 内的一切点 P 与某定点 A 之间的距离 $|AP|$ 都不超过 K，即 $|AP|\leqslant K$，则称 E 为**有界点集**；否则称 E 为**无界点集**.

例如，上述点集 E_1 是有界开区域，点集 E_2 是有界闭区域；点集 D_1 是无界开区域，点集 D_2 是无界闭区域.

二、多元函数的概念

在实际问题中，经常遇到多个变量之间存在依赖关系的情况. 例如，圆柱体的体积 V 和它的表面积 S 都与它的底面半径 r、高 h 有关：

$$V=\pi r^2 h,\quad S=2\pi rh+2\pi r^2,$$

这里，当 r,h 在集合 $\{(r,h)\mid r>0,h>0\}$ 内取定一对值 (r,h) 时，根据体积和面积公式，V 和 S 的值随之确定，可以称 V 和 S 是以 r,h 为自变量的二元函数.

定义 1 **设 D 是平面上的一个非空子集，对于集合 D 内任一点 $P(x,y)\in D$，按照确定的法则 f，变量 z 总有确定的数值和它对应，则称法则 f 为变量 x,y 的二元函数（或点 P 的函数），记作**

$$z=f(x,y),(x,y)\in D\ [\text{或 } z=f(P),P\in D]$$

其中，点集 D 称为该函数的定义域，x,y 称为自变量，z 称为因变量.

与点 $P(x,y)$ 相对应的 z 的值，称为 f 在点 P 的函数值，记作 $f(x,y)$，即 $z=f(x,y)$. 数集 $\{z\mid z=f(x,y),(x,y)\in D\}$ 称为函数的**值域**.

习惯上称因变量 z 为 x 和 y 的二元函数. z 为 x 和 y 的函数也可记为 $z=z(x,y)$，$z=$

$g(x,y)$等.

类似地,可定义**三元函数** $u=f(x,y,z)$以及三元以上的函数.二元及二元以上的函数统称为多元函数.

关于多元函数的定义域,可以约定:用算式表达多元函数 $u=f(P)$时,就以使这个算式有意义的所有点 P 组成的点集为这个**多元函数的定义域**.

例如,函数 $z=\sqrt{x+y}$ 的定义域为$\{(x,y)\mid x+y\geqslant 0\}$(见图 10-1),这是一个无界闭区域.

又如,函数 $z=\arcsin(x^2+y^2)$的定义域为$\{(x,y)\mid x^2+y^2\leqslant 1\}$(见图 10-2),这是一个有界闭区域.

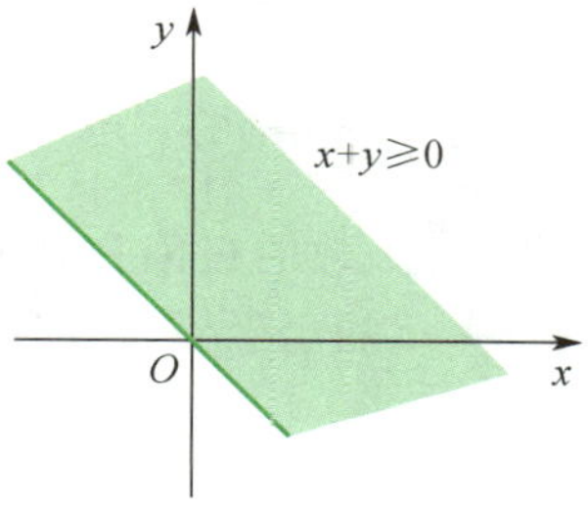

图 10-1

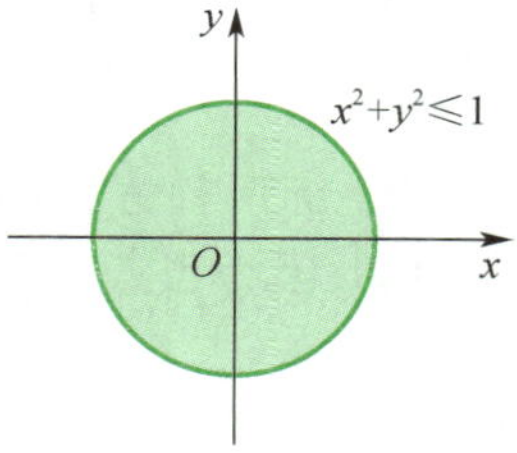

图 10-2

设函数 $z=f(x,y)$的定义域为 D,点集

$$S=\{(x,y,z)\mid z=f(x,y),(x,y)\in D\}$$

称为二元函数 $z=f(x,y)$的**图形**.显然,属于点集 S 的点 $P(x_0,y_0,z_0)$满足三元方程

$$F(x,y,z)=f(x,y)-z=0,$$

所以二元函数的图形就是空间中的一张曲面(见图 10-3),定义域 D 是该曲面在 xOy 面上的投影.

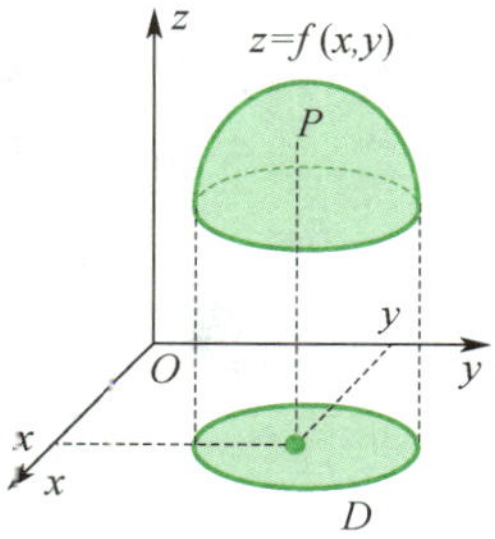

图 10-3

例如,函数 $z=ax+by+c$ 的图形是一张平面;而函数 $z=\sqrt{x^2+y^2}$ 的图形是顶点在坐标原点,开口向上的圆锥面.

三、多元函数的极限与连续性

二元函数极限的概念

1. 多元函数的极限

类似于一元函数极限的概念,有二元函数极限定义.

定义 2 **设函数 $f(x,y)$在点 $P_0(x_0,y_0)$的某一去心邻域内有定义,如果当点 $P(x,y)$以任意方式无限接近点 $P_0(x_0,y_0)$时,函数 $f(x,y)$都无限接近常数 A,则称常数 A 为当 $P(x,y)\to P_0(x_0,y_0)$时函数 $f(x,y)$的极限,记作**

$$\lim_{(x,y)\to(x_0,y_0)} f(x,y)=A \quad \text{或} \quad f(P)\to A\ (P\to P_0).$$

为区别于一元函数极限的定义,上述定义中的极限也称为**二重极限**.

值得注意的是,二元函数 $f(x,y)$的二重极限存在,是指当点 $P(x,y)$以任意方式或沿任意路径趋于点 $P_0(x_0,y_0)$时,函数值都无限接近常数 A.如果点 $F(x,y)$沿两条不同路径趋于点 $P_0(x_0,y_0)$时函数值趋于不同的值,或者点 $P(x,y)$沿某一路径趋于点 $P_0(x_0,y_0)$时函数的极限不存在，则二元函数 $f(x,y)$ 的极限不存在.

例 1 判断函数

$$f(x,y)=\begin{cases}\dfrac{xy}{x^2+y^2}, & x^2+y^2\neq 0,\\ 0, & x^2+y^2=0\end{cases}$$

当 $(x,y)\to(0,0)$ 时，极限是否存在.

解 当点 $P(x,y)$ 沿 x 轴趋于点 $(0,0)$ 时，纵坐标 $y=0$，

$$\lim_{\substack{(x,y)\to(0,0)\\ y=0}} f(x,y)=\lim_{x\to 0}f(x,0)=\lim_{x\to 0}0=0;$$

当点 $P(x,y)$ 沿 y 轴趋于点 $(0,0)$ 时，横坐标 $x=0$，

$$\lim_{\substack{(x,y)\to(0,0)\\ x=0}} f(x,y)=\lim_{y\to 0}f(0,y)=\lim_{y\to 0}0=0.$$

虽然点 $P(x,y)$ 按上面两种方式趋于坐标原点时，函数的极限存在并相等，但并不能说明 $\lim\limits_{(x,y)\to(0,0)} f(x,y)=0$. 因为当点 $P(x,y)$ 沿直线 $y=x$ 趋于坐标原点时，有

$$\lim_{\substack{(x,y)\to(0,0)\\ y=x}} \frac{xy}{x^2+y^2}=\lim_{x\to 0}\frac{x^2}{x^2+x^2}=\frac{1}{2}\neq 0,$$

所以当 $(x,y)\to(0,0)$ 时，该函数的极限是不存在的.

二元函数极限的定义与一元函数极限的定义本质是相同的，所以一元函数极限的一些性质和运算法则对二元及二元以上的函数也是成立的. 这里不再赘述.

2. 二元函数的连续性

仿照一元函数连续性的定义，下面给出二元函数连续性的定义.

定义 3 **设二元函数 $f(x,y)$ 的定义域为 D，且 $P_0(x_0,y_0)\in D$. 如果**

$$\lim_{(x,y)\to(x_0,y_0)} f(x,y)=f(x_0,y_0),$$

则称函数 $f(x,y)$ 在点 $P_0(x_0,y_0)$ 处连续.

如果函数 $f(x,y)$ 在定义域 D 上的每一点处都连续，那么称函数 $f(x,y)$ 在定义域 D 上连续，或者称函数 $f(x,y)$ 是定义域 D 上的连续函数. 如果函数 $f(x,y)$ 在点 $P_0(x_0,y_0)$ 处不连续，则称点 $P_0(x_0,y_0)$ 为函数 $f(x,y)$ 的**间断点**.

与一元函数的情形类似，二元函数间断点产生的原因为函数在 (x_0,y_0) 处无定义，或当 $(x,y)\to(x_0,y_0)$ 时函数无极限，或极限存在但不等于 $f(x_0,y_0)$. 另外，需要注意的是，二元函数的间断不仅可能发生在一点上，还可能发生在一段曲线上，或存在其他更复杂的情况.

例如，例 1 中的函数

$$f(x,y)=\begin{cases}\dfrac{xy}{x^2+y^2}, & x^2+y^2\neq 0,\\ 0, & x^2+y^2=0\end{cases}$$

当 $(x,y)\to(0,0)$ 时，极限不存在. 所以点 $(0,0)$ 是该函数的一个间断点.

又如，函数 $z=\sin\dfrac{1}{x^2-y}$，其定义域为 $\{(x,y)\mid x^2\neq y\}$，因此抛物线 $y=x^2$ 上的点都是函数的间断点.

一元连续函数的运算法则对二元连续函数也成立，即二元连续函数的和、差、积、商（分母

不为零)及复合函数还是连续函数. 于是,可以得出以下结论:**一切二元初等函数**[①]**在其定义域内是连续的.**

在有界闭区域上,连续的二元函数也与一元连续函数一样,有如下性质.

性质 1(有界性与最大值和最小值定理) **有界闭区域 D 上的二元连续函数,在 D 上一定有界,且能取得它的最大值和最小值.**

性质 2(介值定理) **有界闭区域 D 上的二元连续函数必取得介于最大值和最小值之间的任何值.**

由二元函数连续性的定义知,二元连续函数 $f(x,y)$ 在点 $P_0(x_0,y_0)$ 处的极限为函数在该点的函数值,即

$$\lim_{P\to P_0} f(P)=f(P_0) \quad 或 \quad \lim_{(x,y)\to(x_0,y_0)} f(x,y)=f(x_0,y_0).$$

例 2 求极限 $\lim\limits_{(x,y)\to(3,4)} \dfrac{x-y}{xy}$.

解 函数 $f(x,y)=\dfrac{x+y}{xy}$ 是初等函数,它的定义域为

$$D=\{(x,y)\mid x\neq 0, y\neq 0\},$$

点 $P_0(3,4)$ 是定义域 D 的内点.因此函数 $f(x,y)$ 在点 $P_0(3,4)$ 处连续,故

$$\lim_{(x,y)\to(3,4)} f(x,y)=f(3,4)=\frac{7}{12}.$$

多元函数极限的求法

例 3 求极限 $\lim\limits_{(x,y)\to(0,0)} \dfrac{\sqrt{xy+4}-2}{xy}$.

解

$$\begin{aligned}
&\lim_{(x,y)\to(0,0)} \frac{\sqrt{xy+4}-2}{xy}\\
=&\lim_{(x,y)\to(0,0)} \frac{(\sqrt{xy+4}-2)(\sqrt{xy+4}+2)}{xy(\sqrt{xy+4}+2)}\\
=&\lim_{(x,y)\to(0,0)} \frac{1}{\sqrt{xy+4}+2}=\frac{1}{\sqrt{0\times 0+4}+2}=\frac{1}{4}.
\end{aligned}$$

概念复习

1. ________的开集称为区域或开区域.
2. 函数 $z=\ln(x^2+y^2-1)$ 的定义域是________.
3. 函数 $f(x,y)=e^{x+2y}$ 在点 $(2,-1)$ 处的极限是________.
4. 函数 $f(x,y)=\dfrac{xy}{x^2+y^2}$ 的间断点是________.

① 由常数与具有不同自变量的一元基本初等函数经过有限次四则运算和有限次复合得到的能用一个式子表示的二元函数.

习题 10-1

1. 判断下列平面点集中哪些是开集、闭集、开区域、闭区域、有界集、无界集，并分别指出点集的边界.

(1) $\{(x,y)\mid x\neq 0, y\neq 0\}$；(2) $\{(x,y)\mid x^2+y^2<2\}$；

(3) $\{(x,y)\mid y>x^2\}$；

(4) $\{(x,y)\mid x^2+(y-2)^2\geqslant 1\}\cap\{(x,y)\mid x^2+(y-3)^2\leqslant 4\}$.

2. 求下列各函数的定义域.

(1) $z=\ln(x^2-y+1)$；(2) $z=\dfrac{1}{\sqrt{x+y}}+\dfrac{1}{\sqrt{x-y}}$.

3. 已知函数 $f(u,v,w)=u^w+w^{u+v}$，求 $f(x+y,x-y,xy)$.

4. 求下列各极限.

(1) $\lim\limits_{(x,y)\to(0,1)}\dfrac{1-xy}{x^2+y^2}$；(2) $\lim\limits_{(x,y)\to(1,0)}\dfrac{\ln(x+e^y)}{\sqrt{x^2+y^2}}$；

(3) $\lim\limits_{(x,y)\to(0,0)}\dfrac{xy}{\sqrt{xy+1}-1}$；(4) $\lim\limits_{(x,y)\to(0,0)}\dfrac{x\sin(x^2+y^2)}{x^2+y^2}$.

*5. 证明：极限 $\lim\limits_{(x,y)\to(0,0)}\dfrac{xy^2}{x^3-y^3}$ 不存在.

6. 求函数 $z=\dfrac{y^2+2x}{y^2-2x}$ 的间断点.

第 2 节　偏导数与全微分

偏导数的定义

一、偏导数的定义及几何意义

1. 偏导数的定义

在一元函数中，通过研究函数的变化率引入了导数的概念. 对于多元函数，同样需要讨论函数的变化率问题，但自变量不止一个，因此需要考虑函数相对于其中一个自变量的变化率，这就是多元函数相对这个自变量的导数，称为多元函数的**偏导数**.

定义 1　**设函数 $z=f(x,y)$ 在点 (x_0,y_0) 的某一邻域内有定义，当 y 取定值 y_0，而 x 在 x_0 处有增量 Δx 时，函数有增量**

$$f(x_0+\Delta x,y_0)-f(x_0,y_0),$$

如果极限

$$\lim_{\Delta x\to 0}\frac{f(x_0+\Delta x,y_0)-f(x_0,y_0)}{\Delta x}\tag{10-1}$$

存在，则称此极限为函数 $z=f(x,y)$ 在点 (x_0,y_0) 处对 x 的偏导数，记作

$$\left.\frac{\partial z}{\partial x}\right|_{\substack{x=x_0\\y=y_0}},\quad \left.\frac{\partial f}{\partial x}\right|_{\substack{x=x_0\\y=y_0}},\quad \left.z_x\right|_{\substack{x=x_0\\y=y_0}}\quad \text{或}\quad f_x(x_0,y_0).$$

也就是说,若式(10-1)存在,则

$$f_x(x_0,y_0)=\lim_{\Delta x\to 0}\frac{f(x_0+\Delta x,y_0)-f(x_0,y_0)}{\Delta x}.\tag{10-2}$$

类似地,函数 $z=f(x,y)$ 在点 (x_0,y_0) 处对 y 的偏导数为

$$f_y(x_0,y_0)=\lim_{\Delta y\to 0}\frac{f(x_0,y_0+\Delta y)-f(x_0,y_0)}{\Delta y},$$

记作

$$\left.\frac{\partial z}{\partial y}\right|_{\substack{x=x_0\\y=y_0}},\quad \left.\frac{\partial f}{\partial y}\right|_{\substack{x=x_0\\y=y_0}},\quad \left.z_y\right|_{\substack{x=x_0\\y=y_0}}\quad \text{或}\quad f_y(x_0,y_0).$$

如果函数 $z=f(x,y)$ 在区域 D 内每一点 (x,y) 处对 x 的偏导数都存在,那么这个偏导数就是 x,y 的函数,称为函数 $z=f(x,y)$ 对自变量 x 的**偏导函数**,记作

$$\frac{\partial z}{\partial x},\quad \frac{\partial f}{\partial x},\quad z_x\quad \text{或}\quad f_x(x,y).$$

类似地,可定义函数 $z=f(x,y)$ 对自变量 y 的偏导函数,记作

$$\frac{\partial z}{\partial y},\quad \frac{\partial f}{\partial y},\quad z_y\quad \text{或}\quad f_y(x,y).$$

由偏导函数的定义知,函数 $z=f(x,y)$ 在点 (x_0,y_0) 处对 x 的偏导数就是偏导函数 $f_x(x,y)$ 在点 (x_0,y_0) 处的值,即 $f_x(x_0,y_0)$;同样地,$f_y(x_0,y_0)=\left.f_y(x,y)\right|_{\substack{x=x_0\\y=y_0}}$. 与一元函数一样,将偏导函数简称为**偏导数**.

从上面偏导数的定义不难看出,求 $z=f(x,y)$ 对 x 的偏导数,只需将 y 暂时看作常量,根据一元函数的求导法则,将 $z=f(x,y)$ 对 x 求导数即可;同理,求 $\frac{\partial f}{\partial y}$ 时,只需将 x 暂时看作常量而对 y 求导数即可.

偏导数的概念还可推广到三元以及三元以上的函数. 例如,三元函数 $u=f(x,y,z)$ 在点 (x,y,z) 处对 x 的偏导数为

$$f_x(x,y,z)=\lim_{\Delta x\to 0}\frac{f(x+\Delta x,y,z)-f(x,y,z)}{\Delta x},$$

其中,点 (x,y,z) 是函数 $u=f(x,y,z)$ 的定义域的内点.

根据上面的讨论可知,所有多元函数对其中一个变量求偏导数时,只需将其余变量视为常量,根据一元函数的求导公式或求导法则求导即可.

例 1 求函数 $f(x,y)=x^2+3xy+y^2$ 在点 $(1,2)$ 处的偏导数.

解 方法一 在函数 $f(x,y)=x^2+3xy+y^2$ 中,将 y 看作常量,对 x 求导数,得

$$f_x(x,y)=2x+3y.$$

将函数 $f(x,y)=x^2+3xy+y^2$ 中的 x 看作常量,对 y 求导数,得

$$f_y(x,y)=3x+2y.$$

所以 $f_x(1,2)=2\times1+3\times2=8, f_y(1,2)=3\times1+2\times2=7$.

方法二　先将 $y=2$ 代入函数，再将函数 $f(x,2)=x^2+6x+2^2$ 对 x 求导数，得

$$f_x(1,2)=(x^2+6x+2^2)'\big|_{x=1}=(2x+6)\big|_{x=1}=8.$$

同理，$f_y(1,2)=(1^2+3y+y^2)'\big|_{y=2}=(3+2y)\big|_{y=2}=7$.

例 2　设 $z=x^y(x>0,x\neq1)$，证明：$\dfrac{x}{y}\dfrac{\partial z}{\partial x}+\dfrac{1}{\ln x}\dfrac{\partial z}{\partial y}=2z$.

证　$\dfrac{\partial z}{\partial x}=yx^{y-1}, \dfrac{\partial z}{\partial y}=x^y\ln x$. 所以

$$\frac{x}{y}\frac{\partial z}{\partial x}+\frac{1}{\ln x}\frac{\partial z}{\partial y}=\frac{x}{y}yx^{y-1}+\frac{1}{\ln x}x^y\ln x=x^y+x^y=2z.$$

例 3　求函数 $r=\sqrt{x^2+y^2+z^2}$ 的偏导数.

解　$\dfrac{\partial r}{\partial x}=\dfrac{x}{\sqrt{x^2+y^2+z^2}}=\dfrac{x}{r}$.

由所给函数关于自变量的对称性①，得

$$\frac{\partial r}{\partial y}=\frac{y}{r},\quad \frac{\partial r}{\partial z}=\frac{z}{r}.$$

2. 偏导数的几何意义

从几何上看，偏导数 $\left.\dfrac{\partial f(x,y)}{\partial x}\right|_{M_0}$ 就是曲面 $z=f(x,y)$ 与平面 $y=y_0$ 的交线在点 M_0 处的切线 M_0T_x 对 x 轴的斜率；而 $\left.\dfrac{\partial f(x,y)}{\partial y}\right|_{M_0}$ 则是曲面 $z=f(x,y)$ 与平面 $x=x_0$ 的交线在点 M_0 处的切线 M_0T_y 对 y 轴的斜率，如图 10-4 所示.

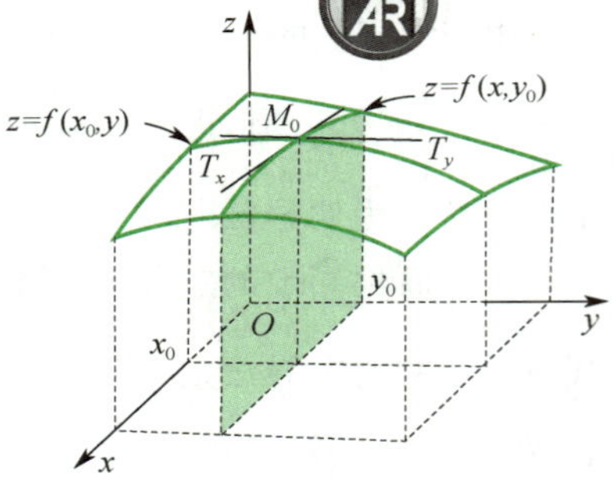

图 10-4

二、高阶偏导数

设函数 $z=f(x,y)$ 在区域 D 内具有偏导数

$$\frac{\partial z}{\partial x}=f_x(x,y),\quad \frac{\partial z}{\partial y}=f_y(x,y),$$

那么在区域 D 内 $f_x(x,y), f_y(x,y)$ 仍都是 x,y 的函数. 如果这两个函数的偏导数也存在，则称它们是函数 $z=f(x,y)$ 的**二阶偏导数**. 根据对自变量求导次序的不同，有下列 4 个二阶偏导数：

$$\frac{\partial}{\partial x}\left(\frac{\partial z}{\partial x}\right)=\frac{\partial^2 z}{\partial x^2}=f_{xx}(x,y),\quad \frac{\partial}{\partial y}\left(\frac{\partial z}{\partial x}\right)=\frac{\partial^2 z}{\partial x\partial y}=f_{xy}(x,y),$$

$$\frac{\partial}{\partial x}\left(\frac{\partial z}{\partial y}\right)=\frac{\partial^2 z}{\partial y\partial x}=f_{yx}(x,y),\quad \frac{\partial}{\partial y}\left(\frac{\partial z}{\partial y}\right)=\frac{\partial^2 z}{\partial y^2}=f_{yy}(x,y).$$

其中，$f_{xy}(x,y), f_{yx}(x,y)$ 称为**混合偏导数**. 同样，可得三阶、四阶、……以及 n 阶偏导数. 二阶

① 函数中任意两个自变量对调后，仍表示原来的函数.

及二阶以上的偏导数统称为**高阶偏导数**.

例 4 设 $z=x^3y^2+e^{xy}$，求$\frac{\partial^2 z}{\partial x^2}$，$\frac{\partial^3 z}{\partial x^3}$，$\frac{\partial^2 z}{\partial y\partial x}$和$\frac{\partial^2 z}{\partial x\partial y}$.

解

$$\frac{\partial z}{\partial x}=3x^2y^2+ye^{xy}, \quad \frac{\partial z}{\partial y}=2x^3y+xe^{xy};$$

$$\frac{\partial^2 z}{\partial x^2}=6xy^2+y^2e^{xy}, \quad \frac{\partial^3 z}{\partial x^3}=6y^2+y^3e^{xy};$$

$$\frac{\partial^2 z}{\partial y\partial x}=6x^2y+e^{xy}+xye^{xy}, \quad \frac{\partial^2 z}{\partial x\partial y}=6x^2y+e^{xy}+xye^{xy}.$$

注意 例 4 中两个二阶混合偏导数相等，即$\frac{\partial^2 z}{\partial y\partial x}=\frac{\partial^2 z}{\partial x\partial y}$. 这不是偶然的，事实上，在函数满足一定条件的情况下这个结论总是成立的，有下面的定理.

定理 1 **如果函数 $z=f(x,y)$ 的两个二阶混合偏导数$\frac{\partial^2 z}{\partial y\partial x}$及$\frac{\partial^2 z}{\partial x\partial y}$在区域 D 内连续，那么在该区域内这两个二阶混合偏导数必相等.**

证明略.

例 5 验证函数 $z=\ln\sqrt{x^2+y^2}$ 满足方程$\frac{\partial^2 z}{\partial x^2}+\frac{\partial^2 z}{\partial y^2}=0$.

证 因为 $z=\ln\sqrt{x^2+y^2}=\frac{1}{2}\ln(x^2+y^2)$，所以

$$\frac{\partial z}{\partial x}=\frac{x}{x^2+y^2}, \quad \frac{\partial z}{\partial y}=\frac{y}{x^2+y^2},$$

$$\frac{\partial^2 z}{\partial x^2}=\frac{(x^2+y^2)-x\cdot 2x}{(x^2+y^2)^2}=\frac{y^2-x^2}{(x^2+y^2)^2},$$

$$\frac{\partial^2 z}{\partial y^2}=\frac{(x^2+y^2)-y\cdot 2y}{(x^2+y^2)^2}=\frac{x^2-y^2}{(x^2+y^2)^2},$$

因此

$$\frac{\partial^2 z}{\partial x^2}+\frac{\partial^2 z}{\partial y^2}=\frac{x^2-y^2}{(x^2+y^2)^2}+\frac{y^2-x^2}{(x^2+y^2)^2}=0.$$

三、全微分

在一元函数中，已知函数 $y=f(x)$在点 x_0 处可导，则函数 $f(x)$在该点处可微分，这时函数在点 x_0 附近的值可以表示为

$$f(x_0+\Delta x)\approx f(x_0)+f'(x_0)\Delta x.$$

从几何上来看，就是用函数在点 x_0 附近的切线近似代替曲线，即局部“以直代曲”. 那么，对于二元函数$z=f(x,y)$是否也可以用 $f(x_0,y_0)$及该点处的偏导数的值近似表示在点(x_0,y_0)附近的函数值呢？这里自然会想到将一元函数微分的概念推广到二元函数.

定义 2 **如果函数 $z=f(x,y)$ 在点 (x,y) 处的全增量**

$$\Delta z=f(x+\Delta x,y+\Delta y)-f(x,y)$$

全微分的定义

可表示为

$$\Delta z=A\Delta x+B\Delta y+o(\rho)\quad\left[\rho=\sqrt{(\Delta x)^2+(\Delta y)^2}\right],$$

其中，A,B 不依赖于 $\Delta x,\Delta y$，而仅与 x,y 有关，则称函数 $z=f(x,y)$ 在点 (x,y) 处可微分，此时称 $A\Delta x+B\Delta y$ 为函数 $z=f(x,y)$ 在点 (x,y) 处的全微分，记作 $\mathrm{d}z$，即

$$\mathrm{d}z=A\Delta x+B\Delta y.$$

如果函数 $z=f(x,y)$ 在区域 D 内各点处都可微分，那么称函数 $z=f(x,y)$ 在 D 内可微分.

根据定义 2，如果函数 $z=f(x,y)$ 在点 (x,y) 处可微分，则

$$\Delta z=f(x+\Delta x,y+\Delta y)-f(x,y)=A\Delta x+B\Delta y+o(\rho),$$

因此
$$\lim_{(\Delta x,\Delta y)\to(0,0)}\Delta z=\lim_{\rho\to 0}\Delta z=0,$$

于是
$$\lim_{(\Delta x,\Delta y)\to(0,0)}f(x+\Delta x,y+\Delta y)=\lim_{\rho\to 0}[f(x,y)+\Delta z]=f(x,y),$$

所以函数 $z=f(x,y)$ 在点 (x,y) 处连续. 由此可得：**若函数 $z=f(x,y)$ 在点 (x,y) 处可微分，则函数在该点处一定连续.**

我们知道，一元函数中可微分与可导是等价的，而对于多元函数，情况就复杂得多. 下面从讨论函数 $z=f(x,y)$ 在点 (x,y) 处可微分的条件入手，讨论偏导数与全微分的关系.

定理 2（必要条件） **如果函数 $z=f(x,y)$ 在点 (x,y) 处可微分，则函数在该点处的偏导数 $\frac{\partial z}{\partial x},\frac{\partial z}{\partial y}$ 必定存在，且函数 $z=f(x,y)$ 在点 (x,y) 处的全微分为**

$$\mathrm{d}z=\frac{\partial z}{\partial x}\Delta x+\frac{\partial z}{\partial y}\Delta y. \tag{10-3}$$

证 设函数 $z=f(x,y)$ 在点 $P(x,y)$ 处可微分. 于是，对于点 P 的某个邻域内的任一点 $P'(x+\Delta x,y+\Delta y)$，有

$$\Delta z=A\Delta x+B\Delta y+o(\rho).$$

特别地，当 $\Delta y=0$ 时，有

$$f(x+\Delta x,y)-f(x,y)=A\Delta x+o(\rho),$$

上式两端同除以 Δx（此时 $|\Delta x|=\rho$），再令 $\Delta x\to 0$，得

$$\lim_{\Delta x\to 0}\frac{f(x+\Delta x,y)-f(x,y)}{\Delta x}=A,$$

可微分、连续及偏导数之间的关系

从而偏导数 $\frac{\partial z}{\partial x}$ 存在，且 $\frac{\partial z}{\partial x}=A$.

同理可证偏导数 $\frac{\partial z}{\partial y}$ 存在，且 $\frac{\partial z}{\partial y}=B$. 所以式(10-3)成立.

定理 2 说明，如果函数的全微分存在，则函数在该点的偏导数一定存在，并且全微分一定是式(10-3)的形式；但反过来，偏导数 $\frac{\partial z}{\partial x},\frac{\partial z}{\partial y}$ 存在，式(10-3)未必就是函数的全微分. 因此，必须先确定全微分存在，式(10-3)才有意义. 例如，函数

$$f(x,y)=\begin{cases}\dfrac{xy}{\sqrt{x^2+y^2}}, & x^2+y^2\neq 0,\\ 0, & x^2+y^2=0\end{cases}$$

在点(0,0)处虽然有 $f_x(0,0)=0$ 与 $f_y(0,0)=0$，但根据全微分的定义可以判断，这个函数在点(0,0)处不可微分.

定理3 **如果函数 $z=f(x,y)$ 的偏导数 $\frac{\partial z}{\partial x},\frac{\partial z}{\partial y}$ 在点 (x,y) 处连续，则函数 $z=f(x,y)$ 在该点处一定可微分.**

由于当 $z=x$ 时，$dz=dx=\Delta x$，习惯上，将自变量的增量 Δx 记作自变量的微分 dx；同样地，将自变量的增量 Δy 记作自变量的微分 dy. 于是函数 $z=f(x,y)$ 的全微分可写作

$$dz=\frac{\partial z}{\partial x}dx+\frac{\partial z}{\partial y}dy, \tag{10-4}$$

即二元函数的全微分等于它的两个偏微分 $\left(\frac{\partial z}{\partial x}dx,\frac{\partial z}{\partial y}dy\right)$ 之和，称二元函数的微分符合**叠加原理**.

叠加原理也适用于二元以上的可微分函数. 例如，三元可微分函数 $u=f(x,y,z)$ 的全微分为

$$du=\frac{\partial u}{\partial x}dx+\frac{\partial u}{\partial y}dy+\frac{\partial u}{\partial z}dz. \tag{10-5}$$

例6 计算函数 $z=x^2y+y^2$ 的全微分.

解 因为 $\frac{\partial z}{\partial x}=2xy,\frac{\partial z}{\partial y}=x^2+2y$，所以

$$dz=2xydx+(x^2+2y)dy.$$

例7 计算函数 $z=e^{xy}$ 在点(2,1)处的全微分.

解 因为

$$\frac{\partial z}{\partial x}=ye^{xy},\quad \frac{\partial z}{\partial y}=xe^{xy},$$

$$\left.\frac{\partial z}{\partial x}\right|_{\substack{x=2\\y=1}}=e^2,\quad \left.\frac{\partial z}{\partial y}\right|_{\substack{x=2\\y=1}}=2e^2,$$

所以

$$\left.dz\right|_{\substack{x=2\\y=1}}=e^2dx+2e^2dy.$$

概念复习

1. 求 $z=f(x,y)$ 的偏导数 $\frac{\partial f}{\partial x}$ 时，只需将________暂时看作常量，将 $z=f(x,y)$ 对 x 求导数即可.

2. 函数 $f(x,y)=x^3+xy$，则 $f_x(1,2)=$________，$f_y(1,2)=$________.

3. 函数 $z=x^2y+y^2$ 的全微分 $dz=$____________.

4. 如果三元函数 $u=f(x,y,z)$ 的全微分存在，则 $du=$__________________.

习题 10－2

1. 已知 $f(x,y)=e^{x+y}\sin(xy)+3xy-1$，求 $f_x(1,0)$，$f_x(0,1)$.

2. 求下列函数的偏导数.

(1) $z=x^3y-y^3x$；　(2) $z=(1+xy)^y$；

(3) $z=\sqrt{\ln(xy)}$；　(4) $z=\sin(xy)+\cos^2(xy)$；

(5) $z=\dfrac{xe^y}{y^2}$；　(6) $u=x^{\frac{y}{z}}$.

3. 曲线 $\begin{cases}z=\sqrt{1+x^2+y^2},\\ x=1\end{cases}$ 在点 $(1,1,\sqrt{3})$ 处的切线与 y 轴正方向所成的角是多少？

4. 求下列函数的偏导数 $\dfrac{\partial z}{\partial x},\dfrac{\partial z}{\partial y},\dfrac{\partial^2 z}{\partial x^2},\dfrac{\partial^2 z}{\partial y^2},\dfrac{\partial^2 z}{\partial x\partial y}$.

(1) $z=\arctan\dfrac{y}{x}$；　(2) $z=y^x$.

5. 求下列函数的全微分.

(1) $z=xy+\dfrac{x}{y}$；　(2) $z=\dfrac{y}{\sqrt{x^2+y^2}}$；

(3) $u=e^x(x^2+y^2+z^2)$；　(4) $u=x^{yz}$.

6. 求当 $x=2,y=1,\Delta x=0.1,\Delta y=-0.2$ 时，函数 $z=\dfrac{y}{x}$ 的全增量和全微分.

第 3 节　多元复合函数与隐函数的偏导数

一、多元复合函数的偏导数

在一元函数微分学中，如果函数 $u=\varphi(x)$ 在点 x 处可导，函数 $y=f(u)$ 在对应点 $u=\varphi(x)$ 处可导，则复合函数 $y=f[\varphi(x)]$ 在点 x 处可导，且有

$$\frac{dy}{dx}=\frac{dy}{du}\cdot\frac{du}{dx}.$$

将一元复合函数中的一个中间变量推广到两个中间变量，而每一个中间变量只含一个自变量的情形，有下面的定理.

定理 1　**设函数 $u=\varphi(t)$ 及 $v=\psi(t)$ 都在点 t 处可导，函数 $z=f(u,v)$ 在对应点 (u,v) 处具有连续偏导数，则复合函数 $z=f[\varphi(t),\psi(t)]$ 在点 t 处可导，且有**

$$\frac{dz}{dt}=\frac{\partial z}{\partial u}\cdot\frac{du}{dt}+\frac{\partial z}{\partial v}\cdot\frac{dv}{dt}. \tag{10-6}$$

证明略.

式(10-6)中的导数$\frac{\mathrm{d}z}{\mathrm{d}t}$称为函数的**全导数**.

应用式(10-6)时，要求读者熟悉复合函数的结构并能够用**链导线路图**形象地将函数关系表示出来. 这样将图形和公式结合起来，对读者正确求出函数的导数是很有帮助的.

多元复合函数一阶偏导举例

例 1 设 $z=x^2+xy+y^2, x=t^2, y=t$，求$\frac{\mathrm{d}z}{\mathrm{d}t}, \frac{\mathrm{d}^2 z}{\mathrm{d}t^2}$.

解 画出链导线路图，如图 10-5 所示，则

$$\begin{aligned}\frac{\mathrm{d}z}{\mathrm{d}t}&=\frac{\partial z}{\partial x}\cdot\frac{\mathrm{d}x}{\mathrm{d}t}+\frac{\partial z}{\partial y}\cdot\frac{\mathrm{d}y}{\mathrm{d}t}\\&=(2x+y)\cdot 2t+(x+2y)\cdot 1\\&=4t^3+3t^2+2t,\end{aligned}$$

$$\frac{\mathrm{d}^2 z}{\mathrm{d}t^2}=12t^2+6t+2.$$

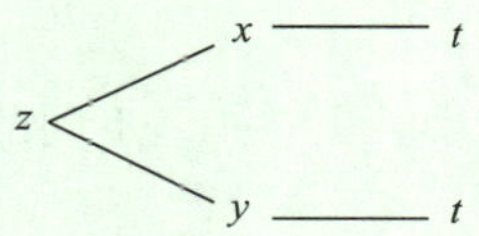

图 10-5

将式(10-6)进一步推广，中间变量由一元函数换为二元函数，也有类似的求导公式.

定理 2 **设函数** $u=\varphi(x,y), v=\psi(x,y)$ **都在点** (x,y) **处具有对** x **及** y **的偏导数，函数** $z=f(u,v)$ **在对应点** (u,v) **处具有连续偏导数，则复合函数** $z=f[\varphi(x,y),\psi(x,y)]$ **在点** (x,y) **处的两个偏导数存在，且有**

$$\frac{\partial z}{\partial x}=\frac{\partial z}{\partial u}\cdot\frac{\partial u}{\partial x}+\frac{\partial z}{\partial v}\cdot\frac{\partial v}{\partial x}, \tag{10-7}$$

$$\frac{\partial z}{\partial y}=\frac{\partial z}{\partial u}\cdot\frac{\partial u}{\partial y}+\frac{\partial z}{\partial v}\cdot\frac{\partial v}{\partial y}. \tag{10-8}$$

以式(10-7)为例，可以画出链导线路图(见图 10-6). 从该图可以看出，由 z 到 x 有两条路径，每条路径有两段. 将每条路径各段对应的偏导数(或导数)相乘，然后将各条路径的乘积相加(总结：**每条路径分段乘起来，各条路径的乘积加起来**)，就可以得到式(10-7). 同理可以得到式(10-8).

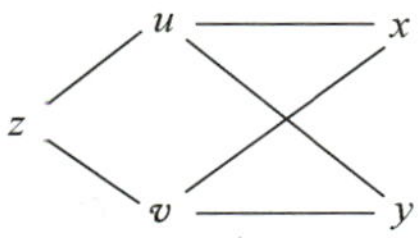

图 10-6

例 2 设 $z=\mathrm{e}^u\sin v, u=xy, v=x+y$，求$\frac{\partial z}{\partial x}$和$\frac{\partial z}{\partial y}$.

解 根据题意，画出链导线路图(见图 10-6)，于是

$$\begin{aligned}\frac{\partial z}{\partial x}&=\frac{\partial z}{\partial u}\cdot\frac{\partial u}{\partial x}+\frac{\partial z}{\partial v}\cdot\frac{\partial v}{\partial x}\\&=\mathrm{e}^u\sin v\cdot y+\mathrm{e}^u\cos v\cdot 1\\&=\mathrm{e}^{xy}[y\sin(x+y)+\cos(x+y)],\end{aligned}$$

$$\begin{aligned}\frac{\partial z}{\partial y}&=\frac{\partial z}{\partial u}\cdot\frac{\partial u}{\partial y}+\frac{\partial z}{\partial v}\cdot\frac{\partial v}{\partial y}\\&=\mathrm{e}^{u}\sin v\cdot x+\mathrm{e}^{u}\cos v\cdot 1\\&=\mathrm{e}^{xy}[x\sin(x+y)+\cos(x+y)].\end{aligned}$$

多元函数的复合形式繁多，读者要学会正确分析函数间的复合关系，灵活运用式(10-7)和式(10-8).

例如，设

$$u=f(x,y,z),\quad z=\varphi(x,y),$$

根据链导线路图(见图 10-7)，有

$$\frac{\partial u}{\partial x}=\frac{\partial f}{\partial x}+\frac{\partial f}{\partial z}\frac{\partial z}{\partial x},\quad \frac{\partial u}{\partial y}=\frac{\partial f}{\partial y}+\frac{\partial f}{\partial z}\frac{\partial z}{\partial y}.$$

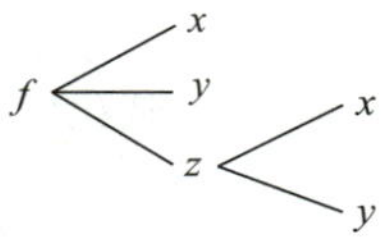

图 10-7

其中，$\frac{\partial u}{\partial x}$与$\frac{\partial f}{\partial x}$是不同的，$\frac{\partial u}{\partial x}$是将复合函数 $u=f[x,y,\varphi(x,y)]$ 中的 y 看作常数，对 x 求偏导数；而$\frac{\partial f}{\partial x}$是将 $u=f(x,y,z)$ 中的 y,z 看作常数，对 x 求偏导数. $\frac{\partial u}{\partial y}$与$\frac{\partial f}{\partial y}$也有类似的区别.

例 3 设 $u=f(x,y,z)=\mathrm{e}^{x^2+y^2+z^2}$，而 $z=xy$. 求$\frac{\partial u}{\partial x}$和$\frac{\partial u}{\partial y}$.

解 根据题意，画出链导线路图(见图 10-8)，于是

$$\begin{aligned}\frac{\partial u}{\partial x}&=\frac{\partial f}{\partial x}+\frac{\partial f}{\partial z}\cdot\frac{\partial z}{\partial x}\\&=2x\mathrm{e}^{x^2+y^2+z^2}+2z\mathrm{e}^{x^2+y^2+z^2}\cdot y\\&=2x(1+y^2)\mathrm{e}^{x^2+y^2+x^2y^2},\\\frac{\partial u}{\partial y}&=\frac{\partial f}{\partial y}+\frac{\partial f}{\partial z}\cdot\frac{\partial z}{\partial y}\\&=2y\mathrm{e}^{x^2+y^2+z^2}+2z\mathrm{e}^{x^2+y^2+z^2}\cdot x\\&=2y(1+x^2)\mathrm{e}^{x^2+y^2+x^2y^2}.\end{aligned}$$

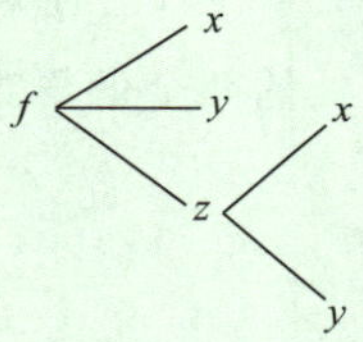

图 10-8

(全微分形式不变性) 设函数 $z=f(u,v)$ 具有连续偏导数，则有全微分

$$\mathrm{d}z=\frac{\partial z}{\partial u}\mathrm{d}u+\frac{\partial z}{\partial v}\mathrm{d}v.$$

如果 u,v 是中间变量，而函数 $u=\varphi(x,y)$，$v=\psi(x,y)$ 也具有连续偏导数，则复合函数 $z=f[\varphi(x,y),\psi(x,y)]$ 的全微分为

$$\begin{aligned}\mathrm{d}z&=\frac{\partial z}{\partial x}\mathrm{d}x+\frac{\partial z}{\partial y}\mathrm{d}y=\left(\frac{\partial z}{\partial u}\frac{\partial u}{\partial x}+\frac{\partial z}{\partial v}\frac{\partial v}{\partial x}\right)\mathrm{d}x+\left(\frac{\partial z}{\partial u}\frac{\partial u}{\partial y}+\frac{\partial z}{\partial v}\frac{\partial v}{\partial y}\right)\mathrm{d}y\\&=\frac{\partial z}{\partial u}\left(\frac{\partial u}{\partial x}\mathrm{d}x+\frac{\partial u}{\partial y}\mathrm{d}y\right)+\frac{\partial z}{\partial v}\left(\frac{\partial v}{\partial x}\mathrm{d}x+\frac{\partial v}{\partial y}\mathrm{d}y\right)=\frac{\partial z}{\partial u}\mathrm{d}u+\frac{\partial z}{\partial v}\mathrm{d}v.\end{aligned}$$

由此可见，无论 z 是自变量 x,y 的函数，还是中间变量 u,v 的函数，它的全微分形式是一样的. 这个性质称为**全微分形式不变性**.

微分运算时，对一切变量平等看待，不必区分其是自变量还是因变量或中间变量，所以微分运算特别方便. 因此，可以利用全微分形式不变性和微分的叠加原理，计算多元复合函数的偏导数.

例 4 利用微分形式的不变性解本节的例 3.

解 因为

$$\begin{aligned} du &= e^{x^2+y^2+z^2} d(x^2+y^2+z^2) \\ &= e^{x^2+y^2+z^2}(dx^2+dy^2+dz^2) \\ &= 2e^{x^2+y^2+z^2}(xdx+ydy+zdz), \end{aligned}$$

而 $z=xy, dz=ydx+xdy$，代入上式得

$$\begin{aligned} du &= 2e^{x^2+y^2+x^2y^2}[xdx+ydy+xy(ydx+xdy)] \\ &= 2e^{x^2+y^2+x^2y^2}[x(1+y^2)dx+y(1+x^2)dy] \\ &= \frac{\partial u}{\partial x}dx+\frac{\partial u}{\partial y}dy, \end{aligned}$$

所以 $$\frac{\partial u}{\partial x}=2x(1+y^2)e^{x^2+y^2+x^2y^2}, \quad \frac{\partial u}{\partial y}=2y(1+x^2)e^{x^2+y^2+x^2y^2}.$$

二、隐函数的求导公式

在一元函数微分法中，如果方程 $F(x,y)=0$ 确定一个隐函数 $y=f(x)$，那么将 $y=f(x)$ 代入 $F(x,y)=0$，得恒等式 $F[x,f(x)]\equiv 0$，恒等式两端同时对 x 求导，得

$$\frac{\partial F}{\partial x}+\frac{\partial F}{\partial y}\cdot\frac{dy}{dx}=0.$$

当 F_y 连续，且 $F_y(x,y)\neq 0$ 时，存在点 (x,y) 的一个邻域，在这个邻域内 $F_y\neq 0$，于是得

$$\frac{dy}{dx}=-\frac{F_x}{F_y}. \tag{10-9}$$

类似地，如果三元方程 $F(x,y,z)=0$ 能确定一个二元隐函数 $z=f(x,y)$，那么将 $z=f(x,y)$ 代入 $F(x,y,z)=0$，得

$$F[x,y,f(x,y)]\equiv 0,$$

上式两端分别对 x 和 y 求导，得

$$F_x+F_z\cdot\frac{\partial z}{\partial x}=0, \quad F_y+F_z\cdot\frac{\partial z}{\partial y}=0.$$

当 F_z 连续，且 $F_z\neq 0$ 时，存在点 (x,y,z) 的某个邻域，在该邻域内 $F_z\neq 0$，则有

一个方程所确定的隐函数的求导举例

$$\frac{\partial z}{\partial x}=-\frac{F_x}{F_z}, \quad \frac{\partial z}{\partial y}=-\frac{F_y}{F_z}. \tag{10-10}$$

顺便指出，上面关于式(10-9)和式(10-10)的推导过程就是隐函数的一种求导方法.

例 5 设方程 $x^2+y^2+z^2-4z=0$，求 $\frac{\partial z}{\partial x},\frac{\partial z}{\partial y}$.

解 方法一 设 $F(x,y,z)=x^2+y^2+z^2-4z$，则

$$F_x=2x, \quad F_y=2y, \quad F_z=2z-4.$$

由式(10-10)，得

$$\frac{\partial z}{\partial x}=-\frac{F_x}{F_z}=-\frac{2x}{2z-4}=\frac{x}{2-z},$$

$$\frac{\partial z}{\partial y}=-\frac{F_y}{F_z}=-\frac{2y}{2z-4}=\frac{y}{2-z}.$$

方法二　设 $F(x,y,z)=x^2+y^2+z^2-4z$，画出链导线路图(见图 10-9)。将 $F(x,y,z)=0$ 两端分别对 x 和 y 求导，得

$$2x+(2z-4)\frac{\partial z}{\partial x}=0,\quad 2y+(2z-4)\frac{\partial z}{\partial y}=0,$$

解得

$$\frac{\partial z}{\partial x}=\frac{x}{2-z},\quad \frac{\partial z}{\partial y}=\frac{y}{2-z}.$$

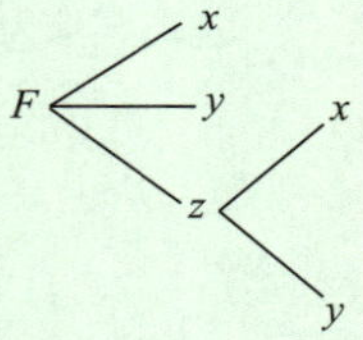

图 10-9

概念复习

1. 设 $z=u^2v,u=\cos t,v=\sin t$，则 $\frac{dz}{dt}=$________.

2. 设函数 $z=f(u,v),u=\varphi(x,y),v=\psi(x,y)$ 的偏导数均连续，则由 z,u,v 复合而成的函数 $z=f[\varphi(x,y),\psi(x,y)]$ 的偏导数 $\frac{\partial z}{\partial x}=$________，$\frac{\partial z}{\partial y}=$________.

3. 设方程 $y-\sin y-x=0$ 确定一个可导函数 $y=f(x)$，则 $\frac{dy}{dx}=$________.

4. 设方程 $F(x,y,z)=0$ 确定一个偏导数存在的二元函数 $z=f(x,y)$，则 $\frac{\partial z}{\partial x}=$________，$\frac{\partial z}{\partial y}=$________.

习题 10－3

1. 设 $z=e^{x-2y},x=\sin t,y=t^3$，求 $\frac{dz}{dt}$.

2. 设 $z=\arctan(xy),y=e^x$，求 $\frac{dz}{dx}$.

3. 设 $u=\frac{e^{ax}(y-z)}{a^2+1},y=a\sin x,z=\cos x$，求 $\frac{du}{dx}$.

4. 设 $z=u^2v-uv^2,u=x\cos y,v=x\sin y$，求 $\frac{\partial z}{\partial x},\frac{\partial z}{\partial y}$.

5. 设 $z=(x+y)^{x+y}$，求 $\frac{\partial z}{\partial x},\frac{\partial z}{\partial y}$.

6. 设 $\sin y+e^x-xy^2=0$，求 $\frac{dy}{dx}$.

7. 设 $x+2y+z-2\sqrt{xyz}=0$，求 $\frac{\partial z}{\partial x},\frac{\partial z}{\partial y}$.

8. 设 $\frac{x}{z}=\ln\frac{z}{y}$，求 $\frac{\partial z}{\partial x},\frac{\partial z}{\partial y}$.

9. 设 $2\sin(x+2y-3z)=x+2y-3z$，证明：$\frac{\partial z}{\partial x}+\frac{\partial z}{\partial y}=1$.

10. 设 $e^z-xyz=0$，求 $\frac{\partial z}{\partial x}$.

11. 设 $z^3-3xyz=a^3$，求 $\frac{\partial^2 z}{\partial x\partial y}$.

*第 4 节　方向导数与梯度

方向导数的定义与实际意义

一、方向导数

本章第 2 节讨论了二元函数的偏导数，即函数 $z=f(x,y)$ 沿 x 轴和 y 轴方向的变化率. 本节讨论函数 $z=f(x,y)$ 在一点 P 沿某一方向的变化率问题.

与一元函数不同，对于二元函数，$z=f(x,y)$ 没有增减(或升降)的概念. 因为二元函数的自变量是二元有序数对 (x,y)，不能比较大小. 但是，如果把函数 $z=f(x,y)$ 的图形 Σ 看作一座山的表面，当从山上一点 $(x_0,y_0,f(x_0,y_0))$ 出发，沿不同方向走，可能会感觉到在上升或下降. 用数学语言表达，就是过这一点作一张平面与 xOy 面垂直并与其相交于直线 l，与曲面 Σ 相交于曲线 C(见图 10-10). 假设直线 l 的单位方向向量 $\boldsymbol{l}=(\cos\alpha,\cos\beta)$. 则 l 的参数方程为

$$\begin{cases}x=x_0+t\cos\alpha,\\ y=y_0+t\cos\beta,\end{cases}\quad (t>0)$$

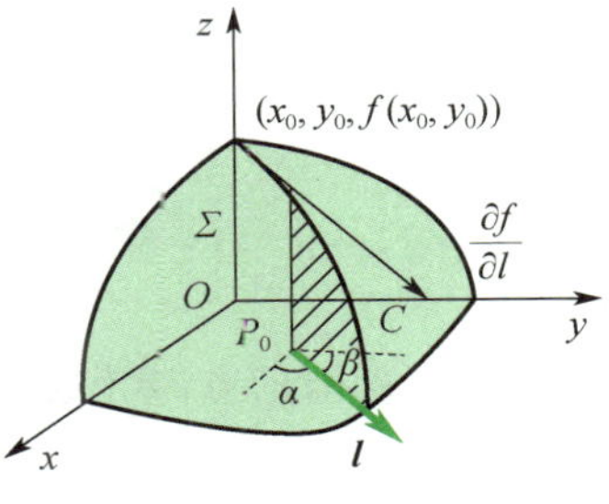

图 10-10

其中，t 表示直线 l 上一点到点 $P_0(x_0,y_0)$ 的距离. 而曲面 Σ 上的曲线 C 的方程为

$$z=f(x_0+t\cos\alpha,y_0+t\cos\beta).$$

过点 P_0 的方向向量 $\boldsymbol{l}$ 一旦确定，这就是一个一元函数. 下面来讨论在点 P_0 附近沿直线 l 移动时，曲线 C 的升降问题.

设点 $P(x_0+t\cos\alpha,y_0+t\cos\beta)$ 是直线 l 上的另一点，如果函数的增量

$$f(x_0+t\cos\alpha,y_0+t\cos\beta)-f(x_0,y_0)$$

与点 P 到点 P_0 的距离 $|PP_0|=t$ 的比值

$$\frac{f(x_0+t\cos\alpha,y_0+t\cos\beta)-f(x_0,y_0)}{t}$$

当点 P 沿着直线 l 趋于点 P_0 $(t\to0^+)$ 时的极限存在，则称此极限为函数 $f(x,y)$ 在点 $P_0(x_0,$

y_0)处沿方向向量 $\boldsymbol{l}$ 的**方向导数**,记作$\left.\frac{\partial f}{\partial l}\right|_{(x_0,y_0)}$,即

$$\left.\frac{\partial f}{\partial l}\right|_{(x_0,y_0)}=\lim_{t\to0^+}\frac{f(x_0+t\cos\alpha,y_0+t\cos\beta)-f(x_0,y_0)}{t}. \tag{10-11}$$

如果函数 $z=f(x,y)$ 在点 $P_0(x_0,y_0)$ 处可微分,由微分的定义,式(10-11)右端的分子

$$\begin{aligned}&f(x_0+t\cos\alpha,y_0+t\cos\beta)-f(x_0,y_0)\\&=\frac{\partial f}{\partial x}t\cos\alpha+\frac{\partial f}{\partial y}t\cos\beta+o\left[\sqrt{(t\cos\alpha)^2+(t\cos\beta)^2}\right]\\&=\left(\frac{\partial f}{\partial x}\cos\alpha+\frac{\partial f}{\partial y}\cos\beta\right)t+o(t),\end{aligned}$$

所以式(10-11)中的极限存在,且

$$\left.\frac{\partial f}{\partial l}\right|_{(x_0,y_0)}=f_x(x_0,y_0)\cos\alpha+f_y(x_0,y_0)\cos\beta. \tag{10-12}$$

根据式(10-12)可知,函数 $f(x,y)$ 沿 x 轴正方向的方向导数是 $f_x(x_0,y_0)$,沿 x 轴负方向的方向导数是 $-f_x(x_0,y_0)$;函数 $f(x,y)$ 沿 y 轴正方向的方向导数是 $f_y(x_0,y_0)$,沿 y 轴负方向的方向导数是 $-f_y(x_0,y_0)$.

例 1 求函数 $z=xe^{2y}$ 在点 $P(1,0)$ 沿从点 $P(1,0)$ 到点 $Q(2,-1)$ 的方向的方向导数.

解 这里 $\boldsymbol{l}$ 的方向就是向量 $\overrightarrow{PQ}=(1,-1)$ 的方向,与 $\boldsymbol{l}$ 同向的单位向量为

$$\boldsymbol{e}=\left(\frac{1}{\sqrt2},-\frac{1}{\sqrt2}\right).$$

因为函数 $z=xe^{2y}$ 可微分,且

$$\left.\frac{\partial z}{\partial x}\right|_{(1,0)}=\left.e^{2y}\right|_{(1,0)}=1,\quad \left.\frac{\partial z}{\partial y}\right|_{(1,0)}=\left.2xe^{2y}\right|_{(1,0)}=2,$$

所以所求方向导数为

$$\left.\frac{\partial z}{\partial l}\right|_{(1,0)}=1\times\frac{1}{\sqrt2}+2\times\left(-\frac{1}{\sqrt2}\right)=-\frac{\sqrt2}{2}.$$

二元函数的方向导数的概念及式(10-12)可以推广到三元及三元以上的函数.

二、梯度

梯度是一个与方向导数相关联的向量.在点 $P_0(x_0,y_0)$ 可微分的函数 $z=f(x,y)$ 沿向量 $\boldsymbol{l}=(\cos\alpha,\cos\beta)$ 的方向导数,由式(10-12)可以写作

$$\left.\frac{\partial f}{\partial l}\right|_{(x_0,y_0)}=(f_x(x_0,y_0),f_y(x_0,y_0))\cdot(\cos\alpha,\cos\beta)=\boldsymbol{g}\cdot\boldsymbol{l}.$$

可见,方向导数是向量 $\boldsymbol{g}$ 和 $\boldsymbol{l}$ 的数量积,而向量 $\boldsymbol{l}$ 是单位向量,所以这个数量积就是向量 $\boldsymbol{g}$ 在向量 $\boldsymbol{l}$ 上的投影.向量 $\boldsymbol{g}$ 称为函数 $f(x,y)$ 在点 P_0 的**梯度**,记作 $\mathbf{grad}\,f(x_0,y_0)$ 或 $\nabla f(x_0,y_0)$,即

$$\mathbf{grad}\,f(x_0,y_0)=\nabla f(x_0,y_0)=f_x(x_0,y_0)\boldsymbol{i}+f_y(x_0,y_0)\boldsymbol{j}.$$

由方向导数与梯度的关系可知，

$$\left.\frac{\partial f}{\partial l}\right|_{(x_0,y_0)}=|\nabla f(x_0,y_0)|\cos\theta,$$

其中，θ 表示梯度$\nabla f(x_0,y_0)$与向量 $\boldsymbol{l}$ 的夹角. 特别地，当向量 $\boldsymbol{l}$ 与 $\mathbf{grad}\ f(x_0,y_0)$的夹角 $\theta=0$ 时，

$$\left.\frac{\partial f}{\partial l}\right|_{(x_0,y_0)}=|\mathbf{grad}\ f(x_0,y_0)|\cos 0=|\mathbf{grad}\ f(x_0,y_0)|,$$

即沿梯度方向，方向导数$\left.\frac{\partial f}{\partial l}\right|_{(x_0,y_0)}$取得最大值，这个最大值就是梯度的模$|\mathbf{grad}\ f(x_0,y_0)|$.

从几何上看，二元函数 $z=f(x,y)$表示一张曲面，这张曲面被平面 $z=c$（c 为常数）截得的曲线 C 的方程为

$$\begin{cases}z=f(x,y),\\ z=c,\end{cases}$$

曲线 C 在 xOy 面上的投影是一条平面曲线 L，它在 xOy 面上的方程为 $f(x,y)=c$，可以称平面曲线 L 为函数 $z=f(x,y)$的**等值线**. 对方程 $f(x,y)=c$ 两端求微分，得

$$f_x\mathrm{d}x+f_y\mathrm{d}y=0,$$

于是

$$f_x\cdot 1+f_y\frac{\mathrm{d}y}{\mathrm{d}x}=0,$$

即

$$(f_x,f_y)\cdot\left(1,\frac{\mathrm{d}y}{\mathrm{d}x}\right)=0.$$

这表明，梯度与曲线 L 在点 $P_0(x_0,y_0)$处的切线向量垂直. 所以，二元函数 $z=f(x,y)$在某一点的梯度与等值线在该点的法线方向平行，它的指向是从数值较低的等值线指向数值较高的等值线，梯度的模就等于函数在这个法线方向的方向导数.

梯度概念可以推广到三元函数的情形.

例 2 求 $\mathbf{grad}\ \dfrac{1}{x^2+y^2}$.

解 这里

$$f(x,y)=\frac{1}{x^2+y^2},$$

因为

$$\frac{\partial f}{\partial x}=-\frac{2x}{(x^2+y^2)^2},\quad \frac{\partial f}{\partial y}=-\frac{2y}{(x^2+y^2)^2},$$

所以

$$\mathbf{grad}\ \frac{1}{x^2+y^2}=-\frac{2x}{(x^2+y^2)^2}\boldsymbol{i}-\frac{2y}{(x^2+y^2)^2}\boldsymbol{j}.$$

例 3 讨论函数 $u=xy^2z$ 在点 $P(1,-1,2)$处沿什么方向的方向导数最大，并求出此方向导数的最大值.

解 因为

$$u_x=y^2z,\quad u_y=2xyz,\quad u_z=xy^2.$$

于是

$$\mathbf{grad}\ u|_P=(y^2z,2xyz,xy^2)|_{(1,-1,2)}=(2,-4,1),$$

$$|\mathbf{grad}\ u|_P|=\sqrt{2^2+(-4)^2+1^2}=\sqrt{21}.$$

所以，向量 $\boldsymbol{l}=(2,-4,1)$的方向是函数 $u=xy^2z$ 在点 P 处的方向导数取得最大值的方向，其方向导数的最大值为 $\sqrt{21}$.

概念复习

1. 如果 $\cos\alpha,\cos\beta$ 是方向向量 $\boldsymbol{l}$ 的方向余弦，那么函数 $z=f(x,y)$ 在点 $P_0(x_0,y_0)$ 处沿方向向量 $\boldsymbol{l}$ 的方向导数 $\left.\dfrac{\partial f}{\partial l}\right|_{(x_0,y_0)}=$________.

2. 设 $f(x,y,z)=xy+yz+zx$，则 $\mathbf{grad}\ f(x,y,z)=$________________.

3. 函数 $z=f(x,y)$ 沿____________方向的方向导数最大.

4. 设 $z=x+y^2$，则 $\mathbf{grad}\ z(1,-1)=$________；在点 $P(1,-1)$ 处沿梯度的方向导数是____________.

习题 10－4

1. 求函数 $z=x^2+y^2$ 在点 $(1,2)$ 处沿从点 $(1,2)$ 到点 $(2,2+\sqrt{3})$ 的方向的方向导数.

2. 求函数 $z=\ln(x+y)$ 在抛物线 $y^2=4x$ 上的点 $(1,2)$ 处，沿此抛物线在该点的偏向 x 轴正方向的切线方向的方向导数.

3. 求函数 $u=xy^2+z^3-xyz$ 在点 $(1,1,2)$ 处沿方向角为 $\alpha=\dfrac{\pi}{3},\beta=\dfrac{\pi}{4},\gamma=\dfrac{\pi}{3}$ 的方向的方向导数.

4. 求函数 $u=xyz$ 在点 $(5,1,2)$ 处沿从点 $(5,1,2)$ 到点 $(9,4,14)$ 的方向的方向导数.

5. 求函数 $u=x^2+y^2+z^2$ 在曲线 $\begin{cases}x=t,\\ y=t^2,\\ z=t^2\end{cases}$ 上点 $(1,1,1)$ 处，沿曲线在该点的切线正方向（对应于 t 增大的方向）的方向导数.

6. 求函数 $u=x+y+z$ 在球面 $x^2+y^2+z^2=1$ 上点 (x_0,y_0,z_0) 处，沿球面在该点的外法线方向的方向导数.

7. 求函数 $u=x^2+y^2-z^2$ 在点 $M_1(1,0,1)$ 和 $M_2(0,1,0)$ 处的梯度之间的夹角.

第 5 节　多元函数微分学的几何应用

一、一元向量值函数及其导数

由空间解析几何可知，空间曲线 Γ 的参数方程为

$$\begin{cases}x=\varphi(t),\\ y=\psi(t),\quad t\in[\alpha,\beta].\\ z=\omega(t),\end{cases}\tag{10-13}$$

对于任意 $t\in[\alpha,\beta]$，曲线 Γ 上有一点 $M(\varphi(t),\psi(t),\omega(t))$ 与其对应. 以坐标原点为起点，以点 M 为终点作向量（见图 10-11）

$$\boldsymbol{r}=x\boldsymbol{i}+y\boldsymbol{j}+z\boldsymbol{k}=\varphi(t)\boldsymbol{i}+\psi(t)\boldsymbol{j}+\omega(t)\boldsymbol{k}.$$

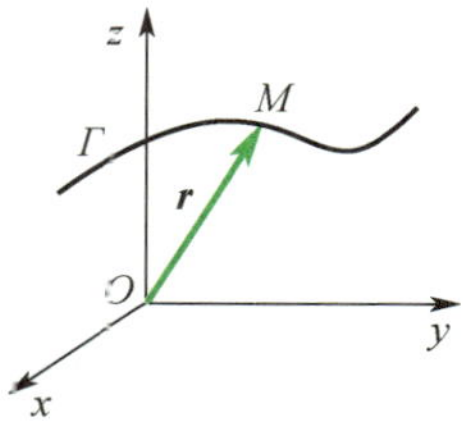

图 10-11

若记 $\boldsymbol{f}(t)=\varphi(t)\boldsymbol{i}+\psi(t)\boldsymbol{j}+\omega(t)\boldsymbol{k}$，则方程(10-13)可以写成向量方程

$$\boldsymbol{r}=\boldsymbol{f}(t)=\varphi(t)\boldsymbol{i}+\psi(t)\boldsymbol{j}+\omega(t)\boldsymbol{k},t\in[\alpha,\beta]. \qquad (10\text{-}14)$$

方程(10-14)确定了一个由实变量 t 到三维向量 $\boldsymbol{f}$ 的函数，称这个函数为**一元向量值函数**. 实变量 t 称为自变量，向量 $\boldsymbol{r}$ 称为因变量.

通常称 $\boldsymbol{r}$ 的终点 $M(x,y,z)$ 的轨迹为向量值函数 $\boldsymbol{r}=\boldsymbol{f}(t)$ 的**终端曲线**.

一元向量值函数是一元实变量函数的推广. 需要注意的是，一元实变量函数的自变量取实数值，因变量对应取实数值；而一元向量值函数的自变量 t 取实数值，因变量 $\boldsymbol{r}$ 对应取三维向量.

向量值函数的极限、连续和导数的概念，与各分量的极限、连续和导数密切相关. 设

$$\boldsymbol{f}(t)=(f_1(t),f_2(t),f_3(t)), \quad t\in D,$$

则有如下概念.

向量值函数的极限：$\lim\limits_{t\to t_0}\boldsymbol{f}(t)=(\lim\limits_{t\to t_0}f_1(t),\lim\limits_{t\to t_0}f_2(t),\lim\limits_{t\to t_0}f_3(t))$.

向量值函数的连续性：$\lim\limits_{t\to t_0}\boldsymbol{f}(t)=\boldsymbol{f}(t_0)$.

向量值函数的导数：$\boldsymbol{f}'(t_0)=\lim\limits_{\Delta t\to 0}\dfrac{\Delta\boldsymbol{r}}{\Delta t}=\lim\limits_{\Delta t\to 0}\dfrac{\boldsymbol{f}(t_0+\Delta t)-\boldsymbol{f}(t_0)}{\Delta t}$.

根据向量值函数的极限及导数的定义，如果 $f_1(t),f_2(t),f_3(t)$ 都是可导函数，则有

$$\boldsymbol{f}'(t)=(f_1'(t),f_2'(t),f_3'(t)).$$

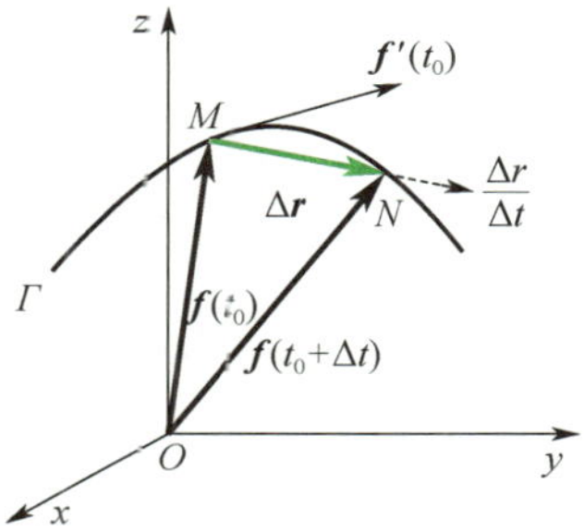

图 10-12

如图 10-12 所示，设向量值函数 $\boldsymbol{r}=\boldsymbol{f}(t),t\in[\alpha,\beta]$ 的终端曲线为 Γ，则有

$$\overrightarrow{OM}=\boldsymbol{f}(t_0), \quad \overrightarrow{ON}=\boldsymbol{f}(t_0+\Delta t),$$

$$\Delta\boldsymbol{r}=\boldsymbol{f}(t_0+\Delta t)-\boldsymbol{f}(t_0),$$

根据向量值函数的导数定义，得

$$\lim_{t\to t_0}\frac{\Delta\boldsymbol{r}}{\Delta t}=\boldsymbol{f}'(t_0).$$

由此可见，从几何上看，非零向量 $\boldsymbol{f}'(t_0)$ 表示终端曲线 Γ 在点 M 处的切向量，其方向与 t 的增长方向一致.

二、空间曲线的切线与法平面

设空间曲线 Γ 的参数方程为

$$\begin{cases}x=\varphi(t),\\ y=\psi(t), \quad t\in[\alpha,\beta],\\ z=\omega(t),\end{cases}$$

曲线 Γ 就是向量值函数 $\boldsymbol{f}(t)=(\varphi(t),\psi(t),\omega(t))$ 的终端曲线. 假设 $\varphi(t),\psi(t),\omega(t)$ 都在 $[\alpha,\beta]$ 上可导，且三个导数不同时为零.

在曲线 Γ 上取一点 $M_0(x_0,y_0,z_0)$，该点对应的参数值为 t_0. 根据向量值函数的导数的几何意义，向量

$$\boldsymbol{T}=\boldsymbol{f}'(t_0)=(\varphi'(t_0),\psi'(t_0),\omega'(t_0)) \tag{10-15}$$

就是曲线 Γ 在点 M_0 处的切向量，曲线 Γ 在点 M_0 处的切线方程为

$$\frac{x-x_0}{\varphi'(t_0)}=\frac{y-y_0}{\psi'(t_0)}=\frac{z-z_0}{\omega'(t_0)}. \tag{10-16}$$

过点 M_0 且与切线垂直的平面称为曲线 Γ 在点 M_0 处的**法平面**，它是过点 $M_0(x_0,y_0,z_0)$ 且以 $\boldsymbol{T}$ 为法向量的平面，因此法平面方程为

$$\varphi'(t_0)(x-x_0)+\psi'(t_0)(y-y_0)+\omega'(t_0)(z-z_0)=0. \tag{10-17}$$

例 1 求曲线 $\begin{cases}x=t,\\ y=t^2,\\ z=t^3\end{cases}$ 在点 $(1,1,1)$ 处的切线方程和法平面方程.

解 因为 $x'=1,y'=2t,z'=3t^2$，而点 $(1,1,1)$ 所对应的参数 $t=1$，所以 $\boldsymbol{T}=(1,2,3)$.

于是切线方程为
$$\frac{x-1}{1}=\frac{y-1}{2}=\frac{z-1}{3};$$

法平面方程为
$$(x-1)+2(y-1)+3(z-1)=0,$$

即
$$x+2y+3z=6.$$

如果空间曲线 Γ 的方程以 $\begin{cases}F(x,y,z)=0,\\ G(x,y,z)=0\end{cases}$ 的形式给出，那么对于曲线 Γ 在点 $M_0(x_0,y_0,z_0)$ 处的切线方程和法平面方程的求法，下面举例说明.

***例 2** 求曲线 $\begin{cases}x^2+y^2+z^2=6,\\ z=x^2+y^2\end{cases}$ 在点 $(-1,1,2)$ 处的切线方程和法平面方程.

解 将 x 看作参数，y 和 z 看作 x 的函数. 将所给方程两端对 x 求导，得方程组

$$\begin{cases}2x+2y\dfrac{\mathrm{d}y}{\mathrm{d}x}+2z\dfrac{\mathrm{d}z}{\mathrm{d}x}=0,\\ \dfrac{\mathrm{d}z}{\mathrm{d}x}=2x+2y\dfrac{\mathrm{d}y}{\mathrm{d}x},\end{cases}$$

即
$$\begin{cases}2y\dfrac{\mathrm{d}y}{\mathrm{d}x}+2z\dfrac{\mathrm{d}z}{\mathrm{d}x}=-2x,\\ -2y\dfrac{\mathrm{d}y}{\mathrm{d}x}+\dfrac{\mathrm{d}z}{\mathrm{d}x}=2x,\end{cases}$$

微分法的几何应用举例

解方程组，得
$$\frac{\mathrm{d}y}{\mathrm{d}x}=-\frac{x}{y},\quad \frac{\mathrm{d}z}{\mathrm{d}x}=0.$$

$$\left.\frac{\mathrm{d}y}{\mathrm{d}x}\right|_{(-1,1,2)}=-\left.\frac{x}{y}\right|_{(-1,1,2)}=1,\quad \left.\frac{\mathrm{d}z}{\mathrm{d}x}\right|_{(-1,1,2)}=0.$$

所以，在点 $(-1,1,2)$ 处切线的方向向量为 $\boldsymbol{T}=(1,1,0)$，切线方程为

$$\frac{x+1}{1}=\frac{y-1}{1}=\frac{z-2}{0};$$

法平面方程为
$$(x+1)\cdot 1+(y-1)\cdot 1+(z-2)\cdot 0=0,$$

即
$$x+y=0.$$

三、曲面的切平面与法线

设曲面 Σ 的方程为 $F(x,y,z)=0$，$P_0(x_0,y_0,z_0)$是 Σ 上的一点，并设 $F(x,y,z)$的偏导数在点 P_0 处连续且不同时为零. Γ_1,Γ_2 分别是曲面 Σ 上过点 P_0 且与平面 $y=y_0$，$x=x_0$ 相交的两条曲线，则 Γ_1,Γ_2 在点 P_0 处的切向量分别沿 y，x 轴的方向(见图 10-13)，因此这两条曲线在点 P_0 处的切线相交，过这两条切线唯一确定一张平面，这张平面称为曲面 Σ 在点 P_0 处的**切平面**. 实际上，如果曲面 Σ 上任意一条过点 P_0 的曲线在该点具有切线，那么这条切线一定在曲面 Σ 的切平面上. 可以证明，曲面 Σ 在点 $P_0(x_0,y_0,z_0)$处的法向量为

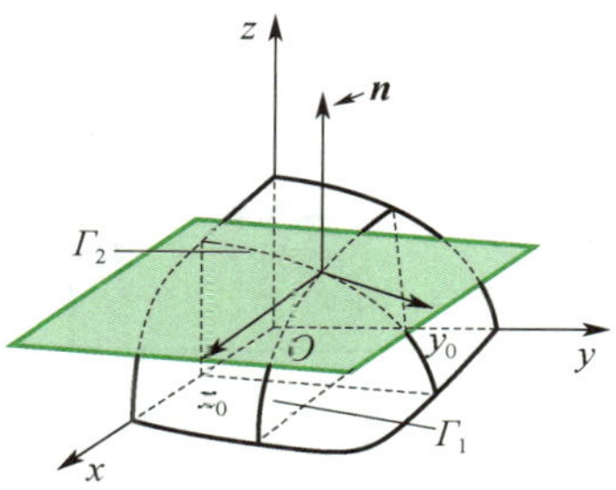

图 10-13

$$\boldsymbol{n}=(F_x(x_0,y_0,z_0),F_y(x_0,y_0,z_0),F_z(x_0,y_0,z_0)), \tag{10-18}$$

曲面 Σ 在点 P_0 处的切平面方程为

$$F_x(x_0,y_0,z_0)(x-x_0)+F_y(x_0,y_0,z_0)(y-y_0)+F_z(x_0,y_0,z_0)(z-z_0)=0. \tag{10-19}$$

过点 P_0 且垂直于切平面的直线称为**曲面 Σ 在该点的法线**，其方程为

$$\frac{x-x_0}{F_x(x_0,y_0,z_0)}=\frac{y-y_0}{F_y(x_0,y_0,z_0)}=\frac{z-z_0}{F_z(x_0,y_0,z_0)}. \tag{10-20}$$

例 3 求抛物面 $z=3x^2+2y^2$ 在点 $P_0(1,-1,2)$ 处的切平面方程和法线方程.

解 设 $F(x,y,z)=3x^2+2y^2-z$，因为 $F_x=6x$，$F_y=4y$，$F_z=-1$. 所以

$$\boldsymbol{n}=(F_x,F_y,F_z)\big|_{P_0}=(6x,4y,-1)\big|_{P_0}=(6,-4,-1),$$

由式(10-19)，得切平面方程为

$$6(x-1)-4(y+1)-(z-2)=0,$$

即

$$6x-4y-z-8=0,$$

由式(10-20)，得法线方程为

$$\frac{x-1}{6}=\frac{y+1}{-4}=\frac{z-2}{-1}.$$

例 4 求椭球面 $\frac{x^2}{a^2}+\frac{y^2}{b^2}+\frac{z^2}{c^2}=1$ 在点 $P(x_0,y_0,z_0)$处的切平面方程.

解 令 $F(x,y,z)=\frac{x^2}{a^2}+\frac{y^2}{b^2}+\frac{z^2}{c^2}-1$，那么

$$\left.\frac{\partial F}{\partial x}\right|_P=\frac{2x_0}{a^2},\quad \left.\frac{\partial F}{\partial y}\right|_P=\frac{2y_0}{b^2},\quad \left.\frac{\partial F}{\partial z}\right|_P=\frac{2z_0}{c^2},$$

由式(10-19)，得所求切平面的方程为

$$\frac{2x_0}{a^2}(x-x_0)+\frac{2y_0}{b^2}(y-y_0)+\frac{2z_0}{c^2}(z-z_0)=0,$$

化简得

$$\frac{x_0x}{a^2}+\frac{y_0y}{b^2}+\frac{z_0z}{c^2}=1.$$

概念复习

1. 空间曲线 $\Gamma: x=\varphi(t), y=\psi(t), z=\omega(t)$ 在对应于 $t=t_0$ 的点处的切向量是________.

2. 空间曲线 $\begin{cases} y=\varphi(x), \\ z=\psi(x) \end{cases}$ 在对应于 $x=x_0$ 的点处的切线方程是________.

3. 曲面 $F(x,y,z)=0$ 在点 $M_0(x_0,y_0,z_0)$ 处的法向量是________.

4. 曲面 $z=f(x,y)$ 在点 $M_0(x_0,y_0,z_0)$ 处的切平面方程是________.

习题 10－5

1. 求曲线 $\begin{cases} x=\dfrac{t}{1+t}, \\ y=\dfrac{1+t}{t}, \\ z=t^2 \end{cases}$ 在对应于 $t=1$ 的点处的切线方程和法平面方程.

2. 求曲线 $\begin{cases} x=t, \\ y=-t^2, \\ z=t^3 \end{cases}$ 的与平面 $x+2y+z+4=0$ 平行的切线方程.

*3. 求曲线 $\begin{cases} x^2+y^2+z^2-3x=0, \\ 2x-3y+5z-4=0 \end{cases}$ 在点 $(1,1,1)$ 处的切线方程和法平面方程.

4. 求曲面 $e^z-z+xy=3$ 在点 $(2,1,0)$ 处的切平面方程和法线方程.

5. 求曲面 $z=xy$ 的平行于平面 $x+3y+z+9=0$ 的切平面方程.

第 6 节　多元函数的极值与条件极值

在实际问题中，常常会遇到多元函数的最大值、最小值问题. 本节以二元函数为例，首先讨论多元函数的极值和最值问题，然后讨论多元函数的条件极值问题.

一、多元函数的极值及最大值、最小值

定义　**设函数 $z=f(x,y)$ 在点 (x_0,y_0) 的某个邻域内有定义，如果对于该邻域内任何异于 (x_0,y_0) 的点 (x,y)，都有**

$$f(x,y)<f(x_0,y_0) \quad [\text{或 } f(x,y)>f(x_0,y_0)],$$

则称函数 $z=f(x,y)$ 在点 (x_0,y_0) 处有极大值（或极小值）$f(x_0,y_0)$. 极大值、极小值统称为极值. 使函数取得极值的点称为极值点.

例 1 证明：函数 $z=x^2+y^2$ 在点 $(0,0)$ 处有极小值.

证 当 $(x,y)=(0,0)$ 时，$z=0$；当 $(x,y)\neq(0,0)$ 时，$z>0$. 因此，函数在点 $(0,0)$ 处取得极小值 0.

从几何上看，这是显然的，因为点 $(0,0,0)$ 是开口向上的旋转抛物面 $z=x^2+y^2$ 的顶点.

例 2 证明：函数 $z=-\sqrt{x^2+y^2}$ 在点 $(0,0)$ 处有极大值.

证 当 $(x,y)=(0,0)$ 时，$z=0$；当 $(x,y)\neq(0,0)$ 时，$z<0$. 因此，函数在点 $(0,0)$ 处取得极大值 0.

读者也可以试着仿照例 1 的说法给出对应的几何解释.

例 3 证明函数 $z=xy$ 在点 $(0,0)$ 处既不取得极大值，也不取得极小值.

证 因为在点 $(0,0)$ 处的函数值为 0，而在点 $(0,0)$ 的任一邻域内，总有使函数值大于 0 的点，也有使函数值小于 0 的点，所以函数 $z=xy$ 在点 $(0,0)$ 处不取得极值.

以上关于二元函数的极值概念可推广到三元及三元以上的函数.

怎样求二元函数的极值呢？联想一元函数极值的求法，不妨将二元函数的极值问题先转化成一元函数的极值问题来解决.

不妨设 $z=f(x,y)$ 在点 (x_0,y_0) 处取得极大值，则一元函数 $z=f(x,y_0)$ 在点 $x=x_0$ 处取得极大值，由一元函数极值的必要条件，得

$$\left.\frac{\partial z}{\partial x}\right|_{(x_0,y_0)}=f_x(x_0,y_0)=0.$$

同理，$f_y(x_0,y_0)=0$. 于是有二元函数取得极值的条件.

定理 1（必要条件） **设函数 $z=f(x,y)$ 在点 (x_0,y_0) 处具有偏导数，且在点 (x_0,y_0) 处取得极值，则有**

$$f_x(x_0,y_0)=0,\quad f_y(x_0,y_0)=0.$$

类似地，可推得，如果三元函数 $u=f(x,y,z)$ 在点 (x_0,y_0,z_0) 处具有偏导数，则函数在点 (x_0,y_0,z_0) 处具有极值的必要条件为

$$f_x(x_0,y_0,z_0)=0,\quad f_y(x_0,y_0,z_0)=0,\quad f_z(x_0,y_0,z_0)=0.$$

使 $f_x(x_0,y_0)=0, f_y(x_0,y_0)=0$ 同时成立的点 (x_0,y_0) 称为函数 $z=f(x,y)$ 的**驻点**.

由定理 1 可知，具有偏导数的函数的极值点必定是驻点. 但函数的驻点不一定是极值点.

例如，函数 $z=xy$ 在点 $(0,0)$ 处的两个偏导数都是零，但这个函数在点 $(0,0)$ 处既不取得极大值，也不取得极小值. 那么，什么样的驻点才是极值点呢？有下面的判断方法.

定理 2（充分条件） **设函数 $z=f(x,y)$ 在点 (x_0,y_0) 的某邻域内连续且有一阶及二阶连续偏导数，又 $f_x(x_0,y_0)=0, f_y(x_0,y_0)=0$，令**

$$f_{xx}(x_0,y_0)=A,\quad f_{xy}(x_0,y_0)=B,\quad f_{yy}(x_0,y_0)=C,$$

则判断 $z=f(x,y)$ 在点 (x_0,y_0) 处是否取得极值的条件如下：

(1) 当 $AC-B^2>0$ 时，$z=f(x,y)$ 具有极值，且当 $A<0$ 时，$z=f(x,y)$ 有极大值，当 $A>0$ 时，$z=f(x,y)$ 有极小值；

(2) 当 $AC-B^2<0$ 时，$z=f(x,y)$ 没有极值；

(3) 当 $AC-B^2=0$ 时，$z=f(x,y)$ 可能有极值，也可能没有极值，还需另作讨论.

证明略.

由定理 1 和定理 2 可以看出，具有二阶连续偏导数的函数 $z=f(x,y)$ 的极值，一般可按如下步骤求出.

(1)求出函数 $z=f(x,y)$ 的一阶、二阶偏导数.

(2)解方程组

$$f_x(x,y)=0,\quad f_y(x,y)=0,$$

求出函数 $z=f(x,y)$ 的所有驻点.

(3)对于每一个驻点 (x_0,y_0)，求出其对应的二阶偏导数的值 A,B 和 C.

(4)确定 $AC-B^2$ 的符号，按定理 2 的结论判断 $f(x_0,y_0)$ 是不是极值，如果是极值，判断它是极大值还是极小值.

例 4 求函数 $f(x,y)=x^3-y^3+3x^2+3y^2-9x$ 的极值.

解
$$f_x(x,y)=3x^2+6x-9,\quad f_y(x,y)=-3y^2+6y;$$
$$f_{xx}(x,y)=6x+6,\quad f_{xy}(x,y)=0,\quad f_{yy}(x,y)=-6y+6.$$

解方程组
$$\begin{cases} f_x(x,y)=3x^2+6x-9=0, \\ f_y(x,y)=-3y^2+6y=0, \end{cases}$$

得驻点为 $(1,0),(1,2),(-3,0),(-3,2)$.

在点 $(1,0)$ 处，$AC-B^2=12\times 6>0$，又 $A>0$，所以函数在点 $(1,0)$ 处有极小值 $f(1,0)=-5$；

在点 $(1,2)$ 处，$AC-B^2=12\times(-6)<0$，所以 $f(1,2)$ 不是极值；

在点 $(-3,0)$ 处，$AC-B^2=-12\times 6<0$，所以 $f(-3,0)$ 不是极值；

在点 $(-3,2)$ 处，$AC-B^2=-12\times(-6)>0$，又 $A<0$，所以函数在点 $(-3,2)$ 处有极大值 $f(-3,2)=31$.

与一元函数类似，可以利用极值来求函数的最值. 如果函数 $z=f(x,y)$ 在有界闭区域 D 上连续，则在闭区域 D 上一定能取得最大值和最小值. 函数 $f(x,y)$ 在闭区域 D 上最值的一般求法是：求出函数 $f(x,y)$ 在区域 D 内的所有驻点和偏导数不存在的点，将这些点处的函数值与区域 D 的边界上点的函数值比较，最大的就是最大值，最小的就是最小值. 在实际问题中，如果根据问题的性质，知道函数 $f(x,y)$ 的最大值(最小值)一定在区域 D 的内部取得，而函数在区域 D 内只有一个驻点，那么在该点处的函数值就是函数 $f(x,y)$ 在闭区域 D 上的最大值(最小值).

例 5 要制作一个容积为 32 cm^3 的无盖长方体箱子，问：当长、宽、高各为多少时，才能使所用材料最省？

解 设长方体箱子的长、宽分别为 x cm，y cm，则高为 $\frac{32}{xy}$ cm. 由题意可知，箱子所用材料的面积为

$$A=xy+2y\frac{32}{xy}+2x\frac{32}{xy}=xy+\frac{64}{x}+\frac{64}{y}\quad (x>0,y>0).$$

当面积 A 最小时，所用材料最省. 令

$$\begin{cases}A_x=y-\dfrac{64}{x^2}=0,\\A_y=x-\dfrac{64}{y^2}=0,\end{cases}$$

解方程组，得 $x=4$，$y=4$，即驻点坐标为(4,4).

根据问题的实际意义可知，面积 A 的最小值一定存在，且在区域 $D=\{(x,y)\mid x>0,y>0\}$ 的内部取得，而在 D 内只有一个驻点(4,4)，所以该点就是最小值点，即当长和宽均为 4 cm，高为 2 cm 时，面积 A 取得最小值，此时所用材料最省.

二、条件极值

在上述极值问题中，除给出函数的定义域外，对函数本身并无其他的限制. 这一类极值问题称为**无条件极值问题**. 然而，在许多实际问题中，除给出函数的定义域外，往往还需要对函数附加其他的限制条件，这一类极值问题称为**条件极值问题**. 例如，例 5 就是求表面积 $A=xy+2(x+y)z$ 在条件 $xyz=32$ 下的最小值问题.

对于某些实际问题，可以将条件极值转化为非条件极值(如例 5)，但在很多情况下，将条件极值转化为非条件极值是很困难的. 下面介绍一种求条件极值的常用方法.

拉格朗日乘数法 用拉格朗日乘数法求函数 $z=f(x,y)$ 在约束条件 $\varphi(x,y)=0$ 下极值的步骤如下.

(1) 构造拉格朗日函数

$$F(x,y)=f(x,y)+\lambda\varphi(x,y), \tag{10-21}$$

其中，λ 称为拉格朗日乘数.

拉格朗日乘数法

(2) 求出方程组

$$\begin{cases}F_x=f_x(x,y)+\lambda\varphi_x(x,y)=0,\\F_y=f_y(x,y)+\lambda\varphi_y(x,y)=0,\\F_\lambda=\varphi(x,y)=0\end{cases}$$

的解 (x_0,y_0,λ_0)，则 (x_0,y_0) 即为可能的极值点.

这种方法可以推广到自变量多于两个且条件多于一个的情形.

例 6 某工厂生产两种型号的精密机床，其产量(单位：台)分别为 x，y，已知总成本函数为 $C(x,y)=x^2+2y^2-xy$(单位：万元). 根据市场调查，这两种机床的需求量共 8 台. 问：应如何安排生产，才能使总成本最小？

解 设 $F(x,y)=x^2+2y^2-xy+\lambda(x+y-8)$，令

$$\begin{cases}F_x=2x-y+\lambda=0,\\F_y=4y-x+\lambda=0,\\x+y-8=0,\end{cases}\quad 或\begin{cases}2x-y=-\lambda,\\4y-x=-\lambda,\\x+y-8=0.\end{cases}$$

解得 $x=5$，$y=3$. 故点(5,3)可能是函数 $C(x,y)$ 的极值点. 因为只有一个驻点，且根据问题的实际意义，函数 $C(x,y)$ 的最小值是存在的，所以驻点(5,3)是函数 $C(x,y)$ 的最小值点. 最小值为

$$C(5,3)=5^2+2\times3^2-5\times3(万元)=28(万元).$$

例 7 求表面积为 a^2 而体积最大的长方体的体积.

解 设长方体三条棱的长度分别为 x,y,z，则所求体积为在条件 $2(xy+yz+zx)=a^2$ 下函数 $V=xyz(x>0,y>0,z>0)$ 的最大值.

构造拉格朗日函数

$$F(x,y,z)=xyz+\lambda(2xy+2yz+2zx-a^2),$$

解方程组

$$\begin{cases} F_x(x,y,z)=yz+2\lambda(y+z)=0, \\ F_y(x,y,z)=xz+2\lambda(x+z)=0, \\ F_z(x,y,z)=xy+2\lambda(y+x)=0, \\ 2xy+2yz+2xz=a^2, \end{cases}$$

得 $x=y=z=\frac{\sqrt{6}}{6}a$，这是唯一可能的极值点. 根据问题的实际意义，$V=xyz$ 的最大值一定存在，因此最大值就在这个可能的极值点处取得，此时 $V=\frac{\sqrt{6}}{36}a^3$.

概念复习

1. 具有偏导数的函数的极值点必定是________.

2. 函数 $f(x,y)$ 在点 (x_0,y_0) 处取得极值，则点 (x_0,y_0) 可以是________、________、________.

3. 用二阶偏导数判断函数 $z=f(x,y)$ 是否取得极值时，$A=$________，$B=$________，$C=$________.

4. 函数 $z=f(x,y)$ 在约束条件 $\varphi(x,y)=0$ 下极值的拉格朗日函数为 $F(x,y,\lambda)=$________________.

习题 10－6

1. 求函数 $f(x,y)=x^4+y^4-x^2-2xy-y^2$ 的极值.

2. 求函数 $f(x,y)=(6x-x^2)(4y-y^2)$ 的极值.

3. 求函数 $f(x,y)=e^{2x}(x+y^2+2y)$ 的极值.

4. 求函数 $z=xy$ 在附加条件 $x+y=1$ 下的极大值.

5. 在斜边长为 l 的一切直角三角形中，求有最大周长的直角三角形.

*6. 求 xOy 面上一点的坐标，使它到 $x=0$，$y=0$ 及 $x+2y-16=0$ 三条直线的距离的平方之和最小.

*7. 将周长为 $2p$ 的矩形绕它的一边旋转而形成一个圆柱体，则矩形的边长各为多少时，才可使圆柱体的体积最大？

实验七　多元函数微分的 Python 实现

一、偏导数与全微分的 Python 实现

在 Python 中，求多元函数的偏导数、高阶偏导数的方法和一元函数求导相同，都是调用 SymPy 中的 diff() 函数. 以二元函数 $f(x,y)$ 为例，求 $\frac{\partial^{m+n} f}{\partial x^m \partial y^n}$ 的程序代码为

```
partial_xy_mn= sp.diff(f,x,m,y,n).
```

例 1　已知二元函数 $f(x,y)=\sin(xy)+\cos^2(x^3+y^2)$.

(1)求一阶偏导数 $\frac{\partial f}{\partial x}$，$\frac{\partial f}{\partial y}$ 和全微分；

(2)求高阶偏导数 $\frac{\partial^2 f}{\partial x^2}$，$\frac{\partial^2 f}{\partial x \partial y}$ 与 $\frac{\partial^3 f}{\partial x \partial y \partial x}$；

(3)求 f 在 $x=\frac{\pi}{3}$，$y=\frac{\pi}{4}$ 处的一阶偏导数、全微分.

解　(1)求一阶偏导数 $\frac{\partial f}{\partial x}$，$\frac{\partial f}{\partial y}$ 和全微分的程序代码为

```
import sympy as sp
x,y=sp.symbols('x y')
f=sp.sin(x*y)+(sp.cos(x**3+y**2))**2
dx,dy=sp.symbols('dx dy')  # 定义微分量 dx 和 dy
partial_x=sp.diff(f,x)  # 计算 x 的偏导数
partial_y=sp.diff(f,y)  # 计算 y 的偏导数
# 下面计算全微分
total_diff=partial_x*dx+partial_y*dy
partial_x ,partial_y ,total_diff  # 输出
```

运行结果为

```
-6*x**2*sin(x**3+y**2)*cos(x**3+y**2)+y*cos(x*y)
x*cos(x*y)-4*y*sin(x**3+y**2)*cos(x**3+y**2)dx*(-6*x**2*sin(x**3+y**2)*
cos(x**3+y**2)+y*cos(x*y))+dy*(x*cos(x*y)-4*y*sin(x**3+y**2)*cos(x**3+y**2))
```

(2)求 $\frac{\partial^2 f}{\partial x^2}$，替换(1)中的程序代码，

```
partial_x_2=sp.diff(f,x,2)
partial_x_2
```

运行结果为

```
18*x**4*sin(x**3+y**2)**2-18*x**4*cos(x**3+y**2)**2-12*x*sin(x**3+y**
2)*cos(x**3+y**2)-y**2*sin(x*y)
```

求$\dfrac{\partial^2 f}{\partial x\partial y}$，替换(1)中的程序代码，

```
partial_xy=sp.diff(f,x,1,y,1)
partial_xy
```

运行结果为

```
12*x**2*y*sin(x**3+y**2)**2-12*x**2*y*cos(x**3+y**2)**2-x*y*sin(x*y)+
cos(x*y)
```

求$\dfrac{\partial^3 f}{\partial x\partial y\partial x}$，替换(1)中的程序代码，

```
partial_x2y1=sp.diff(f,x,2,y,1)
partial_x2y1
```

运行结果为

```
y*(144*x**4*sin(x**3+y**2)*cos(x**3+y**2)-x*y*cos(x*y)+24*x*sin(x**3+
y**2)**2-24*x*cos(x**3+y**2)**2-2*sin(x*y))
```

(3)在(1)中程序代码基础上，将"#输出"行的程序代码替换为

```
# 下面计算点 (π/3,π/4) 处的偏导数和全微分的值
point=[(x,sp.pi/3),(y,sp.pi/4)]
partial_x_value=partial_x.subs(point)
partial_y_value=partial_y.subs(point)
total_diff_value=total_diff.subs(point)
partial_x_value,partial_y_value,total_diff_value
```

运行结果为

```
pi*cos(pi**2/12)/4-2*pi**2*sin(pi**2/16+pi**3/27)*cos(pi**2/16+pi**3/27)/
3,-pi*sin(pi**2/16+pi**3/27)*cos(pi**2/16+pi**3/27)+pi*cos(pi**2/12)/3,dx*(pi*
cos(pi**2/12)/4-2*pi**2*sin(pi**2/16+pi**3/27)*cos(pi**2/16+pi**3/27)/3)+dy*
(-pi*sin(pi**2/16+pi**3/27)*cos(pi**2/16+pi**3/27)+pi*cos(pi**2/12)/3)
```

运行结果涉及三角函数和 π 的复杂组合表达式，不是简单的数值表示. 如果想要显示近似的数值表示，那么可以使用如下程序代码.

```
# 下面计算偏导数和全微分的数值近似，保留三位小数
partial_x_value_num=sp.N(partial_x_value,4)
partial_y_value_num=sp.N(partial_y_value,4)
total_diff_value_num=sp.N(total_diff_value,4)
partial_x_value_num,partial_y_value_num,total_diff_value_num
```

运行结果为

```
1.782,1.308,1.782*dx+1.308*dy
```

例 2 设 $z=e^u\sin v$，而 $u=xy, v=x+y$，求 $\frac{\partial z}{\partial x},\frac{\partial z}{\partial y}$.

解 程序代码为

```
import sympy as sp
x,y=sp.symbols('x y')
u=x*y
v=x+y
z=sp.exp(u)*sp.sin(v)
sp.diff(z,x),sp.diff(z,y)
```

运行结果为

```
y*exp(x*y)*sin(x+y)+exp(x*y)*cos(x+y),x*exp(x*y)*sin(x+y)+exp(x*y)*cos(x+y)
```

例 3 求由 $x^2+y^2+z^2=4z$ 所确定的一阶与二阶导数 $\frac{\partial z}{\partial x},\frac{\partial^2 z}{\partial x^2}$.

解 程序代码为

```
import sympy as sp
x,y,z=sp.symbols('x y z')
F=x**2+y**2+z**2-4*z
sp.idiff(F,z,x),sp.idiff(F,z,x,2)
```

运行结果为

```
-x/(z-2),(-x***2-z***2+4*z-4)/(z***3-6*z***2+12*z-8)
```

二、多元函数极值的 Python 实现

通过下面两个例子来介绍用 Python 求多元函数极值的一般步骤.

例 4 求函数 $z=x^4-8xy+2y^2-3$ 的极值点.

解 程序代码为

```
import sympy as sp
x,y=sp.symbols('x y')
f=x**4-8*x*y+2*y**2-3
# 下面计算一阶和二阶偏导数
fx=sp.diff(f,x)
fy=sp.diff(f,y)
f_xx=sp.diff(fx,x)
f_yy=sp.diff(fy,y)
f_xy=sp.diff(fx,y)
# 下面求解临界点
critical_points=sp.solve([fx,fy],(x,y))
```

```
# 下面计算临界点的性质
extrema_corrected=[]
for point in critical_points:
    f_xx_val=f_xx.subs({x: point[0],y: point[1]})
    f_yy_val=f_yy.subs({x: point[0],y: point[1]})
    f_xy_val=f_xy.subs({x: point[0],y: point[1]})
    discriminant=f_xx_val*f_yy_val-f_xy_val**2
    if discriminant>0:
        if f_xx_val>0:
            extrema_corrected.append((point,"局部极小值"))
        else:
            extrema_corrected.append((point,"局部极大值"))
    elif discriminant==0:
        extrema_corrected.append((point,"不确定"))
extrema_corrected,critical_points
```

运行结果为

```
[((-2, -4), '局部极小值'), ((2, 4), '局部极小值')], [(-2, -4), (0, 0), (2, 4)]
```

由极值的判别法可知，点$(2,4)$和$(-2,-4)$都是函数的极小值点，而点$(0,0)$不是极值点.

注意 上述代码较长，是对多元函数极值存在的充分条件的复述。

例 5 求函数 $z=xy$ 在条件 $x+y=1$ 下的极值点.

解 拉格朗日乘数法是一种寻找多元函数在给定约束条件下的极值点的方法，这里使用拉格朗日乘数法求解。设构造的拉格朗日函数为

$$L(x,y)=xy+\lambda(x+y-1),$$

程序代码为

```
from sympy import symbols,Eq,solve
x,y,λ=symbols('x y λ')  # 定义变量
L=x*y+λ*(1-x-y)  # 构建拉格朗日函数
# 下面对 x,y,λ 分别求偏导
Lx=L.diff(x)
Ly=L.diff(y)
Lλ=L.diff(λ)
# 下面建立方程组
eq1=Eq(Lx,0)
eq2=Eq(Ly,0)
eq3=Eq(Lλ,0)
# 下面解方程组
```

```
solution=solve((eq1,eq2,eq3),(x,y,λ))
z_extreme=solution[x]*solution[y]  # 计算极值
solution,z_extreme  # 输出
```

运行结果为

```
{x: 1/2,y: 1/2,λ: 1/2},1/4
```

由此可得 $x=\frac{1}{2}, y=\frac{1}{2}, \lambda=-\frac{1}{2}$，经过判断，点$\left(\frac{1}{2},\frac{1}{2}\right)$为函数的极大值点，也是函数的最大值点.

三、应用举例

在日常生活中，常常遇到如何分配定量的钱来购买两种物品的问题. 由于钱数固定，如果购买其中一种物品较多，势必要少买（甚至不能再买）另一种物品，这样就不能令人满意. 如何花费定量的钱，达到最满意的效果呢？

例 6 购物分配方案.

经济学家常借助"效用函数"来解决购物分配问题. 效用函数就是描述消费者同时购买两种产品各 x 单位、y 单位时满意程度的量，常见的形式有 $U(x,y)=x+y$，$U(x,y)=\ln x+\ln y$ 等. 而当效用函数达到最大值时，消费者购物分配的方案是最佳的.

小孙有 200 元，他决定用来购买两种练习册：数学练习册和英语练习册. 数学练习册每本 8 元，英语练习册每本 10 元，假设效用函数为 $U(x,y)=\ln x+\ln y$，他该如何分配这 200 元，才能达到最满意的效果呢？

解 可以将问题转化为一个条件极值问题，即求 $U(x,y)=\ln x+\ln y$ 在约束条件 $8x+10y=200$ 下的极大值点，应用拉格朗日乘数法，定义拉格朗日函数为

$$L(x,y,\lambda)=\ln x+\ln y+\lambda(8x+10y-200),$$

由$\begin{cases} L_x=\frac{1}{x}+8\lambda=0, \\ L_y=\frac{1}{y}+10\lambda=0, \\ L_\lambda=8x+10y-200=0 \end{cases}$ 可求出驻点.

程序代码为

```
from sympy import symbols,Eq,solve,ln
x,y,λ=symbols('x y λ')
L=ln(x)+ln(y)+λ*(8*x+10*y-200)
Lx=L.diff(x)
Ly=L.diff(y)
Lλ=L.diff(λ)
eq1=Eq(Lx,0)
```

```
eq2=Eq(Ly,0)
eq3=Eq(Lλ,0)
solution=solve((eq1,eq2,eq3),(x,y,λ))
x_val,y_val,λ_val=solution[0]
z_extreme=ln(x_val)+ln(y_val)
x_val,y_val,z_extreme.evalf()  # 计算数值结果
```

运行结果为

```
25/2  10  4.82831373730230
```

经验证，唯一的驻点(12.5,10)为最大值点.根据实际意义，取 $x=12,y=10$，即购买12本数学练习册和10本英语练习册，小孙最满意.

实验题 7

1. 已知 $z=x^4+y^4-4x^2y^2$，求$\frac{\partial z}{\partial x}$，$\frac{\partial z}{\partial y}$，$\frac{\partial^2 z}{\partial x\partial y}$和 $\mathrm{d}z$.

2. 求 $z=x^4+y^4-4xy+1$ 的极值.

3. 求函数 $f(x,y)=x^2+2y^2$ 在圆 $x^2+y^2=1$ 上的最大值和最小值.

4. 某电商平台销售两种品牌的无线耳机，本地品牌每副进价为30元，进口品牌每副进价为40元.根据市场调研，若本地品牌售价为 x 元，进口品牌售价为 y 元，则每天能卖出 $70-5x+4y$ 副本地品牌耳机，以及 $80+6x-7y$ 副进口品牌耳机.问：店主每天以什么价格销售两种品牌的耳机可取得最大收益？并求出最大利润.

回顾与预习

1. 判断题.

(1) 如果函数 $z=f(x,y)$在点(x_0,y_0)处连续，则

$$\lim_{x\to x_0} f(x,y_0)=f(x_0,y_0). \qquad (\quad)$$

(2) 若函数 $z=f(x,y)$在点(x_0,y_0)处偏导数存在，则 $z=f(x,y)$在点(x_0,y_0)处一定可微分. (　　)

(3) 若函数 $z=f(x,y)$在点$(0,0)$处取极小值，则必有 $f_x(0,0)=f_y(0,0)=0$. (　　)

2. 求下列函数的偏导数$\frac{\partial z}{\partial x}$，$\frac{\partial^2 z}{\partial x^2}$，$\frac{\partial^2 z}{\partial y\partial x}$.

(1) $z=3x^4y^2+7x^2y^2$； (2) $z=\cos^2 x-\sin^2 y$； (3) $z=\mathrm{e}^y\tan x$； (4) $z=\mathrm{e}^{-x}\sin y$.

3. 设 $z=(x^2+y^2)\mathrm{e}^{\arctan x}$，求 $\mathrm{d}z$.

4. 设 $u=x^y$，而 $x=t^2$，$y=\sin t$，求$\frac{\mathrm{d}u}{\mathrm{d}t}$.

5. 设 $f(u,v)=\frac{u}{v}$，而 $u=x^2-3y+4z$，$v=xyz$，求$\frac{\partial f}{\partial x}$，$\frac{\partial f}{\partial y}$，$\frac{\partial f}{\partial z}$.

6. 设 $\boldsymbol{e}_l=(\cos\theta,\sin\theta)$，求函数 $f(x,y)=x^2-xy-y^2$ 在点(1,1)沿方向向量 $\boldsymbol{l}$ 的方向导数，并分别确定角 θ，使该导数有：

(1) 最大值； (2) 最小值； (3) 等于 0.

7. 求函数 $u=x^2+y^2+z^2$ 在椭球面 $\frac{x^2}{a^2}+\frac{y^2}{b^2}+\frac{z^2}{c^2}=1$ 上点 $M_0(x_0,y_0,z_0)$ 处沿外法线方向的方向导数.

8. 设 $z=1-x^2-y^2$，求

(1) z 的极值；

(2) z 在条件 $y=2$ 下的极值.

9. 计算下列定积分.

(1) $\int_0^1(1-x^2)\mathrm{d}x$； (2) $\int_0^{\pi}\sin^2 x\mathrm{d}x$； (3) $\int_0^1\frac{x}{1+x^2}\mathrm{d}x$； (4) $\int_0^1 x\mathrm{e}^x\mathrm{d}x$.

10. 用定积分中求平行截面面积已知的立体的体积的方法求圆心在坐标原点、半径为 R 的球体的体积.

11. 用定积分中求平行截面面积已知的立体的体积的方法求以旋转曲面 $z=1-x^2-y^2$ 为顶、以 xOy 面为底的立体的体积.

本章常见问题　　本章拓展内容视频　　本章自测题　　本章参考答案

第11章

多元函数积分法及其应用

朱世杰

本章将在一元函数积分学的基础上，介绍多元函数的重积分及线面积分的有关概念，讨论重积分、线面积分的计算方法及其简单的应用.

第1节　二重积分的概念、性质及计算

一、二重积分的概念及性质

1. 曲顶柱体的体积

已知长方体的体积 $V=$ 高 $\times$ 底面积. 如图 11-1 所示，将以矩形 $D=\{(x,y)\mid a\leqslant x\leqslant b, c\leqslant y\leqslant d\}$ 为底、h 为高的长方体的顶换成曲面 $S: z=f(x,y)$，所构成的立体称为曲顶柱体，它的体积怎样求？回顾定积分中求曲边梯形面积的方法，用“分割、近似、求和、取极限”的方法可求出它的面积. 下面利用这种方法求曲顶柱体的体积. 为此，将区域 D 用平行于坐标轴的直线任意分割成 n 个小矩形域

$$\Delta\sigma_1, \Delta\sigma_2, \cdots, \Delta\sigma_n,$$

并用 $\Delta\sigma_i(i=1,2,\cdots,n)$ 表示第 i 个小矩形域的面积. 分别以这些小矩形域的边界线段为准线作母线平行于 z 轴的柱面，这样就将整个曲顶柱体分割成 n 个小的曲顶柱体.

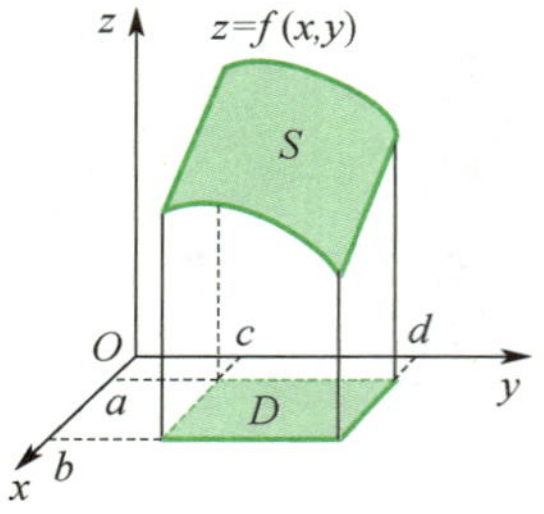

图 11-1

在每一个小矩形域 $\Delta\sigma_i$ 内任意取一点 (ξ_i,η_i)，用以 $\Delta\sigma_i$ 为底，以 $f(\xi_i,\eta_i)$ 为高的长方体（见图 11-2）的体积来近似代替对应的小曲顶柱体的体积，即

$$\Delta V_i\approx f(\xi_i,\eta_i)\Delta\sigma_i \quad (i=1,2,\cdots,n),$$

于是
$$V \approx \sum_{i=1}^{n} f(\xi_i, \eta_i) \Delta\sigma_i.$$

用 λ 表示 n 个小矩形域的对角线长度的最大值，当 λ 趋于零时，如果上述和式的极限存在，该极限值就是曲顶柱体的体积，即

$$V = \lim_{\lambda \to 0} \sum_{i=1}^{n} f(\xi_i, \eta_i) \Delta\sigma_i.$$

这种求曲顶柱体体积的方法，广泛应用在几何、物理和工程技术中. 例如，曲面的面积、平面薄片的质量、转动惯量等，都可以归结为这一形式的和式的极限，求这种和式极限的问题，就涉及本节要讨论的二重积分.

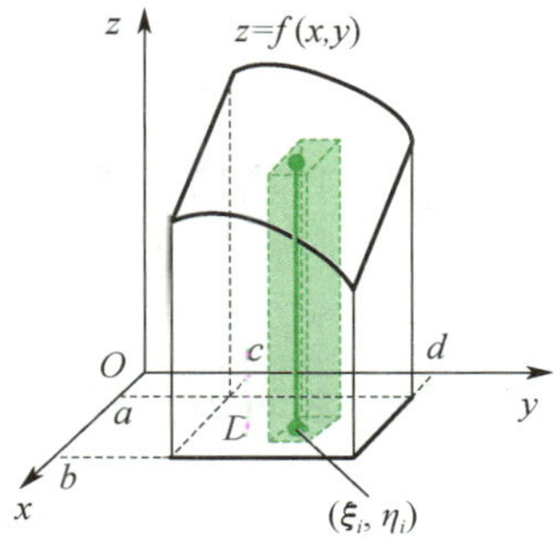

图 11-2

2. 二重积分的定义

定义 **设 $f(x,y)$ 是有界闭区域 D 上的有界函数，将闭区域 D 任意分成 n 个小区域**

$$\Delta\sigma_1, \Delta\sigma_2, \cdots, \Delta\sigma_n,$$

其中，$\Delta\sigma_i$ 表示第 i 个小闭区域，也表示它的面积. 在每个小闭区域 $\Delta\sigma_i$ 上任取一点 (ξ_i, η_i)，作乘积 $f(\xi_i, \eta_i)\Delta\sigma_i$，并作和式 $\sum_{i=1}^{n} f(\xi_i, \eta_i)\Delta\sigma_i (i = 1, 2, \cdots, n)$. 如果当 n 个小闭区域的直径[①]中的最大者 λ 趋于零时，这个和式的极限总存在，且与闭区域 D 的分法及点 (ξ_i, η_i) 的取法无关，则称此极限为函数 $f(x,y)$ 在闭区域 D 上的二重积分，记作 $\iint_D f(x,y)\mathrm{d}\sigma$，即

$$\iint_D f(x,y)\mathrm{d}\sigma = \lim_{\lambda \to 0} \sum_{i=1}^{n} f(\xi_i, \eta_i) \Delta\sigma_i, \tag{11-1}$$

其中，$f(x,y)$ 称为被积函数，$f(x,y)\mathrm{d}\sigma$ 称为被积表达式，$\mathrm{d}\sigma$ 称为面积元素，x 和 y 称为积分变量，D 称为积分区域，$\sum_{i=1}^{n} f(\xi_i, \eta_i)\Delta\sigma_i$ 称为积分和.

如果式(11-1)右端和式的极限存在，也称函数 $f(x,y)$ 在闭区域 D 上**可积**.

由二重积分的定义可知，当 $f(x,y) \geqslant 0$ 时，曲顶柱体的体积就是以 $f(x,y)$ 为被积函数在闭区域 D 上的二重积分，即

$$V = \iint_D f(x,y)\mathrm{d}\sigma.$$

特别地，当 $f(x,y) = 1$ 时，平顶柱体的体积为

$$V = \iint_D 1 \cdot \mathrm{d}\sigma = \iint_D \mathrm{d}\sigma,$$

它在数值上等于闭区域 D 的面积，由此可得计算平面区域 D 的面积公式

$$\sigma = \iint_D \mathrm{d}\sigma,$$

其中，σ 是区域 D 的面积.

类似于一元函数定积分，如果函数 $f(x,y)$ 在有界闭区域 D 上连续，那么式(11-1)右端和式的极限必存在，即**有界闭区域上连续的函数在该区域上必可积.**

---

① 一个区域的直径是指区域上任意两点间的距离的最大值.

3. 二重积分的性质

二重积分与定积分有类似的性质，叙述如下（以下假定函数在对应区域上可积）.

性质 1（线性性质） 设 α,β 为常数，则

$$\iint\limits_D[\alpha f(x,y)\pm\beta g(x,y)]\mathrm{d}\sigma=\alpha\iint\limits_D f(x,y)\mathrm{d}\sigma\pm\beta\iint\limits_D g(x,y)\mathrm{d}\sigma. \tag{11-2}$$

性质 2（可加性） 如果积分区域 D 被一条曲线分成两闭区域 D_1 和 D_2，则

$$\iint\limits_D f(x,y)\mathrm{d}\sigma=\iint\limits_{D_1} f(x,y)\mathrm{d}\sigma+\iint\limits_{D_2} f(x,y)\mathrm{d}\sigma. \tag{11-3}$$

性质 3（保序性） 如果在区域 D 上有 $f(x,y)\geqslant g(x,y)$，则

$$\iint\limits_D f(x,y)\mathrm{d}\sigma\geqslant\iint\limits_D g(x,y)\mathrm{d}\sigma. \tag{11-4}$$

特别地，由于 $-|f(x,y)|\leqslant f(x,y)\leqslant|f(x,y)|$，所以有不等式

$$\iint\limits_D|f(x,y)|\mathrm{d}\sigma\geqslant\left|\iint\limits_D f(x,y)\mathrm{d}\sigma\right|.$$

性质 4（估值性质） 如果在区域 D 上有 $m\leqslant f(x,y)\leqslant M$，则

$$m\sigma\leqslant\iint\limits_D f(x,y)\mathrm{d}\sigma\leqslant M\sigma, \tag{11-5}$$

其中，σ 是区域 D 的面积，M 和 m 为 $f(x,y)$ 在区域 D 上的最大值和最小值.

利用式(11-5)可以估计二重积分的值.

性质 5（二重积分的中值定理） 设函数 $f(x,y)$ 在有界闭区域 D 上连续，则在区域 D 内至少存在一点 (ξ,η)，使得下式成立：

$$\iint\limits_D f(x,y)\mathrm{d}\sigma=f(\xi,\eta)\cdot\sigma,$$

其中，σ 是区域 D 的面积.

证 将式(11-5)的各端除以 σ，则有

$$m\leqslant\frac{1}{\sigma}\iint\limits_D f(x,y)\mathrm{d}\sigma\leqslant M.$$

上式说明，$\frac{1}{\sigma}\iint\limits_D f(x,y)\mathrm{d}\sigma$ 是一个介于函数 $f(x,y)$ 的最大值 M 和最小值 m 之间的确定的数值，根据有界闭区域上连续函数的性质，在区域 D 内至少存在一点 (ξ,η)，使得下式成立：

$$\frac{1}{\sigma}\iint\limits_D f(x,y)\mathrm{d}\sigma=f(\xi,\eta),$$

即

$$\iint\limits_D f(x,y)\mathrm{d}\sigma=f(\xi,\eta)\cdot\sigma.$$

当 $f(x,y)\geqslant 0,(x,y)\in D$ 时，由性质 5 知，从几何上看，二重积分 $\iint\limits_D f(x,y)\mathrm{d}\sigma$ 等于以区域 D 为底、高为 $f(\xi,\eta)$ 的平顶柱体的体积.

例 1 估计二重积分 $I=\iint\limits_{D}xy(x+y)\mathrm{d}\sigma$ 的值，其中，区域 $D=\{(x,y)\mid 0\leqslant x\leqslant 1,0\leqslant y\leqslant 1\}$.

解 因为在区域 D 上，有 $0\leqslant xy\leqslant 1,0\leqslant x+y\leqslant 2$，所以

$$0\leqslant xy(x+y)\leqslant 2,$$

又区域 D 的面积 $\sigma=1$，从而由式(11-5)，得

$$0\leqslant\iint\limits_{D}xy(x+y)\mathrm{d}\sigma\leqslant 2.$$

二重积分的性质应用举例

二、二重积分的计算方法

1. 矩形域上的二重积分

设函数 $f(x,y)$ 在矩形域 $D=\{(x,y)\mid a\leqslant x\leqslant b,c\leqslant y\leqslant d\}$(见图 11-3) 上连续，用平行于坐标轴的直线族任意划分 D，划分成的若干个小区域都是矩形闭区域，设第 i 个矩形闭区域 $\Delta\sigma_i$ 的边长分别为 Δx_j 和 Δy_k，则有

$$\Delta\sigma_i=\Delta x_j\cdot\Delta y_k,$$

因此，在直角坐标系下，面积元素又可记作

$$\mathrm{d}\sigma=\mathrm{d}x\cdot\mathrm{d}y,$$

从而，二重积分可以写成

$$\iint\limits_{D}f(x,y)\mathrm{d}\sigma=\iint\limits_{D}f(x,y)\mathrm{d}x\mathrm{d}y,$$

其中，$\mathrm{d}x\mathrm{d}y$ 也称为直角坐标系中的**面积元素**.

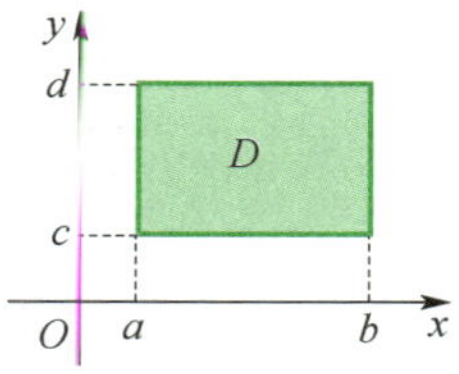

图 11-3

为讨论方便，不妨假定 $f(x,y)\geqslant 0$. 以区域 D 为底，以 $z=f(x,y)$ 为曲顶的柱体的体积为 $V=\iint\limits_{D}f(x,y)\mathrm{d}x\mathrm{d}y$.

在区间 $[a,b]$ 上任意取定一点 x，过点 x 作垂直于 x 轴的平面，截得曲顶柱体上一个以区间 $[c,d]$ 为底，以 $z=f(x,y)$ 为曲边的曲边梯形(见图 11-4)，其面积记为 $A(x)$，则

$$A(x)=\int_c^d f(x,y)\mathrm{d}y,$$

利用定积分中求平行截面面积已知的立体的体积的方法，可得曲顶柱体的体积为

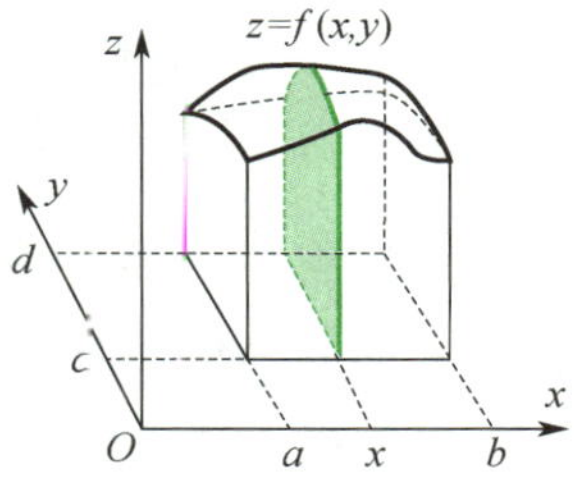

图 11-4

$$V=\int_a^b A(x)\mathrm{d}x=\int_a^b\left[\int_c^d f(x,y)\mathrm{d}y\right]\mathrm{d}x,$$

从而

$$\iint\limits_{D}f(x,y)\mathrm{d}x\mathrm{d}y=\int_a^b\left[\int_c^d f(x,y)\mathrm{d}y\right]\mathrm{d}x. \tag{11-6}$$

于是，可将二重积分化为两个定积分来计算，式(11-6) 右端的积分称为先对 y 后对 x 的二次积分. 也就是说，先将 x 看作常数，$z=f(x,y)$ 作为 y 的一元函数，在区间 $[c,d]$ 上对 y 求定积分，然后再把所得的结果在区间 $[a,b]$ 上对 x 求定积分，就得到所要求的二重积分的值. 式

(11-6) 也常写作

$$\iint_D f(x,y)\mathrm{d}x\mathrm{d}y = \int_a^b \mathrm{d}x \int_c^d f(x,y)\mathrm{d}y. \tag{11-7}$$

类似地，也可把二重积分化为先对 x 后对 y 的二次积分

$$\iint_D f(x,y)\mathrm{d}x\mathrm{d}y = \int_c^d \left[\int_a^b f(x,y)\mathrm{d}x\right]\mathrm{d}y, \tag{11-8}$$

也可以写成

$$\iint_D f(x,y)\mathrm{d}x\mathrm{d}y = \int_c^d \mathrm{d}y \int_a^b f(x,y)\mathrm{d}x. \tag{11-9}$$

上述讨论中假定了 $f(x,y) \geqslant 0$. 实际上，对于在区域 D 上可积的函数 $f(x,y)$，式(11-6) ～式(11-9) 总是成立的.

例 2 计算 $\iint_D xy\,\mathrm{d}x\mathrm{d}y$，其中，$D$ 是矩形域：$-1 \leqslant x \leqslant 2, 0 \leqslant y \leqslant 2$.

解 方法一 选择先对 y 后对 x 的积分次序. 由式(11-7)，得

$$\iint_D xy\,\mathrm{d}x\mathrm{d}y = \int_{-1}^2 \mathrm{d}x \int_0^2 xy\,\mathrm{d}y = \int_{-1}^2 x\,\mathrm{d}x \int_0^2 y\,\mathrm{d}y$$

$$= \left[\frac{1}{2}x^2\right]_{-1}^2 \cdot \left[\frac{1}{2}y^2\right]_0^2 = 3.$$

方法二 选择先对 x 后对 y 的积分次序. 由式(11-9)，得

$$\iint_D xy\,\mathrm{d}x\mathrm{d}y = \int_0^2 \mathrm{d}y \int_{-1}^2 xy\,\mathrm{d}x = \int_0^2 y\,\mathrm{d}y \int_{-1}^2 x\,\mathrm{d}x$$

$$= \left[\frac{1}{2}y^2\right]_0^2 \cdot \left[\frac{1}{2}x^2\right]_{-1}^2 = 3.$$

例 3 计算 $\iint_D \mathrm{e}^{x+y}\mathrm{d}x\mathrm{d}y$，其中，$D$ 是由 $x=0, x=1, y=0, y=1$ 所围成的矩形域.

解 由式(11-7)，得

$$\iint_D \mathrm{e}^{x+y}\mathrm{d}x\mathrm{d}y = \int_0^1 \mathrm{d}x \int_0^1 \mathrm{e}^{x+y}\mathrm{d}y = \int_0^1 \mathrm{e}^x\mathrm{d}x \int_0^1 \mathrm{e}^y\mathrm{d}y = (\mathrm{e}-1)^2.$$

2. 一般区域上的二重积分

上述二重积分的计算方法可以推广到平面上一般的有界闭区域.

设函数 $z = f(x,y)$ 在有界闭区域 D 上连续，并且区域 D 可以用不等式

$$\varphi_1(x) \leqslant y \leqslant \varphi_2(x), \quad a \leqslant x \leqslant b$$

表示(见图 11-5)，其中，函数 $\varphi_1(x), \varphi_2(x)$ 在区间 $[a,b]$ 上连续，这种区域称为 **X 型区域**. 从几何上看，就是要求穿过区域 D 的内部且平行于 y 轴的直线与区域 D 的边界的交点不多于两个.

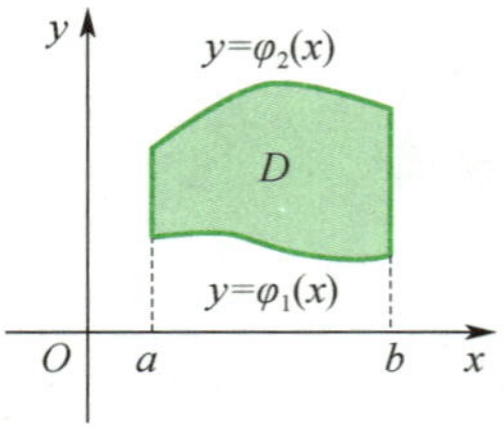

图 11-5

此时，先将 x 看作常数，$z = f(x,y)$ 作为 y 的一元函数，在区间 $[\varphi_1(x), \varphi_2(x)]$ 上对 y 求定积分，再将所得结果(x 的函数) 在区间 $[a,b]$ 上对 x 求定积分，就是所要求的二重积分的值，即

$$\iint\limits_D f(x,y)\mathrm{d}x\mathrm{d}y = \int_a^b\left[\int_{\varphi_1(x)}^{\varphi_2(x)} f(x,y)\mathrm{d}y\right]\mathrm{d}x, \tag{11-10}$$

式(11-10)也常写成

$$\iint\limits_D f(x,y)\mathrm{d}x\mathrm{d}y = \int_a^b \mathrm{d}x\int_{\varphi_1(x)}^{\varphi_2(x)} f(x,y)\mathrm{d}y, \tag{11-11}$$

式(11-11)就是把二重积分化为先对 y 后对 x 的二次积分的公式.

类似地，如果积分区域 D 可以用不等式

$$\psi_1(y)\leqslant x\leqslant \psi_2(y),\quad c\leqslant y\leqslant d$$

表示(见图 11-6)，其中，函数 $\psi_1(y)$，$\psi_2(y)$ 在 $[c,d]$ 上连续，这种区域称为 **Y 型区域**. 从几何上看，这时穿过 D 的内部且平行于 x 轴的直线与 D 的边界的交点不多于两个，则有

$$\iint\limits_D f(x,y)\mathrm{d}x\mathrm{d}y = \int_c^d\left[\int_{\psi_1(y)}^{\psi_2(y)} f(x,y)\mathrm{d}x\right]\mathrm{d}y, \tag{11-12}$$

也可以写成

$$\iint\limits_D f(x,y)\mathrm{d}x\mathrm{d}y = \int_c^d \mathrm{d}y\int_{\psi_1(y)}^{\psi_2(y)} f(x,y)\mathrm{d}x, \tag{11-13}$$

式(11-13)就是把二重积分化为先对 x 后对 y 的二次积分的公式.

如果积分区域 D 不属于上述两种类型(见图 11-7)，可以将区域 D 分成若干个小区域，使每一个小区域是这两种类型之一，将区域 D 上的二重积分化成几个小区域上的二重积分之和.

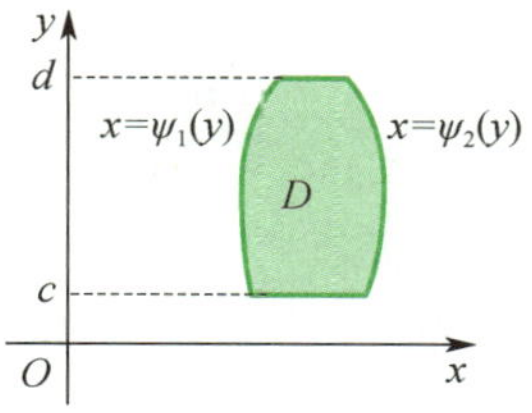

图 11-6

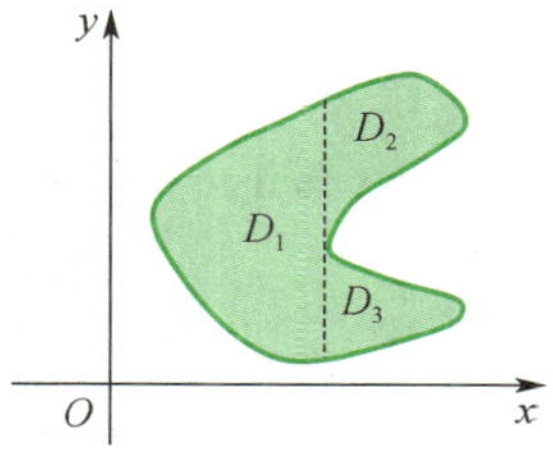

图 11-7

综上讨论，将二重积分化为二次积分的关键是确定积分限，积分限是由积分区域 D 确定的. 因此，求二重积分时，先画出积分区域 D 的草图，确定积分区域的类型，再根据相应公式将二重积分化为二次积分.

例 4 计算 $\iint\limits_D xy\mathrm{d}x\mathrm{d}y$，其中，$D$ 是由 x 轴、y 轴和圆 $x^2+y^2=1$ 所围成的在第一象限内的闭区域.

解 方法一 如图 11-8 所示，区域 D 是 X 型区域，用不等式可以表示为

$$0\leqslant y\leqslant \sqrt{1-x^2},0\leqslant x\leqslant 1.$$

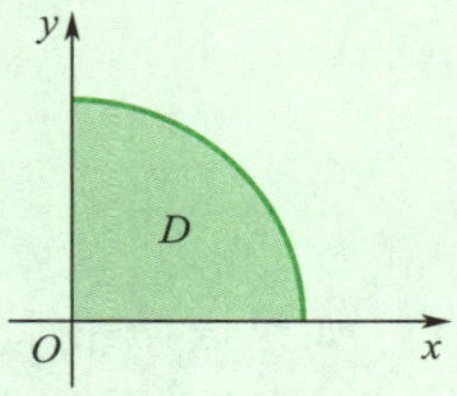

图 11-8

由式(11-11)，得

$$\iint_D xy\,dx\,dy = \int_0^1 dx \int_0^{\sqrt{1-x^2}} xy\,dy$$

$$= \int_0^1 x\left[\frac{1}{2}y^2\right]_0^{\sqrt{1-x^2}} dx = \frac{1}{2}\int_0^1 x(1-x^2)\,dx$$

$$= \frac{1}{2}\left[\frac{1}{2}x^2 - \frac{1}{4}x^4\right]_0^1 = \frac{1}{8}.$$

方法二　区域 D 又是 Y 型区域，用不等式可以表示为

$$0 \leqslant x \leqslant \sqrt{1-y^2},\ 0 \leqslant y \leqslant 1,$$

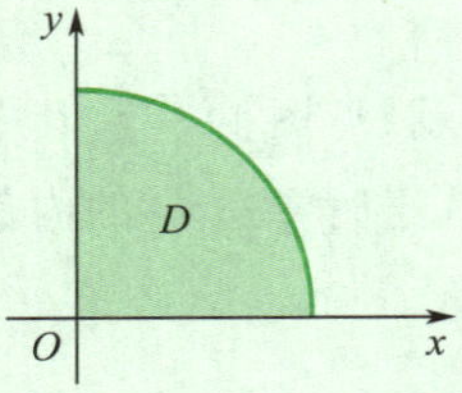

图 11-9

由式(11-13)，得

$$\iint_D xy\,dx\,dy = \int_0^1 dy \int_0^{\sqrt{1-y^2}} xy\,dx$$

$$= \int_0^1 y\left[\frac{1}{2}x^2\right]_0^{\sqrt{1-y^2}} dy$$

$$= \frac{1}{2}\int_0^1 y(1-y^2)\,dy = \frac{1}{2}\left[\frac{1}{2}y^2 - \frac{1}{4}y^4\right]_0^1 = \frac{1}{8}.$$

例 5　计算 $\iint_D y\,dx\,dy$，其中，D 是由抛物线 $x = y^2$ 和直线 $y = x - 2$ 所围成的闭区域.

解　如图 11-10(a) 所示，区域 D 是 Y 型区域，用不等式表示为

$$y^2 \leqslant x \leqslant y + 2,\ -1 \leqslant y \leqslant 2,$$

由式(11-13)，得

$$\iint_D y\,dx\,dy = \int_{-1}^2 dy \int_{y^2}^{y+2} y\,dx = \int_{-1}^2 y\,[x]_{y^2}^{y+2}\,dy$$

$$= \int_{-1}^2 y(y+2-y^2)\,dy$$

$$= \left[-\frac{1}{4}y^4 + \frac{1}{3}y^3 + y^2\right]_{-1}^2 = \frac{9}{4}.$$

化二重积分为二次积分及更换积分次序举例

图 11-10

如果选择先对 y 后对 x 的积分[见图 11-10(b)]，注意到区域 D 的下边界线由两条曲线组成，所以要用直线 $x = 1$ 把 D 分成左右两部分 D_1，D_2，其中，

$$D_1: -\sqrt{x} \leqslant y \leqslant \sqrt{x},\ 0 \leqslant x \leqslant 1;$$

$$D_2: x - 2 \leqslant y \leqslant \sqrt{x},\ 1 \leqslant x \leqslant 4.$$

根据二重积分的可加性，得

$$\begin{aligned}\iint_D y\mathrm{d}x\mathrm{d}y &= \iint_{D_1} y\mathrm{d}x\mathrm{d}y + \iint_{D_2} y\mathrm{d}x\mathrm{d}y \\ &= \int_0^1 \mathrm{d}x \int_{-\sqrt{x}}^{\sqrt{x}} y\mathrm{d}y + \int_1^4 \mathrm{d}x \int_{x-2}^{\sqrt{x}} y\mathrm{d}y \\ &= \frac{1}{2}\int_0^1 [y^2]_{-\sqrt{x}}^{\sqrt{x}}\mathrm{d}x + \frac{1}{2}\int_1^4 [y^2]_{x-2}^{\sqrt{x}}\mathrm{d}x \\ &= \frac{1}{2}\int_0^1 0\mathrm{d}x + \frac{1}{2}\int_1^4 [x-(x-2)^2]\mathrm{d}x = \frac{9}{4}.\end{aligned}$$

由此可见，后一种解法计算比较麻烦. 因此，将二重积分化为二次积分时，应选择恰当的积分次序.

例 6 交换积分次序：$\int_0^1 \mathrm{d}x \int_0^{x^2} f(x,y)\mathrm{d}y$.

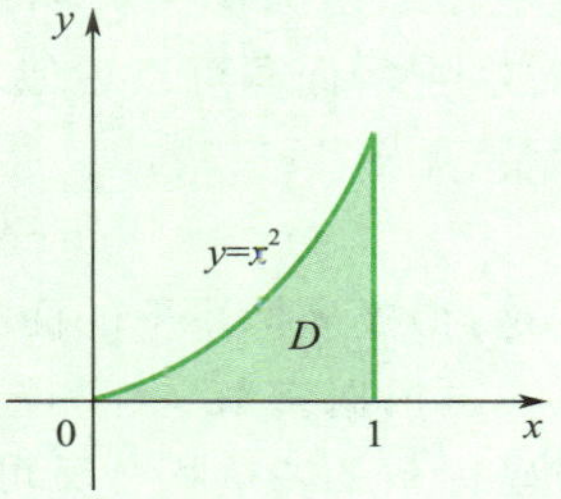

图 11-11

解 由二次积分的积分限可知，积分区域 D 为 $0 \leqslant x \leqslant 1, 0 \leqslant y \leqslant x^2$. 画出积分区域的草图，如图 11-11 所示. 同时积分区域又可以表示为

$$0 \leqslant y \leqslant 1, \sqrt{y} \leqslant x \leqslant 1,$$

于是，有

$$\int_0^1 \mathrm{d}x \int_0^{x^2} f(x,y)\mathrm{d}y = \int_0^1 \mathrm{d}y \int_{\sqrt{y}}^1 f(x,y)\mathrm{d}x.$$

例 7 求底圆半径相等的两个直交圆柱面所围成的立体的体积.

解 设圆柱面的底圆半径为 R，它们的方程分别为

$$x^2 + y^2 = R^2 \quad 和 \quad x^2 + z^2 = R^2.$$

根据对称性，所求体积是图 11-12(a) 中所画出的第一卦限部分体积的 8 倍. 将立体在第一卦限的部分看作一个曲顶柱体，它的曲顶是柱面 $z = \sqrt{R^2 - x^2}$，它的底如图 11-12(b) 所示，即

$$0 \leqslant y \leqslant \sqrt{R^2 - x^2}, 0 \leqslant x \leqslant R.$$

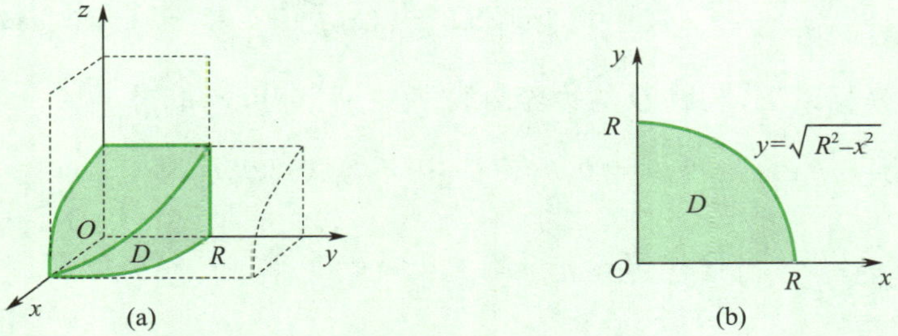

图 11-12

所以，所求立体的体积为

$$\begin{aligned}V &= 8\iint_D \sqrt{R^2 - x^2}\mathrm{d}\sigma = 8\int_0^R \mathrm{d}x \int_0^{\sqrt{R^2-x^2}} \sqrt{R^2 - x^2}\mathrm{d}y \\ &= 8\int_0^R (R^2 - x^2)\mathrm{d}x = \frac{16}{3}R^3\end{aligned}$$

3. 利用极坐标计算二重积分

对于某些形式的二重积分，用直角坐标往往很难计算甚至无法计算. 例如，在圆域 $x^2+y^2\leqslant 1$ 上的二重积分 $\iint\limits_D e^{-(x^2+y^2)}\mathrm{d}\sigma$，用直角坐标是无法计算的. 如果积分区域 D 的边界曲线用极坐标表示比较方便，并且被积函数在极坐标系下的表达式又比较简单，就可以考虑用极坐标来计算二重积分.

假设从极点 O 所引的射线穿过区域 D 的内部时与 D 的边界线的交点不多于两个. 用以极点为中心的一组同心圆（$\rho=$ 常数）和从极点出发的一组射线（$\theta=$ 常数）将区域 D 划分为 n 个小区域

$$\Delta\sigma_1,\Delta\sigma_2,\cdots,\Delta\sigma_n,$$

其中，$\Delta\sigma_i$ 由圆 $\rho=\rho_i$ 和 $\rho=\rho_i+\Delta\rho_i$ 以及射线 $\theta=\theta_i$ 和 $\theta=\theta_i+\Delta\theta_i$ 围成，它的面积可以近似地用边长为 $\Delta\rho_i$ 和 $\rho_i\cdot\Delta\theta_i$ 的小矩形的面积来代替（见图 11-13），即

$$\Delta\sigma_i\approx\Delta\rho_i\cdot\rho_i\cdot\Delta\theta_i,$$

于是，得极坐标系下的面积元素 $\mathrm{d}\sigma=\rho\mathrm{d}\rho\mathrm{d}\theta$.

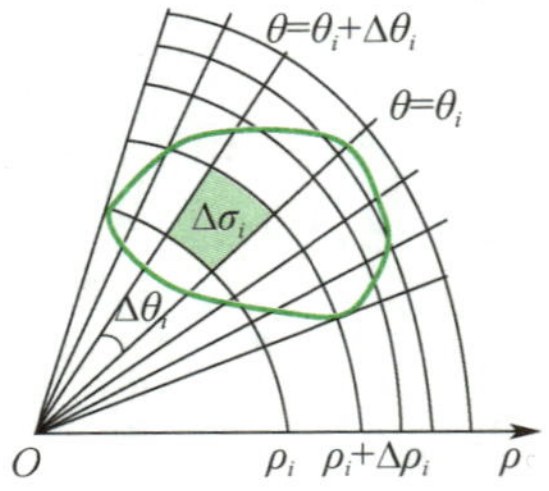

图 11-13

再根据直角坐标和极坐标之间的关系，$x=\rho\cos\theta,y=\rho\sin\theta$，在极坐标系下二重积分又可以表示为

$$\iint\limits_D f(x,y)\mathrm{d}\sigma=\iint\limits_D f(\rho\cos\theta,\rho\sin\theta)\rho\mathrm{d}\rho\mathrm{d}\theta, \tag{11-14}$$

或写作

$$\iint\limits_D f(x,y)\mathrm{d}x\mathrm{d}y=\iint\limits_D f(\rho\cos\theta,\rho\sin\theta)\rho\mathrm{d}\rho\mathrm{d}\theta. \tag{11-15}$$

在极坐标系下计算二重积分，同样需要先化成二次积分，并且一般选用先对 ρ 后对 θ 的积分次序.

例 8 计算 $\iint\limits_D\sqrt{x^2+y^2}\mathrm{d}\sigma$，其中，区域 $D=\{(x,y)\mid 1\leqslant x^2+y^2\leqslant 4,x\geqslant 0,y\geqslant 0\}$.

解 在极坐标系下，区域 D 的边界曲线 $x^2+y^2=1,x^2+y^2=4,y=0,x=0$ 的极坐标方程分别为 $\rho=1,\rho=2,\theta=0,\theta=\frac{\pi}{2}$. 用不等式可表示为

$$1\leqslant\rho\leqslant 2,\quad 0\leqslant\theta\leqslant\frac{\pi}{2}.$$

于是，有

$$\iint\limits_D\sqrt{x^2+y^2}\mathrm{d}\sigma=\int_0^{\frac{\pi}{2}}\mathrm{d}\theta\int_1^2\rho\cdot\rho\mathrm{d}\rho=\int_0^{\frac{\pi}{2}}\frac{1}{3}\left[\rho^3\right]_1^2\mathrm{d}\theta$$
$$=\frac{7}{3}\int_0^{\frac{\pi}{2}}\mathrm{d}\theta=\frac{7}{6}\pi.$$

利用极坐标计算二重积分举例

对于一般的积分区域 D，如果从坐标原点出发的射线穿过区域 D 时，与区域 D 的边界曲线

最多有两个交点(见图 11-14),这时区域 D 可以表示为

$$\varphi_1(\theta)\leqslant\rho\leqslant\varphi_2(\theta),\quad \alpha\leqslant\theta\leqslant\beta.$$

其中,函数 $\varphi_1(\theta),\varphi_2(\theta)$ 在区间 $[\alpha,\beta]$ 上连续. 则有

$$\iint\limits_D f(\rho\cos\theta,\rho\sin\theta)\rho\mathrm{d}\rho\mathrm{d}\theta=\int_\alpha^\beta\mathrm{d}\theta\int_{\varphi_1(\theta)}^{\varphi_2(\theta)}f(\rho\cos\theta,\rho\sin\theta)\rho\mathrm{d}\rho. \tag{11-16}$$

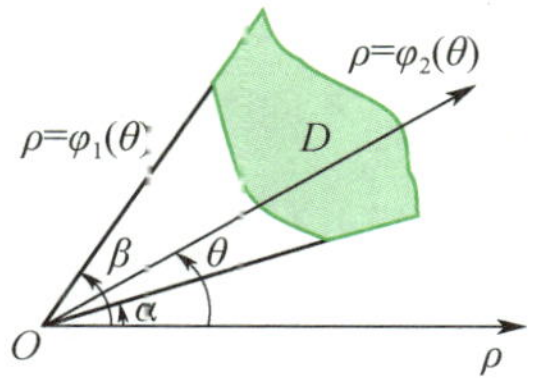

图 11-14

例 9 计算 $\iint\limits_D \mathrm{e}^{-x^2-y^2}\mathrm{d}\sigma$,其中,区域 D 是以坐标原点为中心、半径为 R 的圆域.

解 在极坐标系中,区域 D 可表示为 $0\leqslant\rho\leqslant R,0\leqslant\theta\leqslant 2\pi$. 于是有

$$\begin{aligned}\iint\limits_D \mathrm{e}^{-x^2-y^2}\mathrm{d}\sigma&=\int_0^{2\pi}\mathrm{d}\theta\int_0^R\mathrm{e}^{-\rho^2}\cdot\rho\mathrm{d}\rho\\&=\int_0^{2\pi}\left[-\frac{1}{2}\mathrm{e}^{-\rho^2}\right]_0^R\mathrm{d}\theta=\frac{1}{2}(1-\mathrm{e}^{-R^2})\int_0^{2\pi}\mathrm{d}\theta\\&=\pi(1-\mathrm{e}^{-R^2}).\end{aligned}$$

对于例 9,如果直接用直角坐标计算,由于 e^{-x^2} 及 e^{-y^2} 的原函数不能用初等函数来表示,故无论先对 x 还是先对 y 积分都无法进行.

概念复习

1. 以函数 $z=f(x,y)(z\geqslant 0)$ 为曲顶,以有界闭区域 D 为底的曲顶柱体的体积 $V=$ ________.

2. 设平面域 $D=\{(x,y)\mid -1\leqslant x\leqslant 1,-1\leqslant y\leqslant 1\}$,则 $\iint\limits_D\mathrm{d}\sigma=$ ________.

3. 设 $z=f(x,y)$ 在有界闭区域 D(面积为 σ)上连续,且在 D 上的最大值和最小值分别为 M,m,则 ________ $\leqslant\iint\limits_D f(x,y)\mathrm{d}\sigma\leqslant$ ________.

4. 直角坐标系下的二重积分 $\iint\limits_D f(x,y)\mathrm{d}\sigma$ 化为极坐标系下的二重积分为 ________.

习题 11-1

1. 根据二重积分的性质,比较下列积分的大小.

(1) $\iint\limits_D(x+y)\mathrm{d}\sigma$ 和 $\iint\limits_D(x+y)^3\mathrm{d}\sigma$,其中,区域 $D=\left\{(x,y)\mid 0\leqslant x\leqslant\frac{1}{2},0\leqslant y\leqslant\frac{1}{2}\right\}$.

(2) $\iint\limits_D\ln(x+y)\mathrm{d}\sigma$ 和 $\iint\limits_D[\ln(x+y)]^2\mathrm{d}\sigma$,其中,$D$ 是以 $A(1,0),B(1,1),C(2,0)$ 为顶点的三角形闭区域.

2. 不求二重积分的值，根据性质估计下列积分的值.

(1) $I=\iint\limits_D \sin^2 x\sin^2 y\mathrm{d}\sigma$，其中，区域 $D=\{(x,y)\mid 0\leqslant x\leqslant \pi,0\leqslant y\leqslant \pi\}$；

(2) $I=\iint\limits_D (x+y+1)\mathrm{d}\sigma$，其中，区域 $D=\{(x,y)\mid 0\leqslant x\leqslant 1,0\leqslant y\leqslant 2\}$.

3. 利用直角坐标计算下列二重积分.

(1) $\iint\limits_D \left(1-\dfrac{x}{3}-\dfrac{y}{4}\right)\mathrm{d}\sigma$，其中，区域 $D=\{(x,y)\mid -1\leqslant x\leqslant 1,-2\leqslant y\leqslant 2\}$；

(2) $\iint\limits_D (x^2+y^2)\mathrm{d}x\mathrm{d}y$，其中，区域 $D=\{(x,y)\mid -1\leqslant x\leqslant 1,-1\leqslant y\leqslant 1\}$；

(3) $\iint\limits_D (4-y^2)\mathrm{d}x\mathrm{d}y$，其中，区域 $D=\{(x,y)\mid 0\leqslant x\leqslant 3,0\leqslant y\leqslant 2\}$；

(4) $\iint\limits_D (x+y)y^2\mathrm{d}x\mathrm{d}y$，其中，区域 $D=\{(x,y)\mid -1\leqslant x\leqslant 1,1\leqslant y\leqslant 2\}$.

4. 利用直角坐标计算下列二重积分.

(1) $\iint\limits_D (3x+2y)\mathrm{d}\sigma$，其中，$D$ 是由两坐标轴及直线 $x+y=2$ 所围成的闭区域；

(2) $\iint\limits_D x^2y^2\mathrm{d}\sigma$，其中，$D$ 是由抛物线 $x=y^2$ 和 $y=x^2$ 所围成的闭区域；

(3) $\iint\limits_D (x^2+y^2-x)\mathrm{d}\sigma$，其中，$D$ 是由直线 $y=2,y=x,y=2x$ 所围成的闭区域；

(4) $\iint\limits_D x\mathrm{d}x\mathrm{d}y$，其中，$D$ 是由曲线 $y=x^3$ 和直线 $y=x$ 所围成的闭区域；

(5) $\iint\limits_D \dfrac{y^2}{x^2}\mathrm{d}x\mathrm{d}y$，其中，$D$ 是由直线 $y=x,y=2$ 及双曲线 $xy=1$ 所围成的闭区域.

5. 改变下列二次积分的积分次序.

(1) $\int_1^{\mathrm{e}}\mathrm{d}x\int_{-1}^{2}f(x,y)\mathrm{d}y$；　　(2) $\int_0^1\mathrm{d}y\int_0^y f(x,y)\mathrm{d}x$；

(3) $\int_0^2\mathrm{d}y\int_{y^2}^{2y}f(x,y)\mathrm{d}x$.

6. 计算下列曲线围成的平面图形的面积.

(1) $y=x^2,y=x,y=2x$；　　(2) $y=x^2,y=x+2$.

*7. 把二重积分 $\iint\limits_D f(x,y)\mathrm{d}\sigma$ 化为极坐标形式，积分区域 D 分别是：

(1) $D=\{(x,y)\mid x^2+y^2\leqslant a^2\}\quad(a>0)$；

(2) $D=\{(x,y)\mid x^2+y^2\leqslant 2x\}$.

8. 利用极坐标计算下列二重积分.

(1) $\iint\limits_D \mathrm{e}^{x^2+y^2}\mathrm{d}\sigma$，其中，积分区域 D 是圆形闭区域 $x^2+y^2\leqslant 4$；

(2) $\iint\limits_D xy^2\,\mathrm{d}\sigma$,其中,积分区域 D 为半圆形闭区域 $x^2+y^2\leqslant 4, x\geqslant 0$.

9. 用适当的坐标计算下列二重积分.

(1) $\iint\limits_D \sqrt{x^2+y^2}\,\mathrm{d}\sigma$,其中,$D$ 是环形闭区域 $a^2\leqslant x^2+y^2\leqslant b^2$;

(2) $\iint\limits_D \sin\sqrt{x^2+y^2}\,\mathrm{d}\sigma$,其中,$D$ 是由 $x^2+y^2\leqslant 4\pi^2, x^2+y^2\geqslant \pi^2$ 所围成的闭区域.

第 2 节　二重积分的应用举例

重积分的应用举例

一、曲面的面积

通过中学阶段的学习,读者已经知道如何求球面、圆柱面及圆锥面等特殊曲面的面积,那么如何求空间一般曲面 $z=f(x,y)$ 的面积呢? 回顾定积分中求平面曲线弧长的问题,当时用曲线在一点的切线段代替在这一点附近的曲线段,即"以直代曲",得到了弧长元素,对弧长元素积分便得所求弧长.将这种方法应用到求曲面面积的问题上,就是将"以直代曲"推广到"以平代曲",即在曲面上一点的附近,用这一点处切平面的面积近似代替曲面在这一点附近的面积,从而得到曲面的面积元素,再对面积元素积分便得所求曲面的面积.

设曲面 Σ 的方程为 $z=f(x,y)$,它在 xOy 面的投影区域 D_{xy} 上具有连续的偏导数 $f_x(x,y)$ 和 $f_y(x,y)$.在区域 D_{xy} 中任取一点 $P(x,y)$,作边长分别为 $\mathrm{d}x,\mathrm{d}y$ 且包含点 P 的矩形域 $\mathrm{d}\sigma$,其面积为 $\mathrm{d}x\mathrm{d}y$.过曲面 Σ 上的点 $M(x,y,f(x,y))$ 作曲面 Σ 的切平面 T.以 $\mathrm{d}\sigma$ 为底,以它的边界为准线,作一个母线平行于 z 轴的小柱面,这个柱体在曲面 Σ 上截出一小片曲面,面积记为 ΔS,在切平面 T 上截出小切平面 ΔT.注意到,小切平面 ΔT 在 xOy 面上的投影恰好是 $\mathrm{d}\sigma$(见图 11-15),所以小平面 ΔT 与 $\mathrm{d}\sigma$ 的夹角恰好是切平面 T 的法线向量与 z 轴的夹角.而切平面 T 的法线向量为

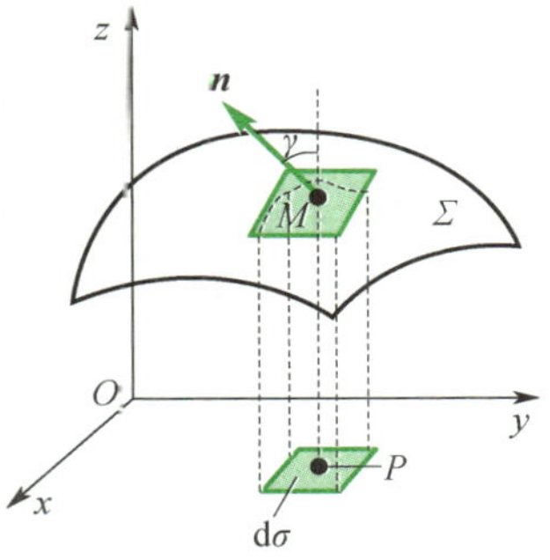

图 11-15

$$\boldsymbol{n}=(-f_x(x,y),-f_y(x,y),1),$$

因此,$\boldsymbol{n}$ 与 z 轴的夹角的余弦为

$$\cos\gamma=\frac{1}{\sqrt{1+f_x^2(x,y)+f_y^2(x,y)}},$$

于是,$\mathrm{d}x\mathrm{d}y=\Delta T$ 的面积 $\cdot\cos\gamma$,从而 $\mathrm{d}S=\dfrac{\mathrm{d}x\mathrm{d}y}{\cos\gamma}$,即

$$\mathrm{d}S=\sqrt{1+f_x^2(x,y)+f_y^2(x,y)}\,\mathrm{d}x\mathrm{d}y, \tag{11-17}$$

这就是曲面 Σ 的面积元素，以它为被积表达式在区域 D_{xy} 上积分，便得到曲面 Σ 的面积

$$S=\iint\limits_{D_{xy}}\sqrt{1+f_x^2(x,y)+f_y^2(x,y)}\,\mathrm{d}\sigma,\tag{11-18}$$

或写作

$$S=\iint\limits_{D_{xy}}\sqrt{1+\left(\frac{\partial z}{\partial x}\right)^2+\left(\frac{\partial z}{\partial y}\right)^2}\,\mathrm{d}\sigma.\tag{11-19}$$

曲面 Σ 的方程为 $x=g(y,z)$ 或 $y=h(z,x)$ 时，分别将 Σ 投影到 yOz 面或 zOx 面上，类似地，可得在其投影区域 D_{yz} 或 D_{zx} 上的曲面面积公式.

例 1 求圆锥面 $z=\sqrt{x^2+y^2}$ 介于平面 $z=0$ 和 $z=1$ 之间部分的面积.

解 如图 11-16 所示，容易看出，锥面 $z=\sqrt{x^2+y^2}$ 介于平面 $z=0$ 和 $z=1$ 之间的部分在 xOy 面上的投影区域 D_{xy} 可表示为

$$x^2+y^2\leqslant 1.$$

因为

$$\frac{\partial z}{\partial x}=\frac{x}{\sqrt{x^2+y^2}},\quad \frac{\partial z}{\partial y}=\frac{y}{\sqrt{x^2+y^2}},$$

由式(11-19)，所求表面积为

$$\begin{aligned}S&=\iint\limits_{D_{xy}}\sqrt{1+\left(\frac{\partial z}{\partial x}\right)^2+\left(\frac{\partial z}{\partial y}\right)^2}\,\mathrm{d}x\mathrm{d}y\\&=\iint\limits_{D_{xy}}\sqrt{1+\left(\frac{x}{\sqrt{x^2+y^2}}\right)^2+\left(\frac{y}{\sqrt{x^2+y^2}}\right)^2}\,\mathrm{d}x\mathrm{d}y\\&=\iint\limits_{D_{xy}}\sqrt{2}\,\mathrm{d}x\mathrm{d}y=\sqrt{2}\,\pi.\end{aligned}$$

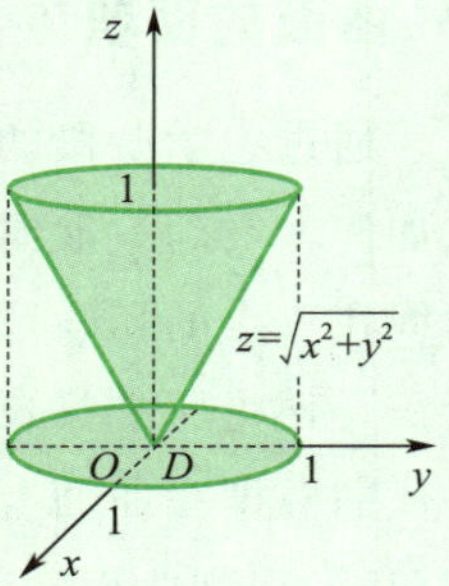

图 11-16

例 2 求球面 $x^2+y^2+z^2=a^2$ 在圆柱面 $x^2+y^2=ax$ 内部的部分的面积.

解 位于柱面内的部分球面有上下对称的两块，其面积相等.

由曲面方程 $z=\sqrt{a^2-x^2-y^2}$，得

$$\frac{\partial z}{\partial x}=-\frac{x}{\sqrt{a^2-x^2-y^2}},\quad \frac{\partial z}{\partial y}=-\frac{y}{\sqrt{a^2-x^2-y^2}},$$

于是，所求表面积为

$$\begin{aligned}S&=2\iint\limits_{x^2+y^2\leqslant ax}\sqrt{1+\left(\frac{\partial z}{\partial x}\right)^2+\left(\frac{\partial z}{\partial y}\right)^2}\,\mathrm{d}x\mathrm{d}y=2\iint\limits_{x^2+y^2\leqslant ax}\frac{a}{\sqrt{a^2-x^2-y^2}}\mathrm{d}x\mathrm{d}y\\&=4a\int_0^{\frac{\pi}{2}}\mathrm{d}\theta\int_0^{a\cos\theta}\frac{\rho}{\sqrt{a^2-\rho^2}}\mathrm{d}\rho\text{（根据积分区域对称性）}\\&=4a\int_0^{\frac{\pi}{2}}\left[-\sqrt{a^2-\rho^2}\,\right]_0^{a\cos\theta}\mathrm{d}\theta\\&=4a\int_0^{\frac{\pi}{2}}(a-a\sin\theta)\mathrm{d}\theta=2a^2(\pi-2).\end{aligned}$$

北斗导航系统通信

卫星覆盖的面积

二、平面薄片的质心和转动惯量

1. 平面薄片的质心

设平面上有由 n 个质点构成的质点系，第 i 个质点位于点 (x_i, y_i) 处，质量为 $m_i (i=1,2,\cdots,n)$，这个质点系的总质量为 $M=\sum_{i=1}^{n} m_i$. 由力学知识可知，该质点系的质心坐标为

$$\bar{x}=\frac{M_y}{M}=\frac{\sum_{i=1}^{n} m_i x_i}{\sum_{i=1}^{n} m_i},\quad \bar{y}=\frac{M_x}{M}=\frac{\sum_{i=1}^{n} m_i y_i}{\sum_{i=1}^{n} m_i},$$

其中，$M_x=\sum_{i=1}^{n} m_i y_i$ 和 $M_y=\sum_{i=1}^{n} m_i x_i$ 分别为该质点系对 x 轴和 y 轴的**静矩**.

设有一平面薄片，占有 xOy 面上的闭区域 D，在点 (x,y) 处的面密度为 $\rho(x,y)$，假定 $\rho(x,y)$ 在区域 D 上连续. 求此薄片的质心坐标.

将区域 D 任意分成 n 个直径很小的薄片，在其中任选一片 $\mathrm{d}\sigma$（它的面积也用 $\mathrm{d}\sigma$ 表示），点 $P(x,y)$ 为 $\mathrm{d}\sigma$ 上一点，将小薄片 $\mathrm{d}\sigma$ 近似地看作一个位于点 $P(x,y)$ 的质点，质量近似等于 $\rho(x,y)\mathrm{d}\sigma$，静矩元素分别为

$$\mathrm{d}M_y = x\rho(x,y)\mathrm{d}\sigma,\quad \mathrm{d}M_x = y\rho(x,y)\mathrm{d}\sigma.$$

将这些元素在区域 D 上积分，即得平面薄片的**质心坐标**为

$$\bar{x}=\frac{M_y}{M}=\frac{\iint\limits_D x\rho(x,y)\mathrm{d}\sigma}{\iint\limits_D \rho(x,y)\mathrm{d}\sigma},\quad \bar{y}=\frac{M_x}{M}=\frac{\iint\limits_D y\rho(x,y)\mathrm{d}\sigma}{\iint\limits_D \rho(x,y)\mathrm{d}\sigma} \tag{11-20}$$

特别地，如果薄片是均匀的，即密度 $\rho(x,y)=\rho$（ρ 为常数），记薄片的面积为 $\sigma=\iint\limits_D \mathrm{d}\sigma$，则此时均匀薄片的**质心**（也称为**形心**）坐标为

$$\bar{x}=\frac{1}{\sigma}\iint\limits_D x\,\mathrm{d}\sigma,\qquad \bar{y}=\frac{1}{\sigma}\iint\limits_D y\,\mathrm{d}\sigma. \tag{11-21}$$

例 3 求由两圆 $\rho=\cos\theta$ 和 $\rho=2\cos\theta$ 围成的均匀薄片的质心坐标.

解 如图 11-17 所示，由于薄片关于 x 轴对称，其质心坐标必在 x 轴上，所以 $\bar{y}=0$. 两圆直径分别为 1 和 2，区域 D 的面积为两圆面积之差，即 $\sigma=\frac{3}{4}\pi$，区域 D 由极坐标表示为

$$\cos\theta\leqslant\rho\leqslant 2\cos\theta,\quad -\frac{\pi}{2}\leqslant\theta\leqslant\frac{\pi}{2},$$

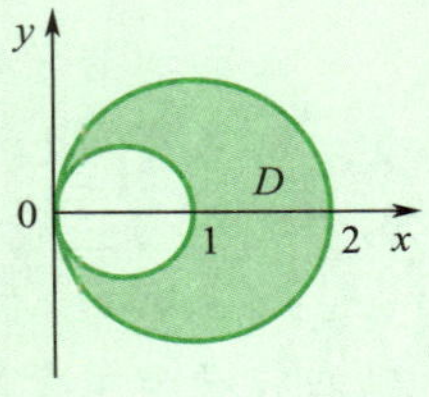

图 11-17

由式(11-21)，有

$$\bar{x}=\frac{1}{\sigma}\iint\limits_D x\,\mathrm{d}\sigma=\frac{4}{3\pi}\iint\limits_D \rho\cos\theta\cdot\rho\mathrm{d}\rho\mathrm{d}\theta$$
$$=\frac{4}{3\pi}\int_{-\frac{\pi}{2}}^{\frac{\pi}{2}}\cos\theta\mathrm{d}\theta\int_{\cos\theta}^{2\cos\theta}\rho^2\mathrm{d}\rho$$

$$= \frac{28}{9\pi}\int_{-\frac{\pi}{2}}^{\frac{\pi}{2}} \cos^4\theta \mathrm{d}\theta = \frac{56}{9\pi}\int_0^{\frac{\pi}{2}} \cos^4\theta \mathrm{d}\theta$$

$$= \frac{56}{9\pi}\int_0^{\frac{\pi}{2}} \frac{1}{4}\left(1+2\cos 2\theta+\frac{1+\cos 4\theta}{2}\right)\mathrm{d}\theta = \frac{7}{6}.$$

所以，薄片 D 的质心坐标为 $\left(\frac{7}{6},0\right)$.

2. 平面薄片的转动惯量

设由 n 个质点构成的质点系，第 i 个质点位于点 (x_i,y_i) 处，质量为 $m_i(i=1,2,\cdots,n)$，该质点系对 x 轴和 y 轴的转动惯量分别为

$$I_x=\sum_{i=1}^{n} m_i y_i^2 \quad 和 \quad I_y=\sum_{i=1}^{n} m_i x_i^2.$$

现有一平面薄片，占有 xOy 面上的有界闭区域 D，其面密度为 $\rho(x,y)$，设函数 $\rho(x,y)$ 在区域 D 上连续. 通过与平面薄片的质心坐标类似的讨论可以得到，平面薄片对 x 轴和 y 轴的转动惯量 I_x 和 I_y 分别为

$$I_x=\iint_D y^2\rho(x,y)\mathrm{d}\sigma, \quad I_y=\iint_D x^2\rho(x,y)\mathrm{d}\sigma. \tag{11-22}$$

例 4 求由平面曲线 $y=1-x^2$ 和 x 轴围成的均匀薄片（面密度为 $\rho=1$）对 y 轴的转动惯量.

解 如图 11-18 所示，薄片所占闭区域 D 可表示为

$$-1\leqslant x\leqslant 1, \quad 0\leqslant y\leqslant 1-x^2.$$

由式(11-22)，得

$$I_y=\iint_D x^2\rho\mathrm{d}\sigma=\iint_D x^2\mathrm{d}x\mathrm{d}y$$

$$=\int_{-1}^{1}\mathrm{d}x\int_0^{1-x^2} x^2\mathrm{d}y=\int_{-1}^{1} x^2(1-x^2)\mathrm{d}x$$

$$=\frac{4}{15}.$$

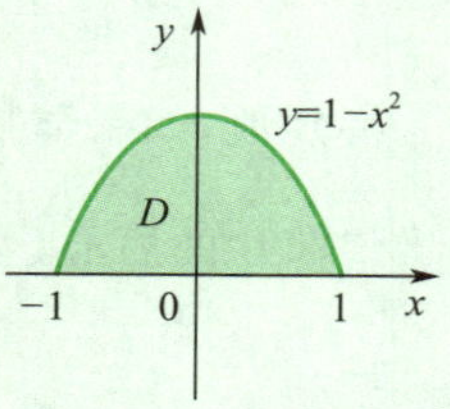

图 11-18

概念复习

1. 已知曲面的方程为 $z=f(x,y)$，它在 xOy 面上的投影为 D_{xy}，函数 $f(x,y)$ 在区域 D_{xy} 上具有连续偏导数，则曲面的面积 $S=$ ________________.

2. 面积为 σ 的平面均匀薄片的质心坐标为________________.

3. 占有 xOy 面上的有界闭区域 D，面密度为连续函数 $\rho(x,y)$ 的平面薄片的质量 $M=$ ________________.

4. 占有 xOy 面上的有界闭区域 D，面密度为连续函数 $\rho(x,y)$ 的平面薄片对 x 轴和 y 轴的转动惯量分别为 $I_x=$ ________________，$I_y=$ ________________.

习题 11－2

1. 求平面 $\frac{x}{a}+\frac{y}{b}+\frac{z}{c}=1$ 被三坐标面所割出的有限部分的面积.
2. 求锥面 $z=\sqrt{x^2+y^2}$ 被柱面 $z^2=2x$ 所割下部分的面积.
3. 求由抛物线 $y=x^2(x\geqslant 0)$，直线 $y=4$ 和 y 轴所围成的均匀薄片的质心坐标.
4. 均匀薄片由两圆 $\rho=2\sin\theta$ 及 $\rho=4\sin\theta$ 围成，求它的质心坐标.
5. 求半径为 a 的均匀半圆薄片(面密度 $\rho=1$) 对于直径边的转动惯量.

第 3 节 三重积分

一、直角坐标系下的三重积分

将定积分和二重积分的积分区域、被积函数分别推广到三维空间有界闭区域和三元函数，可以得到三重积分.

定义 **设 $f(x,y,z)$ 是空间有界闭区域 Ω 上的有界函数，将闭区域 Ω 任意分成 n 个小闭区域**

$$\Delta V_1,\Delta V_2,\cdots,\Delta V_n,$$

其中，ΔV_i 表示第 i 个小闭区域，也表示它的体积. 在每个小闭区域 ΔV_i 上任取一点 (ξ_i,η_i,ζ_i)，作乘积 $f(\xi_i,\eta_i,\zeta_i)\Delta V_i(i=1,2,\cdots,n)$，并作和 $\sum\limits_{i=1}^{n}f(\xi_i,\eta_i,\zeta_i)\Delta V_i$. 如果当各小闭区域的直径中的最大值 λ 趋于零时，这个和式的极限总存在，则称此极限值为函数 $f(x,y,z)$ 在闭区域 Ω 上的三重积分，记为 $\iiint\limits_{\Omega}f(x,y,z)\mathrm{d}V$，即

$$\iiint\limits_{\Omega}f(x,y,z)\mathrm{d}V=\lim_{\lambda\to 0}\sum_{i=1}^{n}f(\xi_i,\eta_i,\zeta_i)\Delta V_i,\tag{11-23}$$

其中，$\mathrm{d}V$ 称为体积元素.

在直角坐标系下，$\mathrm{d}V=\mathrm{d}x\mathrm{d}y\mathrm{d}z$，即

$$\iiint\limits_{\Omega}f(x,y,z)\mathrm{d}V=\iiint\limits_{\Omega}f(x,y,z)\mathrm{d}x\mathrm{d}y\mathrm{d}z.$$

三重积分有与二重积分类似的性质，这里不加赘述. 与二重积分类似，如果函数 $f(x,y,z)$ 在空间闭区域 Ω 上连续，那么函数 $f(x,y,z)$ 在闭区域 Ω 上的三重积分存在，这时也称函数 $f(x,y,z)$ 在区域 Ω 上可积.

特别地，当积分区域是长方体

$$\Omega=\{(x,y,z)\mid a_1\leqslant x\leqslant a_2,b_1\leqslant y\leqslant b_2,c_1\leqslant z\leqslant c_2\}$$

时，三重积分可以化为三次积分

$$\iiint\limits_{\Omega}f(x,y,z)\mathrm{d}x\mathrm{d}y\mathrm{d}z=\int_{a_1}^{a_2}\mathrm{d}x\int_{b_1}^{b_2}\mathrm{d}y\int_{c_1}^{c_2}f(x,y,z)\mathrm{d}z.\tag{11-24}$$

例 1 计算三重积分 $\iiint\limits_{\Omega} xyz\mathrm{d}x\mathrm{d}y\mathrm{d}z$，其中，$\Omega$ 是由平面 $x=0$，$x=1$，$y=0$，$y=2$，$z=0$，$z=3$ 所围成的长方体区域.

解 由已知得，区域 Ω 可表示为 $0\leqslant x\leqslant 1$，$0\leqslant y\leqslant 2$，$0\leqslant z\leqslant 3$. 由式(11-24)，得

$$\begin{aligned}\iiint\limits_{\Omega} xyz\mathrm{d}x\mathrm{d}y\mathrm{d}z &= \int_0^1\mathrm{d}x\int_0^2\mathrm{d}y\int_0^3 xyz\mathrm{d}z\\ &= \int_0^1 x\mathrm{d}x\int_0^2 y\mathrm{d}y\int_0^3 z\mathrm{d}z\\ &= \left[\frac{1}{2}x^2\right]_0^1\cdot\left[\frac{1}{2}y^2\right]_0^2\cdot\left[\frac{1}{2}z^2\right]_0^3\\ &= \frac{9}{2}.\end{aligned}$$

对于一般空间有界闭区域 Ω，先将 Ω 投影到 xOy 面上，投影区域记为 D_{xy}. 设过区域 D_{xy} 内任一点 $P(x_0,y_0)$，且与 z 轴平行的直线穿过区域 Ω 时，与区域 Ω 的边界曲面最多有两个交点. 区域 Ω 的边界曲面的方程分别记为 $S_1: z=z_1(x,y)$ 和 $S_2: z=z_2(x,y)$（见图 11-19）. 如果有

$$z_2(x_0,y_0)>z_1(x_0,y_0),$$

则曲面 S_1 为区域 Ω 的下底，而 S_2 为区域 Ω 的上顶，将函数 $f(x,y,z)$ 在区间 $[z_1(x,y),z_2(x,y)]$ 上对 z 积分，得

$$F(x,y)=\int_{z_1(x,y)}^{z_2(x,y)} f(x,y,z)\mathrm{d}z;$$

再将函数 $F(x,y)$ 在区域 D_{xy} 上对 x，y 二重积分，就将三重积分化为

$$\iiint\limits_{\Omega} f(x,y,z)\mathrm{d}x\mathrm{d}y\mathrm{d}z=\iint\limits_{D_{xy}}\left[\int_{z_1(x,y)}^{z_2(x,y)} f(x,y,z)\mathrm{d}z\right]\mathrm{d}\sigma. \tag{11-25}$$

投影法计算三重积分

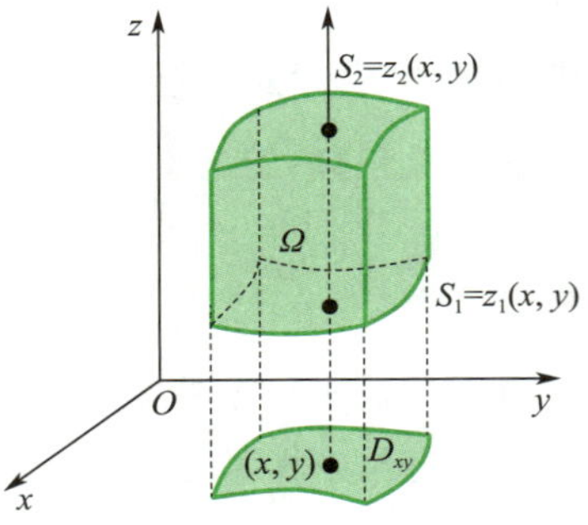

图 11-19

式(11-25)将三重积分化成读者熟悉的定积分和二重积分，也称为三重积分的“**先一后二法**”.

如果二重积分的积分区域 D_{xy} 可用不等式

$$y_1(x)\leqslant y\leqslant y_2(x),\quad a\leqslant x\leqslant b$$

表示，则三重积分化为三次积分

$$\iiint\limits_{\Omega} f(x,y,z)\mathrm{d}x\mathrm{d}y\mathrm{d}z=\int_a^b\mathrm{d}x\int_{y_1(x)}^{y_2(x)}\mathrm{d}y\int_{z_1(x,y)}^{z_2(x,y)} f(x,y,z)\mathrm{d}z, \tag{11-26}$$

称为先对 z，再对 y，最后对 x 的三次积分.

类似地，计算三重积分时，为了计算方便，有时可将区域 Ω 投影到 xOz 面或 yOz 面上，得到相应的计算公式，这里不再一一列出，读者可自行完成.

例 2 计算三重积分 $\iiint\limits_{\Omega} xy\,dx\,dy\,dz$，其中，$\Omega$ 是由平面 $x=0$，$y=0$，$z=0$ 以及平面 $x+y+z=1$ 所围成的区域.

解 如图 11-20 所示，将区域 Ω 投影到 xOy 面上，投影区域 D_{xy} 是由直线 $x=0$，$y=0$，$x+y=1$ 所围成的三角形域，用不等式表示为

$$0 \leqslant x \leqslant 1,\quad 0 \leqslant y \leqslant 1-x.$$

显然，过区域 D_{xy} 上任一点作平行于 z 轴的直线穿过立体时，有

$$0 \leqslant z \leqslant 1-x-y,$$

由式(11-26)，得

$$\begin{aligned}\iiint\limits_{\Omega} xy\,dx\,dy\,dz &= \int_0^1 dx \int_0^{1-x} dy \int_0^{1-x-y} xy\,dz \\ &= \int_0^1 dx \int_0^{1-x} \left[xyz\right]_0^{1-x-y} dy \\ &= \int_0^1 x\,dx \int_0^{1-x} (y-xy-y^2)\,dy \\ &= \int_0^1 x\left[\frac{1}{2}y^2(1-x)-\frac{1}{3}y^3\right]_0^{1-x} dx \\ &= \frac{1}{6}\int_0^1 (x-3x^2+3x^3-x^4)\,dx = \frac{1}{120}.\end{aligned}$$

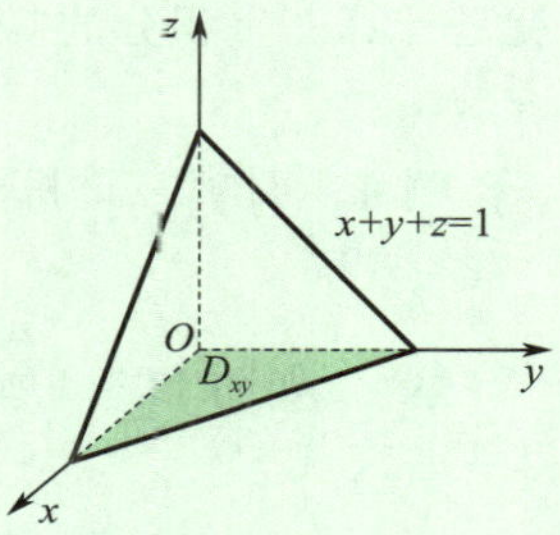

图 11-20

例 3 计算由抛物面 $x^2+y^2=6-z$ 及平面 $x=0$，$y=0$，$y=4z$，$x=1$，$y=2$ 所围成的立体的体积.

解 设积分区域 Ω 由抛物面 $x^2+y^2=6-z$，平面 $z=\frac{1}{4}y$，$x=0$ 和 $y=0$ 围成，区域 Ω 在 xOy 面上的投影 D_{xy} 是由 x 轴、y 轴及 $x=1$，$y=2$ 所围成的矩形域，即 $0 \leqslant x \leqslant 1$，$0 \leqslant y \leqslant 2$. 如图 11-21 所示，显然过区域 D_{xy} 上任一点且与 z 轴平行的直线穿过区域 Ω 时，与区域 Ω 的边界曲面的交点不多于两个. 在区域 D_{xy} 中取点(1,1)，有

$$z_{\text{抛物面}} = 6-1^2-1^2 = 4 > \frac{1}{4} = z_{\text{平面}},$$

抛物面 $x^2+y^2=6-z$ 为区域 Ω 的上顶，平面 $z=\frac{1}{4}y$ 为区域 Ω 的下底.

于是

$$\begin{aligned}V = \iiint\limits_{\Omega} dx\,dy\,dz &= \int_0^1 dx \int_0^2 dy \int_{\frac{1}{4}y}^{6-x^2-y^2} dz \\ &= \int_0^1 dx \int_0^2 \left(6-x^2-y^2-\frac{y}{4}\right) dy \\ &= \int_0^1 \left(\frac{53}{6}-2x^2\right) dx = \frac{49}{6}.\end{aligned}$$

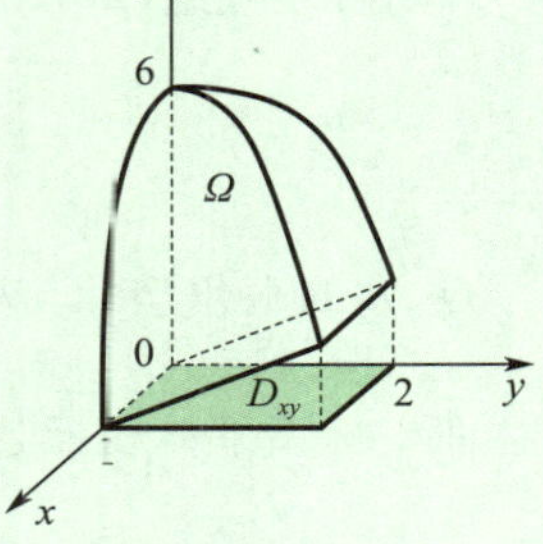

图 11-21

在直角坐标系下化三重积分为三次积分，除“先一后二法”外，还可以采用先计算二重积分，再计算定积分的方法，即“**先二后一法**”.

如果积分区域Ω夹在平面$z=c_1$和$z=c_2$之间（见图11-22），且对于任意平面$z\in[c_1,c_2]$，在区域Ω上截得一个平面区域D_z，将函数$f(x,y,z)$在区域D_z上对x,y二重积分，得到关于z的函数

$$G(z)=\iint\limits_{D_z}f(x,y,z)\mathrm{d}x\mathrm{d}y$$

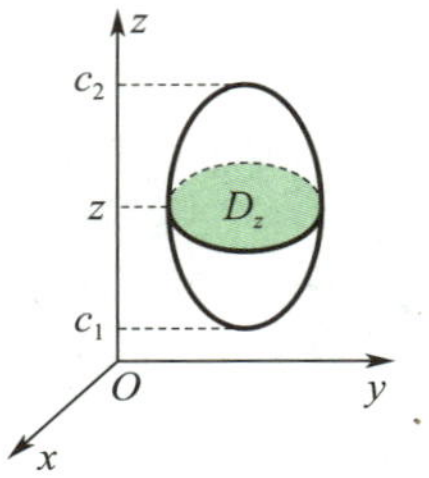

图 11-22

再将$G(z)$在区间$[c_1,c_2]$上对z积分，就有

$$\iiint\limits_{\Omega}f(x,y,z)\mathrm{d}x\mathrm{d}y\mathrm{d}z=\int_{c_1}^{c_2}\left[\iint\limits_{D_z}f(x,y,z)\mathrm{d}x\mathrm{d}y\right]\mathrm{d}z,\qquad(11\text{-}27)$$

这就是计算三重积分的“先二后一法”.

“先二后一法”计算三重积分

例 4 计算三重积分$\iiint\limits_{\Omega}z^2\mathrm{d}x\mathrm{d}y\mathrm{d}z$，其中，区域$\Omega=\{(x,y,z)\mid x^2+y^2+z^2\leqslant R^2\}$.

解 如图11-23所示，对于任意$z\in[-R,R]$，过点z作垂直于z轴的平面截区域Ω，得平面区域

$$D_z=\{(x,y)\mid x^2+y^2\leqslant R^2-z^2\},$$

由式(11-27)，得

$$\begin{aligned}\iiint\limits_{\Omega}z^2\mathrm{d}x\mathrm{d}y\mathrm{d}z&=\int_{-R}^{R}z^2\mathrm{d}z\iint\limits_{D_z}\mathrm{d}x\mathrm{d}y\\&=\pi\int_{-R}^{R}z^2(R^2-z^2)\mathrm{d}z\\&=\pi\left[\frac{1}{3}R^2z^3-\frac{1}{5}z^5\right]_{-R}^{R}=\frac{4}{15}\pi R^5.\end{aligned}$$

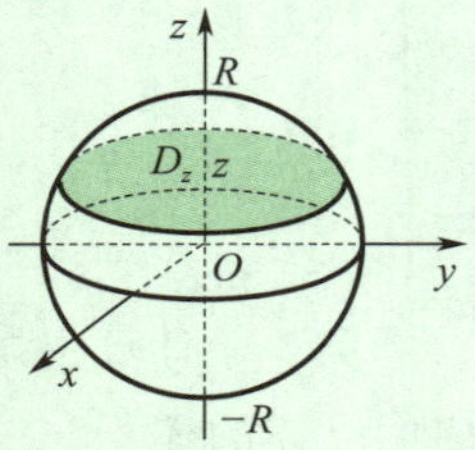

图 11-23

二、柱面坐标系下的三重积分

利用柱面坐标计算三重积分举例

设$M(x,y,z)$为空间内一点，如果它在xOy面上的投影点P的极坐标为(ρ,θ)，则有序数组(ρ,θ,z)称为点M的柱面坐标（见图11-24）. 这里规定：

$$0\leqslant\rho<+\infty,$$
$$0\leqslant\theta\leqslant2\pi,$$
$$-\infty<z<+\infty.$$

点M的直角坐标与柱面坐标之间的关系为

$$x=\rho\cos\theta,y=\rho\sin\theta,z=z,$$

在柱面坐标系下体积元素为

$$\mathrm{d}V=\rho\mathrm{d}\rho\mathrm{d}\theta\mathrm{d}z,$$

由此，三重积分在柱面坐标系下可以表示为

$$\iiint\limits_{\Omega}f(x,y,z)\mathrm{d}V=\iiint\limits_{\Omega}f(\rho\cos\theta,\rho\sin\theta,z)\rho\mathrm{d}\theta\mathrm{d}\rho\mathrm{d}z.\qquad(11\text{-}28)$$

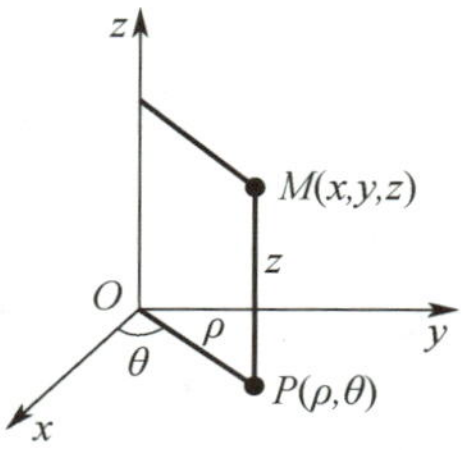

图 11-24

利用柱面坐标计算三重积分，需要先将被积函数、体积元素及积分区域的边界曲面方程转换为柱面坐标系下的表达式，然后将三重积分化

为对积分变量 ρ,θ,z 的三次积分. 在柱面坐标系下，一般采用先对 z，再对 ρ，最后对 θ 的积分次序，积分限要根据 ρ,θ,z 在积分区域 Ω 中的变化范围来确定.

例 5 计算 $\iiint\limits_{\Omega}(x^2+y^2)\mathrm{d}x\mathrm{d}y\mathrm{d}z$，其中，区域 Ω 由曲面 $z=2(x^2+y^2)$，平面 $z=4$ 围成.

解 如图 11-25 所示，积分域 Ω 在 xOy 面上的投影区域 D 是以坐标原点为圆心、$\sqrt{2}$ 为半径的圆域，在极坐标系下表示为

$$0\leqslant\rho\leqslant\sqrt{2},\quad 0\leqslant\theta\leqslant 2\pi.$$

在区域 D 上任取一点，显然有 $z_{曲面}=2(x^2+y^2)\leqslant 4=z_{平面}$，所以积分域 Ω 的下底是曲面 $z=2(x^2+y^2)$，上顶为平面 $z=4$. 它们在柱面坐标系下的方程分别为 $z=2\rho^2$，$z=4$. 所以区域 Ω 可以用不等式

$$0\leqslant\rho\leqslant\sqrt{2},\quad 0\leqslant\theta\leqslant 2\pi,\quad 2\rho^2\leqslant z\leqslant 4$$

表示，由式(11-28)，得

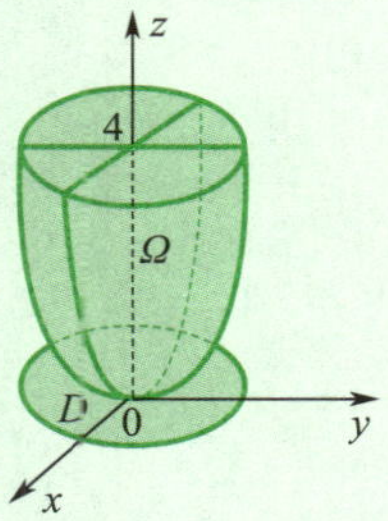

图 11-25

$$\begin{aligned}\iiint\limits_{\Omega}(x^2+y^2)\mathrm{d}x\mathrm{d}y\mathrm{d}z&=\iiint\limits_{\Omega}\rho^2\cdot\rho\mathrm{d}\theta\mathrm{d}\rho\mathrm{d}z\\&=\int_0^{2\pi}\mathrm{d}\theta\int_0^{\sqrt{2}}\mathrm{d}\rho\int_{2\rho^2}^{4}\rho^3\mathrm{d}z\\&=\int_0^{2\pi}\mathrm{d}\theta\int_0^{\sqrt{2}}(4\rho^3-2\rho^5)\mathrm{d}\rho\\&=2\pi\left[\rho^4-\frac{1}{3}\rho^6\right]_0^{\sqrt{2}}=\frac{8\pi}{3}.\end{aligned}$$

*三、利用球面坐标计算三重积分

设 $M(x,y,z)$ 为空间内一点，它在 xOy 面上的投影点为 $P(x,y)$，用 r 表示坐标原点 O 到点 M 的距离，φ 表示自 z 轴正方向转到有向线段 $\overrightarrow{OM}$ 所转过的角度，θ 表示自 x 轴正方向按逆时针转到有向线段 $\overrightarrow{OP}$ 所转过的角度，则有序数组 (r,φ,θ) 称为点 M 的球面坐标(见图 11-26)，这里规定 r,φ,θ 的取值范围分别为

利用球面坐标计算三重积分举例

$$0\leqslant r<+\infty,\quad 0\leqslant\varphi\leqslant\pi,\quad 0\leqslant\theta\leqslant 2\pi.$$

由图 11-26 不难得到，点 M 的直角坐标 (x,y,z) 与其球面坐标 (r,φ,θ) 之间的关系为

$$x=r\sin\varphi\cos\theta,\quad y=r\sin\varphi\sin\theta,\quad z=r\cos\varphi,$$

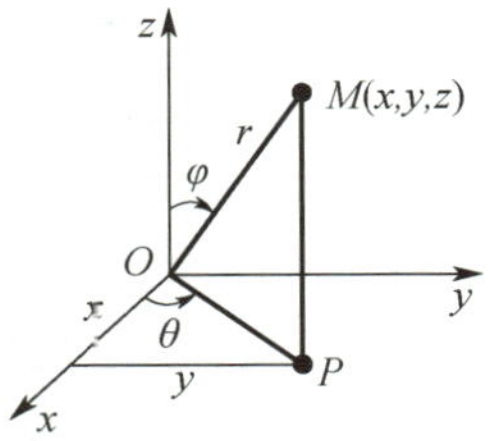

图 11-26

在球面坐标系下体积元素为

$$\mathrm{d}V=r^2\sin\varphi\mathrm{d}r\mathrm{d}\varphi\mathrm{d}\theta,$$

由此，三重积分在球面坐标系下可以表示为

$$\iiint\limits_{\Omega}f(x,y,z)\mathrm{d}V=\iiint\limits_{\Omega}f(r\sin\varphi\cos\theta,r\sin\varphi\sin\theta,r\cos\varphi)r^2\sin\varphi\mathrm{d}r\mathrm{d}\varphi\mathrm{d}\theta.\qquad(11\text{-}29)$$

利用球面坐标计算三重积分，同样需要先将被积函数、体积元素及积分区域的边界曲面方程转换为球面坐标系下的表达式，然后将三重积分化为对积分变量 r,φ,θ 的三次积分. 在球面

坐标系下，一般采用先对 r，再对 φ，最后对 θ 的积分次序，积分限要根据 r,φ,θ 在积分区域 Ω 中的变化范围来确定.

例 6 $\iiint\limits_{\Omega}\frac{\sin\sqrt{x^2+y^2+z^2}}{x^2+y^2+z^2}\mathrm{d}V$，其中，$\Omega$ 是由球面 $x^2+y^2+z^2=a^2$ 所围成的区域.

解 球面 $x^2+y^2+z^2=a^2$ 在球面坐标系下的方程为 $r=a$，积分区域 Ω 可以用球面坐标表示为

$$0\leqslant r\leqslant a,\quad 0\leqslant\varphi\leqslant\pi,\quad 0\leqslant\theta\leqslant 2\pi,$$

所以由式(11-29)，得

$$\begin{aligned}\iiint\limits_{\Omega}\frac{\sin\sqrt{x^2+y^2+z^2}}{x^2+y^2+z^2}\mathrm{d}V&=\iiint\limits_{\Omega}\frac{\sin r}{r^2}r^2\sin\varphi\mathrm{d}r\mathrm{d}\varphi\mathrm{d}\theta\\&=\iiint\limits_{\Omega}\sin r\sin\varphi\mathrm{d}r\mathrm{d}\varphi\mathrm{d}\theta\\&=\int_0^{2\pi}\mathrm{d}\theta\int_0^{\pi}\sin\varphi\mathrm{d}\varphi\int_0^{a}\sin r\mathrm{d}r\\&=2\pi\left[-\cos\varphi\right]_0^{\pi}\cdot\left[-\cos r\right]_0^{a}\\&=4\pi(1-\cos a).\end{aligned}$$

一般来说，当积分区域为球形域或其一部分，且被积函数中存在含有 $x^2+y^2+z^2$ 的因式时，用球面坐标计算三重积分往往较为方便.

概念复习

1. 若函数 $f(x,y,z)$ 在区域 $\Omega=\{(x,y,z)\mid a\leqslant x,y,z\leqslant b\}$ 上连续，则三重积分 $\iiint\limits_{\Omega}f(x,y,z)\mathrm{d}V$ 可以化为三次积分________________.

2. 设 Ω 为球体 $x^2+y^2+z^2\leqslant 1$，则 $\iiint\limits_{\Omega}\mathrm{d}V=$ ________.

3. 在柱面坐标系下的三重积分 $\iiint\limits_{\Omega}f(x,y,z)\mathrm{d}x\mathrm{d}y\mathrm{d}z=$ ________________.

4. 在球面坐标系下的三重积分 $\iiint\limits_{\Omega}f(x,y,z)\mathrm{d}x\mathrm{d}y\mathrm{d}z=$ ________________.

习题 11－3

1. 计算三重积分 $\iiint\limits_{\Omega}xyz\mathrm{d}x\mathrm{d}y\mathrm{d}z$，其中，$\Omega$ 是由平面 $x=0,x=1,y=-2,y=3,z=1,z=2$ 所围成的闭区域.

2. 计算三重积分 $\iiint\limits_{\Omega}x\mathrm{d}x\mathrm{d}y\mathrm{d}z$，其中，$\Omega$ 是由三个坐标平面以及平面 $x+y+z=1$ 所围成的闭区域.

3. 计算由曲面 $y^2=2x+4$ 和平面 $x+z=1,z=0$ 所围成的立体的体积.

4. 利用柱面坐标计算下列三重积分.

(1) $\iiint\limits_{\Omega} xyz\,\mathrm{d}V$，其中，$\Omega$ 是由球面 $x^2+y^2+z^2=1$ 以及 3 个坐标平面所围成的在第一卦限内的闭区域；

(2) $\iiint\limits_{\Omega} z\,\mathrm{d}V$，其中，$\Omega$ 是由锥面 $z=\dfrac{h}{R}\sqrt{x^2+y^2}\,(R>0,h>0)$ 与平面 $z=h(h>0)$ 所围成的闭区域.

*5. 利用球面坐标计算下列三重积分.

(1) $\iiint\limits_{\Omega}(x^2+y^2+z^2)\mathrm{d}V$，其中，$\Omega$ 是由球面 $x^2+y^2+z^2=1$ 所围成的闭区域；

(2) $\iiint\limits_{\Omega} z\,\mathrm{d}V$，其中，$\Omega$ 是由 $x^2+y^2+z^2\leqslant 2az$ 和曲面 $x^2+y^2\leqslant z^2$ 所围成的闭区域.

6. 选用适当的坐标计算下列三重积分.

(1) $\iiint\limits_{\Omega} xy\,\mathrm{d}V$，其中，$\Omega$ 是由平面 $z=1,z=0,x=0,y=0$ 以及柱面 $x^2+y^2=1$ 所围成第一卦限的闭区域；

(2) $\iiint\limits_{\Omega}\sqrt{x^2+y^2+z^2}\,\mathrm{d}V$，其中，$\Omega$ 是由球面 $x^2+y^2+z^2=z$ 所围成的闭区域；

(3) $\iiint\limits_{\Omega}(x^2+y^2)\mathrm{d}V$，其中，$\Omega$ 是由曲面 $4z^2=25(x^2+y^2)$ 和平面 $z=5$ 所围成的闭区域.

*第 4 节　曲线积分

本章前 3 节将积分范围由数轴上的闭区间推广到平面及空间中的有界闭区域，被积函数由一元函数推广到二元和三元函数，给出了二重积分和三重积分的概念及计算方法. 本节将积分范围推广到平面或空间中的一段曲线，讨论曲线积分的相关问题.

一、对弧长的曲线积分

先来看一个例子.

例 1　已知非均匀曲线形构件 L(见图 11-27)上任一点 (x,y) 处的线密度为连续函数 $f(x,y)$，求构件 L 的质量.

解　已知均匀曲线形构件的质量等于它的长度与线密度之积，仿照定积分中曲边梯形面积的求法，通过“分割、近似、求和、取极限”，将求非均匀曲线形构件的质量的问题转换化为求均匀曲线形构件的质量的问题.

用构件 L 上的点

$$A=M_0,M_1,\cdots,M_{n-1},M_n$$

将构件 L 任意分成 n 段小构件，第 i 段小构件的长度记作 $\Delta s_i(i=1,2,\cdots,n)$. 取第 i 段小构件 $M_{i-1}M_i$ 进行分析，当这个小构件的长度很小且线密度连续时，在弧段 $\overset{\frown}{M_{i-1}M_i}$ 上任取一点 (ξ_i,η_i)，用该点的线密度近似代替这一小构件上其他点处的线密度，得第 i 段小构件质量的近似值

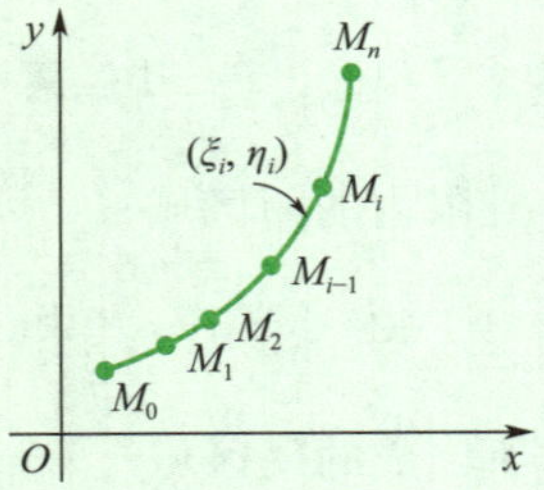

图 11-27

$$\Delta M_i\approx f(\xi_i,\eta_i)\Delta s_i(i=1,2,\cdots,n),$$

同样求出其他各小构件质量的近似值，从而得到曲线形构件 L 质量的近似值

$$M\approx\sum_{i=1}^{n}f(\xi_i,\eta_i)\Delta s_i,$$

记 $\lambda=\max\{\Delta s_1,\Delta s_2,\cdots,\Delta s_n\}$，当 $\lambda\to 0$ 时，如果上述和式的极限存在，则构件 L 的质量

$$M=\lim_{\lambda\to 0}\sum_{i=1}^{n}f(\xi_i,\eta_i)\Delta s_i.$$

上述这种和式的极限称为函数 $f(x,y)$ 在曲线 L 上对**弧长的曲线积分**，记作 $\int_L f(x,y)\mathrm{d}s$，即

$$\int_L f(x,y)\mathrm{d}s=\lim_{\lambda\to 0}\sum_{i=1}^{n}f(\xi_i,\eta_i)\Delta s_i,$$

其中，$f(x,y)$ 称为**被积函数**，$f(x,y)\mathrm{d}s$ 称为**积分表达式**，L 称为**积分弧段**.

当函数 $f(x,y)$ 在光滑曲线弧 L 上连续时，对弧长的曲线积分 $\int_L f(x,y)\mathrm{d}s$ 存在.

若 L 是闭曲线，则曲线积分记作

$$\oint_L f(x,y)\mathrm{d}s.$$

类似地，若 Γ 为空间曲线弧，则函数 $f(x,y,z)$ 在曲线弧 Γ 上对弧长的曲线积分定义为

$$\int_\Gamma f(x,y,z)\mathrm{d}s=\lim_{\lambda\to 0}\sum_{i=1}^{n}f(\xi_i,\eta_i,\zeta_i)\Delta s_i,$$

当 $f(x,y,z)$ 在曲线弧 Γ 上连续时，这个曲线积分一定存在.

与定积分类似，对弧长的曲线积分具有线性、可加性及保序性等性质，在这里不再赘述.

关于对弧长的曲线积分的计算，有下面的定理.

定理 1 **设函数 $f(x,y)$ 在曲线弧 L 上有定义且连续，L 的参数方程为**

$$x=\varphi(t),\quad y=\psi(t)\quad(\alpha\leqslant t\leqslant\beta),$$

其中，$\varphi(t)$，$\psi(t)$ 在区间$[\alpha,\beta]$上具有一阶连续导数，且 $\varphi'^2(t)+\psi'^2(t)\neq 0$，则曲线积分$\int_L f(x,y)\mathrm{d}s$ 存在，且

$$\int_L f(x,y)\mathrm{d}s=\int_\alpha^\beta f[\varphi(t),\psi(t)]\sqrt{\varphi'^2(t)+\psi'^2(t)}\,\mathrm{d}t \quad (\alpha<\beta). \tag{11-30}$$

证明略.

式(11-30)表明，要计算对弧长的曲线积分$\int_L f(x,y)\mathrm{d}s$，只需根据参数方程 $x=\varphi(t)$，$y=\psi(t)$，将其中的 x,y 和 $\mathrm{d}s$ 分别换成 $\varphi(t)$，$\psi(t)$ 和 $\sqrt{\varphi'^2(t)+\psi'^2(t)}\,\mathrm{d}t$，然后对 t 从α 到β 求定积分即可. 需要特别指出的是，所求的定积分的下限 α 必须小于上限 β.

计算对弧长的曲线积分举例

例 2 计算$\int_L xy\,\mathrm{d}s$，其中，曲线弧 L 是圆 $x^2+y^2=a^2$ 在第一象限的部分.

解 如图 11-28 所示，曲线弧 L 的参数方程为

$$x=a\cos\theta, y=a\sin\theta \quad \left(0\leqslant\theta\leqslant\frac{\pi}{2}\right),$$

于是由式(11-30)，得

$$\int_L xy\,\mathrm{d}s=\int_0^{\frac{\pi}{2}} a\cos\theta\cdot a\sin\theta\sqrt{a^2\sin^2\theta+a^2\cos^2\theta}\,\mathrm{d}\theta$$

$$=a^3\int_0^{\frac{\pi}{2}}\cos\theta\sin\theta\,\mathrm{d}\theta=\frac{1}{2}a^3\left[\sin^2\theta\right]_0^{\frac{\pi}{2}}=\frac{1}{2}a^3.$$

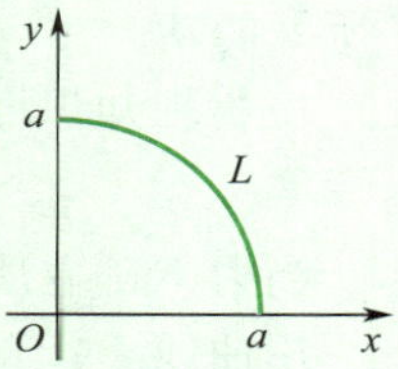

图 11-28

例 3 计算$\int_L \sqrt{y}\,\mathrm{d}s$，其中，$L$ 是抛物线 $y=x^2$ 上点 $O(0,0)$ 与点 $B(1,1)$ 之间的一段弧.

解 如图 11-29 所示，抛物线的参数方程为 $x=x, y=x^2$(将 x 看作参数). 由式(11-30)，得

$$\int_L\sqrt{y}\,\mathrm{d}s=\int_0^1\sqrt{x^2}\cdot\sqrt{(x)'^2+(x^2)'^2}\,\mathrm{d}x=\int_0^1 x\sqrt{1+4x^2}\,\mathrm{d}x$$

$$=\frac{1}{8}\int_0^1\sqrt{1+4x^2}\,\mathrm{d}(1+4x^2)=\frac{1}{12}\left[(1+4x^2)^{\frac{3}{2}}\right]_0^1$$

$$=\frac{1}{12}(5\sqrt{5}-1).$$

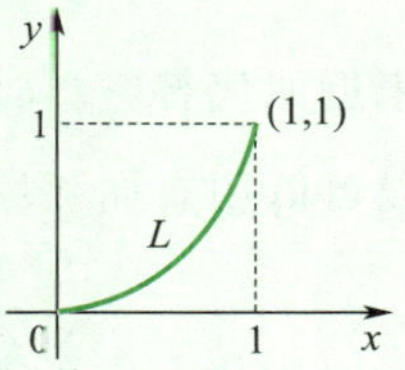

图 11-29

对于空间曲线积分$\int_\Gamma f(x,y,z)\mathrm{d}s$ 也有与定理 1 类似的结论. 若空间曲线 Γ 的方程为

$$x=\varphi(t),\quad y=\psi(t),\quad z=\omega(t)\quad(\alpha\leqslant t\leqslant\beta),$$

则

$$\int_\Gamma f(x,y,z)\mathrm{d}s=\int_\alpha^\beta f[\varphi(t),\psi(t),\omega(t)]\sqrt{\varphi'^2(t)+\psi'^2(t)+\omega'^2(t)}\,\mathrm{d}t. \tag{11-31}$$

例 4 计算曲线积分$\int_\Gamma (x^2+y^2+z^2)\mathrm{d}s$，其中，$\Gamma$为螺旋线

$$x=a\cos t,\quad y=a\sin t,\quad z=kt$$

上与 t 从 0 变化到 2π 对应的一段弧.

解 由式(11-31)，得

$$\int_\Gamma (x^2+y^2+z^2)\mathrm{d}s=\int_0^{2\pi}(a^2+k^2t^2)\sqrt{a^2+k^2}\,\mathrm{d}t$$
$$=\frac{2}{3}\pi\sqrt{a^2+k^2}(3a^2+4\pi^2k^2).$$

二、对坐标的曲线积分

1. 变力沿曲线所做的功

设一个质点在变力 $\boldsymbol{F}(x,y)=P(x,y)\boldsymbol{i}+Q(x,y)\boldsymbol{j}$ 的作用下，沿 xOy 面内的光滑曲线弧 L 从点 A 移动到点 B，其中，函数 $P(x,y)$，$Q(x,y)$ 在曲线弧 L 上连续. 求质点在移动过程中变力 $\boldsymbol{F}$ 所做的功.

由物理知识可知，一个质点在常力 $\boldsymbol{F}$ 的作用下，沿直线从 A 点移动到 B 点所做的功

$$W=\boldsymbol{F}\cdot\overrightarrow{AB}.$$

当力 $\boldsymbol{F}$ 随着质点位置的变化而变化，且质点沿曲线移动时，功 W 就不能用上述公式计算了.

用曲线 L 上的点

$$A=M_0(x_0,y_0),M_1(x_1,y_1),\cdots,M_i(x_i,y_i),\cdots,M_n(x_n,y_n)=B$$

将 L 分成 n 个有向小弧段$\overset{\frown}{M_{i-1}M_i}(i=1,2,\cdots,n)$(见图 11-30). 考察第 i 个有向小弧段，因为$\overset{\frown}{M_{i-1}M_i}$很短且光滑，所以可以用有向线段

$$\overrightarrow{M_{i-1}M_i}=(x_i-x_{i-1})\boldsymbol{i}+(y_i-y_{i-1})\boldsymbol{j}$$
$$=(\Delta x_i)\boldsymbol{i}+(\Delta y_i)\boldsymbol{j}$$

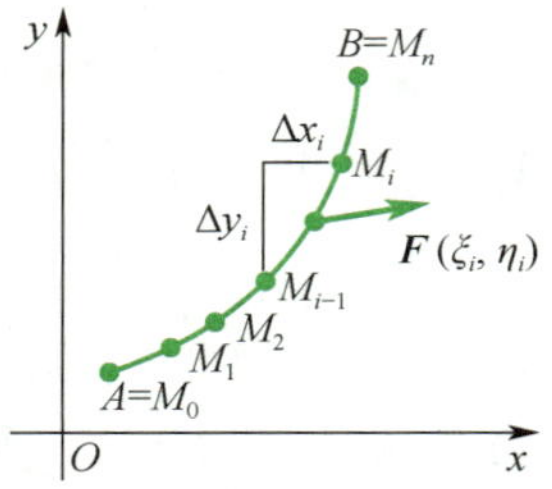

图 11-30

来近似代替它. 又因为函数 $P(x,y)$，$Q(x,y)$在曲线弧 L 上连续，所以可以用有向弧段$\overset{\frown}{M_{i-1}M_i}$上任一点$(\xi_i,\eta_i)$处所受的力

$$\boldsymbol{F}(\xi_i,\eta_i)=P(\xi_i,\eta_i)\boldsymbol{i}+Q(\xi_i,\eta_i)\boldsymbol{j}$$

近似代替有向弧段$\overset{\frown}{M_{i-1}M_i}$上其他各点所受的力，变力 $\boldsymbol{F}$ 沿有向弧段$\overset{\frown}{M_{i-1}M_i}$所做的功

$$\Delta W_i\approx\boldsymbol{F}(\xi_i,\eta_i)\cdot\overrightarrow{M_{i-1}M_i}=P(\xi_i,\eta_i)\Delta x_i+Q(\xi_i,\eta_i)\Delta y_i,$$

于是变力 $\boldsymbol{F}(x,y)$沿曲线弧 L 所做的功

$$W=\sum_{i=1}^n\Delta W_i\approx\sum_{i=1}^n[P(\xi_i,\eta_i)\Delta x_i+Q(\xi_i,\eta_i)\Delta y_i].$$

记 λ 为 n 个有向弧段长度的最大值，当 $\lambda\to 0$ 时，如果上述和式的极限存在，则变力 $\boldsymbol{F}(x,y)$ 沿曲线弧 L 所做的功

$$W=\lim_{\lambda\to 0}\sum_{i=1}^n[P(\xi_i,\eta_i)\Delta x_i+Q(\xi_i,\eta_i)\Delta y_i]$$

$$= \lim_{\lambda \to 0} \sum_{i=1}^{n} P(\xi_i, \eta_i) \Delta x_i + \lim_{\lambda \to 0} \sum_{i=1}^{n} Q(\xi_i, \eta_i) \Delta y_i.$$

将上述和式极限推广到一般问题中，如果极限 $\lim\limits_{\lambda \to 0} \sum\limits_{i=1}^{n} P(\xi_i, \eta_i) \Delta x_i$ 存在，则称此极限为函数 $P(x,y)$ 在有向弧段 L 上**对坐标 x 的曲线积分**，记作 $\int_L P(x,y)\mathrm{d}x$，即

$$\int_L P(x,y)\mathrm{d}x = \lim_{\lambda \to 0} \sum_{i=1}^{n} P(\xi_i, \eta_i) \Delta x_i.$$

类似地，如果极限 $\lim\limits_{\lambda \to 0} \sum\limits_{i=1}^{n} Q(\xi_i, \eta_i) \Delta y_i$ 存在，则称此极限为函数 $Q(x,y)$ 在有向弧段 L 上**对坐标 y 的曲线积分**，记作 $\int_L Q(x,y)\mathrm{d}y$，即

$$\int_L Q(x,y)\mathrm{d}y = \lim_{\lambda \to 0} \sum_{i=1}^{n} Q(\xi_i, \eta_i) \Delta y_i.$$

其中，$P(x,y)$，$Q(x,y)$ 称为**被积函数**，L 称为**积分弧段**（或**积分路径**）.

类似地，若 Γ 为空间内一条光滑有向曲线弧，函数 $P(x,y,z)$，$Q(x,y,z)$，$R(x,y,z)$ 在有向曲线弧 Γ 上连续，则定义

$$\int_\Gamma P(x,y,z)\mathrm{d}x = \lim_{\lambda \to 0} \sum_{i=1}^{n} P(\xi_i, \eta_i, \zeta_i) \Delta x_i,$$

$$\int_\Gamma Q(x,y,z)\mathrm{d}y = \lim_{\lambda \to 0} \sum_{i=1}^{n} Q(\xi_i, \eta_i, \zeta_i) \Delta y_i,$$

$$\int_\Gamma R(x,y,z)\mathrm{d}z = \lim_{\lambda \to 0} \sum_{i=1}^{n} R(\xi_i, \eta_i, \zeta_i) \Delta z_i.$$

为简便起见，对坐标的曲线积分通常简记为

$$\int_L P(x,y)\mathrm{d}x + \int_L Q(x,y)\mathrm{d}y = \int_L P(x,y)\mathrm{d}x + Q(x,y)\mathrm{d}y,$$

$$\int_\Gamma P(x,y,z)\mathrm{d}x + \int_\Gamma Q(x,y,z)\mathrm{d}y + \int_\Gamma R(x,y,z)\mathrm{d}z$$

$$= \int_\Gamma P(x,y,z)\mathrm{d}x + Q(x,y,z)\mathrm{d}y + R(x,y,z)\mathrm{d}z.$$

对坐标的曲线积分除与定积分有类似的线性性质及对于积分路径的可加性外，还有下面的性质.

性质 设 L 是有向光滑曲线弧，L^- 是与 L 反向的曲线弧，则

$$\int_{L^-} P(x,y)\mathrm{d}x + Q(x,y)\mathrm{d}y = -\int_L P(x,y)\mathrm{d}x - Q(x,y)\mathrm{d}y.$$

2. 对坐标的曲线积分的计算方法

关于对坐标的曲线积分的计算，有下面的定理.

定理 2 设函数 $P(x,y)$，$Q(x,y)$ 在有向曲线弧 L 上有定义且连续，曲线弧 L 的参数方程为

$$x = \varphi(t), \quad y = \psi(t).$$

当参数 t 单调地由 α 变到 β 时，点 $M(x,y)$ 从起点 A 沿曲线弧 L 运动到终点 B，$\varphi(t)$，$\psi(t)$ 在以

α,β 为端点的闭区间上具有连续的一阶导数，且 $\varphi'^2(t)+\psi'^2(t)\neq 0$，则曲线积分

$$\int_L P(x,y)\mathrm{d}x+Q(x,y)\mathrm{d}y$$

存在，且

$$\begin{aligned}&\int_L P(x,y)\mathrm{d}x+Q(x,y)\mathrm{d}y\\&=\int_\alpha^\beta\{P[\varphi(t),\psi(t)]\varphi'(t)+Q[\varphi(t),\psi(t)]\psi'(t)\}\mathrm{d}t.\end{aligned}\tag{11-32}$$

式(11-32)说明，要计算 $\int_L P(x,y)\mathrm{d}x+Q(x,y)\mathrm{d}y$，只要根据参数方程 $x=\varphi(t),y=\psi(t)$，把其中的 $x,y,\mathrm{d}x,\mathrm{d}y$ 分别换成 $\varphi(t),\psi(t),\varphi'(t)\mathrm{d}t,\psi'(t)\mathrm{d}t$，然后从曲线弧 L 的起点对应的参数值 α 到曲线弧 L 的终点对应的参数值 β 求定积分即可. 这里需要特别指出的是，下限 α 不一定小于上限 β.

例 5　计算曲线积分 $\int_L y\mathrm{d}x+x\mathrm{d}y$，其中，$L$ 为从点 $A(a,0)$ 到点 $B(-a,0)$ 的上半椭圆弧 $\frac{x^2}{a^2}+\frac{y^2}{b^2}=1$.

计算对坐标的曲线积分举例

解　如图 11-31 所示，椭圆的参数方程为

$$x=a\cos t,\quad y=b\sin t\quad(t\text{ 从 }0\text{ 变到 }\pi).$$

由式(11-32)，有

$$\begin{aligned}\int_L y\mathrm{d}x+x\mathrm{d}y&=\int_0^\pi[b\sin t(-a\sin t)+a\cos t\cdot b\cos t]\mathrm{d}t\\&=ab\int_0^\pi(\cos^2t-\sin^2t)\mathrm{d}t=ab\int_0^\pi\cos 2t\mathrm{d}t\\&=\frac{1}{2}ab\,[\sin 2t]_0^\pi=0.\end{aligned}$$

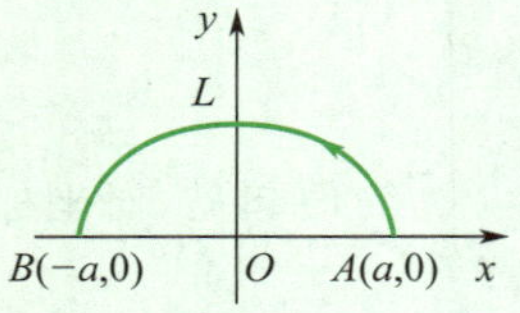

图 11-31

例 6　计算 $\int_L xy\mathrm{d}x$，其中，L 为抛物线 $y^2=x$ 上从点 $A(1,-1)$ 到点 $B(1,1)$ 的一段弧(见图 11-32).

解　将 x 看作参数，弧段 L 分为 AO 和 OB 两部分，抛物线 AO 部分的参数方程为

$$x=x,\quad y=-\sqrt{x}\quad(x\text{ 从 }1\text{ 变到 }0).$$

抛物线 OB 部分的参数方程为

$$x=x,\quad y=\sqrt{x}\quad(x\text{ 从 }0\text{ 变到 }1).$$

因此

$$\begin{aligned}\int_L xy\mathrm{d}x&=\int_{\overset{\frown}{AO}}xy\mathrm{d}x+\int_{\overset{\frown}{OB}}xy\mathrm{d}x\\&=\int_1^0 x(-\sqrt{x})\mathrm{d}x+\int_0^1 x\sqrt{x}\mathrm{d}x\\&=2\int_0^1 x^{\frac{3}{2}}\mathrm{d}x=\frac{4}{5}.\end{aligned}$$

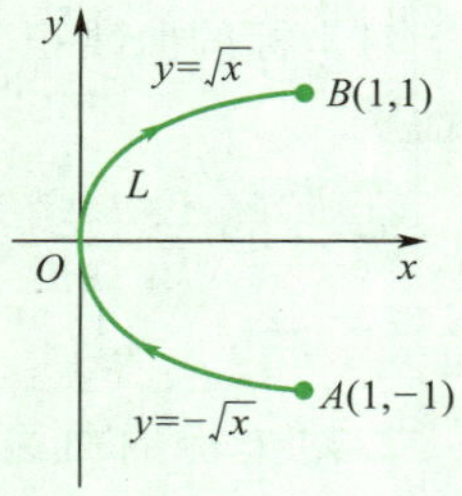

图 11-32

注意　例 6 也可以将 y 看作参数计算曲线积分，读者可以自己练习.

例7 计算$\int_{\Gamma} x^3\mathrm{d}x+3zy^2\mathrm{d}y-x^2y\mathrm{d}z$，其中，$\Gamma$是从点$A(3,2,1)$到点$B(0,0,0)$的直线段$AB$.

解 过点A,B的直线的方向向量$\boldsymbol{s}=\overrightarrow{BA}=(3,2,1)$，直线$AB$的参数方程为

$$x=3t,\quad y=2t,\quad z=t\quad (t\text{ 从 }1\text{ 变到 }0),$$

所以

$$\int_{\Gamma} x^3\mathrm{d}x+3zy^2\mathrm{d}y-x^2y\mathrm{d}z=\int_1^0[(3t)^3\times 3+3t(2t)^2\times 2-(3t)^2\times 2t]\mathrm{d}t$$

$$=87\int_1^0 t^3\mathrm{d}t=-\frac{87}{4}.$$

三、格林公式　平面上曲线积分与路径无关的条件

1. 格林公式

先规定平面闭区域D的边界曲线L的正向：当观察者沿平面区域D的边界曲线L按这个方向行走时，区域D内靠近他的那一部分总在他的左边(见图11-33).

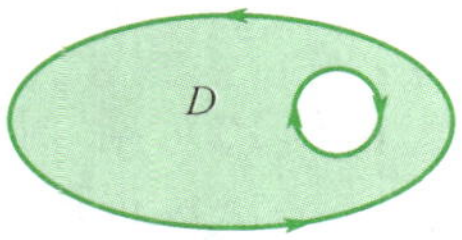

图 11-33

定理3（格林公式） 设闭区域D由分段光滑的曲线L围成，函数$P(x,y),Q(x,y)$在区域D上具有一阶连续偏导数，则有

$$\iint_D\left(\frac{\partial Q}{\partial x}-\frac{\partial P}{\partial y}\right)\mathrm{d}x\mathrm{d}y=\oint_L P\mathrm{d}x+Q\mathrm{d}y,\tag{11-33}$$

其中，L是闭区域D的取正向的整个边界曲线.式(11-33)称为格林公式.

证明略.

特别地，在式(11-33)中，令$P=-y,Q=x$，则可得区域D的面积

$$A=\iint_D\mathrm{d}x\mathrm{d}y=\frac{1}{2}\oint_L x\mathrm{d}y-y\mathrm{d}x.\tag{11-34}$$

格林公式及其证明

例8 求椭圆$x=a\cos\theta,y=b\sin\theta$所围成图形的面积$A$.

解 由格林公式，得

$$A=\frac{1}{2}\oint_L x\mathrm{d}y-y\mathrm{d}x=\frac{1}{2}\int_0^{2\pi}(ab\sin^2\theta+ab\cos^2\theta)\mathrm{d}\theta$$

$$=\frac{1}{2}ab\int_0^{2\pi}\mathrm{d}\theta=\pi ab.$$

这与椭圆的面积公式是吻合的.

例9 计算$\oint_L(y-x)\mathrm{d}x+(3x+y)\mathrm{d}y$，其中，$L$为按逆时针绕行的圆周$(x-1)^2+(y-4)^2=9$.

解 令$P=y-x,Q=3x+y$，则$\frac{\partial Q}{\partial x}-\frac{\partial P}{\partial y}=2$.

由格林公式，得

$$\oint_L (y-x)\mathrm{d}x+(3x+y)\mathrm{d}y=\iint_D 2\mathrm{d}x\mathrm{d}y=18\pi.$$

例 10 设 L 是平面上任意一条分段光滑的闭曲线，证明：

$$\oint_L 2xy\mathrm{d}x+x^2\mathrm{d}y=0.$$

格林公式应用举例

证 令 $P=2xy, Q=x^2$，则 $\dfrac{\partial Q}{\partial x}-\dfrac{\partial P}{\partial y}=2x-2x=0.$

根据格林公式，当 L 取正向时，有

$$\oint_L 2xy\mathrm{d}x+x^2\mathrm{d}y=\iint_D 0\mathrm{d}x\mathrm{d}y=0.$$

当 L 取负向时，有

$$\oint_L 2xy\mathrm{d}x+x^2\mathrm{d}y=-\iint_D 0\mathrm{d}x\mathrm{d}y=0.$$

由例 10 可见，对于 xOy 面上任意指定的两个点 A，B 以及从点 A 到点 B 的任意两条曲线 L_1，L_2（见图 11-34），取 $L=L_1+L_2^-$，则有

$$\oint_L 2xy\mathrm{d}x+x^2\mathrm{d}y=\oint_{L_1+L_2^-} 2xy\mathrm{d}x+x^2\mathrm{d}y$$
$$=\iint_D 0\mathrm{d}x\mathrm{d}y=0,$$

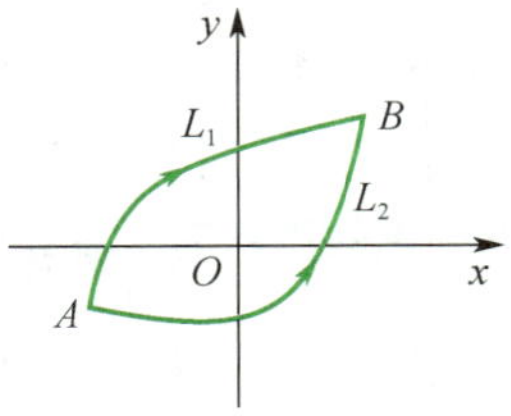

图 11-34

其中，D 是由 L_1，L_2 围成的闭区域. 于是有

$$\int_{L_1} 2xy\mathrm{d}x+x^2\mathrm{d}y=\int_{L_2} 2xy\mathrm{d}x+x^2\mathrm{d}y.$$

上式说明，这个曲线积分在 xOy 面上与积分的路径无关，只与起点和终点有关.

2. 平面上曲线积分与路径无关的条件

设函数 $P(x,y)$，$Q(x,y)$ 在开区域 G 内具有一阶连续偏导数，如果对于区域 G 内任意指定的两点 A，B 以及区域 G 内从点 A 到点 B 的任意两条曲线 L_1，L_2，等式

$$\int_{L_1} P\mathrm{d}x+Q\mathrm{d}y=\int_{L_2} P\mathrm{d}x+Q\mathrm{d}y$$

平面曲线积分与路径无关的充要条件

恒成立，就说曲线积分 $\int_L P\mathrm{d}x+Q\mathrm{d}y$ 在区域 G 内与路径无关；否则就说曲线积分与路径有关.

定理 4 **设函数 $P(x,y)$，$Q(x,y)$ 在一个单连通区域 G[①] 内具有一阶连续偏导数，那么曲线积分 $\int_L P\mathrm{d}x+Q\mathrm{d}y$ 在区域 G 内与路径无关的充要条件是等式 $\dfrac{\partial P}{\partial y}=\dfrac{\partial Q}{\partial x}$ 在区域 G 内恒成立.**

① 所谓单连通区域 G，即在区域 G 内任一条闭曲线所围成的部分都属于区域 G.

例 11 计算$\int_L 2xy\,\mathrm{d}x+x^2\mathrm{d}y$，其中，$L$ 为抛物线 $y=x^2$ 上从点 $O(0,0)$ 到 $B(1,1)$ 的一段弧.

解 如图 11-35 所示，因为$\frac{\partial P}{\partial y}=\frac{\partial Q}{\partial x}=2x$ 在整个 xOy 面内都成立，所以在整个 xOy 面内，积分$\int_L 2xy\,\mathrm{d}x+x^2\mathrm{d}y$ 与路径无关，取沿坐标原点到点 A 再到点 B 的折线段为积分路径.

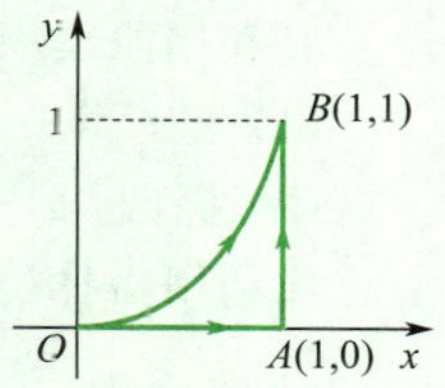

图 11-35

OA 的表达式为 $y=0$，x 从 0 到 1.

AB 的表达式为 $x=1$，y 从 0 到 1.

于是

$$\int_L 2xy\,\mathrm{d}x+x^2\mathrm{d}y=\int_{OA} 2xy\,\mathrm{d}x+x^2\mathrm{d}y+\int_{AB} 2xy\,\mathrm{d}x+x^2\mathrm{d}y$$

$$=\int_0^1 2x\cdot 0\mathrm{d}x+\int_0^1 1^2\mathrm{d}y=0+\int_0^1 1^2\mathrm{d}y=1.$$

概念复习

1. 设 L 是上半圆周 $y=\sqrt{1-x^2}$，那么$\int_L (x^2+y^2)\mathrm{d}s=$ ________.

2. 设 L 是 $\triangle ABC$ 的正向边界，则$\oint_L 2xy\,\mathrm{d}x+x^2\mathrm{d}y=$ ________.

3. 设 L 是椭圆$\frac{x^2}{4}+\frac{y^2}{9}=1$ 的正向边界，则$\oint_L x\mathrm{d}y-y\mathrm{d}x=$ ________________.

4. 曲线积分$\int_L P\mathrm{d}x+Q\mathrm{d}y$ 在区域 G 内与路径无关的充要条件是________在区域 G 内恒成立.

习题 11－4

1. 计算下列对弧长的曲线积分.

(1) $\oint_L (x^2+y^2)^n\mathrm{d}s$，其中，$L$ 为圆周 $x=a\cos t, y=a\sin t(0\leqslant t\leqslant 2\pi)$；

(2) $\int_L (x+y)\mathrm{d}s$，其中，L 为连接(1,0) 及(0,1) 两点的直线段；

(3) $\oint_L x\mathrm{d}s$，其中，L 为由直线 $y=x$ 及抛物线 $y=x^2$ 所围成的区域的整个边界.

2. 计算下列对坐标的曲线积分.

(1) $\int_L (x^2-y^2)\mathrm{d}x$，其中，$L$ 为抛物线 $y=x^2$ 上从点(0,0) 到点(2,4) 的一段弧；

(2) $\int_L y\mathrm{d}x+x\mathrm{d}y$，其中，$L$ 为圆周 $x=R\cos t, y=R\sin t$ 上对应 t 从 0 到$\frac{\pi}{2}$ 的一段弧；

(3) $\int_{\Gamma} x^2 \mathrm{d}x + z\mathrm{d}y - y\mathrm{d}z$，其中，$\Gamma$ 为曲线 $x = kt, y = a\cos t, z = a\sin t$ 上对应 t 从 0 到 π 的一段弧.

3. 利用曲线积分，求下列曲线所围成的图形的面积.

(1) 星形线 $x = a\cos^3 t, y = a\sin^3 t$；

(2) 椭圆 $9x^2 + 16y^2 = 144$.

4. 利用格林公式，计算下列曲线积分.

(1) $\oint_L (2x - y + 4)\mathrm{d}x + (5y + 3x - 6)\mathrm{d}y$，其中，$L$ 为三个顶点的坐标分别为(0,0)，(3,0) 和(3,2) 的三角形正向边界；

(2) $\oint_L (x^2 y\cos x + 2xy\sin x - y^2 \mathrm{e}^x)\mathrm{d}x + (x^2 \sin x - 2y\mathrm{e}^x)\mathrm{d}y$，其中，$L$ 为正向星形线 $x^{\frac{2}{3}} + y^{\frac{2}{3}} = a^{\frac{2}{3}} (a > 0)$.

*第 5 节　曲面积分

一、对面积的曲面积分

本章第 1 节讨论了二重积分的相关问题. 本节将二重积分的积分区域由平面上的有界闭区域推广到空间中的一片光滑有界曲面[①]，被积函数由二元函数推广到三元函数，就是对面积的曲面积分.

例 1　已知非均匀曲面形构件 Σ(见图 11-36)上任一点 (x,y,z) 处的面密度为 $\mu(x,y,z)$，求非均匀曲面形构件 Σ 的质量.

解　用曲面 Σ 上的曲线网将曲面 Σ 任意分成 n 小块

$$\Delta S_1, \Delta S_2, \cdots, \Delta S_n,$$

其中，$\Delta S_i (i=1,2,\cdots,n)$ 也代表第 i 个小块的面积. 取第 i 个小块 ΔS_i 进行分析，当这个小块的直径[②]很小且面密度连续时，在小曲面 ΔS_i 上任取一点 (ξ_i, η_i, ζ_i)，用该点的面密度近似代替这一小块曲面上其他点处的面密度，得第 i 个小块曲面质量的近似值

$$\Delta M_i \approx \mu(\xi_i, \eta_i, \zeta_i)\Delta S_i.$$

同样，求出其他各小块曲面质量的近似值，得到曲面形构件 Σ 的质量

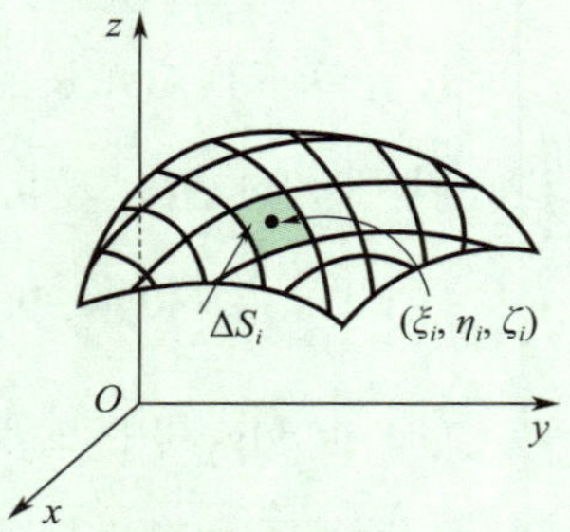

图 11-36

① 曲面光滑是指曲面上各点处都具有切平面，且当点在曲面上连续移动时，切平面也连续移动.

② 曲面的直径是指曲面上任意两点间距离的最大者.

$$M \approx \sum_{i=1}^{n} \mu(\xi_i, \eta_i, \zeta_i) \Delta S_i.$$

记 λ 为各小片曲面的直径的最大值，当 $\lambda \to 0$ 时，如果上面和式的极限存在，则曲面形构件 Σ 的质量

$$M = \lim_{\lambda \to 0} \sum_{i=1}^{n} \mu(\xi_i, \eta_i, \zeta_i) \Delta S_i.$$

不考虑本节例 1 的具体实际意义，将这种和式的极限称为函数 $f(x,y,z)$ 在曲面 Σ 上**对面积的曲面积分**，记作 $\iint\limits_{\Sigma} f(x,y,z)\mathrm{d}S$，即

$$\iint\limits_{\Sigma} f(x,y,z)\mathrm{d}S = \lim_{\lambda \to 0} \sum_{i=1}^{n} f(\xi_i, \eta_i, \zeta_i) \Delta S_i.$$

其中，$f(x,y,z)$ 称为**被积函数**，$f(x,y,z)\mathrm{d}S$ 称为**积分表达式**，Σ 称为**积分曲面**.

当函数 $f(x,y,z)$ 在光滑有界曲面 Σ 上连续时，对面积的曲面积分 $\iint\limits_{\Sigma} f(x,y,z)\mathrm{d}S$ 存在.

如果 Σ 为封闭曲面，则曲面积分常记作

$$\oiint\limits_{\Sigma} f(x,y,z)\mathrm{d}S.$$

对面积的曲面积分与二重积分类似，具有线性性质、对积分曲面的可加性及保序性等性质，这里不再赘述.

对面积的曲面积分可以转化为二重积分来计算.

设曲面 Σ 由方程 $z = z(x,y)$ 给出，曲面 Σ 在 xOy 面上的投影区域为 D_{xy}，函数 $z = z(x,y)$ 在区域 D_{xy} 上具有连续偏导数，被积函数 $f(x,y,z)$ 在曲面 Σ 上连续. 由于在曲面 Σ 上函数

$$f(x,y,z) = f[x,y,z(x,y)],$$

根据二重积分的应用，曲面的面积元素

$$\mathrm{d}S = \sqrt{1 + z_x^2(x,y) + z_y^2(x,y)}\,\mathrm{d}x\mathrm{d}y,$$

所以

$$\iint\limits_{\Sigma} f(x,y,z)\mathrm{d}S = \iint\limits_{D_{xy}} f[x,y,z(x,y)]\sqrt{1 + z_x^2(x,y) + z_y^2(x,y)}\,\mathrm{d}x\mathrm{d}y. \qquad (11\text{-}35)$$

计算对面积的曲面积分举例

例 2 计算曲面积分 $\iint\limits_{\Sigma} z\mathrm{d}S$，其中，曲面 Σ 是球面 $x^2 + y^2 + z^2 = a^2$ 被平面 $z = h(0 < h < a)$ 截出的顶部（见图 11-37）.

解 曲面 Σ 的方程为 $z = \sqrt{a^2 - x^2 - y^2}$，它在 xOy 面上的投影区域 D_{xy} 为 $x^2 + y^2 \leqslant a^2 - h^2$，又因为

$$z_x = \frac{-x}{\sqrt{a^2 - x^2 - y^2}}, \quad z_y = \frac{-y}{\sqrt{a^2 - x^2 - y^2}},$$

$$\mathrm{d}S = \sqrt{1 + z_x^2 + z_y^2}\,\mathrm{d}x\mathrm{d}y = \frac{a}{\sqrt{a^2 - x^2 - y^2}}\mathrm{d}x\mathrm{d}y,$$

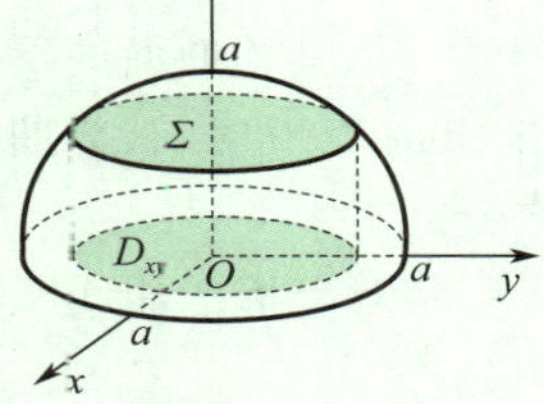

图 11-37

所以由式(11-35)，有

$$\iint_{\Sigma} z\,\mathrm{d}S = \iint_{D_{xy}} \sqrt{a^2-x^2-y^2}\cdot\frac{a}{\sqrt{a^2-x^2-y^2}}\mathrm{d}x\mathrm{d}y$$

$$= a\iint_{D_{xy}} \mathrm{d}x\mathrm{d}y = a\pi(a^2-h^2).$$

例 3 计算$\oint\!\!\!\oint_{\Sigma} xyz\,\mathrm{d}S$，其中，$\Sigma$是由平面$x=0,y=0,z=0$及$x+y+z=1$所围成的四面体的整个边界曲面(见图 11-38).

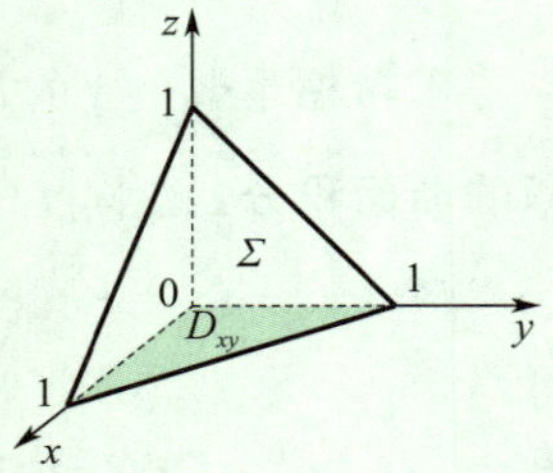

图 11-38

解 依次记整个边界曲面Σ在平面$x=0,y=0,z=0$及$x+y+z=1$上的部分为$\Sigma_1,\Sigma_2,\Sigma_3,\Sigma_4$，于是有

$$\oint\!\!\!\oint_{\Sigma} xyz\,\mathrm{d}S = \iint_{\Sigma_1} xyz\,\mathrm{d}S + \iint_{\Sigma_2} xyz\,\mathrm{d}S + \iint_{\Sigma_3} xyz\,\mathrm{d}S + \iint_{\Sigma_4} xyz\,\mathrm{d}S$$

$$= 0+0+0+\iint_{\Sigma_4} xyz\,\mathrm{d}S.$$

因为$\Sigma_4=\{(x,y,z)\mid z=1-x-y,0\leqslant x,y\leqslant 1\}$，$\Sigma_4$在$xOy$面上的投影区域为$D_{xy}=\{(x,y)\mid 0\leqslant x\leqslant 1,0\leqslant y\leqslant 1-x\}$，所以

$$\iint_{\Sigma_4} xyz\,\mathrm{d}S = \iint_{D_{xy}} xy(1-x-y)\sqrt{1+z_x^2+z_y^2}\,\mathrm{d}x\mathrm{d}y$$

$$= \iint_{D_{xy}} \sqrt{3}\,xy(1-x-y)\mathrm{d}x\mathrm{d}y = \sqrt{3}\int_0^1 x\mathrm{d}x\int_0^{1-x} y(1-x-y)\mathrm{d}y$$

$$= \sqrt{3}\int_0^1 x\left[\frac{1}{2}y^2(1-x)-\frac{1}{3}y^3\right]_0^{1-x}\mathrm{d}x$$

$$= \frac{\sqrt{3}}{6}\int_0^1 (x-3x^2+3x^3-x^4)\mathrm{d}x = \frac{\sqrt{3}}{120}.$$

二、对坐标的曲面积分

前面遇到的曲面没有涉及方向，下面讨论的曲面都是有向曲面，即规定了侧的曲面，如球面$x^2+y^2+z^2=R^2$有内、外侧之分，锥面$z=\sqrt{x^2+y^2}$有上、下侧之分等.

通常可以根据曲面的切平面的单位法线向量(法线的方向余弦)来判断曲面的侧.设曲面上任一点P处单位法线向量

$$\boldsymbol{n}=(\cos\alpha,\cos\beta,\cos\gamma),$$

当$\cos\gamma>0$(法线向量与z轴的夹角γ为锐角，法线向量指向上方)时，其为曲面的上侧；当$\cos\gamma<0$时，其为曲面的下侧.当$\cos\beta>0$时，其为曲面的右侧；当$\cos\beta<0$时，其为曲面的左侧.当$\cos\alpha>0$时，其为曲面的前侧；当$\cos\alpha<0$时，其为曲面的后侧.而封闭曲面有内侧与外侧之分.

将对坐标的曲线积分的积分曲线推广到空间的有向光滑曲面，便可得到对坐标的曲面积分.

设Σ为光滑的有向曲面，函数$R(x,y,z)$在曲面Σ上有界.将曲面Σ任意分成n块小曲面

ΔS_i（也表示第 i 小块曲面的面积），它在 xOy 面上的投影记作 $(\Delta S_i)_{xy}$. (ξ_i,η_i,ζ_i) 是 ΔS_i 上任意取定的一点，当各小块有向曲面的直径的最大值 $\lambda\to 0$ 时，如果极限 $\lim\limits_{\lambda\to 0}\sum\limits_{i=1}^{n}R(\xi_i,\eta_i,\zeta_i)(\Delta S_i)_{xy}$ 存在，则此极限称为函数 $R(x,y,z)$ 在有向曲面 Σ 上**对坐标 x,y 的曲面积分**，记作

$$\iint_{\Sigma}R(x,y,z)\mathrm{d}x\mathrm{d}y,$$

即

$$\iint_{\Sigma}R(x,y,z)\mathrm{d}x\mathrm{d}y=\lim_{\lambda\to 0}\sum_{i=1}^{n}R(\xi_i,\eta_i,\zeta_i)(\Delta S_i)_{xy};$$

类似地，函数 $P(x,y,z)$ 在有向曲面 Σ 上**对坐标 y,z 的曲面积分**为

$$\iint_{\Sigma}P(x,y,z)\mathrm{d}y\mathrm{d}z=\lim_{\lambda\to 0}\sum_{i=1}^{n}P(\xi_i,\eta_i,\zeta_i)(\Delta S_i)_{yz};$$

函数 $Q(x,y,z)$ 在有向曲面 Σ 上**对坐标 x,z 的曲面积分**为

$$\iint_{\Sigma}Q(x,y,z)\mathrm{d}z\mathrm{d}x=\lim_{\lambda\to 0}\sum_{i=1}^{n}Q(\xi_i,\eta_i,\zeta_i)(\Delta S_i)_{zx}.$$

其中，$R(x,y,z)$，$P(x,y,z)$，$Q(x,y,z)$ 称为**被积函数**，Σ 称为**积分曲面**.

在应用中，常将三个积分的和写成如下简便形式.

$$\begin{aligned}&\iint_{\Sigma}P(x,y,z)\mathrm{d}y\mathrm{d}z+\iint_{\Sigma}Q(x,y,z)\mathrm{d}z\mathrm{d}x+\iint_{\Sigma}R(x,y,z)\mathrm{d}x\mathrm{d}y\\&=\iint_{\Sigma}P(x,y,z)\mathrm{d}y\mathrm{d}z+Q(x,y,z)\mathrm{d}z\mathrm{d}x+R(x,y,z)\mathrm{d}x\mathrm{d}y.\end{aligned}$$

如果 Σ 是封闭有向光滑曲面，对坐标的曲面积分记作

$$\oiint_{\Sigma}P(x,y,z)\mathrm{d}y\mathrm{d}z+Q(x,y,z)\mathrm{d}z\mathrm{d}x+R(x,y,z)\mathrm{d}x\mathrm{d}y.$$

对坐标的曲面积分具有与对坐标的曲线积分类似的一些性质.

计算对坐标的曲面积分举例

(1) 如果将曲面 Σ 分成 Σ_1 和 Σ_2，则

$$\begin{aligned}&\iint_{\Sigma}P\mathrm{d}y\mathrm{d}z+Q\mathrm{d}z\mathrm{d}x+R\mathrm{d}x\mathrm{d}y\\&=\iint_{\Sigma_1}P\mathrm{d}y\mathrm{d}z+Q\mathrm{d}z\mathrm{d}x+R\mathrm{d}x\mathrm{d}y+\iint_{\Sigma_2}P\mathrm{d}y\mathrm{d}z+Q\mathrm{d}z\mathrm{d}x+R\mathrm{d}x\mathrm{d}y.\end{aligned}$$

(2) 设 Σ 是有向曲面，Σ^- 表示与 Σ 取相反侧的有向曲面，则

$$\iint_{\Sigma^-}P\mathrm{d}y\mathrm{d}z+Q\mathrm{d}z\mathrm{d}x+R\mathrm{d}x\mathrm{d}y=-\iint_{\Sigma}P\mathrm{d}y\mathrm{d}z+Q\mathrm{d}z\mathrm{d}x+R\mathrm{d}x\mathrm{d}y.$$

对于对坐标的曲面积分，也将它化为二重积分来计算，具体方法如下.

对坐标 x,y 的曲面积分，积分曲面 Σ 的方程要写成 $z=z(x,y)$ 的形式，曲面 Σ 在 xOy 面上的投影区域记作 D_{xy}. 设 $z=z(x,y)$ 在 D_{xy} 上具有一阶连续偏导数，被积函数 $R(x,y,z)$ 在曲面 Σ 上连续，则有

$$\iint_{\Sigma}R(x,y,z)\mathrm{d}x\mathrm{d}y=\pm\iint_{D_{xy}}R[x,y,z(x,y)]\mathrm{d}x\mathrm{d}y. \tag{11-36}$$

当 Σ 取上侧时，式(11-36) 右端取正号；当 Σ 取下侧时，式(11-36) 右端取负号.

类似地，计算对坐标 y,z 的曲面积分，要将曲面 Σ 的方程写成 $x=x(y,z)$ 的形式. 将 Σ 投

影到 yOz 面上，其投影区域为 D_{yz}，则有

$$\iint_{\Sigma} P(x,y,z)\mathrm{d}y\mathrm{d}z = \pm\iint_{D_{yz}} P[x(y,z),y,z]\mathrm{d}y\mathrm{d}z. \tag{11-37}$$

当 Σ 取前侧时，式(11-37) 右端取正号；当 Σ 取后侧时，式(11-37) 右端取负号.

计算对坐标 z,x 的曲面积分，要将曲面 Σ 的方程写成 $y=y(z,x)$ 的形式. 将曲面 Σ 投影到 zOx 面上，其投影区域为 D_{zx}，则有

$$\iint_{\Sigma} Q(x,y,z)\mathrm{d}z\mathrm{d}x = \pm\iint_{D_{zx}} Q[x,y(z,x),z]\mathrm{d}z\mathrm{d}x. \tag{11-38}$$

当 Σ 取右侧时，式(11-38) 右端取正号；当 Σ 取左侧时，式(11-38) 右端取负号.

例 4 计算曲面积分 $\iint_{\Sigma} x^2\mathrm{d}y\mathrm{d}z + y^2\mathrm{d}z\mathrm{d}x + z^2\mathrm{d}x\mathrm{d}y$，其中，曲面 Σ 是长方体 Ω 的整个表面的外侧，$\Omega=\{(x,y,z)\mid 0\leqslant x\leqslant a,0\leqslant y\leqslant b,0\leqslant z\leqslant c\}$.

解 设曲面 Σ 由 $\Sigma_1,\Sigma_2,\Sigma_3,\Sigma_4,\Sigma_5$ 和 Σ_6 所围成，区域分别如下.

$\Sigma_1: z=c(0\leqslant x\leqslant a,0\leqslant y\leqslant b)$，取上侧；

$\Sigma_2: z=0(0\leqslant x\leqslant a,0\leqslant y\leqslant b)$，取下侧；

$\Sigma_3: x=a(0\leqslant y\leqslant b,0\leqslant z\leqslant c)$，取前侧；

$\Sigma_4: x=0(0\leqslant y\leqslant b,0\leqslant z\leqslant c)$，取后侧；

$\Sigma_5: y=0(0\leqslant x\leqslant a,0\leqslant z\leqslant c)$，取左侧；

$\Sigma_6: y=b(0\leqslant x\leqslant a,0\leqslant z\leqslant c)$，取右侧.

除 Σ_3,Σ_4 外，其余 4 张曲面在 yOz 面上的投影都为零，Σ_3,Σ_4 在 yOz 面上的投影 D_{yz} 相同，$D_{yz}: 0\leqslant y\leqslant b,0\leqslant z\leqslant c$. 因此

$$\begin{aligned}\iint_{\Sigma} x^2\mathrm{d}y\mathrm{d}z &= \iint_{\Sigma_3} x^2\mathrm{d}y\mathrm{d}z + \iint_{\Sigma_4} x^2\mathrm{d}y\mathrm{d}z \\ &= \iint_{D_{yz}} a^2\mathrm{d}y\mathrm{d}z - \iint_{D_{yz}} 0\mathrm{d}y\mathrm{d}z = a^2bc\text{（根据几何意义）}.\end{aligned}$$

类似地，可得

$$\iint_{\Sigma} y^2\mathrm{d}z\mathrm{d}x = b^2ac,\quad \iint_{\Sigma} z^2\mathrm{d}x\mathrm{d}y = c^2ab.$$

于是
$$\iint_{\Sigma} x^2\mathrm{d}y\mathrm{d}z + y^2\mathrm{d}z\mathrm{d}x + z^2\mathrm{d}x\mathrm{d}y = (a+b+c)abc.$$

例 5 计算曲面积分 $\iint_{\Sigma} z\mathrm{d}x\mathrm{d}y$，其中，曲面 Σ 是球面 $x^2+y^2+z^2=1$ 外侧在 $x\geqslant 0,y\geqslant 0$ 的部分.

解 将有向曲面 Σ 分成以下两部分.

$\Sigma_1: z=\sqrt{1-x^2-y^2}\,(x\geqslant 0,y\geqslant 0)$，取上侧；

$\Sigma_2: z=-\sqrt{1-x^2-y^2}\,(x\geqslant 0,y\geqslant 0)$，取下侧.

Σ_1，Σ_2 在 xOy 面上的投影区域都是 D_{xy}：$x^2+y^2\leqslant 1(x\geqslant 0,y\geqslant 0)$，于是，由式(11-36)，有

$$\begin{aligned}\iint_{\Sigma} z\mathrm{d}x\mathrm{d}y &= \iint_{\Sigma_1} z\mathrm{d}x\mathrm{d}y+\iint_{\Sigma_2} z\mathrm{d}x\mathrm{d}y \\ &= \iint_{D_{xy}} \sqrt{1-x^2-y^2}\,\mathrm{d}x\mathrm{d}y-\iint_{D_{xy}}(-\sqrt{1-x^2-y^2})\mathrm{d}x\mathrm{d}y \\ &= 2\iint_{D_{xy}} \sqrt{1-x^2-y^2}\,\mathrm{d}x\mathrm{d}y = 2\int_0^{\frac{\pi}{2}}\mathrm{d}\theta\int_0^1 \sqrt{1-\rho^2}\cdot\rho\mathrm{d}\rho \\ &= -\frac{\pi}{2}\int_0^1\sqrt{1-\rho^2}\,\mathrm{d}(1-\rho^2) \\ &= -\frac{\pi}{2}\left[\frac{2}{3}(1-\rho^2)^{\frac{3}{2}}\right]_0^1=\frac{\pi}{3}.\end{aligned}$$

概念复习

1. 若 Σ 为上半球面 $z=\sqrt{a^2-x^2-y^2}$，那么 $\iint_{\Sigma}\mathrm{d}S=$ ________.

2. 设曲面 Σ：$z=z(x,y)$ 在 xOy 面上的投影区域 D_{xy} 上具有连续偏导数，则曲面积分 $\iint_{\Sigma}f(x,y,z)\mathrm{d}S$ 可以化为二重积分____________________.

3. $\iint_{\Sigma^-}R(x,y,z)\mathrm{d}x\mathrm{d}y=$ ________ $\iint_{\Sigma}R(x,y,z)\mathrm{d}x\mathrm{d}y$.

4. 计算 $\iint_{\Sigma}R(x,y,z)\mathrm{d}x\mathrm{d}y$ 时，应将曲面 Σ 向______坐标面上投影，并且若曲面 Σ 取下侧，则化为二重积分时积分前应取______号.

习题 11－5

1. 计算下列对面积的曲面积分.

(1) $\iint_{\Sigma}\left(z+2x+\frac{4}{3}y\right)\mathrm{d}S$，其中，平面 Σ 为平面 $\frac{x}{2}+\frac{y}{3}+\frac{z}{4}=1$ 在第一卦限中的部分；

(2) $\iint_{\Sigma}(2xy-2x^2-x-z)\mathrm{d}S$，其中，平面 Σ 为平面 $2x+2y+z=6$ 在第一卦限中的部分.

2. 计算下列对坐标的曲面积分.

(1) $\iint_{\Sigma}x^2y^2z\mathrm{d}x\mathrm{d}y$，其中，曲面 Σ 为球面 $x^2+y^2+z^2=R^2$ 的下半部分的下侧；

(2) $\iint_{\Sigma}z\mathrm{d}x\mathrm{d}y+x\mathrm{d}y\mathrm{d}z+y\mathrm{d}z\mathrm{d}x$，其中，曲面 Σ 为柱面 $x^2+y^2=1$ 被平面 $z=0$ 及 $z=3$ 所截得的第一卦限内的部分的前侧.

实验八　重积分的 Python 实现

一、利用 Python 求重积分

在 Python 中，主要应用 SymPy 和 SciPy 计算积分. 常用的除在实验 4 中介绍的符号积分函数 sympy. integrate()和数值积分函数 scipy. integrate. quad()外，还有用于计算二重积分的 scipy. integrate. dblquad()、三重积分的 scipy. integrate. tplquad()、多重积分的 scipy. integrate. nquad()等数值积分函数.

例 1　计算二重积分 $I=\iint\limits_D x^2 e^{-y^2}\mathrm{d}x\mathrm{d}y$，其中，$D$ 是由直线 $x=0,y=1,y=x$ 所围成的区域.

解　该积分可以写成 $I=\int_0^1 \mathrm{d}y\int_0^y x^2 e^{-y^2}\mathrm{d}x$ 或 $I=\int_0^1 \mathrm{d}x\int_0^y x^2 e^{-y^2}\mathrm{d}y$. 按第一种形式用 Python 进行求解.

方法一　使用 sympy. integrate()函数，程序代码为

```
import sympy as sp
x,y=sp.symbols('x y')
f=x**2*sp.exp(-y**2)
# 下面计算内层积分(关于 x)
inner_integral=sp.integrate(f,(x,0,y))
# 下面计算外层积分(关于 y)
double_integral=sp.integrate(inner_integral,(y,0,1))
double_integral,double_integral.evalf()
```

运行结果为

```
1/6-exp(-1)/3  0.0440401862761859
```

因此有 $I=-\frac{1}{3e}+\frac{1}{6}$，用小数表示约为 0. 044 04.

方法二　使用 scipy. integrate. dblquad()函数，程序代码为

```
from scipy.integrate import dblquad
import numpy as np
def f(x,y):  # 定义被积函数
    return x**2*np.exp(-y**2)
# 下面定义积分区域
y_lower=0
y_upper=1
x_lower=lambda y: 0
x_upper=lambda y: y
integral,error=dblquad(f,y_lower,y_upper,x_lower,x_upper)  # 计算二重积分
integral,error
```

运行结果为

```
0.04404018627618589  1.3584583711462814e-15
```

注意 (1)这两种方法都得出了正确的结果,但实质是不一样的,sympy.integrate()函数用于符号积分,即先求出被积函数的原函数,再代入上下限. scipy.integrate.quad()函数用于数值积分,并不求原函数,而是给出一个近似结果,这个结果的误差也是一般科学计算人员可以接受的.

(2)程序代码的可读性与简洁性是矛盾的,随着代码编写能力的提高,可考虑适当提高程序代码的简洁性,以减少程序代码行数、提高工作效率. 因此上述程序代码可以简化为

```
from scipy.integrate import dblquad
import numpy as np
integral,error=dblquad(lambda x,y:x **2 *np.exp(-y **2),0,1,lambda y: 0,lambda y: y)
integral,error
```

如果采用第二种形式,人工无法计算,而用 Python 可以算出结果,程序代码为

```
from scipy.integrate import dblquad
import numpy as np
integral,error=dblquad(lambda y,x:x **2 *np.exp(-y **2),0,1,lambda x: x,lambda x: 1)
integral,error
```

运行结果为

```
0.04404018627618589,8.417883973109381e-16
```

例 2 计算三次积分 $\int_0^1 \mathrm{d}x \int_0^{\frac{1-x}{2}} \mathrm{d}y \int_0^{1-x-2y} x \mathrm{d}z$.

解 方法一 使用 sympy.integrate()函数,程序代码为

```
import sympy as sp
x,y,z=sp.symbols('x y z')
double_integral=sp.integrate(x,(z,0,1-x-2 *y),(y,0,(1-x)/2),(x,0,1))
double_integral,double_integral.evalf()
```

运行结果为(1/48,0.0208333333333333).

方法二 使用 scipy.integrate.dblquad()函数,程序代码为

```
from scipy.integrate import tplquad
integral,error=tplquad(lambda x,y,z:x,0,1,lambda x: 0,lambda x: (1-x)/2,lambda x,
y:0,lambda x,y:1-x-2 *y)
integral,error
```

运行结果为

```
0.020833333333333332  5.503056762889234e-15
```

二、应用举例

在解决经济问题时，如果所考察的经济量是关于 x,y 的二元函数 $f(x,y)$，所求的又是关于积分元素 $f(x,y)\Delta\sigma$ 的问题（类似于体积问题），那么可以通过计算二重积分来解决.

例 3 人口统计模型.

某城市 2024 年的人口密度近似为

$$P(x,y)=\frac{20}{\sqrt{x^2+y^2+96}},$$

其中，(x,y) 表示某坐标点（单位：km），如图 11-39 所示. 试求距市中心 2 km 区域内的人口数（单位：万人）.

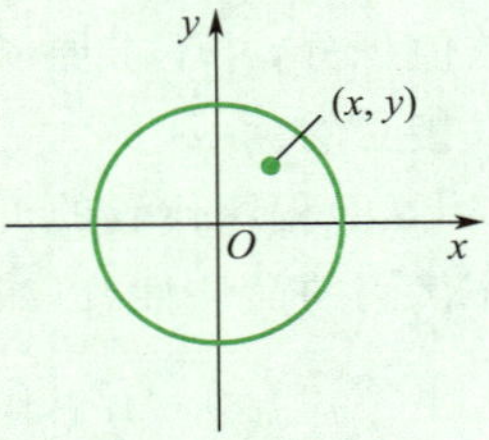

图 11-39
（注：坐标原点为市中心）

解 人口总数可以通过区域面积和人口密度的乘积得到，而人口密度是随着地点的变化而变化的，于是可以利用下面的二重积分得到

$$\iint_D P(x,y)\mathrm{d}\sigma=\iint_D\frac{20}{\sqrt{x^2+y^2+96}}\mathrm{d}\sigma=\int_0^{2\pi}\left(\int_0^2\frac{20}{\sqrt{r^2+96}}r\mathrm{d}r\right)\mathrm{d}\theta.$$

程序代码为

```
import sympy as sp
import sumpy as np
r,theta=sp.symbols('r theta')
double_integral=sp.integrate(20*r/sp.sqrt(r**2+96),(r,0,2),(theta,0,2*np.pi))
double_integral,double_integral.evalf()
```

运行结果为

```
1256.63706143592-502.654824574367*sqrt(6)   25.3892244805278
```

经过计算，该区域内的人口数为 $400\pi-160\sqrt{6}\pi$，约为 25.4 万人.

实验题 8

1. 求二重积分 $\iint\limits_D xy\mathrm{d}x\mathrm{d}y$，其中，$D$ 是由抛物线 $y^2=x$ 及直线 $y=x-2$ 所围成的闭区域.

2. 用不同的方法计算 $\iint\limits_D \mathrm{e}^{-\frac{x^2}{2}}\sin(x^2+y)\mathrm{d}x\mathrm{d}y$，$D=[-2,2]\times[-1,1]$，并比较结果.

3. 求三重积分 $\iiint\limits_\Omega \frac{z}{(x^2+y^2+z^2)^{\frac{3}{2}}}\mathrm{d}V$，其中，$\Omega$ 是由 $z=\sqrt{x^2+y^2}$ 与 $z=1$ 所围成的闭区域.

4. 设公司销售商品甲 x 个单位、商品乙 y 个单位获得的利润是由下式确定的：

$$P(x,y)=-(x-200)^2-(y-100)^2+5\ 000,$$

现已知在一周内销售的商品中甲为 150～200 个单位，乙为 80～100 个单位. 求一周内销售这两种商品的平均利润.

回顾与预习

1. 填空题.

(1) 设平面区域 D 为 $0 \leqslant x \leqslant y, 0 \leqslant y \leqslant 1$,则 $\iint\limits_D \mathrm{d}x\mathrm{d}y =$ ________.

(2) 设 D 为由 $x + y = 1, x - y = 1, x = 0$ 所围成的三角形闭区域,则 $\iint\limits_D x\,\mathrm{d}\sigma =$ ________.

2. 计算下列二重积分.

(1) $\iint\limits_D (x + y)\mathrm{d}\sigma$,其中,$D$ 为以 $(0,0),(0,4),(1,4)$ 为顶点的三角形闭区域;

(2) $\iint\limits_D (x^2 + 2y)\mathrm{d}x\mathrm{d}y$,其中,$D$ 为 $y = x^2$ 和 $y = \sqrt{x}$ 所围成的闭区域;

(3) $\iint\limits_D (y^2 + 3x - 6y + 9)\mathrm{d}\sigma$,其中,$D$ 为闭区域:$x^2 + y^2 \leqslant R^2$;

(4) $\iint\limits_D \sqrt{R^2 - x^2 - y^2}\,\mathrm{d}\sigma$,其中,$D$ 为闭区域:$x^2 + y^2 \leqslant Rx$.

3. 计算下列三重积分.

(1) $\iiint\limits_\Omega x\,\mathrm{d}x\mathrm{d}y\mathrm{d}z$,其中,区域 Ω 为三个坐标面及平面 $x + 2y + z = 1$ 所围成的部分;

(2) $\iiint\limits_\Omega z\,\mathrm{d}x\mathrm{d}y\mathrm{d}z$,其中,区域 Ω 为上半球体 $x^2 + y^2 + z^2 \leqslant 1, z \geqslant 0$.

*4. 计算下列曲线积分.

(1) $\oint_L \sqrt{x^2 + y^2}\,\mathrm{d}s$,其中,$L$ 为圆 $x^2 + y^2 = ax$;

(2) $\int_L (2a - y)\mathrm{d}x + x\mathrm{d}y$,其中,$L$ 为摆线 $x = a(t - \sin t), y = a(1 - \cos t)$ 上对应 t 从 0 到 2π 的一段弧;

(3) $\int_\Gamma (y^2 - z^2)\mathrm{d}x + 2yz\,\mathrm{d}y - x^2\mathrm{d}z$,其中,$\Gamma$ 为曲线 $\begin{cases} x = t, \\ y = t^2, \\ z = t^3 \end{cases}$ 上相应于 $t_1 = 0$ 到 $t_2 = 1$ 的一段弧.

本章常见问题

本章拓展内容视频

为什么 3 元的钞票很少见

本章自测题

本章参考答案

第12章

无 穷 级 数

杨辉

无穷级数是数与函数的一种重要表示形式，是表示函数、研究函数性质及进行数值计算的有效工具，在高等数学理论研究和工程技术中都有重要的应用. 本章将先介绍常数项级数的基本概念和审敛方法，再讨论幂级数及将函数展开成幂级数的问题.

第 1 节　常数项级数的概念与性质

一、常数项级数的概念

在高中阶段，读者学习了数列的概念，并掌握了等差数列、等比数列等数列的有限项求和公式. 本节将讨论把数列的无穷项相加的含义是什么，以及无穷项相加有没有和等问题. 为回答这些问题，下面先给出无穷级数的概念.

定义 1　**设 $u_1, u_2, \cdots, u_n, \cdots$ 是一个给定的数列，那么由这个数列构成的表达式**

$$u_1+u_2+\cdots+u_n+\cdots \tag{12-1}$$

称为**常数项无穷级数**（简称**常数项级数**），记作 $\sum\limits_{n=1}^{\infty} u_n$，即

$$\sum_{n=1}^{\infty} u_n = u_1+u_2+\cdots+u_n+\cdots,$$

其中，第 n 项 u_n 称为级数的**一般项**（或**通项**）.

在定义 1 中，级数(12-1) 只是形式上表达了“无穷多个 u_n 的和”，至于这个和式是否有意义，以及在什么情况下有意义并没有明确的定义. 为了明确这个和式的定义，先讨论有限项的和. 级数(12-1) 前 n 项的和

$$s_n = u_1+u_2+\cdots+u_n = \sum_{k=1}^{n} u_k,$$

称 s_n 为级数(12-1) 的**部分和**. 当 n 依次取 1,2,3,⋯ 时,它们构成一个新数列:

$$s_1 = u_1, \quad s_2 = u_1 + u_2, \quad s_3 = u_1 + u_2 + u_3, \quad \cdots, \quad s_n = u_1 + u_2 + \cdots + u_n, \cdots,$$

数列 $\{s_n\}$ 称为级数(12-1) 的**部分和数列**.

知道有限个实数的和一定是一个实数,那么无穷多个实数的和呢?先来考察两个级数.

由等差数列 $1,2,3,\cdots,n,\cdots$ 构成级数

$$\sum_{n=1}^{\infty} n = 1 + 2 + 3 + \cdots + n + \cdots,$$

部分和

$$s_n = 1 + 2 + 3 + \cdots + n = \frac{n(1+n)}{2},$$

易知 $\lim\limits_{n\to\infty} s_n = +\infty$.

由等比数列 $1,\frac{1}{2},\frac{1}{2^2},\cdots,\frac{1}{2^{n-1}},\cdots$ 构成级数

$$\sum_{n=1}^{\infty} \frac{1}{2^{n-1}} = 1 + \frac{1}{2} + \frac{1}{2^2} + \cdots + \frac{1}{2^{n-1}} + \cdots,$$

部分和

$$s_n = 1 + \frac{1}{2} + \frac{1}{2^2} + \cdots + \frac{1}{2^{n-1}} = \frac{1 - \left(\frac{1}{2}\right)^n}{1 - \frac{1}{2}},$$

因为 $\lim\limits_{n\to\infty} \left(\frac{1}{2}\right)^n = 0$,所以 $\lim\limits_{n\to\infty} s_n = 2$.

由此可见,级数(12-1) 作为"无穷多个 u_n 的和"是否有意义,可以归结为它的部分和数列 $\{s_n\}$ 的极限问题. 为此引入下面的概念.

定义 2 **若级数(12-1) 的部分和数列 $\{s_n\}$ 有极限 s,即**

$$\lim_{n\to\infty} s_n = s,$$

则称级数(12-1) 收敛,这时 s 称为该级数的和,记作

$$s = u_1 + u_2 + \cdots + u_n + \cdots = \sum_{n=1}^{\infty} u_n;$$

如果部分和数列 $\{s_n\}$ 没有极限,则称级数(12-1) 发散.

如果级数 $\sum\limits_{n=1}^{\infty} u_n$ 收敛于 s,则部分和 $s_n \approx s$,它们之间的差

$$r_n = s - s_n = u_{n+1} + u_{n+2} + \cdots$$

称为级数的**余项**. 用 s_n 近似代替 s 所产生的误差是 $|r_n|$.

例 1 判断级数

$$\frac{1}{1\times 2} + \frac{1}{2\times 3} + \cdots + \frac{1}{n(n+1)} + \cdots$$

的收敛性.

解 级数的部分和

$$s_n=\frac{1}{1\times2}+\frac{1}{2\times3}+\cdots+\frac{1}{n(n+1)}$$

$$=\left(1-\frac{1}{2}\right)+\left(\frac{1}{2}-\frac{1}{3}\right)+\cdots+\left(\frac{1}{n}-\frac{1}{n+1}\right)=1-\frac{1}{n+1},$$

因为

$$\lim_{n\to\infty}s_n=\lim_{n\to\infty}\left(1-\frac{1}{n+1}\right)=1,$$

所以这个级数收敛，且其和为1.

例2 讨论**等比级数**（或称为**几何级数**）

$$\sum_{n=1}^{\infty}aq^{n-1}=a+aq+aq^2+\cdots+aq^{n-1}+\cdots \tag{12-2}$$

的收敛性，其中，$a\neq0$，q 称为等比级数的公比.

解 由等比数列的求和公式，当 $|q|\neq1$ 时，部分和

$$s_n=a+aq+aq^2+\cdots+aq^{n-1}=\frac{a-aq^n}{1-q}.$$

当 $|q|<1$ 时，因为 $\lim\limits_{n\to\infty}q^n=0$，所以 $\lim\limits_{n\to\infty}s_n=\lim\limits_{n\to\infty}\dfrac{a-aq^n}{1-q}=\dfrac{a}{1-q}$，即级数(12-2)收敛，其和为 $\dfrac{a}{1-q}$；

当 $|q|>1$ 时，由于 $\lim\limits_{n\to\infty}q^n=\infty$，从而 $\lim\limits_{n\to\infty}s_n=\infty$，此时级数(12-2)发散.

如果 $|q|=1$，则当 $q=1$ 时，$s_n=na$，$\lim\limits_{n\to\infty}s_n=\infty$，级数(12-2)发散；当 $q=-1$ 时，级数(12-2)成为

$$a-a+a-a+\cdots,$$

显然部分和 s_n 随 n 为奇数或偶数分别等于 a 或 0，所以级数(12-2)发散.

综上所述，如果等比级数(12-2)的公比的绝对值 $|q|<1$，那么级数(12-2)收敛；如果 $|q|\geqslant1$，那么级数(12-2)发散.

注意 等比级数的收敛性非常重要，读者应当记住这个结论. 以后无论是判断级数的收敛性，还是将函数展开成幂级数，都经常用到等比级数.

二、收敛级数的基本性质

根据级数收敛性的定义及数列极限的性质可以推出收敛级数的如下5个基本性质.

性质1 **若级数 $\sum\limits_{n=1}^{\infty}u_n$ 收敛于和 s，则级数 $\sum\limits_{n=1}^{\infty}cu_n$（$c$ 为常数）收敛，且其和为 cs.**

性质2 **若级数 $\sum\limits_{n=1}^{\infty}u_n$ 与 $\sum\limits_{n=1}^{\infty}v_n$ 分别收敛于和 s,σ，则级数 $\sum\limits_{n=1}^{\infty}(u_n\pm v_n)$ 也收敛，且其和为 $s\pm\sigma$.**

例 3 判断级数 $\sum_{n=1}^{\infty}\left[\frac{1}{3^n}+\frac{1}{n(n+1)}\right]$ 的收敛性，若收敛，则求其和.

解 因为等比级数 $\sum_{n=1}^{\infty}\frac{1}{3^n}$ 的公比的绝对值 $\left|\frac{1}{3}\right|<1$，所以它收敛，其和为

$$\sum_{n=1}^{\infty}\frac{1}{3^n}=\frac{\frac{1}{3}}{1-\frac{1}{3}}=\frac{1}{2}.$$

又由本节例 1 知，级数 $\sum_{n=1}^{\infty}\frac{1}{n(n+1)}$ 收敛且其和为 1，所以级数 $\sum_{n=1}^{\infty}\left[\frac{1}{3^n}+\frac{1}{n(n+1)}\right]$ 收敛，其和为

$$\sum_{n=1}^{\infty}\left[\frac{1}{3^n}+\frac{1}{n(n+1)}\right]=\frac{3}{2}.$$

性质 3 **在级数中，去掉、加上或改变有限项，级数的收敛性不变.**

性质 3 说明，一个级数的任意有限项的值不影响级数的收敛性.

性质 4 **若级数 $\sum_{n=1}^{\infty}u_n$ 收敛，则对该级数的项任意加括号后所得到的新级数仍收敛，且其和不变.**

性质 4 的结论反过来不一定成立. 例如，级数 $\sum_{n=1}^{\infty}(-1)^{n-1}$ 加括号后得到的级数

$$(1-1)+(1-1)+\cdots+(1-1)+\cdots$$

显然收敛于零；但级数

$$\sum_{n=1}^{\infty}(-1)^{n-1}=1-1+1-1+\cdots+1-1+\cdots$$

是公比为 -1 的等比级数，它是发散的.

性质 5（级数收敛的必要条件） **若级数 $\sum_{n=1}^{\infty}u_n$ 收敛，则** $\lim\limits_{n\to\infty}u_n=0$.

证 设 $s_n=u_1+u_2+\cdots+u_n$，且 $\lim\limits_{n\to\infty}s_n=s$，则

$$\lim_{n\to\infty}u_n=\lim_{n\to\infty}(s_n-s_{n-1})=\lim_{n\to\infty}s_n-\lim_{n\to\infty}s_{n-1}=s-s=0.$$

性质 5 说明，如果级数的一般项不趋于零，则该级数一定发散.

例如，级数 $\sum_{n=1}^{\infty}\frac{n}{2n+1}$，它的一般项

$$\lim_{n\to\infty}u_n=\lim_{n\to\infty}\frac{n}{2n+1}=\frac{1}{2}\neq 0,$$

因此该级数发散.

例 4 证明：**调和级数** $1+\frac{1}{2}+\frac{1}{3}+\cdots+\frac{1}{n}+\cdots$ 是发散的.

证 假设调和级数收敛，设 $\lim\limits_{n\to\infty}s_n=s$，显然 $\lim\limits_{n\to\infty}s_{2n}=s$. 于是有

$$\lim_{n\to\infty}(s_{2n}-s_n)=\lim_{n\to\infty}s_{2n}-\lim_{n\to\infty}s_n=0.$$

另外，由

$$s_{2n}-s_n=\frac{1}{n+1}+\frac{1}{n+2}+\cdots+\frac{1}{2n}>\underbrace{\frac{1}{2n}+\frac{1}{2n}+\cdots+\frac{1}{2n}}_{n项}=\frac{1}{2},$$

得

$$\lim_{n\to\infty}(s_{2n}-s_n)\neq 0,$$

这与调和级数收敛的假设矛盾，所以调和级数发散.

由例 4 可见，虽然调和级数的一般项当 $n\to\infty$ 时趋于零，但它是发散的. 性质 5 只是级数收敛的必要条件而不是充分条件，根据级数的一般项趋于零，不能判断级数是收敛的.

概念复习

1. 由数列 $u_1,u_2,\cdots,u_n,\cdots$ 构成的表达式 $u_1+u_2+\cdots+u_n+\cdots$，称为________.

2. 级数 $\sum\limits_{n=1}^{\infty}u_n$ 的部分和 $s_n=$ __________，如果部分和数列 $\{s_n\}$ 收敛，则称级数 $\sum\limits_{n=1}^{\infty}u_n$ __________.

3. 当等比级数 $\sum\limits_{n=1}^{\infty}aq^{n-1}$ 的公比的绝对值 $|q|<1$ 时，级数__________；当 $|q|\geqslant 1$ 时，该级数__________.

4. 如果级数 $\sum\limits_{n=1}^{\infty}u_n$ 收敛，则 $\lim\limits_{n\to\infty}u_n=$ __________；当 $\lim\limits_{n\to\infty}u_n\neq 0$ 时，级数 $\sum\limits_{n=1}^{\infty}u_n$ 一定__________.

习题 12-1

1. 写出下列级数的一般项.

(1) $1+\frac{1}{3}+\frac{1}{5}+\frac{1}{7}+\cdots$；

(2) $\frac{1}{2}-\frac{2}{3}+\frac{3}{4}-\frac{4}{5}+\frac{5}{6}-\cdots$；

(3) $\sin\frac{\pi}{6}+\sin\frac{2\pi}{6}+\sin\frac{3\pi}{6}+\cdots$.

2. 用定义判断下列级数的收敛性.

(1) $\sum\limits_{n=1}^{\infty}\left(\frac{1}{6}\right)^n$；

(2) $\sum\limits_{n=1}^{\infty}(\sqrt{n+1}-\sqrt{n})$；

(3) $\frac{1}{1\times3}+\frac{1}{3\times5}+\frac{1}{5\times7}+\cdots+\frac{1}{(2n-1)(2n+1)}+\cdots$.

3. 利用收敛级数的性质判断下列级数的收敛性.

(1) $\sum\limits_{n=1}^{\infty}\left(\frac{1}{3^n}-\frac{1}{5^n}\right)$；

(2) $\frac{1}{3}+\frac{1}{6}+\frac{1}{9}+\cdots+\frac{1}{3n}+\cdots$；

(3) $\sum\limits_{n=1}^{\infty}\left(\frac{1}{2^n}+\frac{1}{2n}\right)$；

(4) $\sum\limits_{n=1}^{\infty}\sqrt{\frac{n}{n+1}}$.

第2节 正项级数

由本章第1节可知，利用级数收敛的定义及性质判断一个级数的收敛性是比较困难的，并且有一定的局限性. 为了寻找更为简单有效的方法，本节先讨论各项都是正数或零的级数.

如果级数 $\sum\limits_{n=1}^{\infty} u_n$ 的一般项 $u_n \geqslant 0$，则称级数 $\sum\limits_{n=1}^{\infty} u_n$ 为**正项级数**.

显然正项级数 $\sum\limits_{n=1}^{\infty} u_n$ 的部分和数列 $\{s_n\}$ 单调增加，即

$$s_1 \leqslant s_2 \leqslant \cdots \leqslant s_n \leqslant \cdots.$$

如果数列 $\{s_n\}$ 有界，根据单调有界数列必有极限的定理，则数列 $\{s_n\}$ 一定收敛，从而级数 $\sum\limits_{n=1}^{\infty} u_n$ 收敛；如果级数 $\sum\limits_{n=1}^{\infty} u_n$ 收敛，则极限 $\lim\limits_{n\to\infty} s_n$ 一定存在，根据收敛数列一定有界的性质，可知数列 $\{s_n\}$ 有界. 因此有下面的定理.

定理1 **正项级数 $\sum\limits_{n=1}^{\infty} u_n$ 收敛的充要条件是部分和数列 $\{s_n\}$ 有界.**

注意 定理1还说明，如果正项级数 $\sum\limits_{n=1}^{\infty} u_n$ 发散，则它的部分和 $s_n \to +\infty (n \to \infty)$，即 $\sum\limits_{n=1}^{\infty} u_n = +\infty$.

例1 讨论 p- 级数 $\sum\limits_{n=1}^{\infty} \dfrac{1}{n^p}$ 的收敛性，其中，$p > 0$，p 为常数.

解 当 $p = 1$ 时，调和级数 $\sum\limits_{n=1}^{\infty} \dfrac{1}{n}$ 发散，其部分和数列无界.

当 $0 < p < 1$ 时，

$$s_n = 1 + \frac{1}{2^p} + \cdots + \frac{1}{n^p} > 1 + \frac{1}{2} + \cdots + \frac{1}{n},$$

上式右端是调和级数的部分和，其无界，因此，部分和数列 $\{s_n\}$ 无界，所以 p- 级数发散.

当 $p > 1$ 时，对于 $n \leqslant x \leqslant n+1$，有 $n^p \leqslant x^p \leqslant (n+1)^p$，所以

$$\frac{1}{(n+1)^p} \leqslant \frac{1}{x^p} \leqslant \frac{1}{n^p},$$

$$\frac{1}{(n+1)^p} = \int_n^{n+1} \frac{1}{(n+1)^p} \mathrm{d}x \leqslant \int_n^{n+1} \frac{1}{x^p} \mathrm{d}x,$$

即
$$\frac{1}{2^p} \leqslant \int_1^2 \frac{1}{x^p}\mathrm{d}x, \frac{1}{3^p} \leqslant \int_2^3 \frac{1}{x^p}\mathrm{d}x, \cdots, \frac{1}{n^p} \leqslant \int_{n-1}^n \frac{1}{x^p}\mathrm{d}x,$$

所以
$$\begin{aligned} s_n &= 1 + \frac{1}{2^p} + \cdots + \frac{1}{n^p} \\ &\leqslant 1 + \int_1^2 \frac{1}{x^p}\mathrm{d}x + \int_2^3 \frac{1}{x^p}\mathrm{d}x + \cdots + \int_{n-1}^n \frac{1}{x^p}\mathrm{d}x \\ &= 1 + \int_1^n \frac{1}{x^p}\mathrm{d}x = 1 + \frac{1}{p-1}\left(1 - \frac{1}{n^{p-1}}\right) \\ &< 1 + \frac{1}{p-1} = \frac{p}{p-1}, \end{aligned}$$

即部分和数列$\{s_n\}$有界，故 p- 级数收敛.

综上所述，当 $p > 1$ 时，p- 级数收敛；当 $0 < p \leqslant 1$ 时，p- 级数发散.

p- 级数在判断正项级数的收敛性方面有着重要的应用，关于它的结论读者应该记住.

一、比较审敛法

定理 2（比较审敛法） 设 $\sum\limits_{n=1}^{\infty} u_n$ 和 $\sum\limits_{n=1}^{\infty} v_n$ 都是正项级数，则

(1) 如果级数 $\sum\limits_{n=1}^{\infty} v_n$ 收敛，且有 $u_n \leqslant v_n (n = 1,2,3,\cdots)$，则级数 $\sum\limits_{n=1}^{\infty} u_n$ 收敛；

(2) 如果级数 $\sum\limits_{n=1}^{\infty} v_n$ 发散，且有 $v_n \leqslant u_n (n = 1,2,3,\cdots)$，则级数 $\sum\limits_{n=1}^{\infty} u_n$ 发散.

证　(1) 设级数 $\sum\limits_{n=1}^{\infty} v_n$ 收敛于σ，则级数 $\sum\limits_{n=1}^{\infty} u_n$ 的部分和

$$s_n = u_1 + u_2 + \cdots + u_n \leqslant v_1 + v_2 + \cdots + v_n \leqslant \sigma \quad (n = 1,2,3,\cdots),$$

即级数 $\sum\limits_{n=1}^{\infty} u_n$ 的部分和数列有界，由本节定理 1 可知级数 $\sum\limits_{n=1}^{\infty} u_n$ 收敛.

(2) 假设级数 $\sum\limits_{n=1}^{\infty} u_n$ 收敛，由(1)可得级数 $\sum\limits_{n=1}^{\infty} v_n$ 收敛，与已知条件矛盾，所以级数 $\sum\limits_{n=1}^{\infty} u_n$ 发散.

例 2　判断级数 $\sum\limits_{n=1}^{\infty} \frac{n}{n^3+1}$ 的收敛性.

解　因为

$$\frac{n}{n^3+1} < \frac{n}{n^3} = \frac{1}{n^2},$$

而 p- 级数 $\sum_{n=1}^{\infty} \frac{1}{n^2}$ 收敛，所以级数 $\sum_{n=1}^{\infty} \frac{n}{n^3+1}$ 收敛.

例 3 判断级数 $\sum_{n=1}^{\infty} \frac{1}{\sqrt{n^2+1}}$ 的收敛性.

解 因为 $n^2+1<n^2+2n+1=(1+n)^2$，所以 $\frac{1}{\sqrt{n^2+1}}>\frac{1}{n+1}$. 而级数

$$\sum_{n=1}^{\infty} \frac{1}{n+1}=\frac{1}{2}+\frac{1}{3}+\cdots+\frac{1}{n+1}+\cdots$$

是调和级数去掉第一项，它是发散的，由比较审敛法可知，原级数发散.

由例 2、例 3 可知，使用比较审敛法时，需要寻找一个收敛性已知的级数与其比较，常用的方法是放大或缩小级数的一般项. 这个方法往往是比较困难的，为了应用方便，下面给出比较审敛法的极限形式.

定理 3（比较审敛法的极限形式） 设 $\sum_{n=1}^{\infty} u_n$ 和 $\sum_{n=1}^{\infty} v_n$ 是两个正项级数，且 $\lim\limits_{n\to\infty} \frac{u_n}{v_n}=l$，则

(1) 当 $0 \leqslant l<+\infty$ 时，若级数 $\sum_{n=1}^{\infty} v_n$ 收敛，则级数 $\sum_{n=1}^{\infty} u_n$ 收敛；

(2) 当 $l>0$ 或 $l=+\infty$ 时，若级数 $\sum_{n=1}^{\infty} v_n$ 发散，则级数 $\sum_{n=1}^{\infty} u_n$ 发散.

证明略.

例 4 判断级数 $\sum_{n=1}^{\infty} \sin \frac{\pi}{3^n}$ 的收敛性.

解 这里 $u_n=\sin \frac{\pi}{3^n}>0$，取 $v_n=\frac{\pi}{3^n}$，因为

$$\lim_{n\to\infty} \sin \frac{\pi}{3^n} \Big/ \frac{\pi}{3^n}=1>0,$$

且等比级数 $\sum_{n=1}^{\infty} \frac{\pi}{3^n}\left(|q|=\frac{1}{3}<1\right)$ 收敛，根据比较审敛法的极限形式，级数 $\sum_{n=1}^{\infty} \sin \frac{\pi}{3^n}$ 收敛.

例 5 判断级数 $\sum_{n=1}^{\infty} \frac{n}{2n^2+n+1}$ 的收敛性.

解 这里 $u_n=\frac{n}{2n^2+n+1}>0$，取 $v_n=\frac{1}{n}$，因为

$$\lim_{n\to\infty} \frac{n}{2n^2+n+1} \Big/ \frac{1}{n}=\lim_{n\to\infty} \frac{n^2}{2n^2+n+1}=\frac{1}{2}>0,$$

且调和级数 $\sum_{n=1}^{\infty} \frac{1}{n}$ 发散，所以级数 $\sum_{n=1}^{\infty} \frac{n}{2n^2+n+1}$ 发散.

使用比较审敛法时，经常选用等比级数、p-级数等已知收敛性的级数作为比较基准．只有掌握这些常见级数的收敛性，并加以灵活运用，才能熟练地应用比较审敛法．

二、比值审敛法

无论用比较审敛法还是它的极限形式，都需要找一个收敛性已知的比较级数，将所给正项级数与等比级数比较，可以得到方便、实用的比值审敛法，它只需要利用级数通项自身的特点就可以判断级数的收敛性，下面只给出比值审敛法，证明方法可扫描二维码查看．

定理 4（比值审敛法或达朗贝尔（d′Alembert）审敛法） 设 $\sum_{n=1}^{\infty} u_n$ 为正项级数，如果 $\lim_{n\to\infty}\frac{u_{n+1}}{u_n}=\rho$，则

（1）当 $\rho<1$ 时，级数 $\sum_{n=1}^{\infty} u_n$ 收敛；

（2）当 $\rho>1$ 或 $\rho=+\infty$ 时，级数 $\sum_{n=1}^{\infty} u_n$ 发散．

比值审敛法

例 6 判断级数 $\sum_{n=1}^{\infty}\frac{2}{n!}$ 的收敛性．

解 记 $u_n=\frac{2}{n!}$，因为

$$\lim_{n\to\infty}\frac{u_{n+1}}{u_n}=\lim_{n\to\infty}\frac{2}{(n+1)!}\bigg/\frac{2}{n!}=\lim_{n\to\infty}\frac{1}{n+1}=0<1,$$

根据比值审敛法，级数 $\sum_{n=1}^{\infty}\frac{2}{n!}$ 收敛．

例 7 判断级数 $\sum_{n=1}^{\infty}\frac{n!}{10^n}$ 的收敛性．

解 记 $u_n=\frac{n!}{10^n}$，因为

$$\lim_{n\to\infty}\frac{u_{n+1}}{u_n}=\lim_{n\to\infty}\frac{(n+1)!}{10^{n+1}}\bigg/\frac{n!}{10^n}=\lim_{n\to\infty}\frac{n+1}{10}=+\infty,$$

所以级数 $\sum_{n=1}^{\infty}\frac{n!}{10^n}$ 发散．

值得注意的是，当 $\lim_{n\to\infty}\frac{u_{n+1}}{u_n}=1$ 时，用比值审敛法不能确定级数 $\sum_{n=1}^{\infty} u_n$ 的收敛性．

例如，对于 p-级数 $\sum_{n=1}^{\infty}\frac{1}{n^p}$，$p>1$ 时级数收敛，$p\leqslant 1$ 时级数发散．但对于任何 p 值均有

$$\lim_{n\to\infty}\frac{u_{n+1}}{u_n}=\lim_{n\to\infty}\frac{1}{(n+1)^p}\bigg/\frac{1}{n^p}=1.$$

这时比值审敛法失效，需要用其他的方法来判断级数的收敛性．

正项级数收敛性判断

概念复习

1. 正项级数部分和数列有界是这个正项级数收敛的______________.

2. 在比较审敛法中，当一般项满足 u_n ______ $v_n(n=1,2,3,\cdots)$ 时，级数 $\sum_{n=1}^{\infty} v_n$ 收敛，则级数 $\sum_{n=1}^{\infty} u_n$ 收敛；当一般项满足 u_n ______ $v_n(n=1,2,3,\cdots)$ 时，级数 $\sum_{n=1}^{\infty} v_n$ 发散，则级数 $\sum_{n=1}^{\infty} u_n$ 发散.

3. 在比较审敛法的极限形式中，若 $\lim\limits_{n\to\infty}\frac{u_n}{v_n}=l$：当____ $\leqslant l <$ ____，且级数 $\sum_{n=1}^{\infty} v_n$ 收敛时，级数 $\sum_{n=1}^{\infty} u_n$ 收敛；当 l ________ 或 l ________，且级数 $\sum_{n=1}^{\infty} v_n$ 发散时，级数 $\sum_{n=1}^{\infty} u_n$ 发散.

4. 在比值审敛法中，若 $\lim\limits_{n\to\infty}\frac{u_{n+1}}{u_n}=\rho$，则当 ρ ________ 时，级数 $\sum_{n=1}^{\infty} u_n$ 收敛；当 ρ ________ 或 ρ ________ 时，级数 $\sum_{n=1}^{\infty} u_n$ 发散.

习题 12－2

1. 用比较审敛法或其极限形式判断下列级数的收敛性.

(1) $1+\frac{1}{3}+\frac{1}{5}+\cdots+\frac{1}{2n-1}+\cdots$；

(2) $\frac{1}{2\times 5}+\frac{1}{3\times 6}+\cdots+\frac{1}{(n+1)(n+4)}+\cdots$；

(3) $\sum_{n=1}^{\infty}\frac{1+n}{n^2+2n}$；　(4) $\sum_{n=1}^{\infty}\frac{1}{n\sqrt{n+1}}$；　(5) $\sum_{n=1}^{\infty}\ln\left(1+\frac{1}{n}\right)$；

(6) $\sum_{n=1}^{\infty}\sin\frac{\pi}{2^n}$；　(7) $\sum_{n=1}^{\infty}\tan\frac{1}{n^2}$；　(8) $\sum_{n=1}^{\infty}\frac{1}{1+a^n}\quad(a>0)$.

2. 用比值审敛法判断下列级数的收敛性.

(1) $\sum_{n=1}^{\infty}\frac{3^n}{n!}$；　(2) $\sum_{n=1}^{\infty}\frac{2^n}{n^2}$；　(3) $\sum_{n=1}^{\infty}\frac{n^4}{n!}$；　(4) $\sum_{n=1}^{\infty}\frac{2^n n!}{n^n}$.

第 3 节　任意项级数

一、交错级数及其审敛法

第 2 节讨论了正项级数的收敛性，本节将进一步讨论一般常数项级数（各项为任意实数），即任意项级数的收敛性. 下面先来研究各项正、负相间的级数，这种级数称为**交错级数**，可以写成

$$u_1-u_2+u_3-u_4+\cdots+(-1)^{n-1}u_n+\cdots$$

或

$$-u_1+u_2-u_3+u_4-\cdots+(-1)^n u_n+\cdots,$$

其中，$u_n>0(n=1,2,3,\cdots)$. 关于交错级数的收敛性，有下面的审敛法.

定理 1（莱布尼茨定理）　**若交错级数** $\sum\limits_{n=1}^{\infty}(-1)^{n-1}u_n$ **满足条件：**

(1) $u_n\geqslant u_{n+1}(n=1,2,3,\cdots)$；

(2) $\lim\limits_{n\to\infty}u_n=0$，

则级数 $\sum\limits_{n=1}^{\infty}(-1)^{n-1}u_n$ **收敛，且其和** $s\leqslant u_1$**，余项** $|r_n|\leqslant u_{n+1}$.

例 1　判断级数 $\sum\limits_{n=1}^{\infty}\dfrac{(-1)^{n-1}}{n}$ 的收敛性.

解　交错级数中 $u_n=\dfrac{1}{n}$，满足

$$u_n=\frac{1}{n}>\frac{1}{n+1}=u_{n+1}\quad 且\quad \lim_{n\to\infty}u_n=\lim_{n\to\infty}\frac{1}{n}=0,$$

由莱布尼茨定理可知，交错级数 $\sum\limits_{n=1}^{\infty}\dfrac{(-1)^{n-1}}{n}$ 收敛.

二、绝对收敛与条件收敛

现在讨论任意项级数，设级数

$$\sum_{n=1}^{\infty}u_n=u_1+u_2+u_3+\cdots+u_n+\cdots,$$

其中，u_n 可以是正数、负数或零. 将其各项取绝对值后得到级数

$$\sum_{n=1}^{\infty}|u_n|=|u_1|+|u_2|+|u_3|+\cdots+|u_n|+\cdots.$$

任意项级数收敛性的判断

若级数 $\sum\limits_{n=1}^{\infty}|u_n|$ 收敛，则称级数 $\sum\limits_{n=1}^{\infty}u_n$ **绝对收敛**；若级数 $\sum\limits_{n=1}^{\infty}u_n$ 收敛，而级数 $\sum\limits_{n=1}^{\infty}|u_n|$ 发散，则称级数 $\sum\limits_{n=1}^{\infty}u_n$ **条件收敛**.

关于任意项级数的收敛与绝对收敛，有下面的定理.

定理 2 **若级数 $\sum\limits_{n=1}^{\infty}|u_n|$ 收敛，则级数 $\sum\limits_{n=1}^{\infty}u_n$ 收敛，即绝对收敛的级数一定收敛.**

证 因为 $0 \leqslant u_n + |u_n| \leqslant 2|u_n|$，且级数 $\sum\limits_{n=1}^{\infty}2|u_n|$ 收敛，根据比较审敛法，级数 $\sum\limits_{n=1}^{\infty}(u_n+|u_n|)$ 收敛，从而级数

$$\sum_{n=1}^{\infty}u_n = \sum_{n=1}^{\infty}[(u_n+|u_n|)-|u_n|]$$

也收敛.

定理 2 将任意项级数的收敛性判断问题转化为正项级数的收敛性判断问题.

例 2 证明级数 $\sum\limits_{n=1}^{\infty}\dfrac{\cos(n!)}{2^n}$ 绝对收敛.

证 $\left|\dfrac{\cos(n!)}{2^n}\right| < \dfrac{1}{2^n}$，而级数 $\sum\limits_{n=1}^{\infty}\dfrac{1}{2^n}$ 是公比 $q=\dfrac{1}{2}<1$ 的等比级数，它是收敛的，由比较审敛法可知，级数 $\sum\limits_{n=1}^{\infty}\left|\dfrac{\cos(n!)}{2^n}\right|$ 收敛. 根据本节定理 2，级数 $\sum\limits_{n=1}^{\infty}\dfrac{\cos(n!)}{2^n}$ 绝对收敛.

例 3 判断级数 $\sum\limits_{n=1}^{\infty}\dfrac{(-1)^{n-1}}{\sqrt{n}}$ 的收敛性.

解 这是一个交错级数，其中，$u_n=\dfrac{1}{\sqrt{n}}$ 满足条件

$$u_n=\frac{1}{\sqrt{n}}>\frac{1}{\sqrt{n+1}}=u_{n+1} \quad 和 \quad \lim_{n\to\infty}u_n=\lim_{n\to\infty}\frac{1}{\sqrt{n}}=0,$$

由莱布尼茨定理可知，级数 $\sum\limits_{n=1}^{\infty}\dfrac{(-1)^{n-1}}{\sqrt{n}}$ 收敛. 而其各项取绝对值后的级数 $\sum\limits_{n=1}^{\infty}\dfrac{1}{\sqrt{n}}$ 是 $p=\dfrac{1}{2}$ 的 p- 级数，它是发散的. 所以，原级数是条件收敛的.

概念复习

1. 级数 $1-\dfrac{1}{2}+\dfrac{1}{3}-\cdots+(-1)^{n-1}\dfrac{1}{n}+\cdots$ 的一般项是________；莱布尼茨定理中所指的 $u_n=$________.

2. 对于交错级数 $\sum\limits_{n=1}^{\infty}(-1)^n u_n$，当满足条件____________和____________时，该级数收敛.

3. 如果级数 $\sum\limits_{n=1}^{\infty}|u_n|$ 收敛，则称级数 $\sum\limits_{n=1}^{\infty}u_n$ ________；如果级数 $\sum\limits_{n=1}^{\infty}|u_n|$ 发散，而 $\sum\limits_{n=1}^{\infty}u_n$ 收敛，则称级数 $\sum\limits_{n=1}^{\infty}u_n$ ________.

4. 级数 $\sum\limits_{n=1}^{\infty}\dfrac{(-1)^{n-1}}{\sqrt{n}}$ 是__________收敛的.

习题 12 - 3

1. 判断下列交错级数的收敛性.

(1) $\sum\limits_{n=1}^{\infty}(-1)^{n-1}\dfrac{1}{n}$；

(2) $\sum\limits_{n=1}^{\infty}\dfrac{(-1)^n}{\sqrt{n+1}}$；

(3) $\sum\limits_{n=1}^{\infty}(-1)^{n-1}\left(\dfrac{2}{3}\right)^n$；

(4) $\sum\limits_{n=1}^{\infty}(-1)^n\dfrac{n}{\sqrt{n}+n}$.

2. 判断下列级数是否收敛. 若收敛，是绝对收敛还是条件收敛？

(1) $\sum\limits_{n=1}^{\infty}(-1)^{n-1}\dfrac{1}{n+1}$；

(2) $\sum\limits_{n=1}^{\infty}\left(-\dfrac{5}{8}\right)^n$；

(3) $\sum\limits_{n=1}^{\infty}\dfrac{\sin n\alpha}{\sqrt{n^3}}$；

(4) $\sum\limits_{n=1}^{\infty}(-1)^{n+1}\dfrac{n}{3^n}$；

(5) $\sum\limits_{n=1}^{\infty}(-1)^{n+1}\dfrac{2^{n^2}}{n!}$；

(6) $\dfrac{1}{3}\times\dfrac{1}{2}-\dfrac{1}{3}\times\dfrac{1}{2^2}+\dfrac{1}{3}\times\dfrac{1}{2^3}-\dfrac{1}{3}\times\dfrac{1}{2^4}+\cdots$.

第 4 节　幂　级　数

前面讨论的级数的每一项都是常数，即常数项级数. 如果级数的各项都是定义在区间 I 上 x 的函数，即级数为

$$u_1(x)+u_2(x)+\cdots+u_n(x)+\cdots,\quad x\in I, \tag{12-3}$$

则称其为**函数项级数**.

对于 $x_0\in I$，如果常数项级数 $\sum\limits_{n=1}^{\infty}u_n(x_0)$ 收敛，则称 x_0 为级数(12-3) 的**收敛点**；否则就称 x_0 为级数(12-3) 的**发散点**. 级数(12-3) 的所有收敛点构成的集合称为级数(12-3) 的**收敛域**. 所有发散点构成的集合称为级数(12-3) 的**发散域**. 例如，级数

$$x+\frac{x^2}{2^2}+\frac{x^3}{2^3}+\cdots+\frac{x^n}{2^n}+\cdots, \tag{12-4}$$

当 $x=1$ 时，级数(12-4) 是等比级数 $1+\frac{1}{2^2}+\frac{1}{2^3}+\cdots+\frac{1}{2^n}+\cdots$，公比 $q=\frac{1}{2}$，该级数收敛.

对于收敛域内的任意 x，都有唯一的实数 $\sum\limits_{n=1}^{\infty}u_n(x)$ 与之对应，这样就得到收敛域上的一个函数，称为级数(12-3) 的**和函数**，记作 $s(x)$，即

$$s(x)=u_1(x)+u_2(x)+u_3(x)+\cdots+u_n(x)+\cdots.$$

常见而且应用广泛的函数项级数形如

$$a_0+a_1(x-x_0)+a_2(x-x_0)^2+\cdots+a_n(x-x_0)^n+\cdots,$$

它的每一项都是正整数幂的幂函数，这种级数称为**幂级数**.

下面以 $x_0=0$ 的幂级数，即

$$\sum_{n=0}^{\infty}a_nx^n=a_0+a_1x+a_2x^2+\cdots+a_nx^n+\cdots \tag{12-5}$$

为例来讨论幂级数的收敛域及性质. 对于 $x_0\neq 0$ 的情形，令 $t=x-x_0$，转化为 $\sum\limits_{n=0}^{\infty}a_nt^n$ 来处理.

一、幂级数的收敛半径

对于幂级数，首先关心的问题仍然是它的收敛与发散的判定. 容易看出，幂级数(12-5) 在 $x=0$ 处是收敛的. 下面进一步探讨它收敛和发散的范围. 为此，考察级数

$$\sum_{n=0}^{\infty}|a_nx^n|=|a_0|+|a_1x|+|a_2x^2|+\cdots+|a_nx^n|+\cdots. \tag{12-6}$$

对于任意取定的 x 值，这是一个正项级数. 设

$$\lim_{n\to\infty}\frac{|a_{n+1}x^{n+1}|}{|a_nx^n|}=\lim_{n\to\infty}\left|\frac{a_{n+1}}{a_n}\right||x|=\rho|x|\left(\rho=\lim_{n\to\infty}\left|\frac{a_{n+1}}{a_n}\right|\right), \tag{12-7}$$

根据比值审敛法，当 $\rho|x|<1(\rho\neq 0)$，即 $|x|<\frac{1}{\rho}$ 时，级数(12-6) 绝对收敛，从而幂级数(12-5) 收敛；当 $\rho|x|>1$，即 $|x|>\frac{1}{\rho}$ 时，有

$$\lim_{n\to\infty}\frac{|a_{n+1}x^{n+1}|}{|a_nx^n|}>1,$$

级数(12-6) 发散，且存在正整数 N，当 $n>N$ 时，有

$$|a_{n+1}x^{n+1}|>|a_nx^n|,$$

所以当 $n\to\infty$ 时，$a_{n+1}x^{n+1}$ 不趋于零，幂级数(12-5) 发散.

幂级数的收敛半径和收敛区间及其求法

当 $\rho=0$ 时，无论 x 取何值，极限(12-7) 均为零，这就说明对于一切 x，幂级数(12-5) 均收敛；当 $\rho=+\infty$ 时，只要 $x\neq 0$，极限(12-7) 均为 $+\infty$，所以当 $x\neq 0$ 时，幂级数(12-5) 发散.

综上所述，记 $R=\frac{1}{\rho}$，幂级数(12-5) 在关于坐标原点对称的区间 $(-R,R)$ 内收敛，在此区间外级数发散. 称此区间为幂级数(12-5) 的**收敛区间**，正数 R 称为幂级数(12-5) 的**收敛半径**.

由此可见，对于幂级数 $\sum_{n=0}^{\infty} a_n x^n$，只要知道它的收敛半径 R，就知道它的收敛区间 $(-R,R)$. 知道收敛区间，再结合对端点 $x=\pm R$ 的收敛性的判断，就可以确定幂级数的收敛域. 关于幂级数的收敛半径有下述结论.

定理 **对于幂级数** $\sum_{n=0}^{\infty} a_n x^n$**，如果** $\lim_{n\to\infty}\left|\frac{a_{n+1}}{a_n}\right|=\rho$**，则**

(1) **当** $0<\rho<+\infty$ **时，收敛半径** $R=\frac{1}{\rho}$；

(2) **当** $\rho=0$ **时，收敛半径** $R=+\infty$；

(3) **当** $\rho=+\infty$ **时，收敛半径** $R=0$.

例 1 求幂级数 $x+\frac{x^2}{2}+\frac{x^3}{3}+\frac{x^4}{4}+\cdots+\frac{x^n}{n}+\cdots$ 的收敛域.

解 由题意知 $a_n=\frac{1}{n}$，则

$$\rho=\lim_{n\to\infty}\left|\frac{a_{n+1}}{a_n}\right|=\lim_{n\to\infty}\frac{1}{n+1}\Big/\frac{1}{n}=\lim_{n\to\infty}\frac{n}{n+1}=1,$$

所以幂级数的收敛半径 $R=\frac{1}{\rho}=1$，收敛区间为 $(-1,1)$.

当 $x=-1$ 时，级数为

$$-1+\frac{1}{2}-\frac{1}{3}+\cdots+(-1)^n\frac{1}{n}+\cdots,$$

由第 3 节例 1 可知，它是收敛的.

当 $x=1$ 时，级数为

$$1+\frac{1}{2}+\frac{1}{3}+\cdots+\frac{1}{n}+\cdots,$$

这是调和级数，它是发散的.

于是，幂级数的收敛域为 $[-1,1)$.

例 2 求幂级数 $1+x+\frac{x^2}{2!}+\cdots+\frac{x^n}{n!}+\cdots$ 的收敛域.

解 由题意知 $a_n=\frac{1}{n!}$，则

$$\rho=\lim_{n\to\infty}\left|\frac{a_{n+1}}{a_n}\right|=\lim_{n\to\infty}\frac{1}{(n+1)!}\Big/\frac{1}{n!}=\lim_{n\to\infty}\frac{1}{n+1}=0,$$

所以幂级数的收敛半径 $R=+\infty$，收敛域为 $(-\infty,+\infty)$.

例 3 求幂级数 $\sum_{n=1}^{\infty} n!x^n$ 的收敛半径.

解 由题意知 $a_n=n!$，则

$$\rho=\lim_{n\to\infty}\left|\frac{a_{n+1}}{a_n}\right|=\lim_{n\to\infty}\frac{(n+1)!}{n!}=\lim_{n\to\infty}(n+1)=+\infty,$$

所以幂级数的收敛半径 $R=0$.

例 4 求幂级数 $\sum\limits_{n=1}^{\infty}\frac{x^{2n-1}}{2^n}$ 的收敛域.

解 幂级数中缺少 x 的偶数次幂，因此不能用本节定理来求幂级数的收敛半径，但可直接用比值审敛法求收敛域. 因为

$$\lim_{n\to\infty}\left|\frac{x^{2n+1}}{2^{n+1}}\Big/\frac{x^{2n-1}}{2^n}\right|=\lim_{n\to\infty}\frac{x^2}{2}=\frac{x^2}{2}.$$

当 $\frac{x^2}{2}<1$，即 $|x|<\sqrt{2}$ 时，级数收敛；

当 $\frac{x^2}{2}>1$，即 $|x|>\sqrt{2}$ 时，级数发散.

所以，幂级数的收敛半径 $R=\sqrt{2}$.

当 $x=-\sqrt{2}$ 时，级数为 $\sum\limits_{n=1}^{\infty}\frac{-1}{\sqrt{2}}$，即级数的每一项均为 $-\frac{1}{\sqrt{2}}$，该级数发散；

当 $x=\sqrt{2}$ 时，级数为 $\sum\limits_{n=1}^{\infty}\frac{1}{\sqrt{2}}$，即级数的每一项均为 $\frac{1}{\sqrt{2}}$，该级数发散.

所以，幂级数的收敛域为 $(-\sqrt{2},\sqrt{2})$.

例 5 求幂级数 $\sum\limits_{n=1}^{\infty}2^n(x-1)^n$ 的收敛域.

解 令 $t=x-1$，所给级数化为 $\sum\limits_{n=1}^{\infty}2^nt^n$. 因为

$$\rho=\lim_{n\to\infty}\left|\frac{a_{n+1}}{a_n}\right|=\lim_{n\to\infty}\left|\frac{2^{n+1}}{2^n}\right|=2,$$

所以收敛半径 $R=\frac{1}{2}$，当 $|t|<\frac{1}{2}$，即 $|x-1|<\frac{1}{2}$ 时，级数收敛，级数的收敛区间为 $\left(\frac{1}{2},\frac{3}{2}\right)$.

当 $x=\frac{1}{2}$ 时，级数为 $\sum\limits_{n=1}^{\infty}(-1)^n$，级数发散；当 $x=\frac{3}{2}$ 时，级数为 $\sum\limits_{n=1}^{\infty}1^n$，级数发散. 故幂级数的收敛域为 $\left(\frac{1}{2},\frac{3}{2}\right)$.

二、幂级数的性质

幂级数在其收敛域内有以下性质.

性质 1 **设幂级数 $\sum\limits_{n=0}^{\infty}a_nx^n$ 与 $\sum\limits_{n=0}^{\infty}b_nx^n$ 的收敛半径分别为 R_1,R_2，则**

$$\sum_{n=0}^{\infty}(a_n\pm b_n)x^n=\sum_{n=0}^{\infty}a_nx^n\pm\sum_{n=0}^{\infty}b_nx^n,\quad x\in(-R,R),$$

其中，$R=\min\{R_1,R_2\}$.

设 $\sum\limits_{n=0}^{\infty}a_nx^n$ 的和函数为 $s(x)$，其收敛域为 I，则有以下性质.

性质2　和函数 $s(x)$ 在收敛域 I 内连续.

性质3　和函数 $s(x)$ 在收敛域 I 内可积，并有逐项积分公式

$$\int_0^x s(t)\mathrm{d}t=\int_0^x\left(\sum_{n=0}^{\infty}a_nt^n\right)\mathrm{d}t=\sum_{n=0}^{\infty}\int_0^x a_nt^n\mathrm{d}t=\sum_{n=0}^{\infty}\frac{a_n}{n+1}x^{n+1}\quad(x\in I),$$

逐项积分后得到的幂级数和原幂级数有相同的收敛半径.

性质4　和函数 $s(x)$ 在其收敛区间 $(-R,R)$ 内可导，且有逐项求导公式

$$s'(x)=\left(\sum_{n=0}^{\infty}a_nx^n\right)'=\sum_{n=0}^{\infty}(a_nx^n)'=\sum_{n=1}^{\infty}na_nx^{n-1}\quad(|x|<R),$$

逐项求导后得到的幂级数和原幂级数有相同的收敛半径.

由性质4可见，幂级数的和函数在其收敛区间内任意阶可导，且

$$s^{(k)}(x)=\sum_{n=k}^{\infty}n(n-1)\cdots(n-k+1)a_nx^{n-k}\quad(k=1,2,3,\cdots),$$

其中，右端的幂级数的收敛半径仍为 R.

例6　求幂级数 $\sum\limits_{n=1}^{\infty}\dfrac{x^n}{n}$ 的和函数.

求幂级数的和函数举例

解　由本节例1可知，幂级数 $\sum\limits_{n=1}^{\infty}\dfrac{x^n}{n}$ 的收敛域为 $[-1,1)$.

设 $s(x)=\sum\limits_{n=1}^{\infty}\dfrac{x^n}{n}$，显然 $s(0)=0$. 由性质4可得，

$$\begin{aligned}s'(x)&=\left(\sum_{n=1}^{\infty}\frac{x^n}{n}\right)'=\sum_{n=1}^{\infty}x^{n-1}\\&=1+x+x^2+x^3+\cdots+x^{n-1}+\cdots(\text{公比为 }x\text{ 的等比级数})\\&=\frac{1}{1-x}\quad(-1<x<1).\end{aligned}$$

因为　$$\int_0^x s'(x)\mathrm{d}x=s(x)-s(0)=s(x)=\int_0^x\frac{1}{1-x}\mathrm{d}x=-\ln(1-x),$$

所以　$$\sum_{n=1}^{\infty}\frac{x^n}{n}=-\ln(1-x)\quad(-1\leqslant x<1).$$

其中，$x=-1$ 成立是由 $s(x)$ 的连续性得到的.

概念复习

1. 幂级数 $a_0+a_1x+a_2x^2+\cdots+a_nx^n+\cdots$ 在点 $x=$ ________ 处一定收敛.
2. 幂级数 $a_0+a_1x+a_2x^2+\cdots+a_nx^n+\cdots$ 的收敛半径 $R=$ ________.
3. 幂级数的和函数在其收敛区间内________、________且________.
4. 幂级数 $1+x+x^2+\cdots+x^n+\cdots$ 的收敛半径 $R=$ ________，收敛区间为 ________________.

习题 12－4

1. 求下列幂级数的收敛区间.

(1) $\sum_{n=1}^{\infty}\frac{x^n}{n^2}$；　　(2) $\sum_{n=1}^{\infty}nx^n$；

(3) $\frac{x}{3}+\frac{x^2}{3^2}+\frac{x^3}{3^3}+\cdots+\frac{x^n}{3^n}+\cdots$；

(4) $x+\frac{1}{\sqrt{2}}x^2+\frac{1}{\sqrt{3}}x^3+\cdots+\frac{1}{\sqrt{n}}x^n+\cdots$；

(5) $x+\frac{2^2}{5}x^2+\frac{2^3}{10}x^3+\cdots+\frac{2^n}{n^2+1}x^n+\cdots$；

(6) $\sum_{n=0}^{\infty}(-1)^n\frac{x^{2n+1}}{2n+1}$；　　(7) $\sum_{n=1}^{\infty}(-1)^n\frac{(x-5)^n}{\sqrt{n}}$.

2. 利用逐项求导或逐项积分，求下列级数的和函数.

(1) $\sum_{n=1}^{\infty}\frac{x^{2n-1}}{2n-1}(|x|<1)$；　　(2) $\sum_{n=1}^{\infty}nx^{n-1}$.

第 5 节　函数展开成幂级数

一、泰勒级数

上一节讨论了幂级数的收敛域及其和函数的性质. 本节将讨论相反的问题，即给定函数 $f(x)$，能否找到一个幂级数，使它在某一区间 I 内收敛且其和恰好就是 $f(x)$. 如果能找到这样的幂级数，就称**函数 $f(x)$ 在区间 I 内能展开成幂级数**.

将一个函数 $f(x)$ 展开成幂级数首先要解决两个问题：其一，函数 $f(x)$ 在什么条件下可以表示成幂级数，即

$$f(x)=a_0+a_1(x-x_0)+a_2(x-x_0)^2+\cdots+a_n(x-x_0)^n+\cdots \tag{12-8}$$

成立的条件是什么？其二，如果函数 $f(x)$ 能表示成形如式(12-8) 右端的幂级数，那么系数 $a_n(n=0,1,2,\cdots)$ 怎样确定？

先来考察第二个问题，设函数 $f(x)$ 在点 x_0 的某一邻域内可以展开成形如式(12-8) 右端的幂级数. 由第 4 节的性质 4，对式(12-8) 两端逐次求导，得

$$f'(x)=a_1+2a_2(x-x_0)+\cdots+na_n(x-x_0)^{n-1}+\cdots,$$

$$f''(x)=2a_2+3!a_3(x-x_0)+\cdots+n(n-1)a_n(x-x_0)^{n-2}+\cdots,$$

$$\cdots\cdots$$

$$f^{(n)}(x)=n!a_n+(n+1)!(x-x_0)+\cdots,$$

$$\cdots\cdots$$

将 $x=x_0$ 代入式(12-8)及上面各式，得

$$a_0=f(x_0),\quad a_1=f'(x_0),\quad a_2=\frac{1}{2!}f''(x_0),\quad \cdots,\quad a_n=\frac{1}{n!}f^{(n)}(x_0),\quad \cdots. \tag{12-9}$$

综上所述，如果函数 $f(x)$ 能展开成形如式(12-8)右端的幂级数，其系数可以由函数 $f(x)$ 及其各阶导数在点 x_0 的值表示，即

$$f(x)=f(x_0)+f'(x_0)(x-x_0)+\frac{f''(x_0)}{2!}(x-x_0)^2+\cdots+\frac{f^{(n)}(x_0)}{n!}(x-x_0)^n+\cdots. \tag{12-10}$$

这说明，如果 $f(x)$ 在点 x_0 的某一邻域内能展开成幂级数，则幂级数的展开式是唯一的.

如果 $f(x)$ 在点 x_0 的某一邻域内具有各阶导数，则幂级数

$$f(x_0)+f'(x_0)(x-x_0)+\frac{f''(x_0)}{2!}(x-x_0)^2+\cdots+\frac{f^{(n)}(x_0)}{n!}(x-x_0)^n+\cdots \tag{12-11}$$

称为函数 $f(x)$ 在点 x_0 的**泰勒级数**. 显然，当 $x=x_0$ 时，$f(x)$ 的泰勒级数收敛于 $f(x_0)$，但除 $x=x_0$ 外，它是否收敛？如果收敛，它是否一定收敛于 $f(x)$？这是另一个问题，关于这个问题，有下面的定理.

定理 **设函数 $f(x)$ 在点 x_0 的某一邻域内具有各阶导数，则函数 $f(x)$ 在该邻域内能展开成泰勒级数的充要条件是在该邻域内函数 $f(x)$ 的泰勒公式中的余项 $R_n(x)$ 当 $n\to\infty$ 时的极限为零，即**

$$\lim_{n\to\infty}R_n(x)=\lim_{n\to\infty}\frac{f^{(n+1)}(\xi)}{(n+1)!}(x-x_0)^{n+1}=0,$$

其中，ξ 在 x 与 x_0 之间.

特别地，若 $x_0=0$，则级数(12-11)为

$$\sum_{n=0}^{\infty}\frac{f^{(n)}(0)}{n!}x^n=f(0)+\frac{f'(0)}{1!}x+\frac{f''(0)}{2!}x^2+\cdots+\frac{f^{(n)}(0)}{n!}x^n+\cdots, \tag{12-12}$$

称为函数 $f(x)$ 的**麦克劳林级数**.

二、函数展开成幂级数举例

1. 几个常见简单函数的麦克劳林展开式

1) 指数函数的幂级数展开式

设函数 $f(x)=e^x$，由于 $f^{(n)}(x)=e^x$，$n=1,2,\cdots$，且 $f^{(n)}(0)=1$，故 $f(x)=e^x$ 的麦克劳林级数为

$$1+x+\frac{x^2}{2!}+\cdots+\frac{x^n}{n!}+\cdots.$$

由本章第 4 节例 2 可知，幂级数 $\sum\limits_{n=0}^{\infty}\frac{x^n}{n!}(-\infty<x<+\infty)$ 收敛，所以它的一般项的极限为

$$\lim_{n\to\infty}\frac{x^{n+1}}{(n+1)!}=0,$$

从而

$$\lim_{n\to\infty} R_n(x) = \lim_{n\to\infty} \frac{x^{n+1}}{(n+1)!} e^{\xi} = 0 \quad (0 < \xi < x),$$

故

$$e^x = \sum_{n=0}^{\infty} \frac{x^n}{n!} = 1 + x + \frac{x^2}{2!} + \cdots + \frac{x^n}{n!} + \cdots, \quad -\infty < x < +\infty. \tag{12-13}$$

以下不再验证函数展开成幂级数的条件 $\lim\limits_{n\to\infty} R_n(x) = 0$，只给出几个简单函数的麦克劳林级数.

2）**常见简单函数的幂级数展开式**

$$\sin x = x - \frac{x^3}{3!} + \cdots + (-1)^n \frac{x^{2n+1}}{(2n+1)!} + \cdots, \quad x \in (-\infty, +\infty); \tag{12-14}$$

$$\cos x = 1 - \frac{x^2}{2!} + \cdots + (-1)^n \frac{x^{2n}}{(2n)!} + \cdots, \quad x \in (-\infty, +\infty); \tag{12-15}$$

$$\frac{1}{1+x} = 1 - x + x^2 - \cdots + (-1)^n x^n + \cdots, \quad -1 < x < 1. \tag{12-16}$$

2. 函数展开为幂级数举例

将函数展开成麦克劳林级数，不仅需要求函数的高阶导数，还要讨论 $R(x)$ 的极限，比较困难. 利用已知简单函数的麦克劳林展开式及幂级数性质，求函数的幂级数展开式，会比较简单，下面举例说明.

间接法求函数的幂级数展开式

例 1 将函数 $f(x) = \dfrac{1}{2-x}$ 展开成 x 的幂级数.

解 由于 $\dfrac{1}{2-x} = \dfrac{1}{2} \cdot \dfrac{1}{1-\dfrac{x}{2}}$，由式(12-16)，得

$$\frac{1}{1-x} = \frac{1}{1+(-x)} = 1 + x + x^2 + \cdots + x^n + \cdots \quad (-1 < x < 1),$$

将上式中的 x 换成 $\dfrac{x}{2}$，得

$$\frac{1}{2-x} = \frac{1}{2} \cdot \frac{1}{1-\dfrac{x}{2}} = \frac{1}{2} + \frac{x}{2^2} + \frac{x^2}{2^3} + \cdots + \frac{x^n}{2^{n+1}} + \cdots,$$

上式成立的区间为 $-1 < \dfrac{x}{2} < 1$，即 $-2 < x < 2$.

例 2 将函数 $f(x) = \dfrac{1}{(1-x)^2}$ 展开成 x 的幂级数.

解 因为 $\left(\dfrac{1}{1-x}\right)' = \dfrac{1}{(1-x)^2}$，且

$$\frac{1}{1-x} = 1 + x + x^2 + \cdots + x^n + \cdots \quad (-1 < x < 1),$$

将上式两端对 x 求导，得

$$f(x)=\frac{1}{(1-x)^2}=1+2x+3x^2+\cdots+nx^{n-1}+\cdots \quad (-1<x<1).$$

例 3 将函数 $f(x)=\ln(1+x)$ 展开成 x 的幂级数.

解 因为 $f'(x)=\frac{1}{1+x}$，且

$$\frac{1}{1+x}=1-x+x^2+\cdots+(-1)^n x^n+\cdots \quad (-1<x<1),$$

将上式两端从 0 到 x 积分，有

$$\begin{aligned}\ln(1+x)&=\int_0^x \frac{1}{1+x}\mathrm{d}x=\int_0^x \sum_{n=0}^{\infty}(-1)^n x^n \mathrm{d}x\\&=\sum_{n=0}^{\infty}\int_0^x (-1)^n x^n \mathrm{d}x=\sum_{n=0}^{\infty}\frac{(-1)^n}{n+1}x^{n+1}\\&=x-\frac{1}{2}x^2+\cdots+(-1)^{n-1}\frac{x^n}{n}+\cdots.\end{aligned}$$

当 $x=1$ 时，交错级数 $\sum_{n=0}^{\infty}\frac{(-1)^n}{n+1}$ 收敛. 所以

$$\ln(1+x)=x-\frac{1}{2}x^2+\cdots+(-1)^{n-1}\frac{x^n}{n}+\cdots \quad (-1<x\leqslant 1).$$

一般地，函数展开成幂级数常用间接展开法. 间接展开法是根据常见简单函数的展开式，利用幂级数的加减、逐项求导、逐项积分以及变量替换等方法，将所给函数展开成幂级数.

概念复习

1. $f(x)=\mathrm{e}^x$ 的麦克劳林级数是____________________.

2. 当 $x=$_____时，$f(x)=\mathrm{e}^x$ 的麦克劳林级数为 $1+1+\frac{1}{2!}+\cdots+\frac{1}{n!}+\cdots$.

3. 函数 $f(x)=\frac{1}{1+x}$ 的麦克劳林级数是________________________.

4. 已知展开式 $\ln(1+x)=x-\frac{1}{2}x^2+\cdots+(-1)^{n-1}\frac{x^n}{n}+\cdots$，则 $\ln 2$ 是常数项级数____________________的和函数.

习题 12－5

1. 将下列函数展开成 x 的幂级数.

(1) $f(x)=\mathrm{e}^{-x}$； (2) $f(x)=a^x$；

(3) $f(x)=\frac{1}{1+x^2}$； (4) $f(x)=\frac{1}{3+x}$；

(5) $f(x)=\sin x^2$； (6) $f(x)=\ln(1-x)$.

2. 将函数 $f(x)=\frac{1}{x}$ 展开成 $(x-1)$ 的幂级数.

第6节 傅里叶级数

一、三角级数 三角函数系的正交性

前面讨论了一类应用广泛的函数项级数——幂级数.本节将介绍另一种应用中常见的函数项级数——三角级数.具体地说,就是讨论由一系列以 2π 为周期的三角函数 $\sin nx$, $\cos nx$ 构成的级数

$$\frac{a_0}{2}+\sum_{n=1}^{\infty}(a_n\cos nx+b_n\sin nx) \tag{12-17}$$

在什么条件下收敛,收敛域是什么,以及以 2π 为周期的函数 $f(x)$ 在什么条件下,可以展开成级数(12-17).形如式(12-17)的级数称为**三角级数**,其中,a_0,a_n,b_n($n=1,2,3,\cdots$)都是常数.

下面先介绍三角函数系的正交性.容易看出级数(12-17)是由函数列

$$1,\quad \cos x,\quad \sin x,\quad \cos 2x,\quad \sin 2x,\quad \cdots,\quad \cos nx,\quad \sin nx,\quad \cdots \tag{12-18}$$

分别乘以常数,再用加号连接而成的,函数列(12-18)又称为**三角函数系**.在三角函数系中,任意两项的乘积在区间 $[-\pi,\pi]$ 上的积分满足以下性质.

$$\int_{-\pi}^{\pi}\cos nx\,\mathrm{d}x=0,\quad \int_{-\pi}^{\pi}\sin nx\,\mathrm{d}x=0\ (n=1,2,3,\cdots),$$

$$\int_{-\pi}^{\pi}\sin kx\cos nx\,\mathrm{d}x=0,\quad \int_{-\pi}^{\pi}\cos kx\sin nx\,\mathrm{d}x=0\ (k,n=1,2,3,\cdots),$$

$$\int_{-\pi}^{\pi}\sin kx\sin nx\,\mathrm{d}x=\int_{-\pi}^{\pi}\cos kx\cos nx\,\mathrm{d}x=\begin{cases}\pi, & k=n,\\ 0, & k\neq n,\end{cases}\quad (k,n=1,2,3,\cdots).$$

这种性质称为三角函数系在区间 $[-\pi,\pi]$ 上的**正交性**.现以 $\int_{-\pi}^{\pi}\cos kx\cos nx\,\mathrm{d}x$ 为例进行说明.

根据三角函数的积化和差公式,当 $k\neq n$ 时,

$$\int_{-\pi}^{\pi}\cos kx\cos nx\,\mathrm{d}x=\frac{1}{2}\int_{-\pi}^{\pi}[\cos(k+n)x+\cos(k-n)x]\mathrm{d}x$$

$$=\frac{1}{2}\left[\frac{\sin(k+n)x}{k+n}+\frac{\sin(k-n)x}{k-n}\right]_{-\pi}^{\pi}=0;$$

当 $k=n$ 时,

$$\int_{-\pi}^{\pi}\cos^2 nx\,\mathrm{d}x=\frac{1}{2}\int_{-\pi}^{\pi}(1+\cos 2nx)\mathrm{d}x=\frac{1}{2}\left[x+\frac{1}{2n}\sin 2nx\right]_{-\pi}^{\pi}=\pi.$$

其余几个等式可以类似地验证.

二、周期函数的傅里叶级数

设 $f(x)$ 是以 2π 为周期的函数,如果函数 $f(x)$ 可以展开成三角级数

$$f(x)=\frac{a_0}{2}+\sum_{n=1}^{\infty}(a_n\cos nx+b_n\sin nx), \tag{12-19}$$

那么如何确定三角级数的系数 $a_0,a_n,b_n(n=1,2,3,\cdots)$呢？为确定式(12-19)右端级数的系数，不妨假设式(12-19)的右端可以逐项积分.

先求 a_0. 将式(12-19)的两端从 $-\pi$ 到 π 积分，得

$$\int_{-\pi}^{\pi} f(x)\mathrm{d}x=\int_{-\pi}^{\pi}\frac{a_0}{2}\mathrm{d}x+\sum_{n=1}^{\infty}\left(\int_{-\pi}^{\pi}a_n\cos nx\,\mathrm{d}x+\int_{-\pi}^{\pi}b_n\sin nx\,\mathrm{d}x\right),$$

根据三角函数系的正交性，上式右端除第一项外，其余各项均为零，所以

$$\int_{-\pi}^{\pi} f(x)\mathrm{d}x=\int_{-\pi}^{\pi}\frac{a_0}{2}\mathrm{d}x=a_0\pi,$$

即
$$a_0=\frac{1}{\pi}\int_{-\pi}^{\pi}f(x)\mathrm{d}x.$$

再求 $a_n(n=1,2,3,\cdots)$. 将式(12-19)两端同乘以 $\cos kx$，并从 $-\pi$ 到 π 积分，得

$$\int_{-\pi}^{\pi} f(x)\cos kx\,\mathrm{d}x=\int_{-\pi}^{\pi}\frac{a_0}{2}\cos kx\,\mathrm{d}x+\sum_{n=1}^{\infty}\left(\int_{-\pi}^{\pi}a_n\cos nx\cos kx\,\mathrm{d}x+\int_{-\pi}^{\pi}b_n\sin nx\cos kx\,\mathrm{d}x\right),$$

由三角函数系的正交性，上式右端除 $n=k$ 对应的项外，其余各项均为零，所以

$$\int_{-\pi}^{\pi} f(x)\cos kx\,\mathrm{d}x=a_k\int_{-\pi}^{\pi}\cos^2 kx\,\mathrm{d}x=a_k\pi\quad(k=1,2,3,\cdots),$$

即
$$a_n=\frac{1}{\pi}\int_{-\pi}^{\pi}f(x)\cos nx\,\mathrm{d}x\quad(n=1,2,3,\cdots).$$

类似地，用 $\sin kx$ 乘以式(12-19)两端，再从 $-\pi$ 到 π 积分，得

$$b_n=\frac{1}{\pi}\int_{-\pi}^{\pi}f(x)\sin nx\,\mathrm{d}x\quad(n=1,2,3,\cdots).$$

综上所述，如果函数 $f(x)$ 可以展开成三角级数，那么此三角级数的系数可以唯一地表示成

$$\begin{cases}a_n=\dfrac{1}{\pi}\displaystyle\int_{-\pi}^{\pi}f(x)\cos nx\,\mathrm{d}x\quad(n=0,1,2,\cdots),\\ b_n=\dfrac{1}{\pi}\displaystyle\int_{-\pi}^{\pi}f(x)\sin nx\,\mathrm{d}x\quad(n=1,2,3,\cdots).\end{cases}\tag{12-20}$$

如果式(12-20)中的积分都存在，那么由它们所确定的系数 $a_0,a_1,b_1,a_2,b_2,\cdots$ 称为函数 $f(x)$ 的**傅里叶(Fourier)系数**，将这些系数代入式(12-19)的右端，所得的三角级数

$$\frac{a_0}{2}+\sum_{n=1}^{\infty}(a_n\cos nx+b_n\sin nx)$$

称为函数 $f(x)$ 的**傅里叶级数**.

关于函数 $f(x)$ 的傅里叶级数是否收敛以及如果收敛，则其和是否等于 $f(x)$ 等问题，有下面的定理.

定理（狄利克雷定理） **设函数 $f(x)$ 是以 2π 为周期的周期函数，如果它满足条件：**

(1) 在一个周期内连续或只有有限个第一类间断点；

(2) 在一个周期内只有有限个极值点，

则函数 $f(x)$ 的傅里叶级数收敛，并且

当点 x 是函数 $f(x)$ 的连续点时,级数收敛于 $f(x)$;

当点 x 是函数 $f(x)$ 的间断点时,级数收敛于 $\frac{f(x^-)+f(x^+)}{2}$.

由上述定理不难看出,函数展开成傅里叶级数的条件比展开成幂级数的条件低得多,甚至不要求函数可导.

例 1 设 $f(x)$ 是以 2π 为周期的函数,它在区间 $[-\pi,\pi)$ 上的表达式为

$$f(x)=\begin{cases}0, & -\pi\leqslant x<0,\\ x, & 0\leqslant x<\pi,\end{cases}$$

将 $f(x)$ 展开成傅里叶级数,并画出级数的和函数图形.

解 函数 $f(x)$ 如图 12-1 所示,点 $x=\pm\pi$, $\pm3\pi,\cdots$ 是函数 $f(x)$ 的间断点.根据狄利克雷定理,在点 $x=\pm\pi,\pm3\pi,\cdots$ 处函数 $f(x)$ 的傅里叶级数收敛于

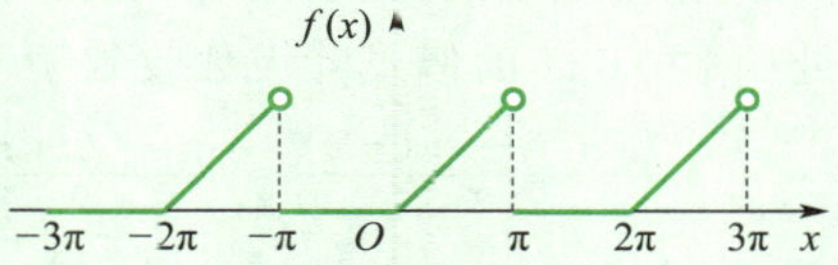

图 12-1

$$\frac{f(\pi^-)+f(\pi^+)}{2}=\frac{\pi+0}{2}=\frac{\pi}{2},$$

当 $x\neq\pm\pi,\pm3\pi,\cdots$ 时,函数 $f(x)$ 的傅里叶级数收敛于 $f(x)$.

函数 $f(x)$ 的傅里叶系数为

$$a_0=\frac{1}{\pi}\int_{-\pi}^{\pi}f(x)\mathrm{d}x=\frac{1}{\pi}\int_0^{\pi}x\mathrm{d}x=\frac{\pi}{2},$$

$$\begin{aligned}a_n&=\frac{1}{\pi}\int_{-\pi}^{\pi}f(x)\cos nx\,\mathrm{d}x\\&=\frac{1}{\pi}\int_0^{\pi}x\cos nx\,\mathrm{d}x=\left[\frac{x}{n\pi}\sin nx\right]_0^{\pi}-\frac{1}{n\pi}\int_0^{\pi}\sin nx\,\mathrm{d}x\\&=0+\frac{1}{n^2\pi}[\cos nx]_0^{\pi}=\frac{1}{n^2\pi}[(-1)^n-1]\quad(n=1,2,3,\cdots),\end{aligned}$$

$$\begin{aligned}b_n&=\frac{1}{\pi}\int_{-\pi}^{\pi}f(x)\sin nx\,\mathrm{d}x=\frac{1}{\pi}\int_0^{\pi}x\sin nx\,\mathrm{d}x\\&=\left[-\frac{x}{n\pi}\cos nx\right]_0^{\pi}+\frac{1}{n\pi}\int_0^{\pi}\cos nx\,\mathrm{d}x\\&=\frac{(-1)^{n+1}}{n}+\left[\frac{1}{n^2\pi}\sin nx\right]_0^{\pi}=\frac{(-1)^{n+1}}{n}\quad(n=1,2,3,\cdots).\end{aligned}$$

函数 $f(x)$ 的傅里叶级数展开式为

$$f(x)=\frac{\pi}{4}+\sum_{n=1}^{\infty}\left[\frac{(-1)^n-1}{n^2\pi}\cos nx+\frac{(-1)^{n+1}}{n}\sin nx\right]$$

$$(-\infty<x<+\infty,x\neq\pm\pi,\pm3\pi,\cdots).$$

级数的和函数图形如图 12-2 所示.

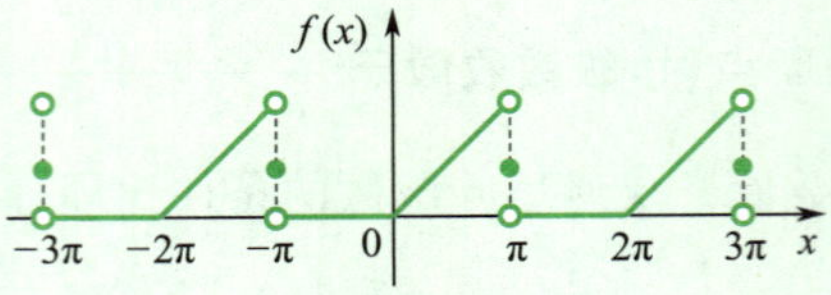

图 12-2

例 2 设 $f(x)$ 是以 2π 为周期的函数，它在区间 $[-\pi,\pi)$ 上的表达式为 $f(x)=x$. 将函数 $f(x)$ 展开成傅里叶级数，并画出级数的和函数图形.

解 函数 $f(x)$ 的图形如图 12-3 所示，点 $x=(2k+1)\pi(k=0,\pm1,\pm2,\cdots)$ 是函数 $f(x)$ 的间断点. 根据狄利克雷定理，在点 $x=(2k+1)\pi$ 处函数 $f(x)$ 的傅里叶级数收敛于

$$\frac{f(\pi^-)+f(\pi^+)}{2}=\frac{\pi+(-\pi)}{2}=0,$$

当 $x\neq(2k+1)\pi(k=0,\pm1,\pm2,\cdots)$ 时收敛于 $f(x)$.

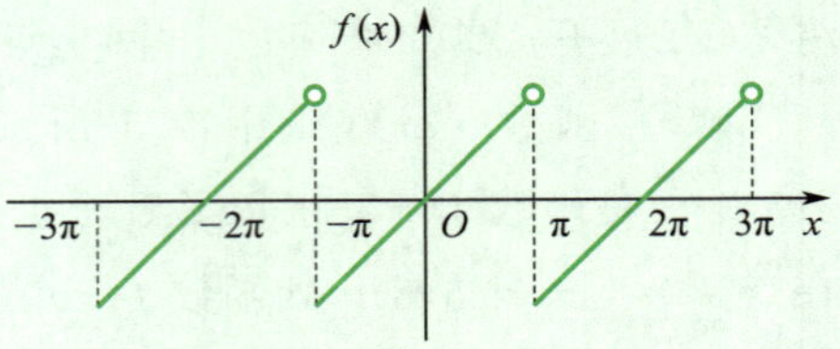

图 12-3

由于 $f(x)$ 是以 2π 为周期的奇函数，所以 $a_n=0(n=0,1,2,\cdots)$，而

$$\begin{aligned}b_n&=\frac{1}{\pi}\int_{-\pi}^{\pi}f(x)\sin nx\,\mathrm{d}x\\&=\frac{1}{\pi}\int_{-\pi}^{\pi}x\sin nx\,\mathrm{d}x=\frac{2}{\pi}\int_{0}^{\pi}x\sin nx\,\mathrm{d}x\\&=\frac{2}{\pi}\left[-\frac{x\cos nx}{n}\right]_0^{\pi}+\frac{2}{\pi}\int_0^{\pi}\frac{\cos nx}{n}\mathrm{d}x\\&=-\frac{2}{n}\cos n\pi+\left[\frac{2\sin nx}{n^2\pi}\right]_0^{\pi}\\&=\frac{2}{n}(-1)^{n+1}\quad(n=1,2,3,\cdots).\end{aligned}$$

函数 $f(x)$ 的傅里叶级数展开式为

$$\begin{aligned}f(x)&=\sum_{n=1}^{\infty}\frac{2}{n}(-1)^{n+1}\sin nx\\&=2\left[\sin x-\frac{1}{2}\sin 2x+\frac{1}{3}\sin 3x-\cdots+(-1)^{n+1}\sin nx+\cdots\right]\end{aligned}$$

$$(-\infty<x<+\infty,x\neq\pm\pi,\pm3\pi,\cdots).$$

级数的和函数图形如图 12-4 所示.

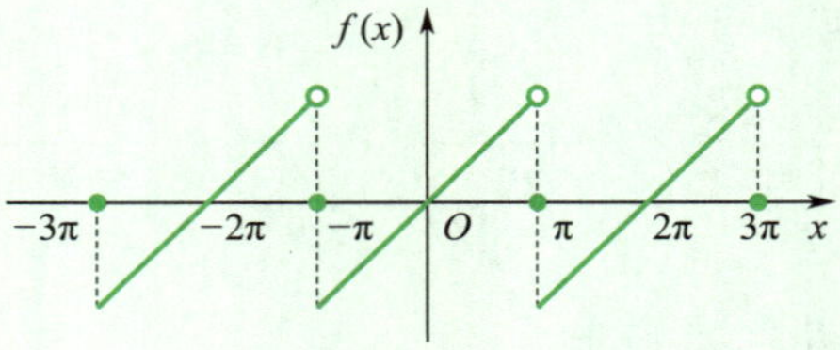

图 12-4

由本节例 2 可见，当 $f(x)$ 是奇函数时，函数 $f(x)$ 的傅里叶系数 $a_n = 0(n = 0,1,2,\cdots)$，它的傅里叶级数只含正弦项，这种级数称为**正弦级数**. 当 $f(x)$ 是偶函数时，函数 $f(x)$ 的傅里叶系数 $b_n = 0(n = 1,2,\cdots)$，它的傅里叶级数只含余弦项，这种级数称为**余弦级数**.

实际遇到的周期函数不一定以 2π 为周期，但可以通过作变换将它化成以 2π 为周期的函数，再将其展开成傅里叶级数.

设 $f(x)$ 是以 $2l$ 为周期的函数，作变换 $x = \frac{l}{\pi}t$，则

$$f(x) = f\left(\frac{l}{\pi}t\right) = g(t),$$

当 x 在区间 $[-l,l)$ 上变化时，t 在区间 $[-\pi,\pi)$ 上变化. 由于

$$g(t+2\pi) = f\left[\frac{l}{\pi}(t+2\pi)\right] = f\left(\frac{l}{\pi}t+2l\right) = f\left(\frac{l}{\pi}t\right) = g(t),$$

所以 $g(t)$ 是以 2π 为周期的周期函数.

由上式及式(12-20)，函数 $g(t)$ 的傅里叶系数为

$$\begin{cases} a_n = \dfrac{1}{\pi}\displaystyle\int_{-\pi}^{\pi} g(t)\cos nt\,\mathrm{d}t = \dfrac{1}{\pi}\displaystyle\int_{-\pi}^{\pi} f\left(\dfrac{l}{\pi}t\right)\cos nt\,\mathrm{d}t \quad (n = 0,1,2,\cdots), \\ b_n = \dfrac{1}{\pi}\displaystyle\int_{-\pi}^{\pi} g(t)\sin nt\,\mathrm{d}t = \dfrac{1}{\pi}\displaystyle\int_{-\pi}^{\pi} f\left(\dfrac{l}{\pi}t\right)\sin nt\,\mathrm{d}t \quad (n = 1,2,3,\cdots), \end{cases}$$

将 $x = \frac{l}{\pi}t$ 代入上式，得函数 $f(x)$ 的傅里叶系数

$$\begin{cases} a_n = \dfrac{1}{l}\displaystyle\int_{-l}^{l} f(x)\cos\dfrac{n\pi x}{l}\mathrm{d}x \quad (n = 0,1,2,\cdots), \\ b_n = \dfrac{1}{l}\displaystyle\int_{-l}^{l} f(x)\sin\dfrac{n\pi x}{l}\mathrm{d}x \quad (n = 1,2,3,\cdots). \end{cases} \tag{12-21}$$

例 3 设 $f(x)$ 是以 2 为周期的函数，它在区间 $[-1,1)$ 上的表达式为 $f(x) = x^2$，将函数 $f(x)$ 展开成傅里叶级数.

解 函数 $f(x)$ 的图形如图 12-5 所示，在区间 $(-\infty,+\infty)$ 内连续. 由式(12-21)，得

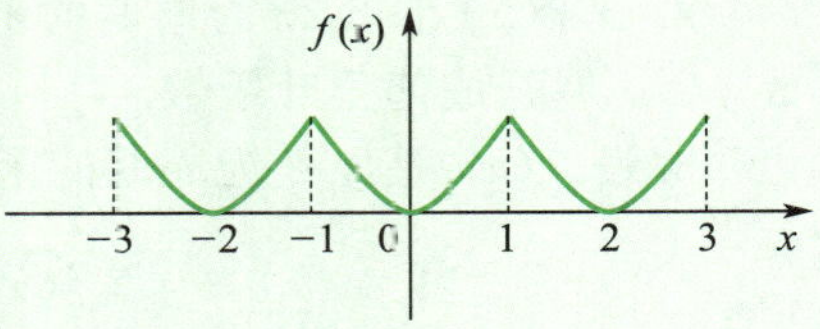

图 12-5

$$a_0 = \frac{1}{l}\int_{-l}^{l} f(x)\mathrm{d}x = \frac{1}{1}\int_{-1}^{1} x^2\mathrm{d}x = \frac{2}{3},$$

$$\begin{aligned} a_n &= \frac{1}{l}\int_{-l}^{l} f(x)\cos\frac{n\pi x}{l}\mathrm{d}x \\ &= \frac{1}{1}\int_{-1}^{1} x^2\cos\frac{n\pi x}{1}\mathrm{d}x = 2\int_0^1 x^2\cos n\pi x\mathrm{d}x \\ &= \left[\frac{2x^2}{n\pi}\sin n\pi x\right]_0^1 - \frac{4}{n\pi}\int_0^1 x\sin n\pi x\mathrm{d}x \\ &= 0 + \frac{4}{(n\pi)^2}\left[x\cos n\pi x\right]_0^1 - \frac{4}{(n\pi)^2}\int_0^1 \cos n\pi x\mathrm{d}x \\ &= \frac{4}{(n\pi)^2}\cos n\pi - \frac{4}{(n\pi)^3}\left[\sin n\pi x\right]_0^1 \\ &= (-1)^n\frac{4}{(n\pi)^2} \quad (n = 1,2,3,\cdots). \end{aligned}$$

因为 $f(x)$ 是偶函数，$f(x)\cdot\sin\frac{n\pi x}{l}$ 是奇函数，所以

$$b_n=\frac{1}{1}\int_{-1}^{1}x^2\sin\frac{n\pi x}{1}\mathrm{d}x=0\quad(n=1,2,3,\cdots).$$

于是 $f(x)$ 的傅里叶级数为

$$f(x)=\frac{1}{3}+\frac{4}{\pi^2}\sum_{n=1}^{\infty}(-1)^n\frac{\cos n\pi x}{n^2}\quad(-\infty<x<+\infty).$$

对于定义在区间 $[-\pi,\pi]$ 上的非周期函数 $f(x)$ 可以通过周期延拓，即设 $F(x)$ 是以 2π 为周期的函数，定义它在区间 $[-\pi,\pi]$ 上的表达式为 $F(x)=f(x)$，再将 $F(x)$ 展开成傅里叶级数，限制 x 在区间 $[-\pi,\pi]$ 上变化就可以得到 $f(x)$ 在区间 $[-\pi,\pi]$ 上的傅里叶级数.

概念复习

1. 设 $f(x)$ 是以 2π 为周期的函数，它的傅里叶系数 $a_n=$ ______，$b_n=$ ______.

2. 若 $f(x)$ 是以 2π 为周期的函数，则它的傅里叶级数在 $f(x)$ 的连续点收敛于 __________，在它的间断点收敛于 __________________.

3. 若 $f(x)$ 是以 2π 为周期的奇函数，则它的傅里叶系数 $a_n=$ _______；若 $f(x)$ 是偶函数，则 $b_n=$ _______.

4. 设 $f(x)$ 是以 $2l$ 为周期的函数，则它的傅里叶系数 $a_n=$ _______，$b_n=$ _______.

习题 12－6

1. 设 $f(x)$ 是以 2π 为周期的函数，它在区间 $[-\pi,\pi)$ 上的表达式为

$$f(x)=\begin{cases}-1, & -\pi\leqslant x<0,\\ 1, & 0\leqslant x<\pi,\end{cases}$$

将函数 $f(x)$ 展开成傅里叶级数，并画出级数的和函数图形.

2. 设 $f(x)$ 是以 2π 为周期的函数，它在区间 $[-\pi,\pi)$ 上的表达式为 $f(x)=|x|$，将函数 $f(x)$ 展开成傅里叶级数.

3. 设 $f(x)$ 是以 2 为周期的函数，它在区间 $[-1,1)$ 上的表达式为

$$f(x)=\begin{cases}0, & -1\leqslant x<0,\\ x, & 0\leqslant x<1,\end{cases}$$

将函数 $f(x)$ 展开成傅里叶级数，并画出级数的和函数图形.

实验九　无穷级数的 Python 实现

一、级数求和的 Python 实现

在 Python 的 SymPy 中，summation()函数用于计算符号级数的和. 它可以处理各种类型

的符号级数求和，包括有限的和无限的级数，其调用格式为

```
sp.summation(term,(n,1,sp.oo))
```

其中，第一个参数 term 是级数的通项公式，第二个参数(n,l,sp. oo)是一个元组，指定了求和的变量和它的范围. 这里求和的变量是 n，范围是从 1 到无穷大(sp. oo 表示无穷大).

例 1 求下列数项级数的和.

(1) $\sum_{n=1}^{\infty}\frac{2n-1}{2^n}$； (2) $\sum_{n=1}^{\infty}\frac{1}{n(2n+1)}$.

解 (1)程序代码为

```
import sympy as sp
n=sp.symbols('n')
term=(2*n-1)/2**n
# 下面计算级数的和
series_sum= sp.summation(term,(n,1,sp.oo))
series_sum
```

运行结果为

```
3
```

上述程序代码也可简化为

```
import sympy as sp
n=sp.symbols('n')
sp.summation((2*n-1)/2**n,(n,1,sp.oo))
```

(2)若使用下述程序代码：

```
import sympy as sp
n=sp.symbols('n')
sp.summation(1/(n*(2*n+1)),(n,1,sp.oo))
```

运行结果为

```
nan
```

这是因为 sp. summation()函数尝试寻找的是一个精确的和，而不是数值近似. 对于不收敛的级数，通常需要使用其他方法(如数值求和)来估计其部分和. 例如，使用数值求和，程序代码为

```
def series_sum(epsilon=1e-10):
total=0.0
n=1
while True:
    term=1/(n*(2*n+1))
    if term<epsilon:
        break
```

```
        total+=term
        n+=1
    return total
result=series_sum()    # 调用函数并打印结果
result
```

运行结果为

```
0.6136985678194778
```

因此有 $\sum_{n=1}^{\infty}\frac{2n-1}{2^n}=3$，$\sum_{n=1}^{\infty}\frac{1}{n(2n+1)}\approx 0.613\ 7$.

symsum()函数也可以用来求函数项级数的和函数.

例 2 求下列级数的和函数.

(1) $\sum_{n=1}^{\infty}\frac{\sin x}{2^n}$；　　(2) $\sum_{n=1}^{\infty}\frac{(-1)^{n-1}x^n}{n}$.

解 (1)程序代码为

```
import sympy as sp
n,x=sp.symbols('n x')
sp.summation(sp.sin(x)/(2**n),(n,1,sp.oo))
```

运行结果为

```
sin(x)
```

(2)程序代码为

```
import sympy as sp
x,n=sp.symbols('x n')
series_sum=sp.summation(((-1)**(n-1)*x**n)/n,(n,1,sp.oo))
series_sum.simplify()
```

运行结果为

```
Piecewise((log(x+1),(x<=1)&(x>-1)),(-Sum((-1)**n*x**n/n,(n,1,oo)),True))
```

因此有 $\sum_{n=1}^{\infty}\frac{\sin x}{2^n}=\sin x$，当 $-1<x\leqslant 1$ 时，$\sum_{n=1}^{\infty}\frac{(-1)^{n-1}x^n}{n}=\ln(1+x)$.

二、函数展开成幂级数的 Python 实现

在实验 3 中，已经介绍了 series() 函数的用法，可以用它把函数展开成幂级数.

例 3 将函数 $(1+x)^m$ 展开为 x 的幂级数，m 为任意常数，展开至 4 次幂.

解 程序代码为

```
import sympy as sp
x,m=sp.symbols('x m')
```

```
sp.series(((1+x)**m),x,0,5)   # 在 x=0 处展开至 4 次幂
```

运行结果为

```
1+m*x+m*x**2*(m-1)/2+m*x**3*(m-2)*(m-1)/6+m*x**4*(m-3)*(m-2)*(m-1)/24+O(x**5)
```

三、应用举例

实际生活中的许多问题都可以转化为无穷级数的问题来解决.

例 4 经济中的乘子效应.

设想某国通过一项削减 100 亿美元税收的法案，假设每人将花费这笔额外收入的 93%，并把其余的存起来. 估算削减税收对经济活动的总效应.

解 削减税收后公民的收入增加. 由题设可知，增加的收入的 93%，即 100×0.93 亿美元将被用于消费. 消费出去的钱对这些钱的接受者来说又变成额外的收入，它的 93% 又被用于消费，因此又增加了 $100\times0.93\times0.93$ 亿美元的消费. 这些钱（100×0.93^2 亿美元）的接受者又将花费它的 93%，即又增加了 $100\times0.93^2\times0.93=100\times0.93^3$ 亿美元的消费. 如此下去，削减税收后所产生的新的消费的总和由下列无穷级数给出：

$$100\times0.93+100\times0.93^2+100\times0.93^3+\cdots+100\times0.93^n+\cdots.$$

这是一个几何级数，且是收敛的.

程序代码为

```
import sympy as sp
n=sp.symbols('n')
sp.summation(100*0.93**n,(n,1,sp.oo))
```

运行结果为

```
1328.57142857143
```

通过计算，该级数的和为 $\frac{9\,300}{7}\approx1\,328.6$，即削减 100 亿美元的税收产生的附加消费约为 1 328.6 亿美元.

例 4 描述了经济中的乘子效应，花费额外收入的比例称为边际消费倾向（marginal propensity to consume，MPC）. 在例 4 中，MPC＝0.93，而削减税收后所产生的附加消费的总和为 $100\times\frac{0.93}{1-0.93}$，由此可以得到下列公式：

$$\text{附加消费的总和}=\text{削减税额}\times\frac{\mathrm{MPC}}{1-\mathrm{MPC}},$$

即削减税额乘以“乘子”$\frac{\mathrm{MPC}}{1-\mathrm{MPC}}$就是它的实际效应.

实验题 9

1. 求级数 $\sum_{n=1}^{\infty}\frac{n+1}{n\cdot2^2}$ 的和.

2. 求级数 $\sum_{n=1}^{\infty}\frac{n^3}{3^n}$ 的和.

3. 将函数 $\cos x$ 展开成 $(x-3)$ 的幂级数，取前 10 项.

4. 患有某种慢性病的病人需长期服用一种药物进行治疗，已知该药物在体内的清除速率与体内该药物的含量成正比，1 d(24 h) 约有 10% 的药物被清除. 假设病人每天服用 0.05 mg 的药物，估算治疗较长一段时间后该病人体内这种药物的总量.

本章回顾

1. 填空题.

(1) 对于级数 $\sum_{n=1}^{\infty}u_n$，$\lim_{n\to\infty}u_n=0$ 是它收敛的________条件，不是它收敛的________条件.

(2) 部分和数列 $\{s_n\}$ 有界是正项级数 $\sum_{n=1}^{\infty}u_n$ 收敛的________条件.

(3) 若级数 $\sum_{n=1}^{\infty}u_n$ 绝对收敛，则级数 $\sum_{n=1}^{\infty}u_n$ 必定________；若级数 $\sum_{n=1}^{\infty}u_n$ 条件收敛，则级数 $\sum_{n=1}^{\infty}|u_n|$ 必定________.

2. 判断下列级数的收敛性.

(1) $\sum_{n=1}^{\infty}\frac{(n!)^2}{2n^2}$；　(2) $\sum_{n=1}^{\infty}\frac{n\cos^2\frac{n\pi}{3}}{2^n}$；　(3) $\sum_{n=1}^{\infty}\frac{1}{\ln^{10}n}$.

3. 讨论下列级数的绝对收敛性与条件收敛性.

(1) $\sum_{n=1}^{\infty}(-1)^n\frac{1}{n^p}$；　(2) $\sum_{n=1}^{\infty}(-1)^{n+1}\frac{\sin\frac{\pi}{n+1}}{\pi^{n+1}}$；　(3) $\sum_{n=1}^{\infty}(-1)^n\frac{(n+1)!}{n^{n+1}}$.

4. 求下列幂级数的收敛域.

(1) $\sum_{n=1}^{\infty}\frac{3^n+5^n}{n}x^n$；　(2) $\sum_{n=1}^{\infty}n(x+1)^n$；　(3) $\sum_{n=1}^{\infty}\frac{n}{2^n}x^{2n}$.

5. 求下列幂级数的和函数.

(1) $\sum_{n=1}^{\infty}\frac{2n-1}{2^n}x^{2(n-1)}$；　(2) $\sum_{n=1}^{\infty}n(x-1)^n$.

6. 将下列函数展开成幂级数.

(1) $f(x)=\frac{1}{(2-x)^2}$ 展开成 x 的幂级数；

(2) $f(x)=\frac{1}{x^2+3x+2}$ 展开成 $(x+4)$ 的幂级数.

本章常见问题　　本章自测题　　本章参考答案